高等学校新工科微电子科学与工程专业系列教材

Tanner 集成电路设计技术与技巧

主编　周玉梅　宋　琛

西安电子科技大学出版社

内 容 简 介

本书主要介绍了 Tanner Tools 集成电路设计工具的使用方法，包括 S-Edit、T-Spice、L-Edit、Tanner Designer、MEMS Pro 五章。书中结合具体案例，对功能定义、电路设计、版图设计、物理验证、仿真验证等环节进行了详细阐述，并提供详细的操作步骤。特别是针对在微电子技术(半导体制造技术)基础上发展起来的，关系到国家科技发展、经济繁荣和国防安全的关键技术 MEMS 器件的设计，进行了系统的介绍，为读者提供了高效、完整的学习教程。

本书可以作为高等院校微电子专业、半导体专业、电路设计专业的教材，同时还可以作为从事集成电路研究、设计、开发、生产和应用工作的科技人员以及从事微电子、微光学、微机械等微系统版图设计与其他微细加工技术领域工作的科技人员的参考书。

图书在版编目(CIP)数据

Tanner 集成电路设计技术与技巧 / 周玉梅，宋琛主编. —西安：西安电子科技大学出版社，2020.9(2021.5 重印)

ISBN 978-7-5606-5822-3

Ⅰ. ① T… Ⅱ. ①周… ②宋… Ⅲ. ①集成电路—计算机辅助设计—应用软件
Ⅳ. ① TN402

中国版本图书馆 CIP 数据核字(2020)第 144642 号

策划编辑　刘小莉
责任编辑　师　彬　阎　彬
出版发行　西安电子科技大学出版社(西安市太白南路 2 号)
电　　话　(029)88202421　88201467　　　邮　　编　710071
网　　址　www.xduph.com　　　电子邮箱　xdupfxb001@163.com
经　　销　新华书店
印刷单位　陕西天意印务有限责任公司
版　　次　2020 年 9 月第 1 版　　2021 年 5 月第 2 次印刷
开　　本　787 毫米 × 1092 毫米　1/16　印　张　19
字　　数　447 千字
印　　数　1001～2000 册
定　　价　48.00 元
ISBN 978-7-5606-5822-3 / TN

XDUP 6124001-2

序

自 1958 年世界上出现第一块平面集成电路开始，在短短的半个多世纪中，微电子技术产业以惊人的速度突飞猛进地发展。作为微电子技术工艺基础的微光刻技术是人类迄今为止所能达到的精度最高的加工技术，而且仍处在方兴未艾的迅猛发展之中，推动着整个社会各行各业的进步。随着信息时代的到来，信息高速公路、网络技术、移动通信技术以及多媒体技术的飞速发展，高集成度、高速集成电路的特征尺寸越来越小，已从深亚微米、百纳米到了纳米级。微光刻技术广泛地应用于微电子、微光学、微机械、光电子学、磁学以及生物医学和生物化学等高技术微细图形加工领域。

微电子技术的发展标志着一个国家的科学技术水平，而微电子技术的核心是集成电路的制造技术、电路设计技术和光掩模制造技术，集成电路设计技术的发展已经严重依赖于电子设计自动化(Electronic Design Automation, EDA)技术的进步，而制造和微光刻技术的发展同样也离不开 EDA 技术的进步。从 20 世纪 70 年代开始，为了研制和开发中小规模集成电路，寻求摆脱传统的低效率、低精度的手工设计制图、制造集成电路版图的方法，人们开发出了第一代 EDA 设计工具，即用于集成电路版图设计的计算机辅助设计(Computer Aided Design, CAD)软件，当时主要采用小型计算机，软件多具有人机交互式的二维平面图形设计、图形编辑及设计规则检查等功能。到了 20 世纪 80 年代，人们为了进一步满足电子技术和微电子技术飞速发展的需要，开发了以计算机仿真和自动布线为核心技术的第二代 EDA 设计工具，同时开发了计算机辅助制造(Computer Aided Manufacturing, CAM)、计算机辅助测试(Computer Aided Test, CAT)和计算机辅助工程技术(Computer Aided Engineer, CAE)等软件和相应的计算机辅助制造设备。例如，光学图形发生器、分布重复精缩机、激光图形发生器和电子束曝光机等光掩模制造系统就是典型的计算机辅助制造技术，当时主要采用图形处理能力强大、运算速度快且存储量大的工作站来实现。软件通常可以从电路原理图输入开始，调用标准元件逻辑电路图库生成电路图，并具有逻辑综合和模拟、验证功能和自动布局布线功能。进入 20 世纪 90 年代，出现了以高级语言描述的系统级仿真、综合及以高度自动化技术为特征的第三代 EDA 工具，设计技术由计算机辅助设计逐渐进入自动设计时代。之后个人计算机(PC)技术飞速发展，其运算速度和存储量都得到了很大的提升，其成本、性价比和普及程度都远超工作站，所以新一代可运行于 PC 单机操作平台的 EDA 设计工具有很大的优势和发展前景。

这里，我们非常高兴地向读者推荐并介绍 Mentor Graphics 开发的一种优秀的集成电路设计工具 Tanner EDA Tools，其最大的特点是可用于 PC。它不仅具有强大的集成电路设计、模拟验证、版图编辑和自动布局布线等功能，而且图形处理速度快，编辑功能强，通俗易学，使用方便，很适合用于集成电路设计或其他微细图形加工的版图设计工作。早期(1988)Tanner EDA Tools 就是一种可以运行于 PC 及其兼容机的交互式集成电路版图设计工具软件包，通过十多年的扩充、改进，到目前已经推出到 2019 Tanner EDA 版本，其功能强大，可以用来完成复杂的 IC 设计、光芯片版图设计及 MEMS 器件版图设计，并且能够运行于 Windows 及 Linux 平台，还能整合其他 EDA 工具，满足不同开发需求，为设计软件的普及、推广、应用创造了非常有利的条件。

本书以具有代表性的Tanner Tools 2019版本为基础，对Tanner集成电路设计工具软件进行了全面的介绍，读者可以在学习这个版本的基础上，对其他Tanner版本功能作进一步探讨。

Tanner Tools是一套完整的模拟、混合信号和MEMS集成电路的设计工具，包括原理图设计、模拟仿真、物理布局、验证、数字电路逻辑综合以及布局布线等功能。整个设计工具大体上可以归纳为两大部分，即以S-Edit为核心的集成电路设计、模拟、验证模块和以L-Edit为核心的集成电路版图编辑与自动布局布线模块，具体包括电路图编辑器S-Edit、电路模拟器T-Spice、波形编辑器Waveform Viewer、版图工具L-Edit和管理工具Tanner Designer等软件包，构成一个完整的集成电路设计、模拟、验证及版图实现体系。在这个体系中，每个模块互相关联又相对独立，可以非常方便地在不同的集成电路设计软件之间交换图形数据文件或把图形数据文件传递给光掩模制造系统。

MEMS(Micro-Electro-Mechanical System)即微机电系统，是在微电子技术(半导体制造技术)基础上发展起来的，集成了电子与机械元件，尺寸在毫米、微米乃至纳米量级的芯片系统。MEMS融合了光刻、腐蚀、薄膜、LIGA、硅微加工、非硅微加工和精密机械等加工工艺，集成了微传感器、微执行器、微机械结构、微电源、微能源、信号处理和控制电路、高性能电子集成器件、接口、通信等单元，具有比单纯集成电路更复杂的功能。常见的产品包括MEMS加速度计、MEMS麦克风、微马达、微泵、微振子、MEMS光学传感器、MEMS压力传感器、MEMS陀螺仪、MEMS湿度传感器、MEMS气体传感器等，以及它们组成的集成系统。这些产品广泛应用于高新技术产业、物联网工程和国防事业。因此，MEMS的设计甚至需要更宽泛的知识和更强的能力。

Tanner Tools配合MEMS Pro工具包，包含S-Edit、T-Spice、Waveform Viewer和L-Edit部分，以及基于L-Edit的MEMS建模工具，可以创建原理图、仿真系统行为并生成器件版图。读者可以手动或自动绘制掩模板，并在L-Edit版图基础上生成和查看3D模型和截面。本书通过一个横向梳状静电谐振器的设计实例，介绍使用MEMS Pro库组件设计梳状驱动器、面板和折叠弹簧的详细步骤，利用谐振频率对各种物理参数进行仿真设计的具体过程，使读者可以方便高效地理解、完成MEMS传感器的整个设计过程。

当前，我国集成电路事业正走在高速发展的快车道上，这也推动着集成电路设计技术和其他微细图形加工设计技术的蓬勃发展，从而使集成电路设计队伍迅速壮大，设计需求日益增多。本书向读者介绍的就是这样一种便于普及的优秀设计工具。另外，虽然近年来国内介绍电路设计和印刷电路板设计方面的书籍不少，但介绍有关集成电路的设计和版图设计方面的书籍却极少，国内的读者迫切需要有这方面的参考书籍。本书向读者介绍的不仅仅是一种软件的使用方法，还是一种通俗普及的设计工具，为读者快速掌握相关工具的使用提供技术支持，使工艺技术专家也能接触设计、了解设计和参与设计。

王志功(东南大学)　陈宝钦(中国科学院微电子所)

2020年6月

前　言

本书是一本介绍Tanner Tools使用方法的书籍。由于该工具易学易用，并支持Windows、Linux 操作系统，因此非常适合教学、科研及培训，是集成电路设计、MEMS 设计的首选工具之一。

要进行电路设计和版图设计，需要专业的集成电路设计软件的支持。Tanner Tools 集成电路设计软件的功能十分强大，包括电路设计、分析模拟、版图设计、物理验证及项目管理，尤其是增加了 MEMS 设计仿真的集成环境，使其功能更为全面。其中的 L-Edit 版图编辑器在国内应用广泛，具有很高的知名度。而当前，市面上关于 Tanner Tools 的中文图书、资料都很少，如何快速系统地掌握 Tanner Tools 软件，并将其用于集成电路设计和版图设计的实际工程中，是很多集成电路设计者都面临的难题。

本书对 Tanner Tools 集成电路设计工具软件进行了全面的介绍，内容丰富、结构清晰，所有案例均经过精心设计与筛选，代表性强，希望对新入门的读者以及有经验的读者均有所帮助。

本书的出版离不开很多人的努力和付出。在此，感谢蒋见花、吴璇、王璐、隗娟、张丹、陈生琼、李延、李泉、孙昊鑫、周瑾、周易、张成彬、苏晓菁等参与编写；感谢隗娟和张丹给予校对；感谢 Mentor 的刘岩、赖志广，以其多年的专业技术为指导，提供了详细的注解和更正指导；感谢东南大学的王志功老师和中国科学院微电子所的陈宝钦老师抽出时间欣然写序，两位老师对中国集成电路人才的培养、对我国微电子技术和产业发展的重视溢于言表。

虽然编者在本书的编写过程中力求叙述准确、完善，但由于水平有限，书中欠妥之处在所难免，希望读者和同仁能够及时指出，共同促进本书质量的提高。

编　者
2020 年 5 月

目　录

第一章　S-Edit

1.1　导　　论

Tanner Tools 是一套完整的模拟、混合信号和 MEMS 集成电路设计工具，可实现原理图设计、模拟仿真、版图设计、物理验证、数字电路逻辑综合及布局布线等功能。本章主要介绍 Tanner S-Edit 的原理图设计。

1.1.1　符号说明

以下是本书中使用的符号说明：

粗体： 表示 S-Edit 的界面按钮，比如工具栏、菜单和按键。

斜体： 表示教程设计的单元或者文件存储路径，比如单元名称、器件名和属性。

LMB：表示用户单击并释放鼠标左键。

MMB：表示用户单击并释放鼠标中键。

RMB：表示用户单击并释放鼠标右键。

~：表示演示文件的安装路径。

1.1.2　安装

首先在 **S-Edit** 软件界面上安装演示文件和自学教程。选择 **Help > Setup Examples and Tutorial** 命令，将出现如图 1.1 所示的对话框。

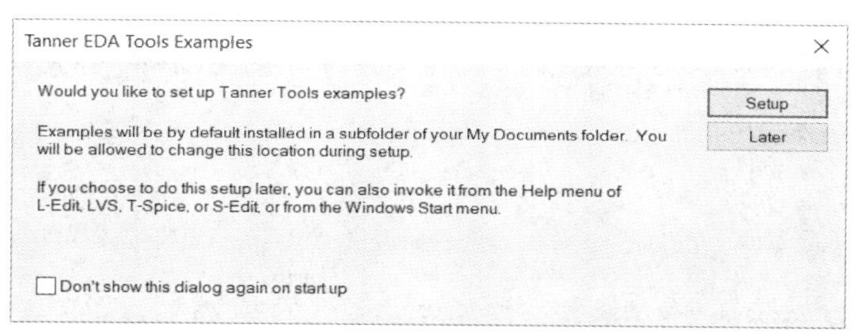

图 1.1　Tanner EDA 演示文件安装对话框

初次安装 **S-Edit** 软件，如果没有选择安装目录，则演示文件和教程将安装在默认目录下。教程默认的安装目录是*%USERPROFILE%\Documents\TannerEDA\TannerTools_v20XX.X\ Tutorials*。

其中%USERPROFILE%是 Windows 变量，设定为登录用户，在 *C*：*\Users\<username>* 文件夹下。浏览完教程后，选择 **Help > Setup Examples and Tutorial** 命令，可以将自学过程中改变的教程文件重新进行覆盖安装。

1.1.3 用户手册

如果某些问题在教程中查找不到，则可以通过查阅用户手册获取更多信息。

单击工具栏的 **Schematic Edit Manual** 按钮( )打开 pdf 格式的用户手册。选择 **Help > Help and Manuals** 命令可以用浏览器打开更多信息。使用浏览器可以浏览更多格式的文件，比如图形格式、视频格式和 html 格式文件。

当程序中某一对话框打开时，按快捷键 **F1** 可以打开用户手册，并且跳转至对话框内容处。

1.2 启动 S-Edit

S-Edit 是电路设计工程师使用的原理图设计工具。本书将介绍 **S-Edit** 的以下方面：多视图设计，特性，创建设计，检查设计，回调，自定义用户偏好。

1.2.1 加载设计

以下步骤将讲述如何使用 **File > Open > Open Design** 加载 **S-Edit** 设计。

启动 **S-Edit**，选择 **File > Open > Open Design**，在 **Open Design** 对话框中，单击右侧的 **Browse** 按钮，选择示例文件 *Designs\RingVCO* 下的 *lib.defs* 文件。设计的默认路径为 *Documents\TannerEDA\TannerTools_v20XX.X\Designs\RingVCO*。如果文件被安装到了别处，则选择 **File > Open > Open Design**，打开对话框。

由于 **S-Edit** 每次只能打开一个设计和库文件，所以如果同时要打开两个或两个以上的设计，则需要运行多个 **S-Edit**。

选择加载 *RingVCO* 设计，弹出 **S-Edit** 原理图编辑窗口，如图 1.2 所示。在 **S-Edit** 图形界面中，左边是库列表窗口(**Libraries**)，下面是命令(**Command/Log**)窗口，右边是属性窗口(**Properties**)，中间是设计的顶层原理图。

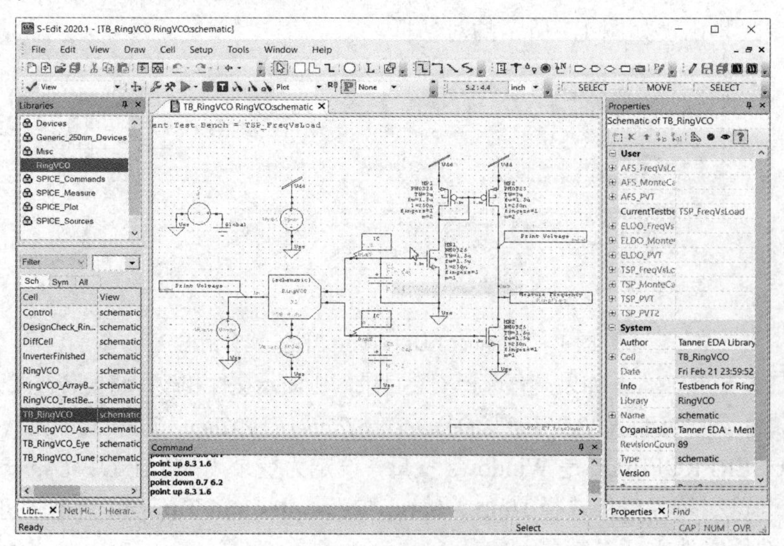

图 1.2 S-Edit 原理图编辑器窗口

项目设计库名为 *RingVCO*，关联若干技术库。关联库分别为 *Misc*、*Devices*、*SPICE_Plot*、*SPICE_Measure*、*SPICE_Sources*、*SPICE_Commands* 和 *Generic_250nm_Devices*。设计库和关联库显示在 **Libraries** 窗口中。

1.2.2　设计可视化

启动 **S-Edit**，打开设计后，出现电路设计窗口。

❖ **进行可视化设计的操作步骤如下：**

步骤 1：在顶部窗格中，选择设计中的任一关联库或选择多个关联库，就可看见所选库包含的单元。选择多个库可以有两种方式，分别为 Shift⇧ + LMB 和 Ctrl + LMB。

步骤 2：使用过滤工具。在过滤栏中输入过滤的字符串，最后只显示匹配的单元。比如，在过滤栏中输入 MOS 字符，看到只包含 MOS 字符的单元。点击按键 × 取消滤除。

步骤 3：点击 **Libraries Navigator** 过滤器的下拉菜单，并将 **Filter** 更换为 *Top-level*。Top-level Filter 只显示设计中没有被调用的单元。在过滤器中输入字符串可继续筛选结果。

步骤 4：点击过滤器的下拉菜单，选择 **Leaves**。**Leaves** 是原理图中没有的器件或者只有 symbol 的可视化单元。在过滤器中输入字符串继续筛选结果。在过滤器的下拉菜单中选择 Filter，清除过滤字符。

步骤 5：Cell View Navigator 有三个选项卡，分别为原理图(**Sch**)、符号(**Sym**)和全部显示(**All**)。如果看不到单元视图，可以切换到 **All** 选项，如图 1.3 所示。

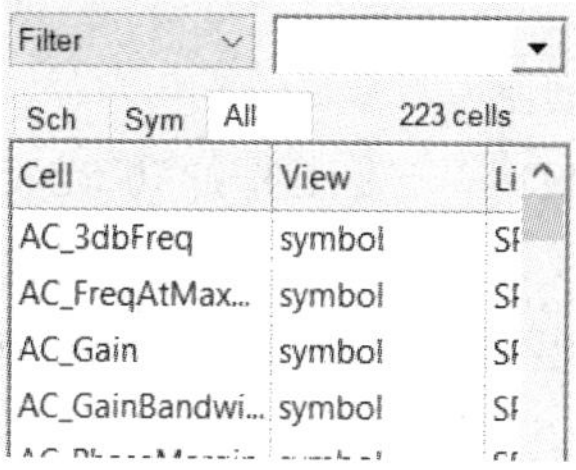

图 1.3　Cell View Navigator 的三个选项卡

步骤 6：切换至符号选项，在单元视图列表中可以选择不同的单元视图，在单元视图列表下的 **Symbol Preview Pane** 中可以预览符号，也可以点击边界上的滚动条上下移动窗格内容。

步骤 7：练习缩放操作。先从 *RingVCO* 中双击打开 *TB_RingVCO*，再单击原理图窗口，使其变为当前活动窗口。

步骤 8：使用+/−号对设计进行缩放，此时以中心位置为缩放中心。

步骤 9：滑动鼠标滚轮缩放，此时以光标位置为缩放中心。

步骤 10：按一下 **Z** 键(启动 ZOOM 功能)，再按住鼠标左键选择放大区域，然后松开鼠标，实现放大(创建放大区)。

步骤 11：方向键可以完成上、下、左、右移动。

步骤 12：按住 **Ctrl** 键并滚动鼠标，可以左右移动；按住 **Ctrl + Shift** 键并滚动鼠标，可以上下移动。

步骤 13：按 **Home** 键可以实现在当前窗口显示原理图的全部内容。

1.3　多视图的设计

1.3.1　视图类型

原理图中的每个单元都可以用不同的抽象层级表示，也称为视图(view)。视图可以为给定设计提供图形化环境。比如：

• 原理图视图包括符号元件和连线，是网表的图形化表示。

• 符号视图包括端口和原理图视图显示的图形化符号，是单元、器件或者模块的图形化表示。

• Verilog-A、Verilog-AMS 和 SPICE 分别包含 Verilog-A 代码、Verilog-AMS 代码和 SPICE 语句，是单元、器件或者模块的文本表示。

• 视图类型决定仿真时单元调用的模型，用户可以自由选择仿真使用何种视图类型。

□ 可以选择 Verilog-A 视图进行系统级早期仿真。

□ 可以选择原理图视图，使用晶体管或者其他电路元件进行详细的模块设计。仿真时，实质上是仿真由晶体管、电路元件和模型组成的网络。模拟电路设计者通常主要使用原理图视图进行设计。

□ 最后，电路设计工程师也可以选择 SPICE 文本视图，实现带版图寄生参数的网表仿真。

S-Edit 支持以下几种视图类型：

• **Symbol view**：通常由 CAD 库开发工程师和 PDK 开发者在库开发过程中使用，用于创建单元属性，绘制器件端口及器件和模块的图形化符号。

• **Schematic view**：通常由电路设计工程师在晶体管级设计时使用，即利用原理图视图进行网表提取、赋值、单元调用和连线的可视化操作。**Schematic view** 可以提取成网表，用于仿真器仿真。

• **Verilog view**：通常由数字电路设计工程师在定义数字模块 Verilog 代码时使用。**Verilog view** 也可以提取成网表，进行混合信号仿真。

• **Verilog-A view**：通常由模拟电路设计工程师在定义模拟行为级模块时使用。**Verilog-A view** 也可以提取成网表，用于仿真器仿真。

• **Verilog-AMS view**：通常由设计者在混合信号设计阶段定义信号行为级模型时使用。**Verilog-AMS view** 也可以传递给仿真器，进行混合信号仿真。

• **SPICE view**：通常由模拟电路设计工程师提取完寄生网表后，用于版图后仿真。**SPICE view** 同样也可以提取成网表，传递给仿真器进行仿真。同时，一些经典器件都会有 SPICE 模型。

打开原理图和符号视图有多种方法，感兴趣的读者可以一一尝试。

❖ **设计视图的操作步骤如下：**

步骤 1：在终端运行 **S-Edit**，加载 *RingVCO* 设计，路径为*[Install Path]\Designs\RingVCO*

\lib.defs。

步骤 2：在 **Libraries** 顶部选择 *RingVCO*。

步骤 3：在 **Libraries** 的单元视图处，用鼠标左键双击 *RingVCO* 中的 schematic，如图 1.4 所示，将打开 *RingVCO* 原理图。

注意：如果界面中没有出现原理图，则可以在 **Cell View Navigator** 中切换为 **Sch** 模式或者 **All** 模式。

步骤 4：在原理图界面用鼠标左键双击(**Double LMB**)*DiffCell* 中的 *Xa#* 模块，将会进入 *Xa#* 模块所在层的原理图。同时，**S-Edit** 会在标题处显示完整路径，如图 1.5 所示。

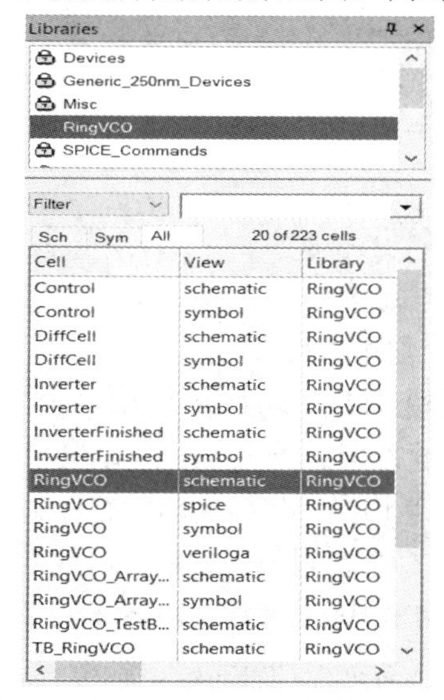

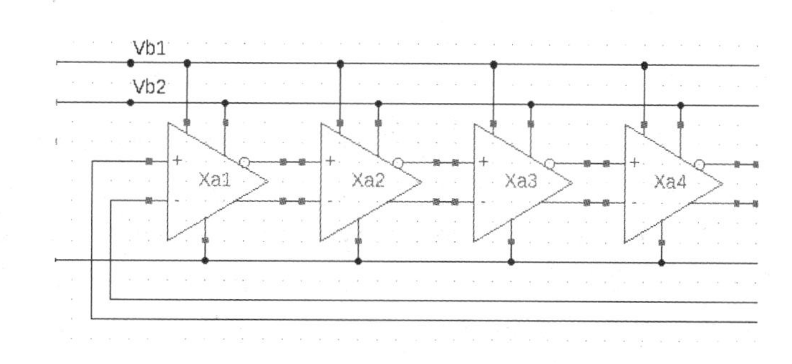

图 1.4　打开 RingVCO 原理图的界面　　　　图 1.5　进入 Xa# 模块电路及其路径显示

步骤 5：在 **Libraries** 导航栏中单击鼠标右键，在弹出的菜单中选择 **Open View** 命令，打开原理图或者 symbol 图，使用这种方法打开四端器件 *nmos25x* 的符号图，如图 1.6 所示。

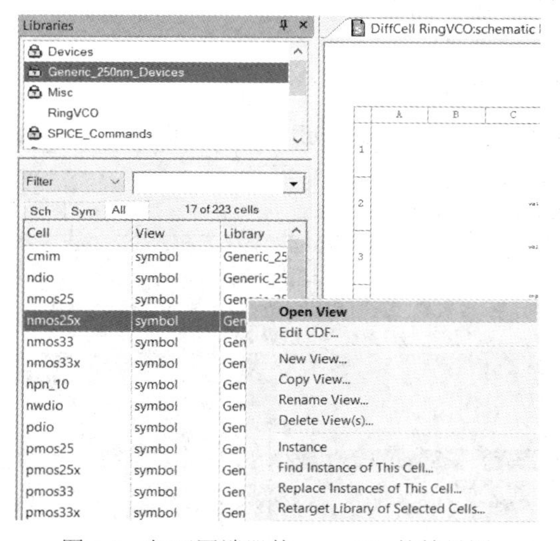

图 1.6　打开四端器件 nmos25x 的符号图

注意：如果没有看到 *nmos25x* 的符号图，可以在库列表中选择 *Generic_250nm_Devices* 库，也可以全选所有库，这样就可以看到所有单元。

步骤 6：选择 **Cell > Open View** 命令，在弹出的对话框中选择 *RingVCO* 库，在 Cell 栏中选择 *RingVCO_TestBench_Corner_Tutorial*，单击 **OK** 按钮，如图 1.7 所示。此时原理图设计窗口自动打开。

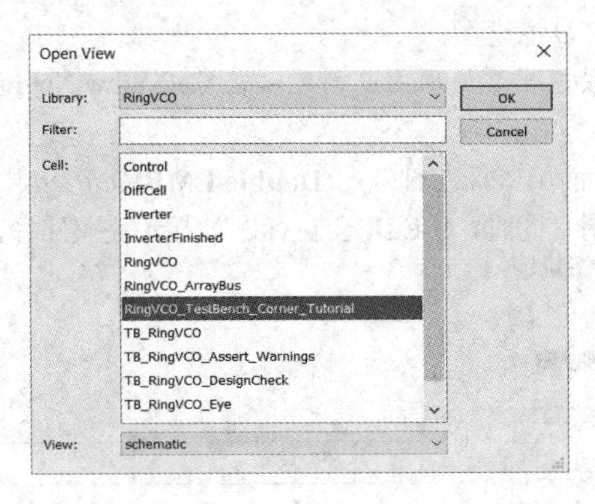

图 1.7　通过 Cell > Open View 命令打开原理图

步骤 7：在新窗口中打开 View。按住 **Ctrl** 键可以在新窗口中打开 View。

步骤 8：使用 **View Symbol**( )和 **View Schematic** ( )工具栏按钮打开当前活动窗口的符号或者原理图。比如，先关闭所有窗口，打开 *DiffCell* 原理图。点击 **View Symbol** 按钮，切换成符号视图，按下“？”键完成符号和原理图的相互切换，然后关闭所有视图。

步骤 9：工具栏中有前进(**Forward**)和后退(**Back**)按钮( )，可以观察前一次或者后一次的视图。**Back** 按钮未点击时，**Forward** 按钮为灰色，点击 **Back** 按钮，**Forward** 按钮才生效。下面说明操作过程：首先打开 *RingVCO_TestBench_Corner_Tutorial* 原理图，用鼠标左键双击依次打开 *RingVCO* 原理图和 *DiffCell* 原理图，之后可以练习使用 **Forward** 和 **Back** 按钮，最后关闭所有视图。

1.3.2　确定当前显示视图类型

S-Edit 每次只能显示一个窗口，窗口左上角显示有当前设计的名称，并且可以按照层次化路径从顶层到器件底层显示，比如 **cell name**、**library name:view name**。下面介绍 *RingVCO* 单元的 **Schematic view**，如图 1.8 所示。

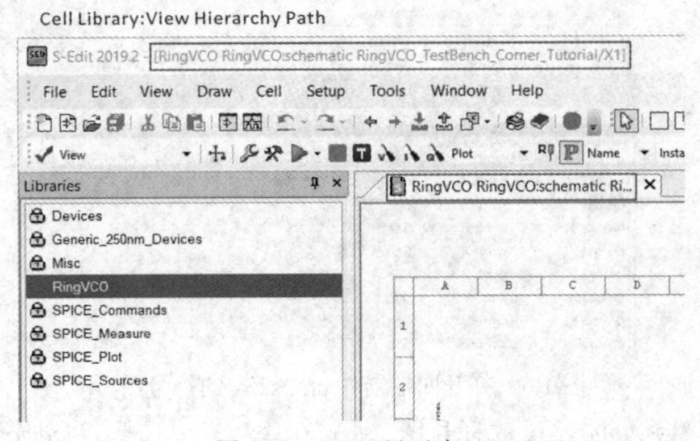

图 1.8　S-Edit 显示窗口

1.3.3 符号视图元素

利用 **Symbol view** (符号视图)可以创建单元属性、初始化端口、绘制元器件符号图等。下面介绍 *pmos25x* 单元的符号视图，如图 1.9 所示。

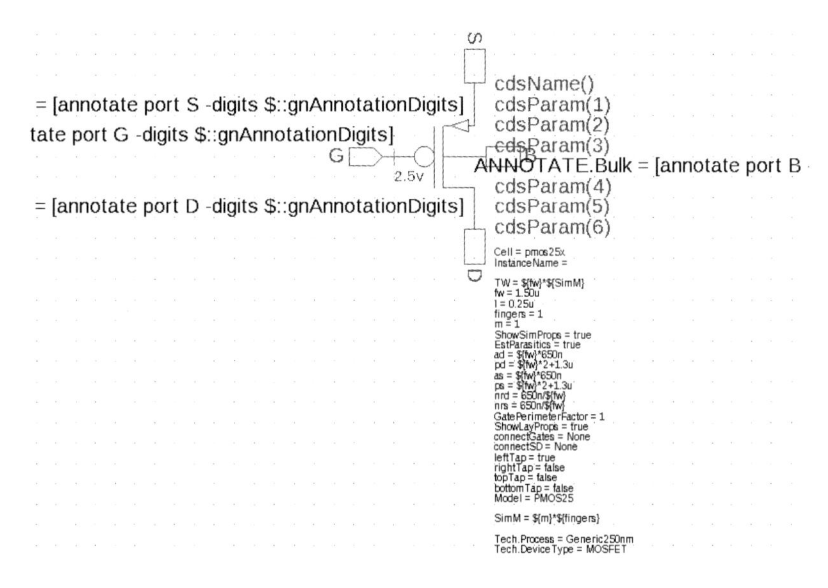

图 1.9 pmos25x 单元的符号视图

1. 符号视图的元素

符号视图包括以下元素：

• 符号图(**Symbol Graphics**)：符号图形包含符号的图像，调用单元时就可以看到该图形。图像可以是四方形的形式，也可以是多边形、线段、圆等类型。

• 标签(**Labels**)：符号中可以添加文字标签，调用单元时显示为红色文字。

• 端口(**Ports**)：端口定义调用符号时的连接点。如图 1.9 所示紫色的 S、D、G 和 B。在器件调用时，端口只显示成中空的红色方框，用于连线，而不会显示 S、D、G 和 B 这些文本符号。

• 属性(**Properties**)：属性由属性名和属性值共同组成，用来描述器件的相关特性，比如晶体管长度、宽度或者源/漏面积和周长。编辑属性还可以控制描述器件的 SPICE 语句。当调用器件时，器件属性为默认值，但是可以分别为调用的器件赋予不同的属性值。

2. 创建符号对象

可以使用以下工具栏创建符号对象：

画图工具栏用于创建符号图形和标签，如图 1.10 所示。

电气工具栏用于创建端口和编辑属性：端口可以是输入端口、输出端口、输入/输出端口，全局类型和其他类型。电气工具栏中端口引脚按钮如图 1.11 所示。

图 1.10 画图工具栏　　图 1.11 电气工具栏中端口引脚按钮

1.3.4　原理图元素

在电路的晶体管设计过程中，通常模拟电路设计者会使用原理图进行元件符号调用、设置元件属性、元件间连线等操作。

下面以 *DiffCell* 单元为例介绍原理图，如图 1.12 所示。

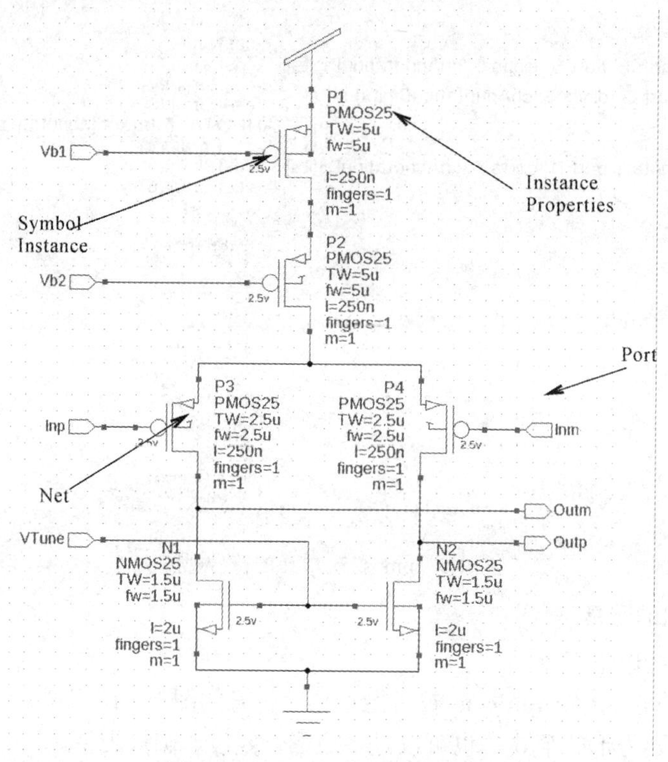

图 1.12　DiffCell 单元的原理图

原理图包括以下元素：

• 符号实例(**Instances of symbols**)：符号实例是单元的特定符号。原理图中可以使用相同符号或者不同符号的许多实例，实例包含提供符号说明的图形和提供走线连接点的端口。与实例的端口不同，符号的端口显示端口名，而实例的端口不显示端口名，仅仅显示用于连线的红色中空方块。

• 走线(**Nets**)：对两个或多个器件端口进行连线，连线可以是单一连线，也可以是一束连线，这称为总线或者连线束。

• 属性(**Properties**)：属性由属性名和属性值共同组成，用来描述器件的相关特性，比如晶体管长度、宽度或者源/漏面积和周长，还可以控制描述器件的 SPICE 语句。当调用器件时，器件属性为默认值，可以输入自定义值以覆盖默认值，也可以将新属性添加到实例中。

• 端口(**Ports**)：原理图端口对应符号端口，同时说明原理图中器件端口如何连接。

• 注释图(**Annotation Graphics**)：注释图不具有电气特性，比如模块、多边形、线段和在原理图中用于评论、注释的标签。

下面说明 *DiffCell* 单元的原理图，如图 1.13 所示。

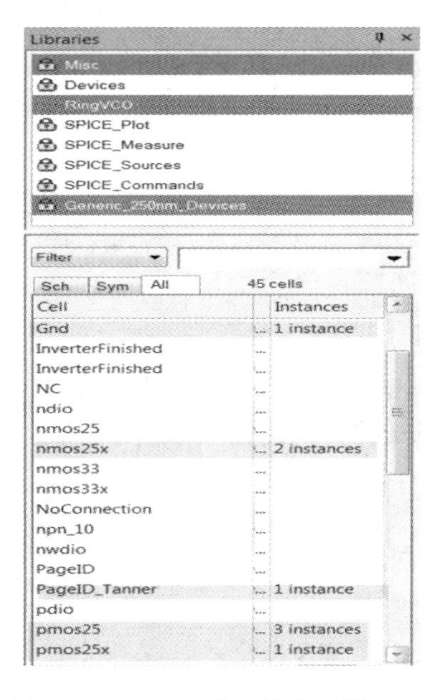

图 1.13　DiffCell 单元的实例栏显示

在库导航栏(**Libraries Navigator**)中，实例栏(**Instances**)显示当前电路中所用单元实例数量。同时选中库列表中的 *RingVCO*，*Generic_250nm_Devices* 和 *Misc*。此时可以看到，*DiffCell* 单元包含 1 个 *Gnd* 实例，两个 *nmos25x* 实例，三个 *pmos25* 实例，1 个 *pmos25x* 实例，1 个 *PageID_Tanner* 实例和 1 个 *Vdd* 实例。

在不使用 **Symbol view** 时，打开 **Display Evaluated Properties**，属性值会显示为计算后的值，用户可以使用 **Query mode** 进行过滤。**Display Evaluated Properties** 可以通过 **Spice Simulation** 工具栏中的按钮来切换。绿色(浅色)表示开启，灰色(深色)表示关闭，如图 1.14 所示。

图 1.14　Spice Simulation 工具栏

Query mode 可以利用 **Properties Navigator** 中的问号按钮切换。当该模式开启时，界面上只显示符号创建者希望用户查看和修改的属性；当该模式关闭时，将显示所有属性，但只显示属性名而不包含属性描述，如图 1.15 所示。

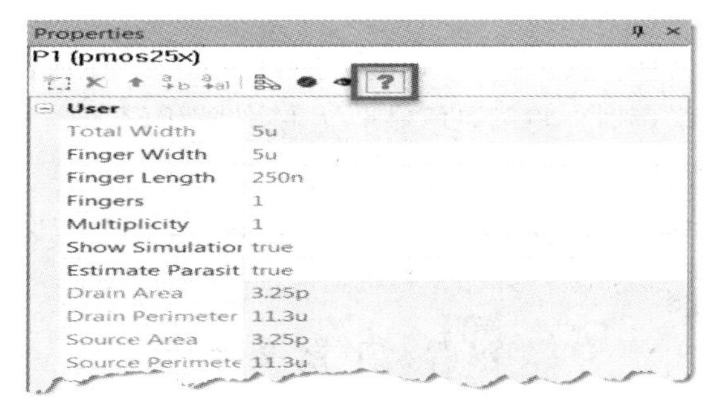

图 1.15　元件符号的属性视图

表 1.1 给出了在 **Symbol view** 和 **Schematic view** 中推荐的设置。

表 1.1　在 Symbol view 和 Schematic view 中推荐的设置

	工作在 Symbol view	工作在 Schematic view
显示评估属性	关闭	开启
询问模式	关闭	开启

下面详细介绍部分器件的属性。

❖ **显示属性的操作步骤如下：**

步骤 1：在 *DiffCell* 原理图中首先选择位于原理图底部的器件 *N1* 的 *nmos25x* 单元，则会在属性对话框中出现器件 *N1* 的所有属性，如图 1.16 所示。

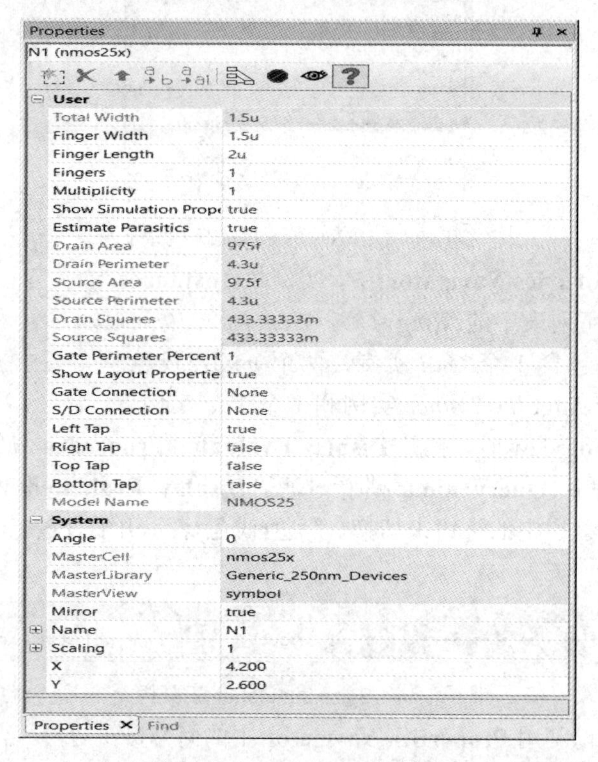

图 1.16　Properties 对话框

只有 *nmos25x* 符号的属性中标有 *Visible* 或 *Value only* 的，才能显示在原理图中 *N1* 的器件上。

属性值可以在每个实例上改写，当 **Display Evaluated Properties** 选项开启时，所有属性以绿色显示；当选项关闭时，将以黑色显示仅在实例上而不在符号上的属性值或覆盖默认值的属性值，而且继承的属性值(默认值)将以蓝色显示。

步骤 2：在 **Properties Navigator** 窗口中点击 **Reset** 按钮(蓝色向上箭头)，这时可以将所选元件值恢复为默认的初始值，如图 1.17 所示。

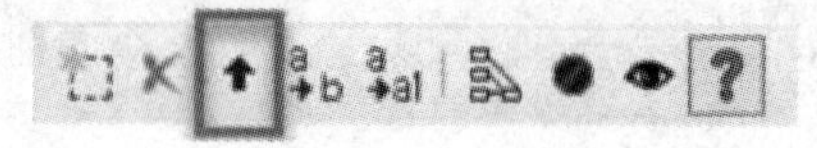

图 1.17　Properties Navigator 窗口控制按钮

步骤 3：在 **Properties Navigator** 窗口中选择器件 *N1* 的长度栏后，点击 **reset** 按钮，长度变为 250n，这时将长度改回 2u (注：这里 u 表示 μm。下文余同)。

步骤 4：同时设置多个实例值的操作。选择原理图中的实例 *N1* 和 *P3*，分别是左下边的 NMOS 管有源负载和输入差分对左边的 PMOS 管。对于选定的器件，在 **Property Navigator** 窗口中实例属性相同的值会显示，属性不同的值将会留空，如图 1.18 所示。

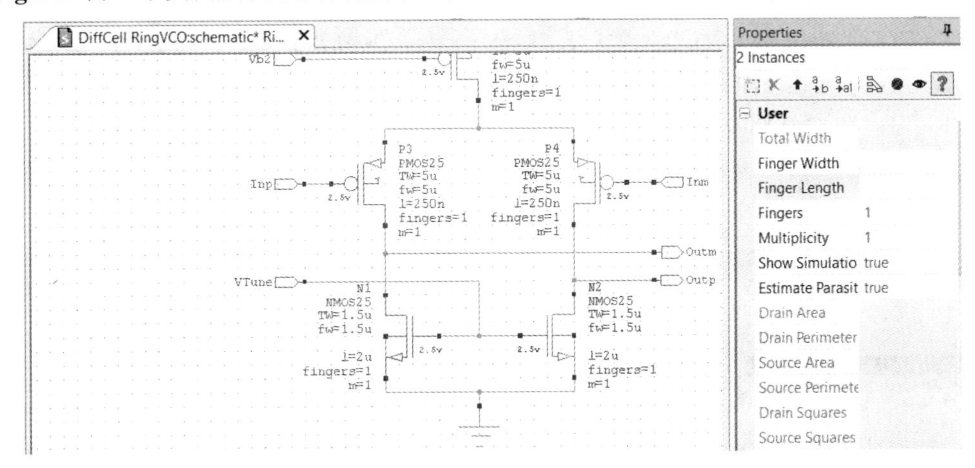

图 1.18　同时设置多个实例的参数值

步骤 5：将晶体管长度 *Finger Length (L)*改为 10u，分别选择单个晶体管，并且观察每个晶体管被修改后的值。最后按 **Undo** ()or **Ctrl + Z** 还原。

步骤 6：利用 **Libraries Navigator** 很容易实现选中某一单元对应的所有实例，并且更改所有选中实例的属性。在原理图中选择实例时，**Libraries Navigator** 会高亮相应的单元。在电路中选中 *pmos25* 单元的实例，用鼠标右键单击 **Libraries Navigator** 中 *pmos25* 单元，选择 **Find Instance of This Cell** 命令，此时，电器中所有 *pmos25* 单元实例将被选中，即可更改所选符号的属性，或者对所选单元进行其他操作，如图 1.19 所示。

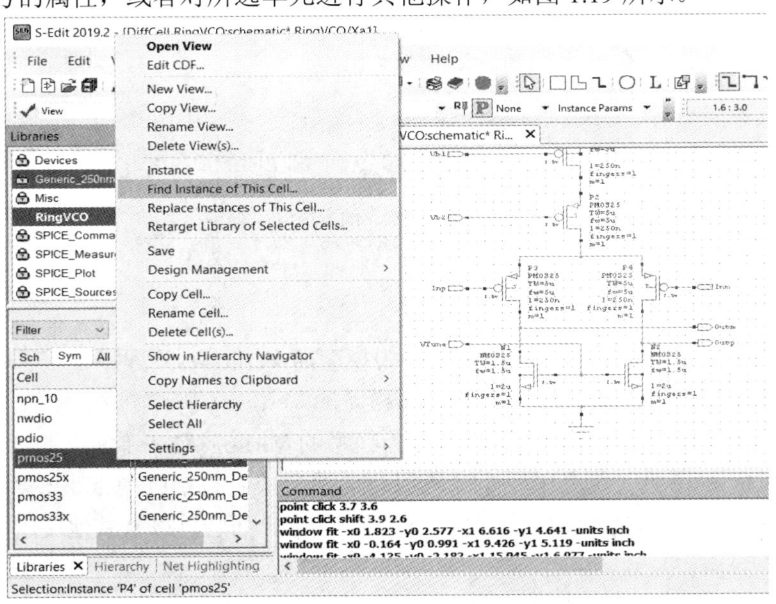

图 1.19　选中实例并更改其属性

1.3.5 Verilog-A 视图基础

在项目初期系统级仿真阶段，模拟电路设计工程师通常用 **Verilog-A** 视图来定义模拟电路的行为模型。**Verilog-A** 视图可以抽取后用于仿真器仿真。

❖ 下面介绍 RingVCO 的 Verilog-A 视图。

步骤 1：打开 *RingVCO* 设计工程，路径为 *[Install Path]\Designs\RingVCO\lib.defs*。

步骤 2：在 **Libraries Navigator** 窗口中选择 *RingVCO* 设计。

步骤 3：在 **Cell View Navigator** 中双击 *RingVCO* 的 *veriloga* 视图，如图 1.20 所示。

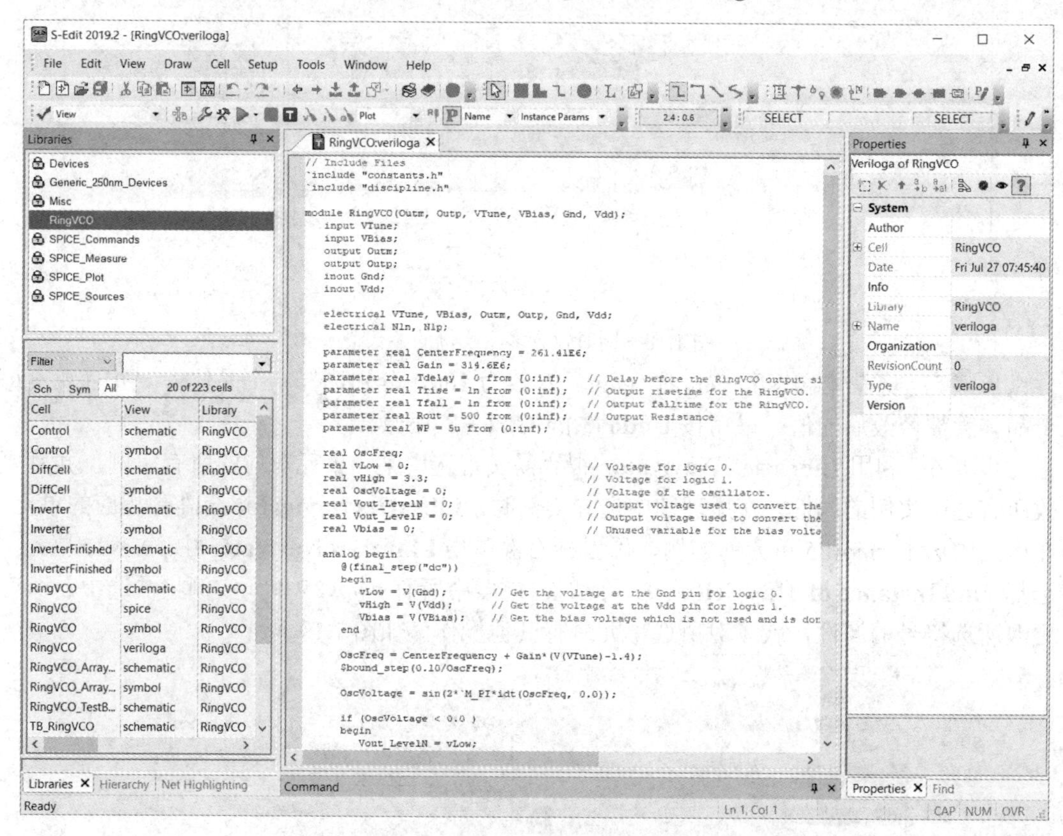

图 1.20　RingVCO 的 veriloga 视图

1.3.6 文本视图的一般信息

□ **Verilog-A** 视图包含定义模拟单元行为模型的 Verilog-A 代码。

□ **Verilog** 视图包含定义数字单元行为模型的 Verilog 代码。

□ **Verilog-AMS** 视图包含混合信号行为模型的 Verilog-AMS 代码。

□ **SPICE** 视图包含定义单元全部模拟行为模型或者包括版图寄生参数的 SPICE 语句，基于 **S-Edit** 内建的文本编辑器可以进行文本编辑，而且可以从其他文本文件中复制和粘贴代码。

□ 文本代码适用于所有实例视图。如果某个单元代码发生改变，那么进入该代码的单元视图后会发现，相同层级的实例单元视图已采用新代码。

□ 文本代码可以链接到硬盘的文件上，**SPICE** 视图使用**.include** 语句，而 **Verilog** 视图使用 **include** 语句。

1.3.7　SPICE 视图基础

模拟和数字电路工程师通常运用 **SPICE** 视图进行带寄生参数的版图后仿真。**SPICE** 视图提取后可以作为网表传给仿真器，通常经典器件都会有 SPICE 模型。

步骤 1：打开 *RingVCO* 设计工程，路径为*[Install Path]\Designs\RingVCO\lib.defs*。

步骤 2：在 **Libraries Navigator** 中选择 *RingVCO* 设计。

步骤 3：在 **Cell View Navigator** 中双击 *RingVCO* 的 **spice** 视图，如图 1.21 所示。

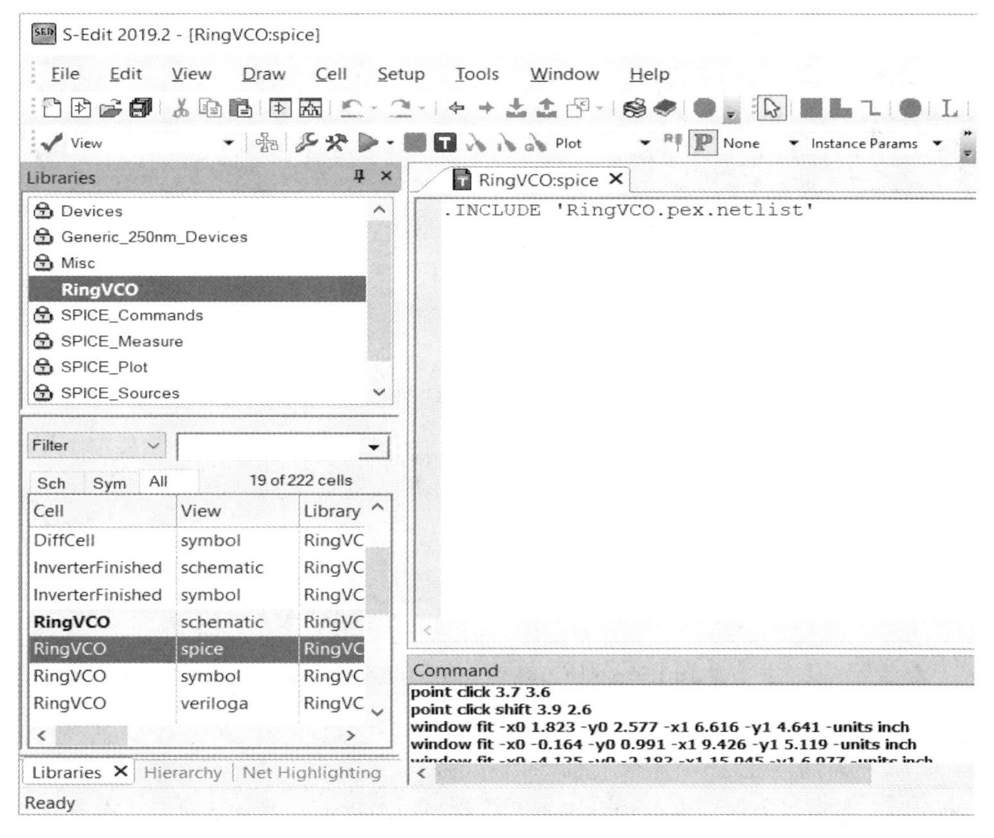

图 1.21　RingVCO 的 spice 视图

1.3.8　Verilog-AMS 视图基础

模拟和数字电路工程师通常用 Verilog-D 代码和 Verilog-A 代码，结合 **Verilog-AMS** 视图定义混合信号模型。可以提取 **Verilog-AMS** 视图给仿真器进行混合信号仿真。

❖ 打开 ADCCtrl 单元 Verilog-AMS 视图的操作步骤如下：

步骤 1：选择 **File** > **Close Design and Restart** 命令，关闭当前设计并重新启动 **S-Edit**。

步骤 2：打开 *ADC8* 设计工程。

步骤 3：在 **Libraries Navigator** 中选择 *ADC8* 设计工程。

步骤 4：在 **Cell View Navigator** 中双击 *ADCCtrl* 单元的 **verilog_rtl** 视图，如图 1.22 所示。

步骤 5：关闭 *ADC8* 设计工程。

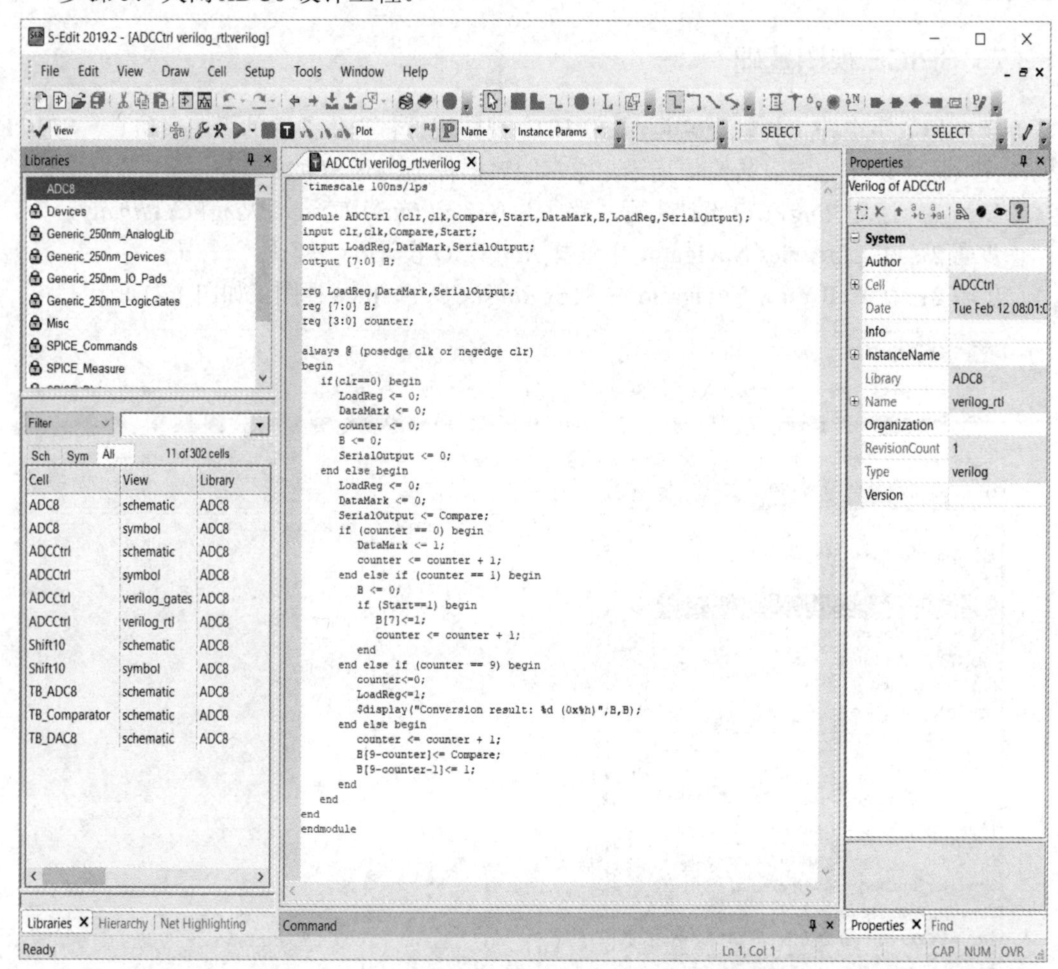

图 1.22　ADCCtrl 单元的 verilog_rtl 视图

1.3.9　视图类型和网表

每个单元都可以表示为多种抽象级别，也称为视图类型。通常情况下，在不同的设计阶段，单元视图类型也会随之改变。例如：

• 电路设计者新建 **Verilog-A** 视图单元定义模块的行为模型，**Verilog-A** 视图支持从上到下设计和早期系统级仿真。运行仿真时，单元采用 Verilog-A 代码建模。

• 电路设计者在单元中添加原理图，运用晶体管和其他电路单元进行详细设计。运行仿真时，单元采用 SPICE 语句来建模。

• 完成单元版图后，电路设计工程师在单元中添加 **SPICE** 视图，提取版图寄生参数，生成 SPICE 网表。当运行版图后仿真时，单元用 SPICE 电路建模，此时，包含寄生电容和寄生电阻。

对于给定仿真器，电路设计者可以控制单元抽象层次，也可以指定视图类型生成网表。视图类型以单元为界，不以实例为界，当相同单元的两个实例在同一设计仿真和网表中时，不能同时使用不同的视图类型。

当仿真或者生成网表时，一个单元只可以使用一种视图类型。但是，其他单元可以采用不同的视图类型。例如：

如果单元 *A* 选择 **Verilog-A** 视图类型，那么所有引用单元 *A* 的实例在仿真和网表生成时均采用 Verilog-A 代码。如果单元 *B* 使用 **SPICE** 视图类型，那么引用单元 *B* 的所有实例在仿真和生成网表时均采用 SPICE 代码。

1.3.10　将视图类型赋给网表

注意：长按鼠标右键 **Slow RMB** 是一种鼠标操作方式。这种操作方式要求电路设计者必须按住鼠标右键超过一秒钟。

❖ 运用 Slow RMB 设定视图类型的操作步骤如下：

步骤 1：打开 *RingVCO* 设计工程，路径为 *[Install Path]\Designs\RingVCO\lib.defs*。

步骤 2：打开单元 *TB_RingVCO* 的原理图。

步骤 3：滑动鼠标至 *RingVCO* 的实例 *X1* 上，单击按住右键 1 秒钟以上后放开，在弹出的菜单中可以选择采用何种视图仿真。

步骤 4：移动鼠标至弹出的 **Netlist** 菜单项，之后会弹出列表，这个列表包括可使用的网表视图类型。*RingVCO* 有三种视图类型：**veriloga**、**spice** 和 **schematic**，如图 1.23 所示。

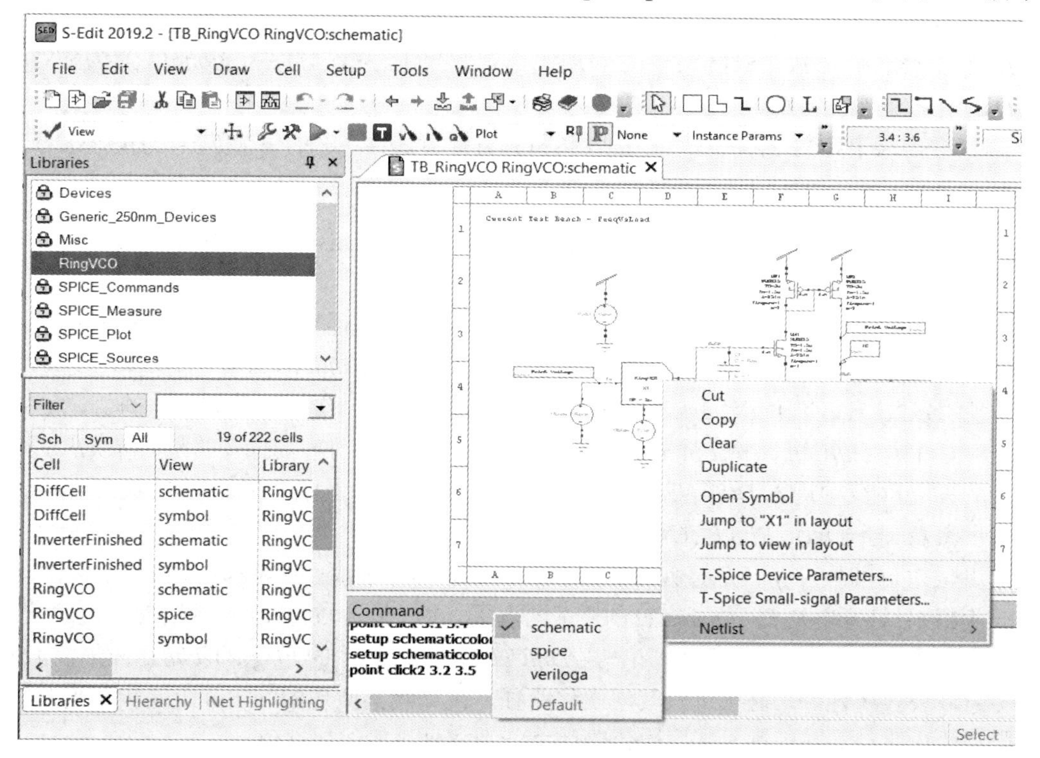

图 1.23　用 Slow RMB 设定视图类型

注意：schematic 打“√”表示当前选择原理图仿真或者生成网表，至于具体怎么设定默认网表视图可以参看手册中的 *Hierarchy Priority* 部分。

步骤 5：在弹出列表中选择 **veriloga** 视图类型，这样，在仿真或者生成 *RingVCO* 网表时会使用 **Verilog-A** 视图。当进行接下来的仿真时，*RingVCO* 所有实例将会用 Verilog-A 代码表示。

1.4 评估属性

1.4.1 属性表达式

1.3.3 节“符号视图元素”介绍的属性可能是明确的数值或者是表达式。现在我们将探讨可评估属性的全部功能，表达式支持标准数学运算符 –、*、/、** 和标准函数 sin()、cos()，等等。表达式中也可以使用以下前置操作符来关联其他属性：

□ %*T* (或者%{*T*})表示连接端口 T 的结点名。当在文中看见一个单元时，这个名称是指连线的层次化名称。

□ *$P* 表示同一实例的另一属性或者符号层面的另一个属性。比如：*TW=$W*$M*，表示同一器件的宽度和重复数量。此选项对应 Cadence® *iPar*()函数。

□ *?P* 表示上级单元的属性，但是只是向上一级。通常，上级实例的属性具有比符号默认值更高的优先级。此选项对应 Cadence® *pPar* ()函数。

□ *@P* (或者 *@{P}*)表示属性值 *P* 的最高级定义。如果 *TOP* 单元包含实例 *MID*，实例 *MID* 又包含实例 *BOT*，属性值 *P* 在 *BOT* 中从高到低的优先级顺序为 *global*，*MIDINST.P*，*MID SYM.P*，*BOTINST.P*，*BOTSYM.P*。

□ 在四端 PMOS 器件中，可以使用$前置符计算属性 *TW* 的值为 *TW= ${W}*${M}*。

❖ **查看视图属性的操作步骤如下：**

步骤 1：打开设计 *RingVCO*，路径为 *[Install Path]\Designs\RingVCO\lib.defs*。

步骤 2：打开单元 *DiffCell* 的原理图视图。

步骤 3：选择 *P4*(差分输入对右侧 PMOS 晶体管)，在属性导航栏(**Properties Navigator**)中可以看到此时 *Finger Width* (*fw*)的值为 5u。点击 *Finger Width* (*fw*)栏，晶体管值变为 **?W**，表示使用参数 **W** 的值设定上一层次化单元的实例。向上一级可以看到 **?W** 的值，比如在 *RingVCO* 中看 *DiffCell* 实例 *Finger Width* (*fw*)的值。由于当前直接打开的是 *DiffCell* 设计，没有从 *RingVCO* 中进入 *DiffCell*，因此在 *DiffCell* 设计符号上显示的是 **W** 的默认值。

步骤 4：打开单元 *RingVCO* 的原理图视图。

步骤 5：此时，*DiffCell* 的所有实例中 PMOS Width (W)均为 **?WP**。

步骤 6：打开单元 *TB_RingVCO* 的原理图视图。进入单元 *RingVCO*，观察 *RingVCO* 实例，此时所有属性为 **WP** = 5u。因此，下一层 *DiffCell* 单元实例 *P4* 的 *Finger Width* (*fw*)值也为 5u。

查看公式属性时，必须进入其层次化路径，比如观察原理图，实际上是指观察此原理图的层次化路径。必须进入其层次化路径才能观察到正确的属性值。

浏览层次化路径，选中实例，点击工具栏中的 **Push into context** 按钮( )或者快捷键

PgDn；返回上一层原理图，点击工具栏中 **Pop context** 按钮( )或者快捷键 **PgUp**。

步骤 7：在单元 *TB_RingVCO* 中选择符号 *RingVCO*，双击 *RingVCO* 符号进入下一级电路 *RingVCO*。双击 *RingVCO* 进入 *DiffCell* 实例，再双击进入从左往右数第三个 *Xa3* 实例。

步骤 8：当进入下一级电路时，**S-Edit** 将会在窗口的标题栏中显示层次化路径。在步骤 7 的例子中，从单元 *TB_RingVCO* 开始，进入下一级实例 *X1*，然后双击 *RingVCO* 单元进入单元 *DiffCell* 的实例 *Xa3*。原理图窗口的标题栏会显示 *DiffCell RingVCO*：*schematic TB_RingVCO/X1/Xa3*，表示当前处于 *DiffCell* 单元，这个单元来自 *RingVCO* 库。层次化路径从单元 *TB_RingVCO* 开始，先进入实例 *X1*，然后进入实例 *Xa3*。

步骤 9：如果评估属性没有开启，点击显示评估属性(**Display Evaluated Properties**)按钮(P None)开启。此时，可以看到电路视图中 *P4* 单元 *Finger Width (fw)*的评估值为 5 u。同时，在属性导航栏(**Property Navigator**)中属性也会显示评估值。**Property Navigator** 中评估值以绿色显示。

步骤 10：选择 *P1*(尾电流源，最上面位置的实例 *pmos25*)，观察 Drain Area、Drain Perimeter、Source Area 和 Source Perimeter 显示的评估值。

1.4.2　显示端口属性

□ 使用评估属性，可以显示实例端口的几种数值，包括端口名称、连线名称、直流电压、直流电流和直流电荷。

前两项会始终显示，后面三项与当前工作点分析相关。

□ 在四端 NMOS(*nmos25x*)符号视图中，MOSFET 符号上具有某些特殊属性。例如：

- ANNOTATE.Drain = [annotate port D -digits $:： gnAnnotationDigits]
- ANNOTATE.Gate = [annotate port G -digits $:： gnAnnotationDigits]
- ANNOTATE.Source = [annotate port S -digits $:： gnAnnotationDigits]
- ANNOTATE.Bulk = [annotate port B -digits $:： gnAnnotationDigits]

□ 这些属性关键因素是：

(1) 属性值很重要，属性名称关系不大。

(2) 属性值在中括号中包含字符串 *annotate port portname*，其中 *portname* 是符号端口名称。打开四端口 *nmos25x* 单元的符号视图可以观察这些属性：-digis 字段表示结果为数值，由 TCL 变量指定有效位数进行四舍五入；:： **gnAnnotationDigits** 默认四位有效位。

(3) 符号或者单个实例显示属性可以显示端口名称、连线名称、直流电压、直流电流、直流电荷或者什么都不显示。使用显示评估属性按钮(**Display Evaluated Properties**)和 **Spice Simulation** 工具栏中 **Annotate port** 下拉菜单决定这些属性是否显示。

❖ **查找，观察端口注释的操作步骤如下：**

步骤 1：打开设计 *RingVCO*，路径为*[Install Path]\Designs\RingVCO\lib.defs*。

步骤 2：打开单元 *TB_RingVCO* 的原理图视图。

步骤 3：在单元 *TB_RingVCO* 中选择符号 *RingVCO*，进入该符号电路中。双击单元也可以进入子电路 *RingVCO*，再进入子电路左数第三个 *DiffCell* 实例(*Xa3*)。

步骤 4：打开显示评估属性(**Display Evaluated Properties**)按钮，在显示评估属性按钮

旁边的 **Annotate Port** 下拉菜单中选择 **Name**，此时可以看见晶体管端口名称 S、G 和 D，如图 1.24 所示。

步骤 5：在显示评估属性(**Display Evaluated Properties**)按钮旁边的 **Annotate Port** 下拉菜单中选择 **Net**，此时原理图中会显示出层次化的连线名称，*Vdd*、*X1/Vb1* 和 *X1/Xa3/N_1*，如图 1.25 所示。

步骤 6：选择 **None**，不显示任何注释属性。

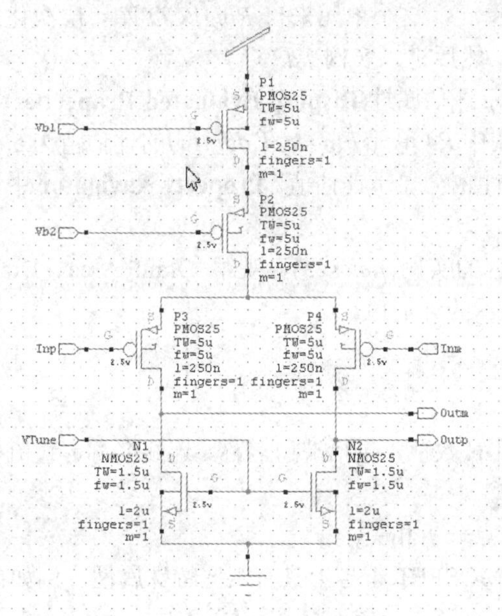

图 1.24　显示晶体管端口名称 S、G 和 D

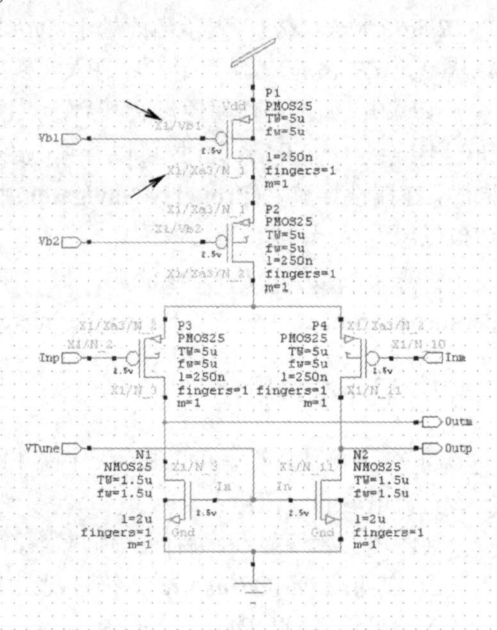

图 1.25　显示原理图层次化连线名称

1.5 创 建 设 计

1.5.1　保存设计

在继续学习本节内容之前，应先学习如何保存设计。**File > Save** 菜单如图 1.26 所示。

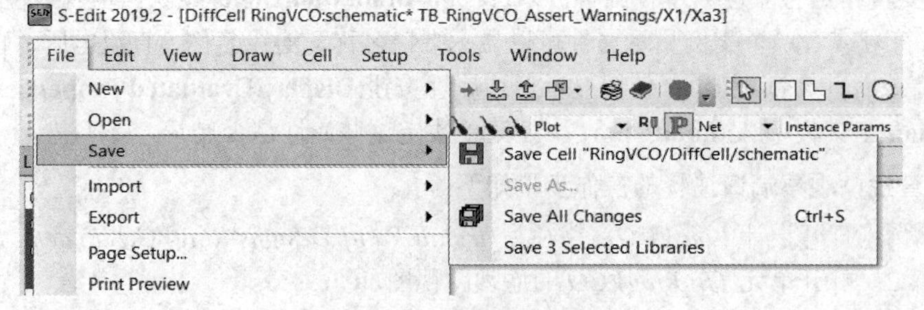

图 1.26　从文件中保存设计

有多种保存设计的方法，如下：

□ **File > Save > Save Cell** *CellName*：只保存对该单元的修改，但不保存对其他单元或

库的修改。

☐ **File > Save > Save all changes**：保存对设计和所有库的修改。

☐ **File > Save > Save #** *selected Design/Libraries*：保存在 **Libraries Navigator** 库列表中被选中的 *Design/Libraries*。

也可以通过在 **Libraries Navigator** 中的库上单击鼠标右键，或通过在 **Cell View Navigator** 中的单元视图上单击鼠标右键来保存设计，如图 1.27 所示。

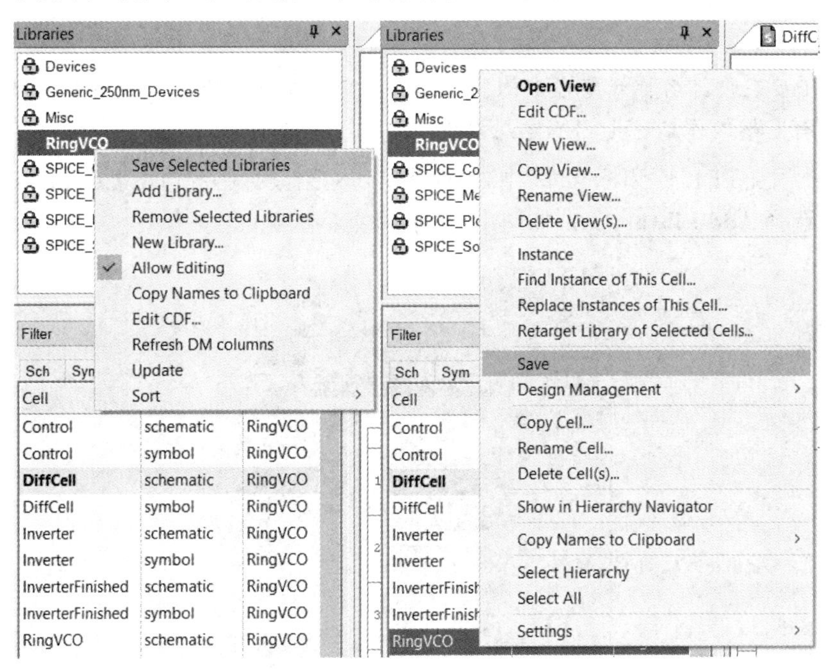

图 1.27　从 Library Navigator 中保存设计

1.5.2　创建设计

本节我们将创建一个设计案例，并将 PDK 库和标准库加入其中。在 **S-Edit** 中，可以创建一个整合了 OA 库的设计。库是包含多个设计单元的集合，一个设计通过 *lib.defs* 文件定义可以整合一个或多个库。*lib.defs* 是定义设计中所调用库文件的文本文件。

在 **S-Edit** 中，如果已经打开了一个设计档案，可以通过 **File > New > Library...**创建一个新的 OA 格式库并将其整合到当前的设计中(*lib.defs* 文件中)。如果没有打开设计档案时执行了 **File > New > Library...**，将会创建新的库和 *lib.defs* 文件。通常，新建库作为一个子文件夹和 *lib.defs* 文件在同一路径下。由于是新建立的库和 *lib.defs* 文件，因此要确保保存位置下没有已存在的 lib.defs 文件。

❖ 创建一个新设计并添加 PDK 和标准库的操作步骤如下：

步骤 1：打开一个新的 **S-Edit** 窗口，通过 **File > New > New Design...** 创建新的设计，在安装设计范例的位置创建新设计，默认位置为 *Documents \ TannerEDA \ TannerTools_v20XX.X *。可以通过新建设计窗口中的“浏览”按钮选择一个新的位置并手动输入文件夹名如 MyChip 来保存设计，如图 1.28 所示。

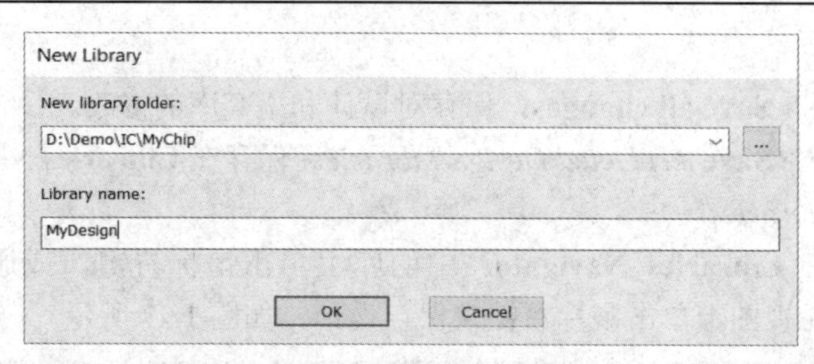

图 1.28　新建设计对话框

注意：不要在设计名称或路径中的任何文件夹名称中使用空格，因为 *lib.defs* 文件不能引用路径中有空格的库，这是 OA 格式的限制。

步骤 2：添加 PDK 库和标准库。要执行此操作，用鼠标右键单击 **Libraries Navigator** 的库部分，选择 **Add Library ...**，如图 1.29 所示。

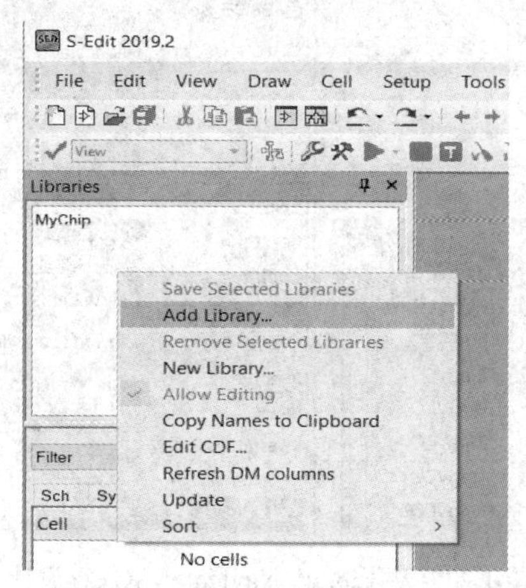

图 1.29　执行添加 PDK 库和标准库导航窗口显示

步骤 3：在 **Add Library** 对话框中，通过 **Include Library definition file** 后的“浏览”按钮选择范例中 *Process\Generic_250nm* 子目录中的 *lib.defs* 文件，并点击 **Include** 按钮进行添加，如图 1.30 所示。

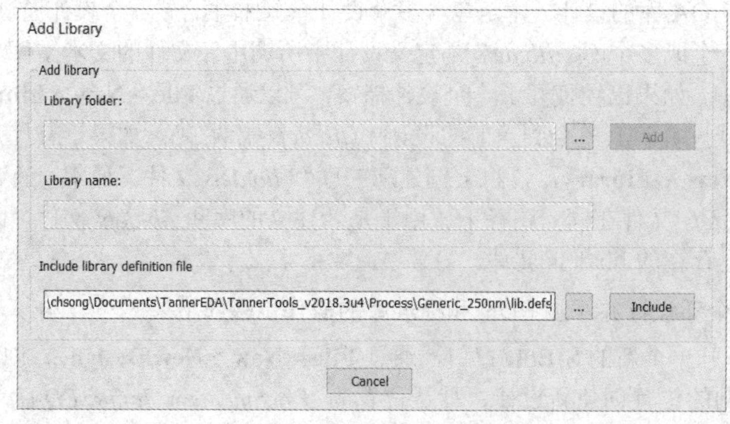

图 1.30　添加 PDK 库对话框

步骤 4：再次右键单击 **Libraries Navigator** 窗口空白处，并通过 **Include Library**

definition file 后的“浏览”按钮选择范例中 *Process\Standard_Libraries* 子目录中的 *lib.defs* 文件，并点击 **Include** 按钮进行添加，如图 1.31 所示。

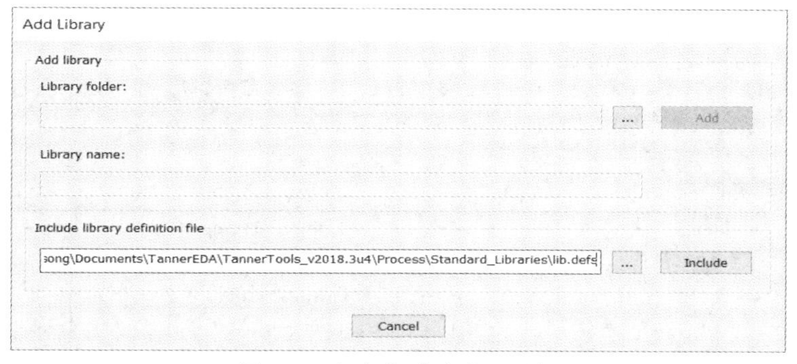

图 1.31　添加标准库的对话框

步骤 5：此时，在 **Libraries Navigator** 中看到的库列表如图 1.32 所示，保存设计。

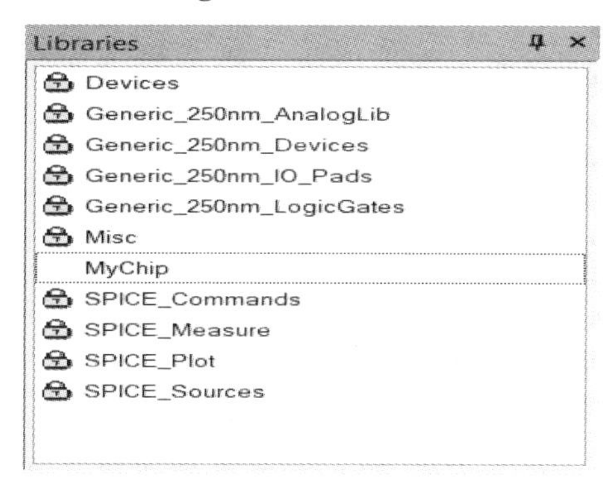

图 1.32　添加完成的 Libraries Navigator

1.5.3　创建原理图

❖ 创建原理图的操作步骤如下：

如果想跳过创建反相器单元的步骤，可以直接打开 *RingVCO* 设计中提供的名为 *InverterFinished* 的完整单元。

步骤 1：打开 *[Install Path]\Designs\RingVCO\lib.defs*。

步骤 2：通过选择 **Cell > New View** 命令创建名为 *Inverter* 的原理图视图。在弹出的 **Library** 窗口中选择 *RingVCO*，**Cell** 名填入 *Inverter*，**View type** 选 *schematic*，**View name** 填入 *schematic*，如图 1.33 所示。点击 **OK** 按钮后，将会打开一个新的绘图窗口用于创建原理图。

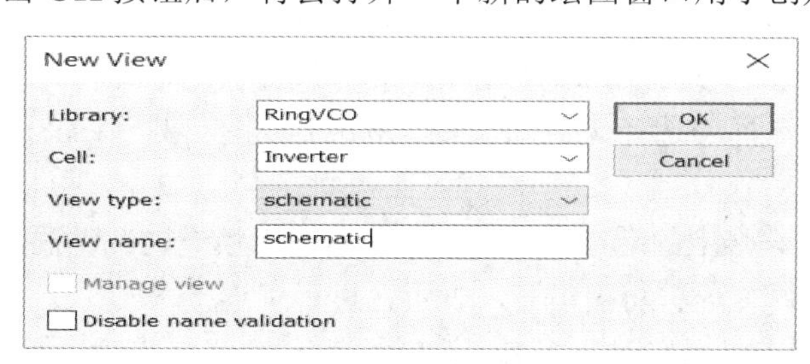

图 1.33　创建原理图视图对话框

步骤 3：在 **Libraries Navigator** 中选择 *Generic_250nm_Devices* 库，在 **Cell View Navigator** 中选择 *pmos25x* 单元的符号视图，并拖放到原理图中，从而实例化该符号，如图 1.34 所示。

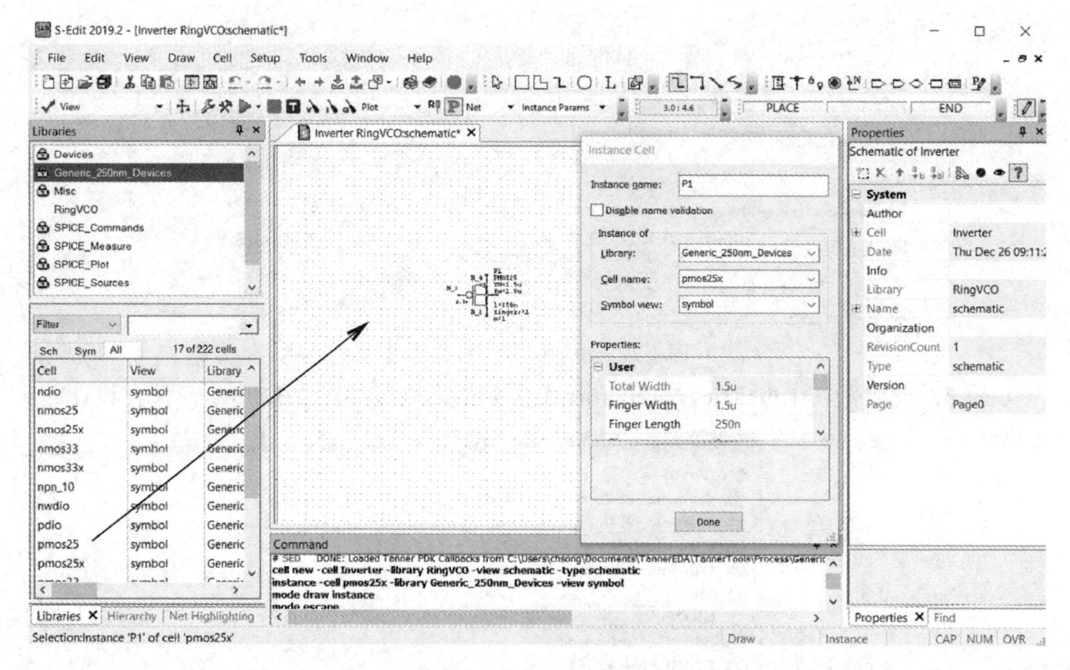

图 1.34　实例化符号视图

步骤 4：在放置实例之前，可以使用 + / − 键或鼠标滚轮放大或缩小窗口，或使用方向键平移窗口，为实例找到合适的摆放位置。

步骤 5：在 **Instance Cell** 对话框中可以更改单元名称或属性，更改属性将会使符号默认值被覆盖掉。此处将实例名称更改为 *P1*。

步骤 6：单击原理图绘制窗口放置 *PMOS* 实例。

步骤 7：可以继续单击鼠标放置更多 *pmos25x* 实例，在放置之前，按 **H** 或 **V** 键可以水平或垂直翻转实例，按 **R** 键可以旋转，可以在 **Instance Cell** 对话框中修改每个实例的属性。在反相器的原理图中，只需要一个 *pmos25x*，因此我们将修改下一步放置的实例，而不需要继续放置 *pmos25x*。

步骤 8：可以通过在 **Instance Cell** 对话框中输入新的 **Instance Name** 来更改实例名称，还可以选择新的 **Cell name** 来更改需要实例化的单元。

步骤 9：在 **Instance Cell** 对话框中选择单元 *nmos25x*，将实例名称更改为 *N1*，并在原理图上通过单击将 *nmos25x* 放在 *pmos25x* 下面，如图 1.35 所示。

步骤 10：从 *misc* 库中选择 *Gnd* 单元的 *symbol* 视图实例，并将其连接到 *nmos25x* 的底部(源)端口，再从 *misc* 库中选择 *Vdd* 单元的 *symbol* 视图实例，将其连接到 *pmos25x* 的顶部(源)端口。

步骤 11：注意，符号上的端口在未连接时显示为未填充的红色框，当直接连接到另一个符号或用导线连接时，该框将被填充，表示已进行了连接。

步骤 12：通过单击鼠标右键、按 **Esc** 键或按 **Instance Cell** 对话框上的 **Done** 按钮退出实例模式。

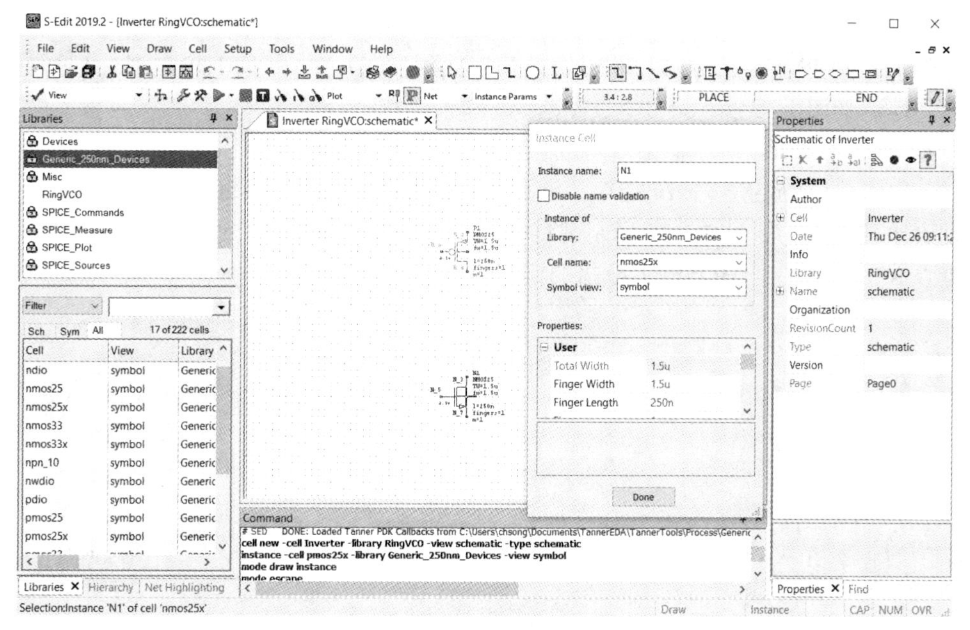

图 1.35 放置 nmos25x 实例

步骤 13：放置的实例应如图 1.36 所示。

步骤 14：将两个 MOSFETs 的栅极(G)端口通过导线连接在一起。要绘制导线，选择工具栏上的 **Wire** 绘制按钮( )，单击鼠标左键放置顶点，单击鼠标右键结束导线而不放置顶点，双击鼠标左键将在双击位置放置顶点以结束导线，按 **Esc** 键将撤销整个导线。

步骤 15：未连接的符号端口和未连接的线端点显示为未填充的红色框，当线端点正确连接到符号端口时，该框将被填充，表明它们正确连接。对于两个端口或两条直接连接的导线也是如此。

步骤 16：将两个栅极端口连接在一起，如图 1.37 所示。在 *pmos25x* 符号栅极端口开放的红色框上单击鼠标左键，向下拖动鼠标绘制导线；在 *nmos25x* 符号开放的红色框上单击鼠标左键完成连接后，单击鼠标右键结束导线。

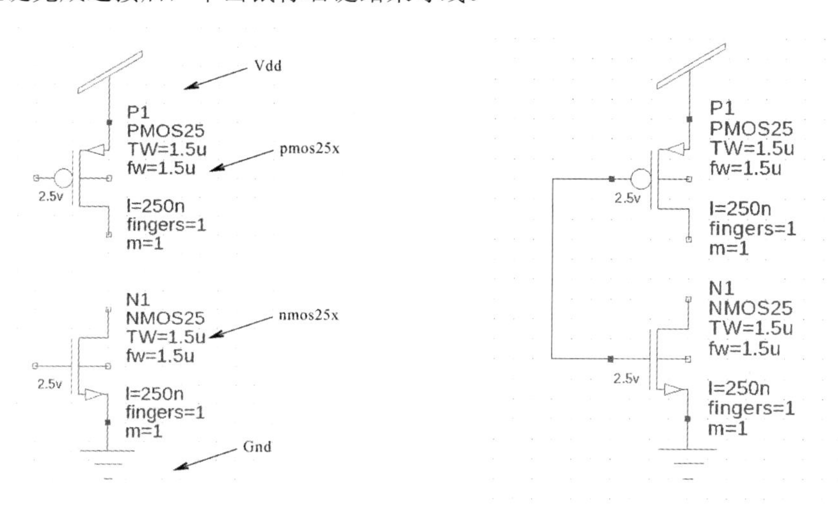

图 1.36 放置实例后的原理图视图

图 1.37 连接栅极端口

步骤 17：把两个漏极端口连接起来，如图 1.38 所示。

步骤 18：将 PMOS 的源端口和衬底端口连接到 VDD，并将 NMOS 的源端口和衬底端口连接到地，如图 1.39 所示。

步骤 19：把输入端口和输出端口放在反相器上。端口的类型可以是 *In*、*Out*、*In/Out*、*Other* 或 *Global*。要放置一个 *In* 端口，单击 **Electrical** 工具栏上的 **In Port** 按钮(▷)，将鼠标拖动到原理图上，通过单击鼠标左键将端口放置到原理图上。将端口放在原理图左侧，大致垂直居中，连接到 MOSFET 栅极的网络，如图 1.40 所示。

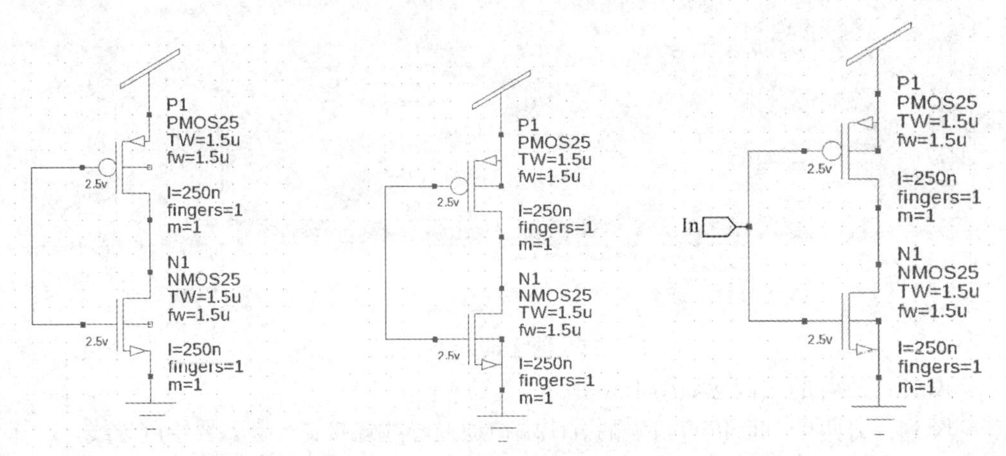

图 1.38　连接漏极端口　　图 1.39　连接源极、电源和地　　图 1.40　连接输入/输出端口

步骤 20：单击左键放置端口后，将出现一个对话框，用于设置端口名称、大小和对齐参数，如图 1.41 所示。将端口命名为“A”，并将方向设置为“West”，按 **OK** 按钮，得到如图 1.42 所示的结果。

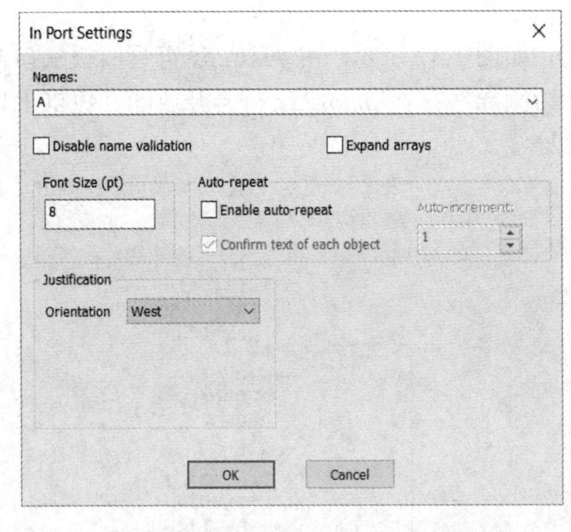

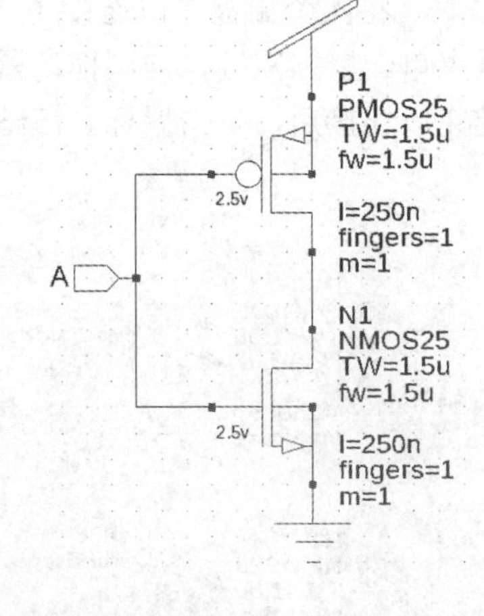

图 1.41　设置端口名称、大小和对齐参数　　图 1.42　将输入端口命名为“A”的结果

步骤 21：通过选择 **Enable Auto-repeat** 可以连续放置多个端口：如果 **Confirm text of each object** 被选中，则每次单击后都会显示对话框以确认新的端口名；如果 **Confirm text of each object** 未被选中，则不会显示对话框，可以放置任意多个端口。按鼠标右键或按 **Esc** 键退出端口放置模式，如果端口名以数字结尾，则当连续放置多个端口时，该数字将按对

话框中的 **Auto-repeat** 值递增。

步骤 22：放置一个输出端口，如图 1.43 所示将其命名为“Y”，并连接到漏端。使用 *Out* 端口按钮( )添加，将 *Out* 端口的方向设置为 East。

步骤 23：**S-Edit** 的橡皮筋功能可以在移动实例时保持连接到实例的导线，通过绘制拖曳下所示的选择框，选择原理图顶部的 *pmos25x* 和 *Vdd* 实例以及连接的导线。首先按 **Select** 工具栏按钮( )进入选择模式，然后按住左键拖动一个矩形，如图 1.44 所示，释放鼠标按钮。

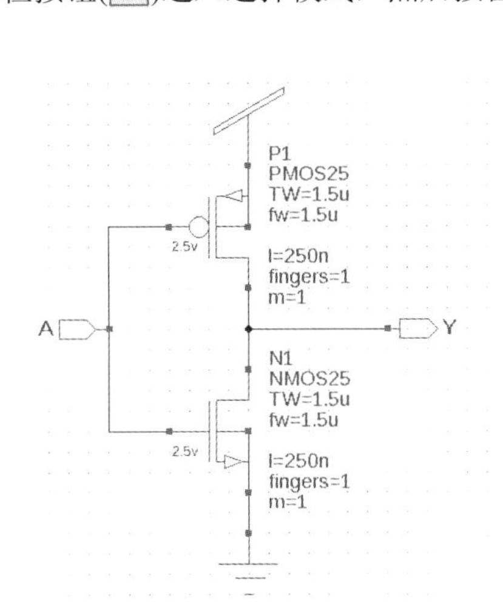

图 1.43　放置输出端口

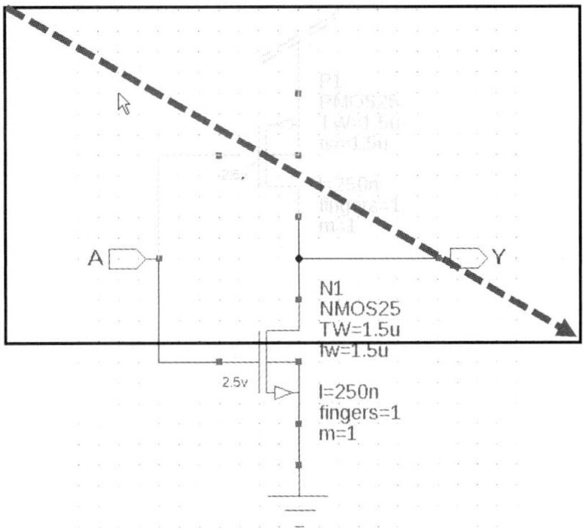

图 1.44　S-Edit 的橡皮筋功能示意图

步骤 24：按住鼠标中键，同时向上或向下拖动鼠标以移动两个实例，期间任何连接都不会断开。选择 **Edit > Undo (Ctrl + Z)**将实例放回到其原始位置。

步骤 25：如果要单独移动实例，在执行移动操作之前，通过选择 **Draw > Force Move** (**Alt + M** 快捷键)，强制它们与连接的导线分离。选择 **Force Move**，用鼠标右键单击 *PMOS25x* 实例，按住鼠标中键并拖动鼠标以移动它，确保实例已移动脱离其连接。选择 **Undo** 将实例返回到其原始位置。

1.5.4　创建符号

❖ 为反相器创建一个符号的操作步骤如下：

本节衔接上一节继续讲解。

步骤 1：用 **Cell > New View**，选择 *RingVCO* 库，单元选择 *Inverter*，视图类型选择 *symbol*，输入视图名称为 *symbol*，如图 1.45 所示。

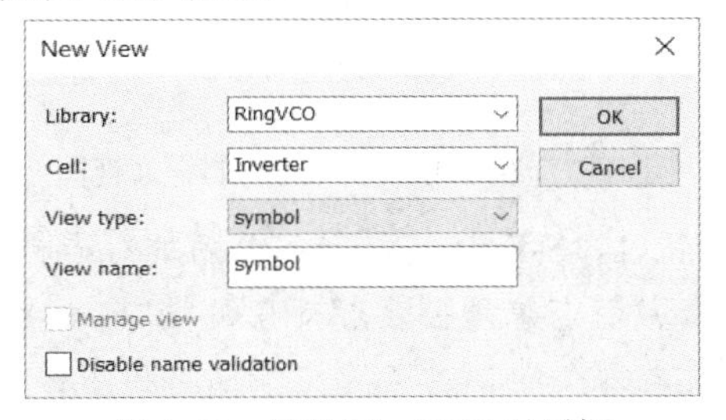

图 1.45　打开 RingVCO 对话框

步骤 2：按 **OK** 按钮后，将获得一个新符号视图的空白绘图区域。

❖ **自动生成一个反相器符号的操作步骤如下：**

步骤 1：**S-Edit** 可以从原理图上的端口自动生成符号，选择 **Cell > Generate Symbols**，并按图 1.46 所示设置选项，点击 **Replace** 按钮。

Generate Symbols
Source
Library: RingVCO　Apply to all cells
Cell: Inverter
View: schematic
Replace
Modify
Cancel
Target
View name: symbol
Ports
Left side:
Right side:
Top side:
Bottom side:
Create non-existing ports
Preferences
Input ports go on: left
Output ports go on: right
In/Out ports go on: left
Other ports go on: top
Global ports go on: bottom　Include global ports
Minimum symbol size: 6 x 6 snap grid units
Port spacing: 2 snap grid units
Whisker length: 1 snap grid units
Add text labels for ports　Add back-annotations for ports
Display cell name　Display instance name
Font size: 1 snap grid units

图 1.46　创建符号视图对话框

步骤 2：如果符号视图为空，则 **Generate Symbols** 将创建一个方框图形，并放置与原理图上相对应的端口，还将放置对应于每个端口的文本标签。如果一个符号已经存在图形或者端口，则 **Generate Symbols** 将根据原理图添加新端口到符号视图，但不会修改图形或删除任何现有的端口。为反相器自动创建的符号视图如图 1.47 所示。

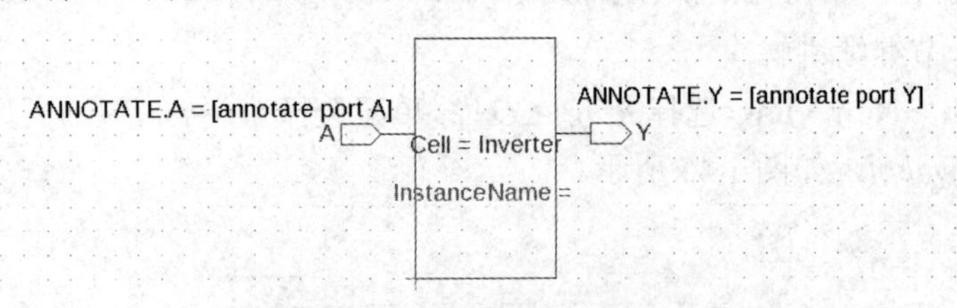

图 1.47　为反相器自动创建的符号视图

注意：单击 **Replace** 按钮时，**S-Edit** 将打开一个新的符号视图(如果已经存在，则删除内容)，并创建一个方框图形，放置与原理图上相对应的端口。如果在对话框中勾选“Add text labels for ports”，则还将放置与每个端口对应的文本标签和注释。如果要更新符号而不更改其图形，可以单击 **Modify** 按钮。在这种情况下，**S-Edit** 不会修改图形，但会删除旧端口，并根据原理图添加新端口。在图形下会有一个已修改内容的摘要记录，用户可以检查记录，手动移动端口或标签，然后删除记录。

步骤 3：修改这个符号，使其更适合用于反相器。使用 **Path** 工具为符号绘制三角形，选择工具栏上的 **Path** 绘制按钮( )，再选择分段工具栏上的 **All Angle** 按钮( )，然后单击鼠标左键放置顶点，移动鼠标并继续单击左键将放置下一个顶点，接着单击右键完成线路的绘制，最后双击左键将在选定位置结束路径。

步骤 4：单击工具栏上的圆绘制按钮，在三角形的右顶点按鼠标左键拖动鼠标绘制圆。

步骤 5：删除由 **Generate Symbols** 放置的方框图形。单击工具栏上的 **Select** 按钮( )，再单击该方框图形将其选中(选中时将突出显示)，然后按 **Delete** 键删除该方框图形。

步骤 6：将端口和标签移动到绘制的新图形上，如图 1.48 所示。在选择模式下，可以在所选区域中拖动鼠标来选择对象，按住中键并移动鼠标从而移动对象；还可以使用 **Properties Navigator** 更改端口和标签的文本大小。

适应于反相器的符号视图如图 1.48 所示。

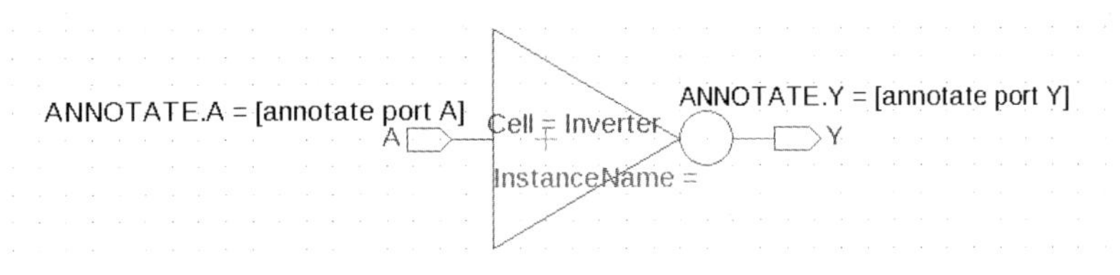

图 1.48　适应于反相器的符号视图

1.5.5　创建总线和阵列

S-Edit 支持阵列、总线和束集合。走线是连接的基本单元，总线是一组具有相同名称、数字标识符和增量的连接，束是走线和总线的集合。

□ 阵列是通过使用包含阵列语法的实例名分配实例来创建的，创建步骤如下：

· 命名一个实例 **array_name<n1：n2：step>**：创建一个名为 **array_name<n>**的实例阵列，其中 *n* 从 *n1* 开始，以 *n2* 结束，并按 *step* 递增，*step* 默认为 1，可以省略。实例名称 **U<0：7>**定义了一个实例阵列，元素为 **U<0>**，**U<2>**，…，**U<7>**。二维阵列可以通过命名实例 **U<n1：n2：step1> <n3：n4：step2>** 来创建，列向量首先递增。实例名称 **U<0：7> U<0：3 >**创建一个阵列，名为：

U<0><0>, U<0><1>, U<0><2>, U<0><3>,
U<1><0>, U<1><1>, U<1><1>, U<1><3>,
U<2><0>, U<2><1>, U<2><1>, U<2><3>,
…
U<7><0>, U<7><1>, U<7><1>, U<7><3>

· **S-Edit** 支持一维、二维的阵列和总线。OA 数据库格式仅支持一维阵列，**S-Edit** 扩展了 OA 数据库以支持二维阵列，因此它可以保存和恢复它们。但是如果使用二维阵列，二维阵列将以非原生方式保存在 OA 数据库中，其他可读取 OA 的 EDA 工具可能无法正常打开。

□ 总线是通过使用总线语法为走线分配一个名称来创建的，创建步骤如下：

• 与阵列类似，使用连线标签工具命名一条线 **bus_name<n1：n2：step>**：创建一条名为 **bus_name<n>**的网络总线，其中 *n* 从 *n1* 开始，在 *n2* 结束，并按 *step* 递增，*step* 默认为 1，可以省略。名称 **A<0：7>**创建 8 位宽的总线为 **A<0>, A<2>, …，A<7>**。二维总线可以通过命名 **bus_name <n1：n2：step1><n3：n4：step2>** 来创建，与阵列一样，列向量首先递增。

示例如下：

步骤 1：打开 *RingVCO* 设计，路径为*[Install Path]\Designs\RingVCO\lib.defs*。

步骤 2：关闭所有窗口，打开 *RingVCO_ArrayBus* 单元的原理图。

步骤 3：*RingVCO_ArrayBus* 单元与 *RingVCO* 单元相同，只是使用总线和阵列。

步骤 4：使用 *DiffCells* 阵列实现 *RingVCO*，其步骤如下：通过为 *DiffCell* 实例命名，创建一个由 9 个 *DiffCell* 组成的阵列 *DiffCell*<0：8>，名称中<0：8>的字段将实例指定为阵列，如图 1.49 所示。注意束集合 *Outm*，*N<0：7>*连接到 *DiffCell* 的 *Inp* 端口和束集合 *N<0：7>*，*Outm* 连接到 *DiffCell* 的 *Outm* 端，以串联方式连接 *DiffCell*，即 *DiffCell<0>*的 *Inp* 端口连接到 *Outm*，*DiffCell<0>*的 *Outm* 端口连接到 *N<0>*，*DiffCell<1>*的 *Inp* 端口与 *N<0>*相连，*DiffCell*<1>的 *Outm* 端口连接到 *N<1>*等。总线可以使用紧凑的格式命名，如 **bus_name<n1：n2：step>**，或者可以将其展开分别命名组件。

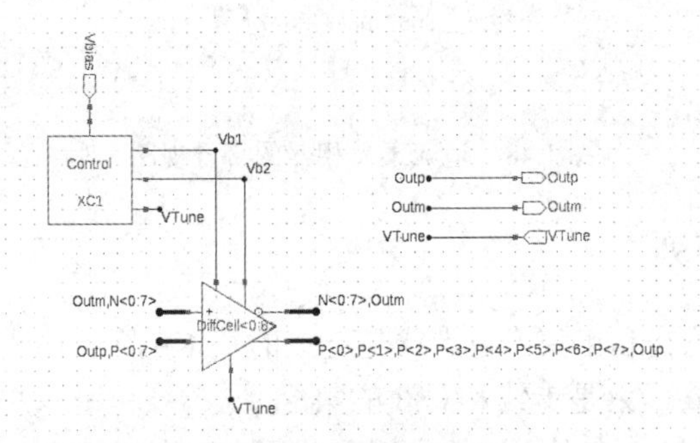

图 1.49　创建阵列

步骤 5：打开单元 *TB_RingVCO* 的原理图，将 *RingVCO* 的实例替换为 *RingVCO*_ArrayBus 的实例，通过选择 *RingVCO* 并运行 **Cell > Replace Instances** 来完成此操作，如图 1.50 所示。替换实例后的原理图视图如图 1.51 所示。

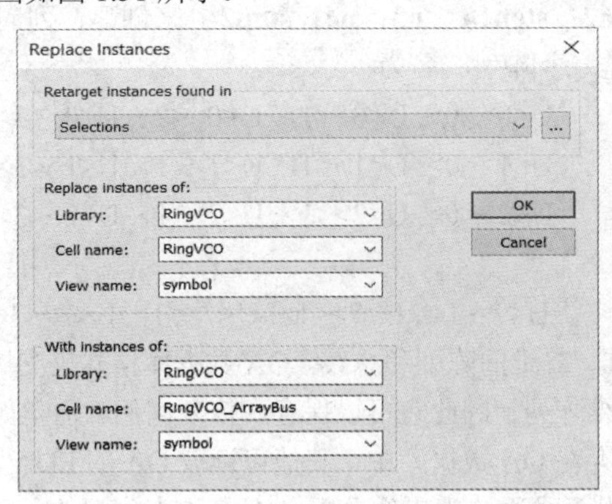

图 1.50　替换实例对话框

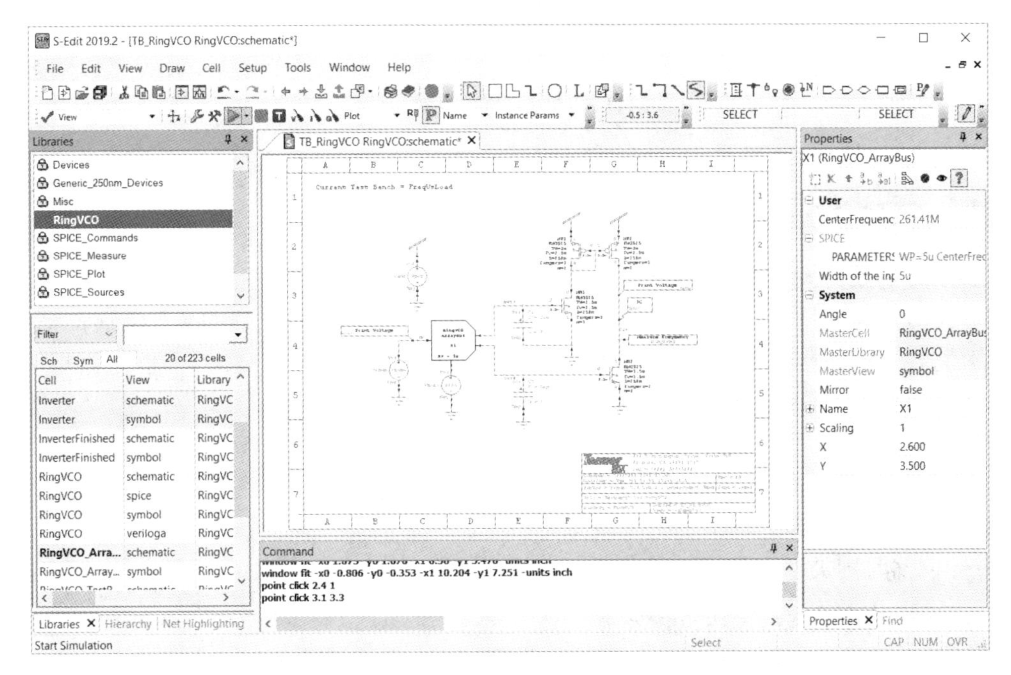

图 1.51　替换实例后的原理图视图

步骤 6：按工具栏上的 **T-Spice** 按钮( )，导出 *TB_RingVCO* 的 SPICE 网表，如图 1.52 所示。

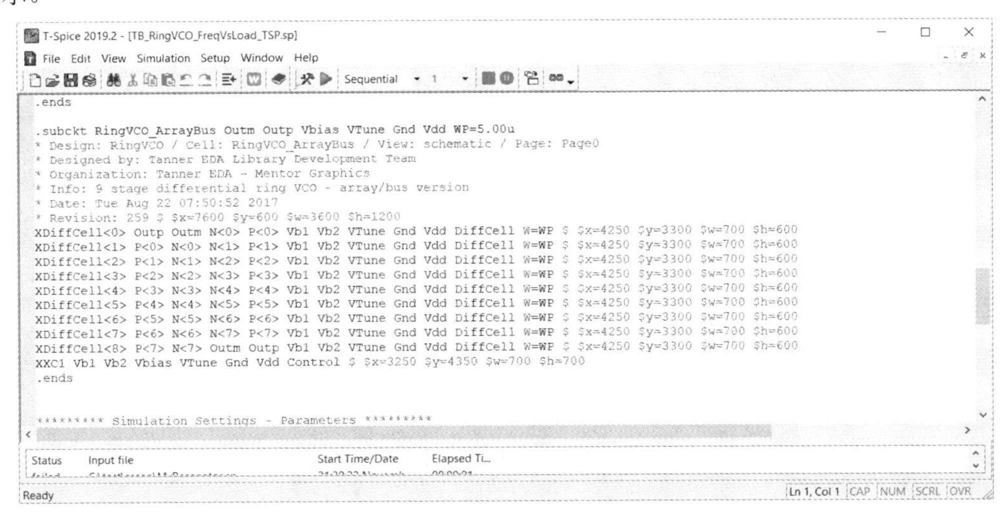

图 1.52　用于 TB_RingVCO 的 SPICE 网表

注意：由于 SPICE 不支持阵列和总线，因此阵列已扩展为单独的子电路，总线已扩展为单独的走线。

步骤 7：关闭 **T-Spice** 按钮。

步骤 8：在 **S-Edit** 中，使用 **Ctrl + Z** 键撤销替换实例的更改，或者关闭设计而不保存。

其他总线和阵列示例可在 Examples 文件夹中找到，该文件夹可从 **S-Edit** 安装，路径为 C：*\Users\<username>\Documents\TannerEDA\TannerTools_v20XX.X\Designs\BusesAndArrays*。

1.6　检查设计

1.6.1　运行检查设计

S-Edit 的设计检查工具可以检查原理图创建过程中的许多常见错误。它们分为错误(这将阻止形成正确的连接)和警告(这不会阻止连接提取，但可能是用户的意外错误)。设计检查工具将检查的一些常见项目包括：

- 浮空线：有端点未连接的线。
- 浮空端口：实例上有端口没有连接。
- 无名称或非唯一名称的实例。
- 一根走线最多有一个输出端口与其相连。
- 同名且同类型的引脚。

❖ **运行检查设计的操作步骤如下：**

步骤 1：打开 *RingVCO* 设计(如果尚未打开)，路径为*[Install Path]\Designs\RingVCO\lib.defs*。

步骤 2：关闭所有窗口，打开 *TB_RingVCO_DesignCheck* 单元的原理图视图，并注意图 1.53 中标注的两个问题。

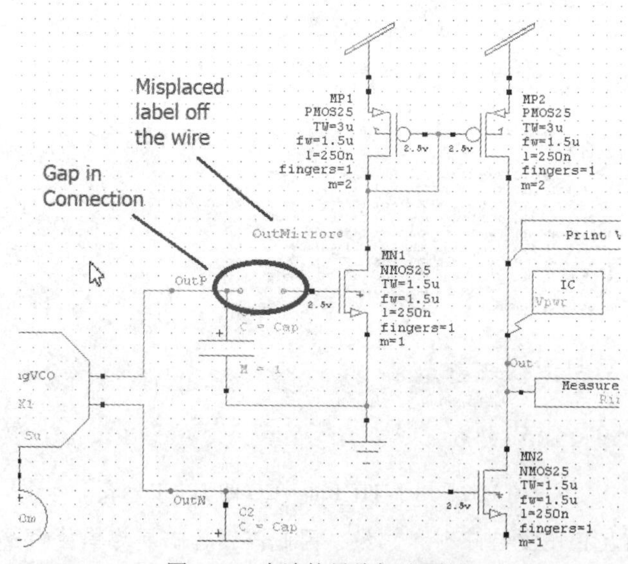

图 1.53　未连接导线标注图例

步骤 3：选择 **Tools > Design Checks > View**，或按 **Spice Simulation** 工具栏上 **Design Check** 下拉列表旁边的 **check mark** 按钮，确保下拉列表设置为 **View**(✓View ▾)以执行原理图检查。设计检查器将报告未连接导线端、未连接符号端口和未连接网络标签的警告。日志窗口中出现如图 1.54 所示的警告。

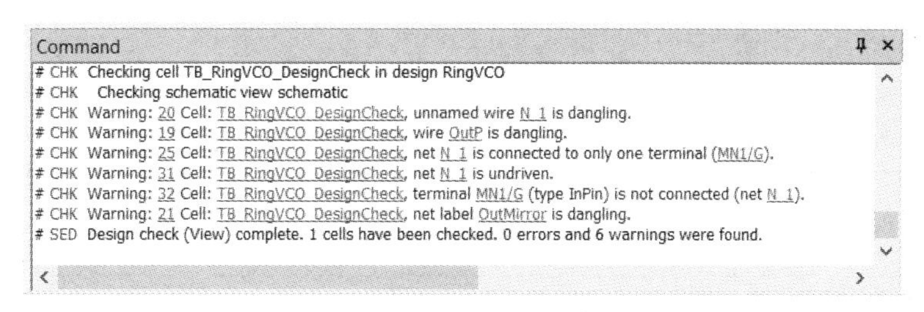

图 1.54　检查设计日志窗口

步骤 4：单击链接“**N_1**”以定位到原理图中未连接的栅极。

步骤 5：修正从走线 *OutP* 到 NMOS 栅极的连接，并将走线标签 *OutMirror* 移动到连接 NMOS 漏极的连线上。

步骤 6：再次运行 **Design Check** 以查看是否有其他问题。

步骤 7：设计检查器可以检查当前的原理图视图以及它包含的底层模块、所有库中的所有单元。

1.6.2　突出显示走线

❖ 突出显示一些走线的操作步骤如下：

步骤 1：打开 *RingVCO* 设计，路径为 *[Install Path]\Designs\RingVCO\lib.defs*。

步骤 2：关闭所有窗口，打开 *TB_RingVCO* 单元的原理图视图。

步骤 3：选择 *RingVCO* 输入端走线的任意位置。例如，选择走线标签“**In**”，如图 1.55 所示。

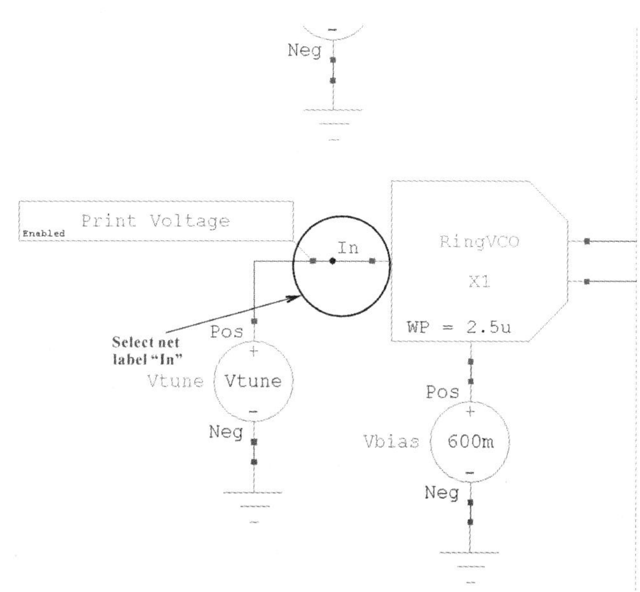

图 1.55　选择 RingVCO 的输入

步骤 4：选择 **Tools > Highlight Net** 或按图标突出显示网络并放大网络。

步骤 5：用快捷键减号放大原理图几次，再双击 *RingVCO*，可以看到实例内部相关走线也是突出显示的(如图 1.56 所示)。

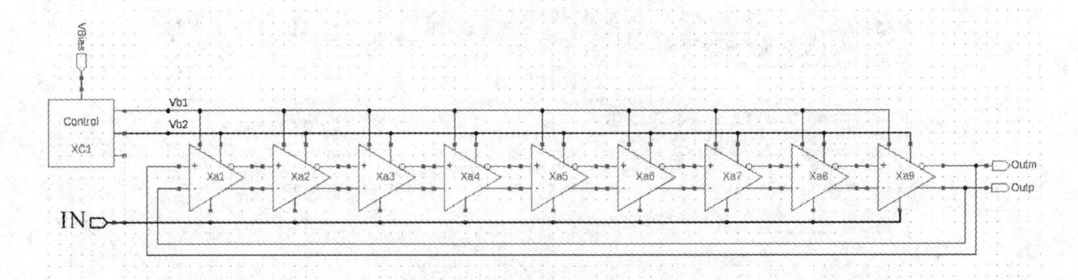

图 1.56　走线突出显示(1)

步骤 6：用鼠标双击最右边的 *DiffCell* 实例 *Xa9*，可以看到进入更底层模块时相关走线继续突出显示(如图 1.57 所示)。

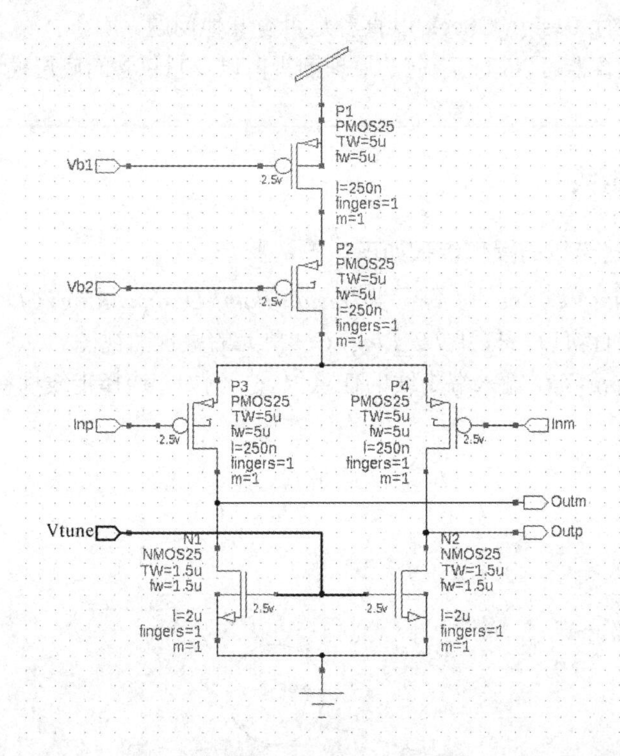

图 1.57　走线突出显示(2)

步骤 7：单击 *Outp* 端口并突出显示走线，使用 **Pop context** 按钮( )跳到上层电路，可以看到走线在其上层和下层电路中均能被跟踪。

步骤 8：在 *RingVCO* 原理图中，选择右侧的端口 *Outm*。通过选择 **Tools > Highlight Net** 或按 **Highlight Net** 工具栏按钮( )，突出显示当前示原理图视图中的整个 *Outm* 走线。突出显示某一走线时可以选取走线上的任意部分并通过 **Highlight Net** 功能实现整条走线的突出显示。

步骤 9：多条走线可以用不同的颜色同时突出显示，可以使用 **Net Highlighting Navigator** 控制每条走线的颜色，如图 1.58 所示。使用 **View > Net Highlighting** 命令可以调出窗口 **Net Highlighting Navigator**。如果菜单中已经勾选了 **Net Highlighting**，通常会作为一个选项卡和 **Libraries Navigator** 整合成一个窗口。

步骤 10：通过鼠标右键单击并选择 **Remove** 或 **Remove All**，可以删除单个走线突出显示或所有走线突出显示，如图 1.59 所示。

步骤 11：按名称突出显示走线。在 **Command** 窗口中，键入 find net In，将突出显示 *In* 走线。

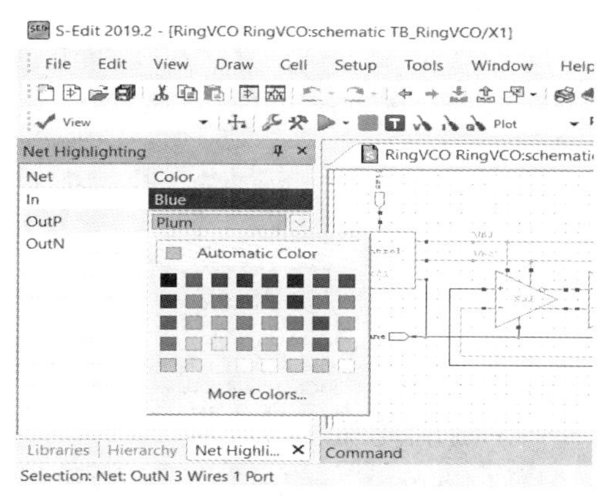

图 1.58　设置走线突出显示颜色

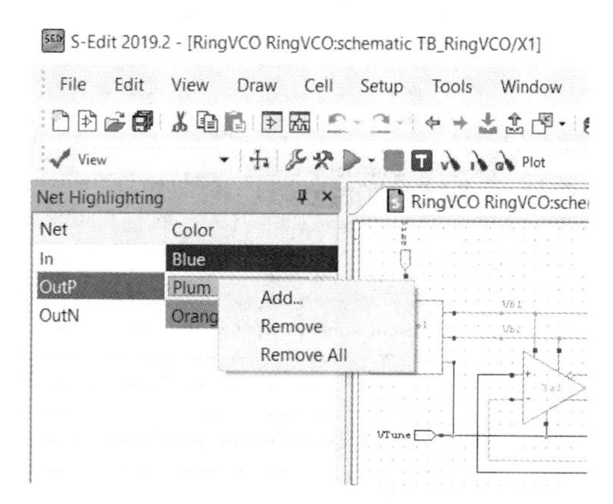

图 1.59　删除走线突出显示

1.7 回　调

回调提供了在更改属性值时调用 TCL 命令的能力，回调命令通常是与用户可修改参数相关的。回调的典型用途是对输入执行有效性检查或者修改相应的属性，以保持修改前后属性的一致性。

❖ 检查回调的操作步骤如下：

步骤 1：打开 *RingVCO* 设计，路径为 *[Install Path]\Designs\RingVCO\lib.defs*。

步骤 2：关闭所有窗口，打开 *TB_RingVCO* 单元的原理图视图。

步骤 3：从 *Generic_250nm_ Devices* 库打开终端 *pmos25x* 的符号视图。

步骤 4：关闭 **Display Evaluated Properties**，并在 **Properties Navigator** 中展开属性“1”，查看它有一个回调命令：**: TannerPDK :: ValidateDevice “1”**，如图 1.60 所示。

步骤 5：此 TCL 命令(**: : TannerPDK :: ValidateDevice“1”**)调用一个名为 **ValidateDevice** 的 TCL 函数，该函数检查用户输入的值是否在指定的范围内，并写入到指定的位置，如果不满足这些条件，则返回错误消息。

步骤 6：打开单元 *DiffCell* 的原理图视图，并打开 **Display Evaluated Properties**。

步骤 7：选择 *PMOS25x* 的 *P1* 实例(靠近原理图顶部)。实例的 **Finger Length** 值为 0.25u，将 **Finger Length** 值更改为 0.25(删除 u)，将显示如图 1.61 所示的消息。

步骤 8：图 1.61 所示的对话框来自回调函数。单击 **OK** 按钮时，**Finger Length** 的值变为 10u。按住 **Ctrl + Z** 键可撤销此更改。

步骤 9：在调用回调函数之前，必须在 **S-Edit** 中定义它们。这可以通过将包含回调函数的 TCL 文件拖到命令窗口中来完成，也可以通过将文件放在自动加载脚本的默认文件夹来完成。

当打开设计时，将自动加载放在设计文件夹*.scripts\open.design* 中的脚本。文件*Generic_250nm_Callbacks.tbc* 放在 *Generic_250nm_Devices* 库的这个位置。

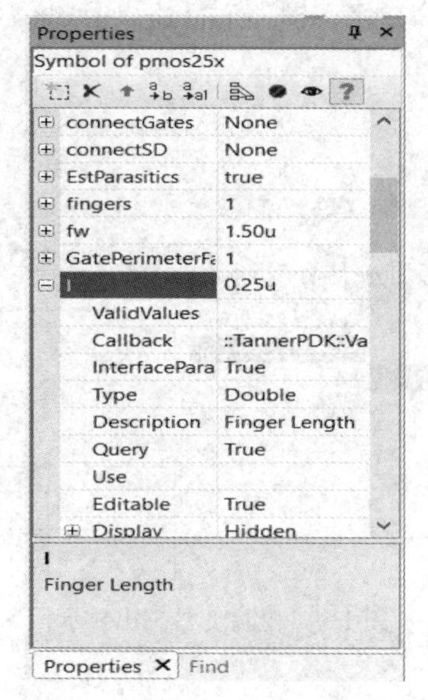

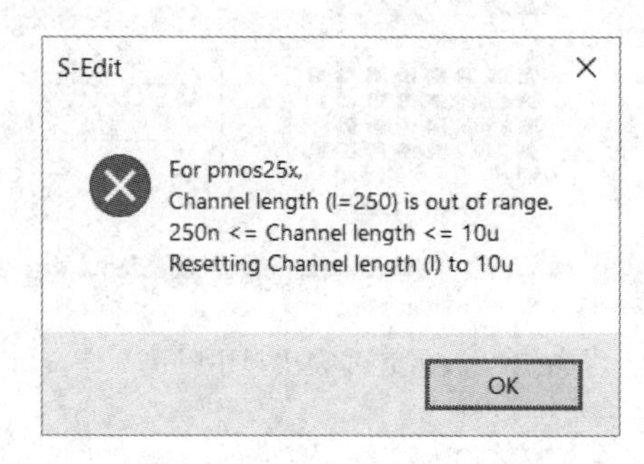

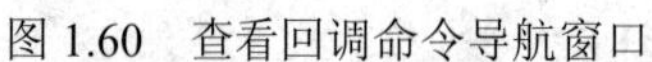

图 1.60　查看回调命令导航窗口　　　　图 1.61　超出长度范围信息提示对话框

自动加载脚本的其他位置如表 1.2 所示。

注意：%appdata%是默认的 Windows 变量，并设置在 *C:\Users\<username>\AppData\Roaming* 文件夹中。

表 1.2　加载脚本时间与对应的回调函数所在的路径

加载脚本时间	对应的回调函数所在的路径
在打开任何设计时加载脚本	将脚本放在：%appdata%\Tanner EDA\scripts\open.design
在启动 S-Edit 时加载脚本	将脚本放在：%appdata%\Tanner EDA\scripts\startup.sedit
在关闭 S-Edit 时加载脚本	将脚本放在：%appdata%\Tanner EDA\scripts\shutdown.sedit

1.8　自定义 S-Edit 设置

在 **Setup** 菜单中可以进行各种参数的设置。

□ **以下是可用的设置列表：**

- 原理图颜色(**Schematic Colors**)：设置原理图中对象的颜色，如导线、符号图形、端口、标签等。
- 原理图网格(**Schematic Grids**)：设置显示网格的大小和样式。
- 原理图单位(**Schematic Units**)：建立 **S-Edit** 显示单位和物理单位之间的关系。
- 原理图页面(**Schematic Page**)：设置每页的大小、页边距和边框样式。
- 保护(**Protection**)：允许阻止编辑并启用整个设计文件的回调。

- 常规(**General**)：设置设计窗口重用和语言显示。
- 鼠标(**Mouse**)：当滚动鼠标时，设计窗口视图的变化方式。
- 选择(**Selection**)：控制设计区域的鼠标选择行为。
- Calibre 网表(**Calibre**)：指定 *Calibre Export Control* 属性，以及导出 *Calibre LVS* 时在网表之前和之后插入的内容。
- 文本编辑器和样式(**Text Editor and Styles**)：控制打开的文本文件在应用程序外保存时是否更新以及不同格式文本文件的显示方式。
- 编辑(**Editing**)：指定符号的旋转首选项和符号相关联走线的处理。
- 设计检查(**Design Checks**)：可以逐条将检查规则严重性设置为错误、警告或忽略。
- 验证(**Validation**)：设置检查规则(如视图和实例)中的命名错误。
- 连接(**Connections**)：允许将检查不同类型端口和引脚间连接关系的规则设置为错误、警告或忽略。

❖ 自定义 S-Edit 设置的操作步骤如下：

步骤 1：选择 **Setup > Technology > Schematic Colors**，如图 1.62 所示。

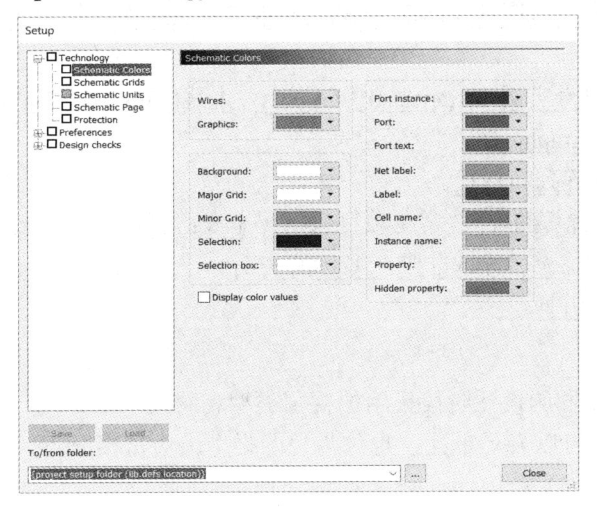

图 1.62　自定义 S-Edit 设置界面

步骤 2：为导线、图形和各种其他元素选择不同的颜色。注意，更改将立即生效。要将新设置保存到设计文件夹，以便下次加载设计时自动显示这些设置，则选择 **To/From folder** 文件夹中的{**project setup folder (lib.defs location)**}，按 **Save** 按钮。如果不保存设置，这些设置将在设计关闭前一直有效，但在重新加载时不会使用之前更改的设置。

步骤 3：尝试在设置对话框的其他页面上做一些更改。

本章练习题

一、填空题

1. S-Edit 支持________、________、________、________、________、________等视图类型。

2. 符号视图包括________、________、________和________选项。

3. 原理图包括________、________、________、________和________五部分。

4. SPICE 不支持________和________。

5. 设计检查工具检查的一些常见项目包括________、________、________、________、________。

二、简答题

1. 简单说明在不同的设计阶段采用的视图类型和网表。

2. 简单说明“回调”的用途与意义。

★ 参考答案

一、填空题

1. S-Edit 支持 Symbol view、Schematic view、Verilog view、Verilog-A view、Verilog-AMS view、 SPICE view 等视图类型。

2. 符号视图包括符号图(Symbol Graphics)、标签(Labels)、端口(Ports)和属性(Properties)选项。

3. 原理图包括符号实例(Instances of symbols)、走线(Nets)、属性(Properties)、端口(Ports)和注释图(Annotation graphics)五部分。

4. SPICE 不支持阵列和总线。

5. 设计检查工具检查的一些常见项目包括浮空线：有端点未连接的线、浮空端口：实例上有端口没有连接、无名称或非唯一名称的实例、一根走线最多有一个输出端口与其相连、同名且同类型的引脚。

二、简答题

1. 简单说明在不同的设计阶段采用的视图类型和网表。

多种抽象级别都可以表示单元，也称为视图类型。通常情况下，在不同的设计阶段单元视图类型也会随之改变。例如：

电路设计者新建 Verilog-A 视图单元定义模块的行为模型，Verilog-A 视图支持从上到下设计和早期系统级仿真，运行仿真时，单元采用 Verilog-A 代码建模。

电路设计工程师创建原理图，运用晶体管和其他电路单元进行详细设计。导出网表后，单元采用 SPICE 模型来进行仿真。

完成单元版图后，电路设计工程师在单元中添加 SPICE 文本。提取版图寄生参数，生成 SPICE 网表。运行版图后仿时，单元用 SPICE 模型建模，此时，包含寄生电容和寄生电阻。

2. 简单说明“回调”的用途与意义。

回调提供了在更改属性值时调用 TCL 命令的能力，回调命令通常是与用户可修改参数相关的。回调的典型用途是对输入执行有效性检查或者修改相应的属性，以保持修改前后属性的一致性。

第二章　T-Spice

2.1　电 路 仿 真

通过 **T-Spice** 引擎启动 SPICE 仿真工具，首先要检查仿真设置。本节中将学到层次结构设计，并用多种方法打开设计单元。

❖ **仿真设置的操作步骤如下：**

步骤 1：打开 *RingVCO* 设计，路径为*[install path]\Designs\RingVCO\lib.defs*。

步骤 2：打开原理图 *TB_RingVCO*。

步骤 3：在 *TB_RingVCO* 原理图中设置了两个直流电压源作为电路的输入，并在电路的输入连线与输出连线上放置了输出检测。在仿真过程中，这些连线上的电压波形会在 **Waveform Viewer** 中显示。

步骤 4：点击位于工具条中的 **Simulation Setup** 按钮，启动 **Simulation Setup** 对话框或者点击 **Setup > SPICE Simulation**。可以看到范例中已经勾选了直流工作点分析、瞬态分析以及参数扫描，如图 2.1 所示。

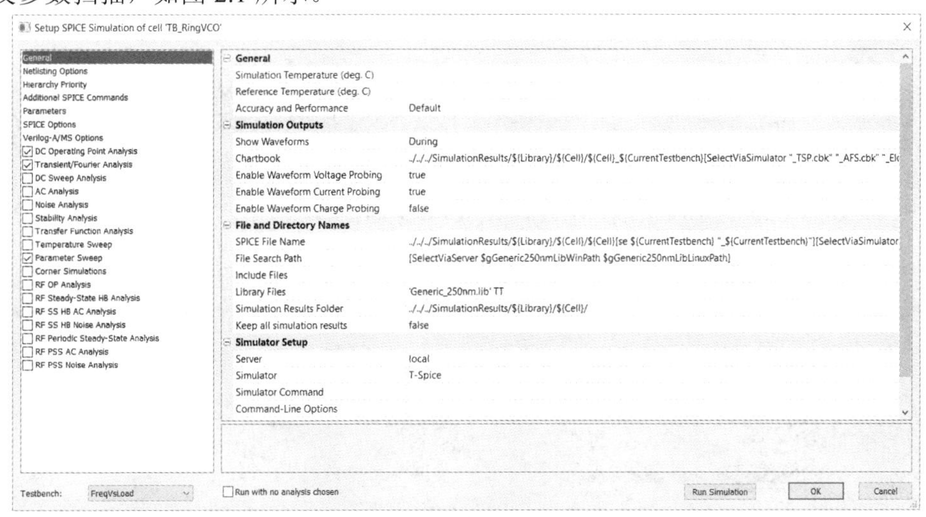

图 2.1　仿真设置界面

SPICE File Name 是仿真器的输入文件，例如：*viewName_cellName_TSP.sp*。在本例中，仿真器的 SPICE 输入文件是 *TransientAnalysis_TB_RingVCO_TSP.sp*。

Simulation Results Folder 指定了 SPICE 所有输入 / 输出文件的存储路径：*[install path]\SimulationResults\DesignName\CellName*。如果用户没有指定存储路径，那么所有仿真结果将会默认在 *%temp%* 文件夹中。

如果 **Keep all simulation results** 是 *False*，每次仿真时新的仿真结果会将之前的仿真结果覆盖；反之，每次仿真时新的仿真结果会存储在一个以当前日期和时间命名的子文件夹中。

T-Spice 与 **AFS** 分别运行在 Windows 和 Linux 平台上，因此搜索路径会因运行的平台不同而有所差异。使用 *TCL* 功能 **SelectViaServer** 可以方便地针对不同平台切换搜索路径。

在示例文件中定义了两个 *TCL* 变量用于存储路径：

set gGeneric250nmLibLinuxPath "~\tanner_examples\Process\Generic_250nm\Models\"

set gGeneric250nmLibWinPath "..\..\..\Process\Generic_250nm\Models\"

TCL 变量在下述文件中：

\Process\Generic_250nm\Generic_250nm_Devices\scripts\open.design\SetModelPath.tcl

步骤 5：通过在列表中选择仿真类型，可以设置每种仿真类型的参数。点击不同仿真类型可以查看其参数。例如瞬态仿真(如图 2.2 所示)，设置了终止时间 100 ns，步长为 100 ps，同时选择了 Powerup 作为启动模式。Powerup 会使直流电压源从 0 开始经过总仿真时间 0.1%(100 ps)的时间后上升到所设定的电压。

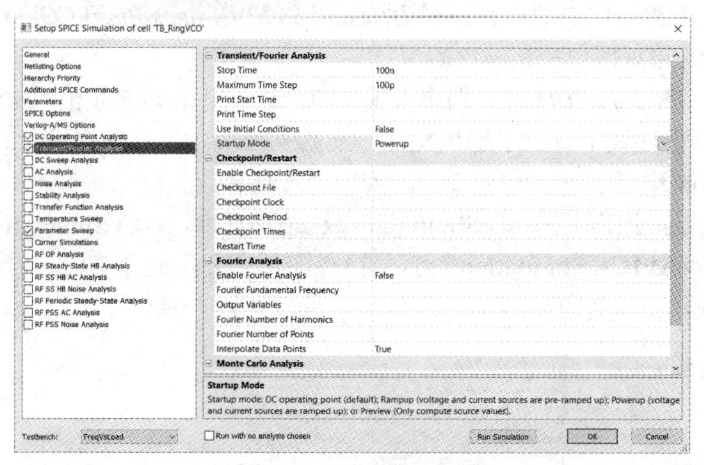

图 2.2　瞬态分析设置界面

步骤 6：设置 Cap 的参数扫描，以设置 *RingVCO* 输出节点上的寄生电容，如图 2.3 所示。

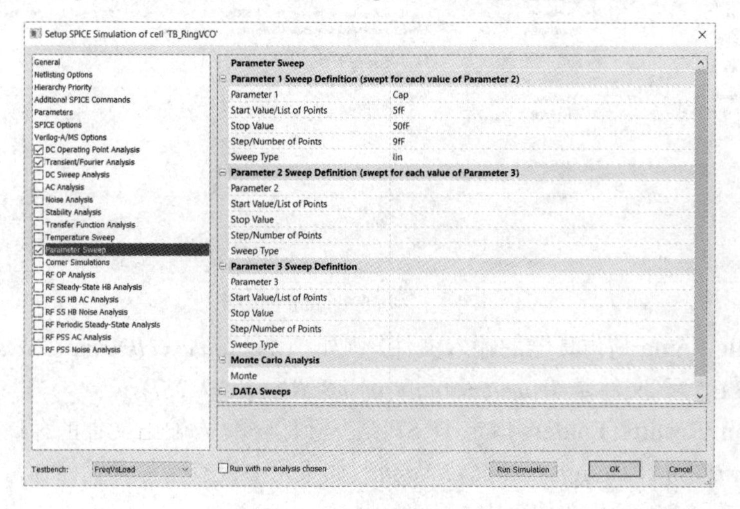

图 2.3　参数扫描设置界面

步骤 7：在仿真设置对话框中点击 **Run Simulation** 按钮，之前设置好 *PrintVoltage* 命令的节点电压波形结果将会在 **Waveform Viewer** 中显示。

2.1.1　Waveform Viewer

Waveform Viewer 界面如图 2.4 所示

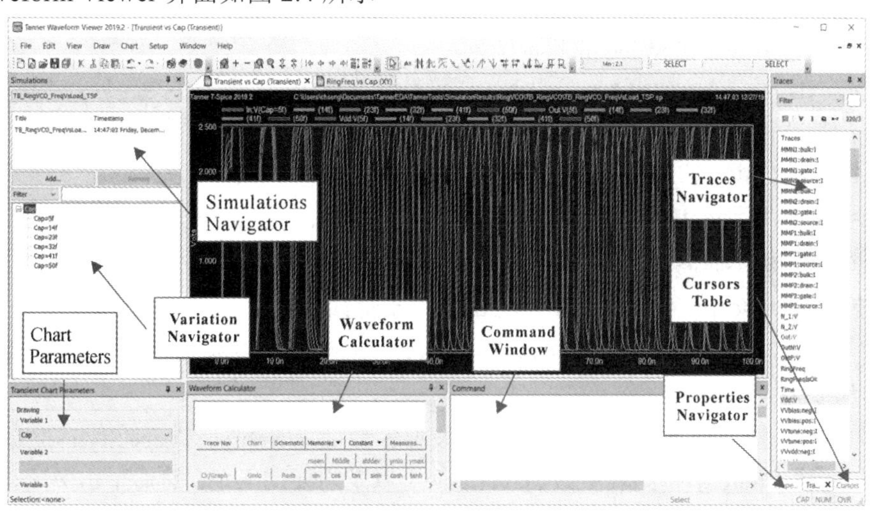

图 2.4　Waveform Viewer 界面

仿真导航器(**Simulations Navigator**)：用来打开和关闭图表，添加和删除仿真。每个新的仿真都被添加到仿真导航器中，最新的仿真位于列表的底部。

变量导航器(**Variation Navigator**)：与参数图表(**Chart Parameters**)窗口一起工作，用来设置非独立变量，以便凸显变量的特征，并过滤和排序显示波形。

命令行窗口(**Command Window**)：显示图表区域中发生的所有事件，并将它们以 TCL 格式记录到日志中。**Waveform Viewer** 执行的任何操作都可以重复，可以输入文本，从执行过的操作复制文本，然后粘贴命令窗口。

波形计算器(**Waveform Calculator**)：是一种类似向导的工具，可以加快并简化为波形曲线创建公式和表达式的过程。

波形计算器是 **T-Spice** 和 **Waveform Viewer** 中的核心计算器，用于计算数值和求解方程。它提供了现代科学可编程计算器的所有功能，如代数和三角函数功能。

波形导航器(**Traces Navigator**)：用于管理图表中显示的波形，所有打开的仿真波形都加载在导航器列表中。可以过滤筛选轻松地找到要查看的波形。波形导航器支持信号的平面或分层浏览，可以根据信号名称、类型(V、I、Q)和多种仿真分析进行过滤筛选。

波形在波形导航器(**Traces Navigator**)中用不同颜色来区分类型如下：

黑色：表示当前未加载到图表。

棕色：用于当前的图表的仿真。

红色：在数据库中，但不是出自仿真和计算。

蓝色：表示计算出的波形。

灰色：表示隐藏的波形。

绿色：表示标量。

可以通过从导航器列表中拖放波形，以加载并显示在图表中。当一个标量是参数扫描的结果时，在 DC/参数图中进行拖放操作，可以查看标量与扫描变量之间的关系。

通过鼠标右键单击波形导航器中的任何位置，以访问 **Add to Active Chart** 或其他各种波形命令。

使用 **Shift** + 拖曳测量标量到图表，会创建一个值为“name=[measure calc name]”的动态文本标签，显示来自 **T-Spice** 的测量结果。

游标数据库(**Cursors Table**)：同时显示两个垂直或水平游标的 x 轴或 y 轴数据，以及相关数据，如差值和导数，所选游标的值会动态更新。单个曲线的数据点可以导出以便应用在外部应用程序中。

属性导航器(**Properties Navigator**)：显示系统层级的属性值，以及编辑当前所选内容用户定义属性值。如果没有选择其他内容，**Waveform Viewer** 将显示图表属性。

❖ 使用 Waveform Viewer 查看结果的操作步骤如下：

步骤 1：首先更改扫描变量的颜色。将 **Chart Parameters** 窗口中的变量 1(Variable 1)更改为扫描变量 Cap。

步骤 2：通过 **Setup > Trace Styles** 打开波形属性设置(**Setup - Trace Styles**)。

步骤 3：将 **Color** 下拉列表更改为 Variable 1 以及想要的颜色，然后单击关闭，如图 2.5 所示。

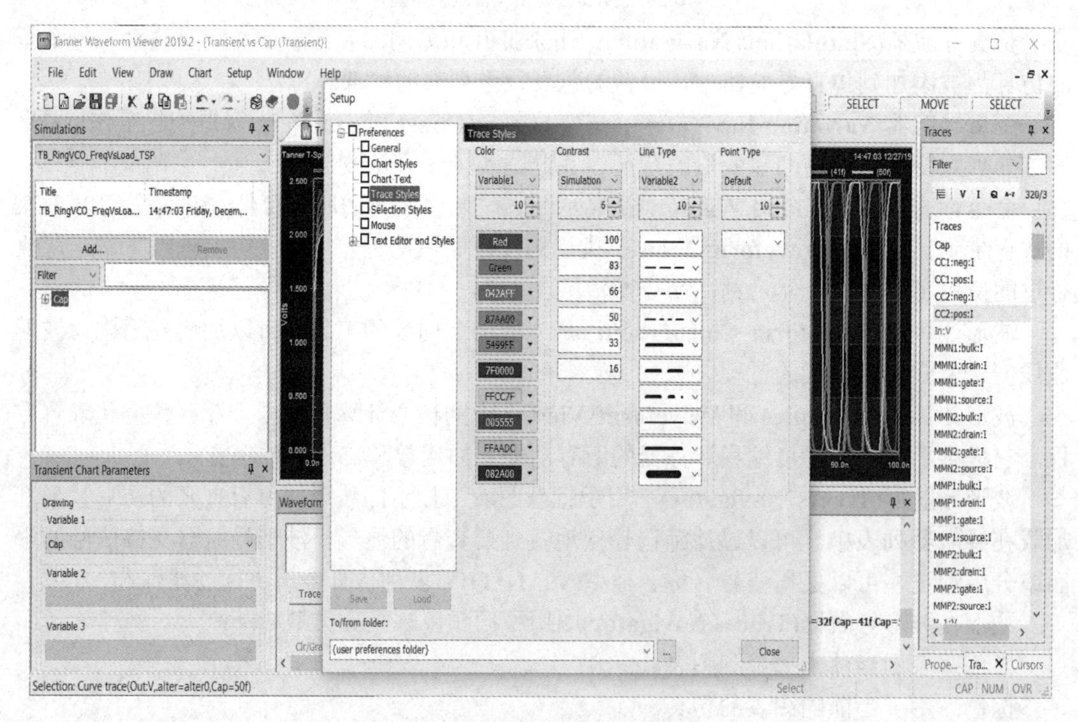

图 2.5　Waveform Viewer 设置界面

步骤 4：若仅查看单个变量的仿真结果，则使用鼠标右键单击变量导航器中的变量，然后选择 **Hide all But Selected Variations**，如图 2.6 所示。

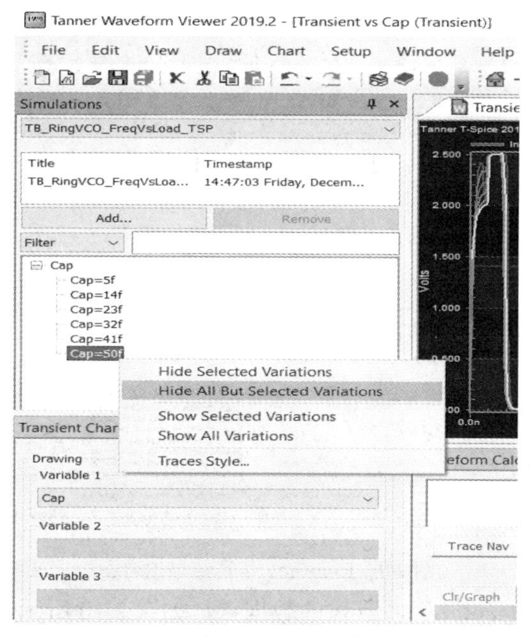

图 2.6　查看单变量仿真结果操作界面

更改每个波形的颜色使其具有不同的颜色。

步骤 5：通过 **Setup > Trace Styles** 打开波形属性设置(**Setup - Trace Styles**)。

步骤 6：将 **Color** 下拉列表选择 Trace 并设定想要的颜色，如图 2.7 所示，然后单击关闭。

步骤 7：若查看测量值与扫描变量的关系，则使用 **Chart > New Chart**，如图 2.8 所示。

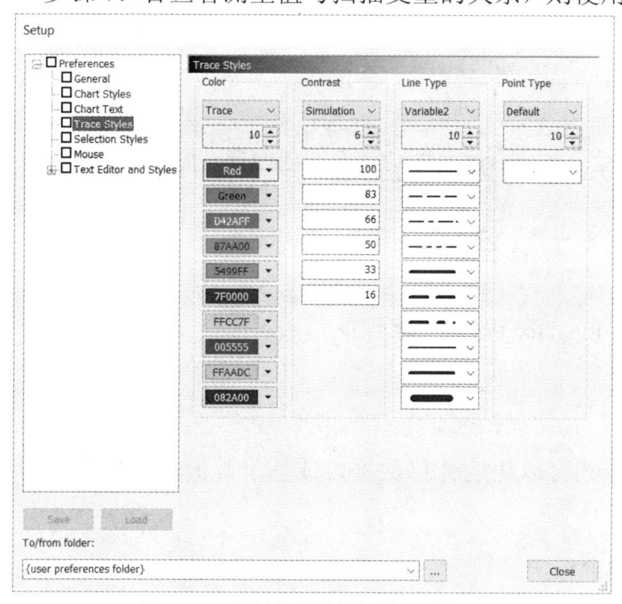

图 2.7　更改波形颜色操作界面

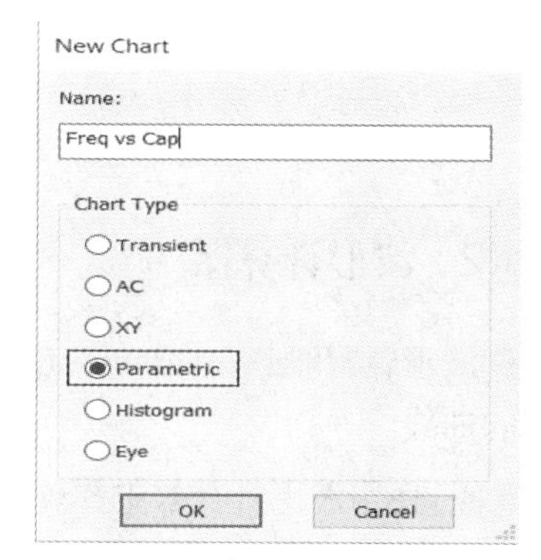

图 2.8　新建图表对话框

步骤 8：选择图表的 **Parametric** 类型并设定标题。

步骤 9：单击波形导航器上的 **include other traces** 筛选按钮( )，仅显示对当前图表类型有效的曲线。

步骤 10：从波形导航器中拖放 *RingFreq* 并绘图，如图 2.9 所示。

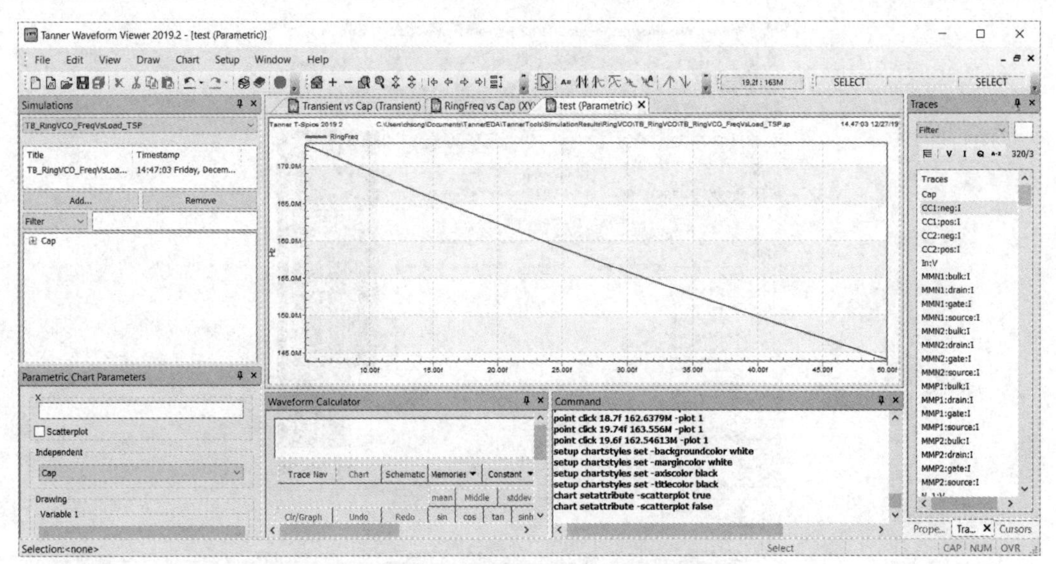

图 2.9　RingFreq 仿真结果拟合图

步骤 11：选择 **Scatterplot** 查看具体的数据点，如图 2.10 所示。

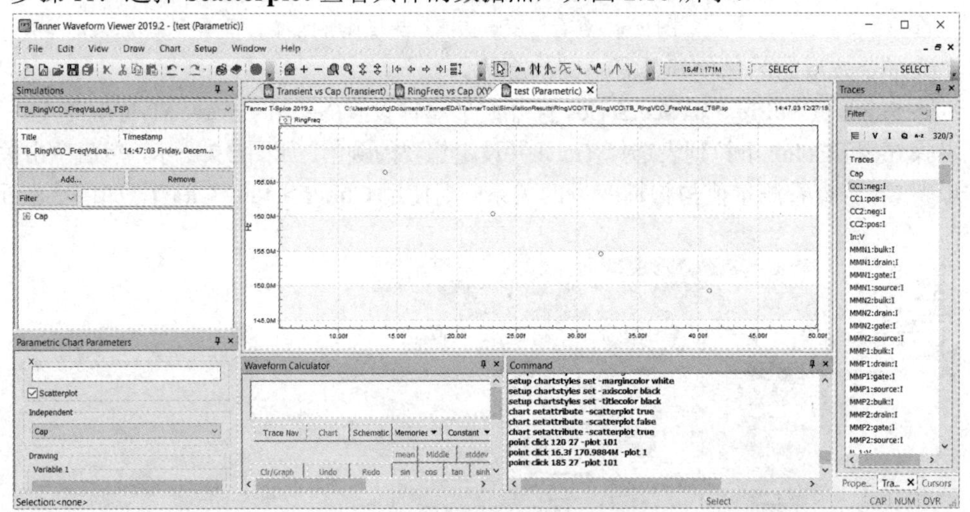

图 2.10　RingFreq 仿真结果散点图

2.1.2　波形计算器

波形计算器(**Waveform Calculator**)可以快速计算数据，或基于其他波形曲线计算出新的曲线。

❖ **使用波形计算器的操作步骤如下：**

步骤 1：如果仿真前未在 **T-Spice** 中设置好相关的测量定义，那么可以在 **Waveform Viewer** 中进行测量。与在 **T-Spice** 中计算输出频率一样，本示例将在 **Waveform Viewer** 中完成计算。

步骤 2：确认 **Waveform Calculator** 是可见的，如果找不到波形计算器，可以通过菜单 **View > Activate Waveform Calculator** 将其调出，如图 2.11 所示。

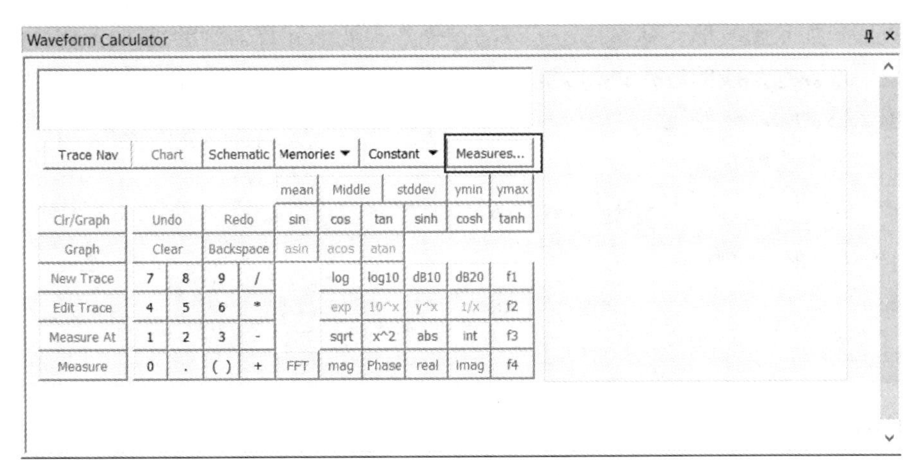

图 2.11　波形计算器界面

步骤 3：在波形计算器右上角点击 **Measures…**会弹出 **Add Measure** 对话框，以便选取我们想要进行的计算。

步骤 4：在 **Add Measure** 对话框中，类别列表中选择 **Periodic measurement**，名称列表中选择 **frequency**，点击 **OK** 按钮，如图 2.12 所示。

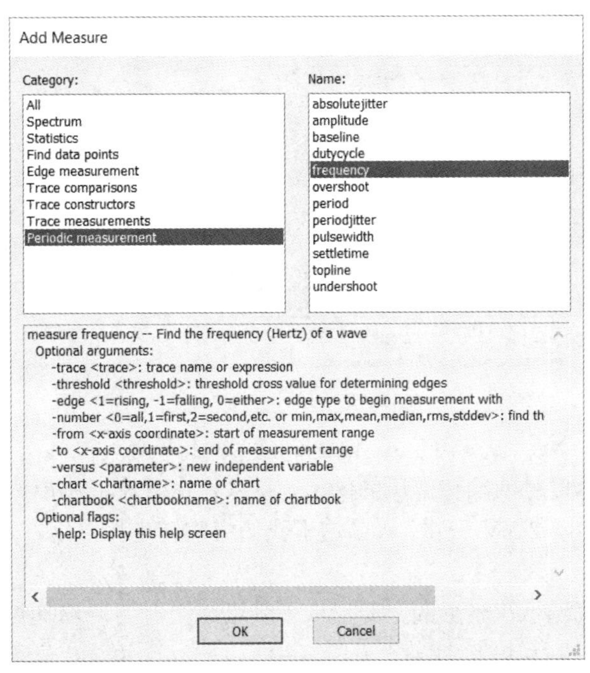

图 2.12　选择测量属性操作界面

步骤 5：通过上一步骤已经知道要做某一信号的频率测量，现在需要告诉计算器哪个波形用于计算。

步骤 6：在 **Traces Navigator** 窗口中点击 **include other traces** 将所有波形再次列出。

步骤 7：在众多方法中，最简单的是通过三次点击将选定波形加入到计算器中。首先点击 **Traces Navigator** 中选定的波形，然后在波形计算器中 **-trace** 字段旁的空白窗口点击一次以使参数 **-trace** 相关联，最后点击波形计算器中的 **Trace Nav** 按钮将选择的波形以适当的参数形式加入到波形计算器。还可以通过先点击波形计算器中的 **Schematic** 按钮，再到原理图中以点选走线的方式将相应的电路节点添加到波形计算器中。选择测量对象操作界面如图 2.13 所示。

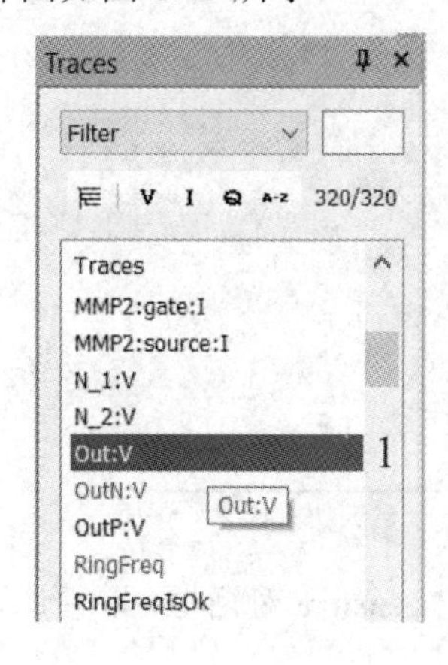

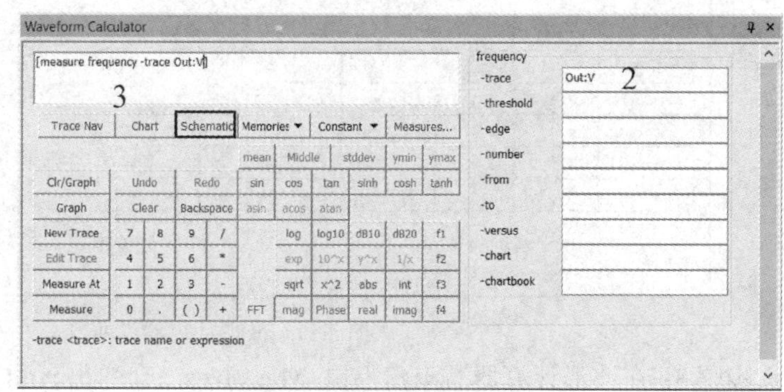

图 2.13　选择测量对象操作界面

步骤 8：现在需要填写波形计算器中与测量相关的其他参数。点击每一个参数后的空白处，都会在波形计算器下方出现详细的相关提示信息。设置测量参数操作界面如图 2.14 所示。

图 2.14　设置测量参数操作界面

-threshold：表示信号的翻转电压的阈值，频率将在时序上波形达到翻转电压时进行计算。因为输出信号在 0～2.5 V 变化，所以这里我们将翻转电压设定在电压变化范围的一半，即 1.25 V。

-edge：其设定值表示在波形的上升沿或下降沿或上升下降沿均做计算。这个例子中，我们在波形的上升沿进行计算。1 = 上升沿，−1 = 下降沿，0 = 上升下降沿。

-from：表示计算开始的时间。在电路启动阶段其输出信号不能作为正常数据进行计算，因此该例中我们将开始计算的时间设定在 50 ns。

-versus：比对参数。例子中有输出寄生参数 Cap，将会产生一个频率与参数 Cap 的比对图表。

步骤 9：当完成参数设定后，点击 **New Trace** 按钮，将会根据计算结果生成一个新的波形。在弹出窗口中给新波形命名并将波形显示在当前图表上，分别如图 2.15 和图 2.16 所示。

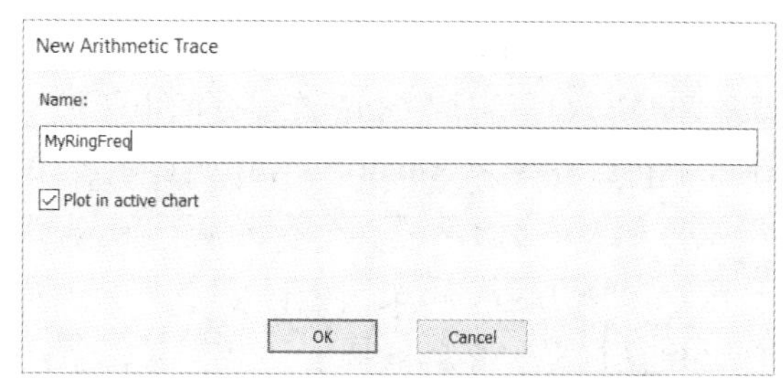

图 2.15　设置波形名称界面

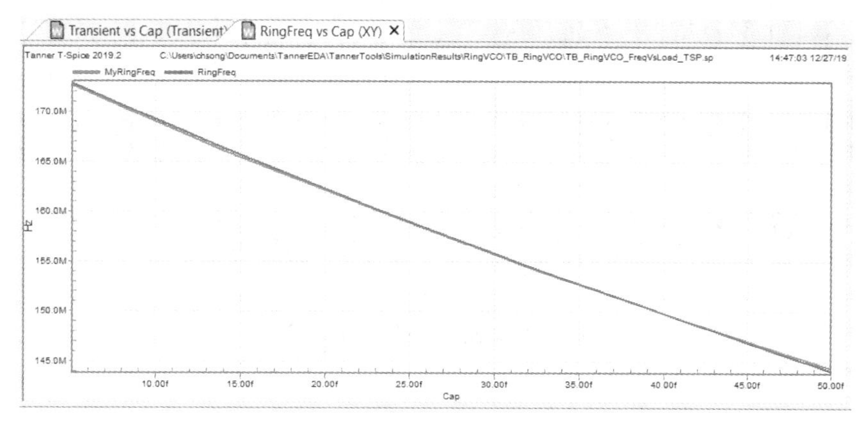

图 2.16　仿真结果与计算结果

2.1.3　抓取电压、电流及电荷

通过在 **S-Edit** 中选择 **Probe Voltage** 按钮( )，点击想要抓取波形的节点，节点的电压波形便会在 **Waveform Viewer** 中显示。

❖ 抓取电压、电流及电荷的操作步骤如下：

步骤 1：通过点击相应的标签切换回 *Transient vs Cap* 图表。

步骤 2：保留参数扫描中的第一个参数，将其他参数隐藏。用鼠标右键点击第一个参数(Cap = 5f)，选择 **Hide All But Selected Variations**，如图 2.17 所示。

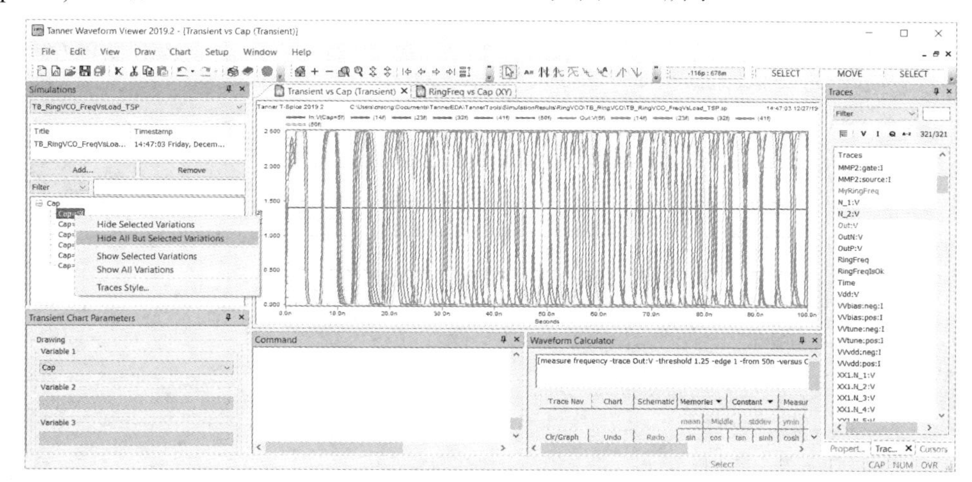

图 2.17　隐藏其他参数波形

步骤 3：在 **S-Edit** 中选择 **Probe Voltage** 工具。

步骤 4：在原理图 *TB_RingVCO* 中抓取 *OutP* 连线处的电压波形。

步骤 5：该节点电压波形将会在 **Waveform Viewer** 中显示，如图 2.18 所示。

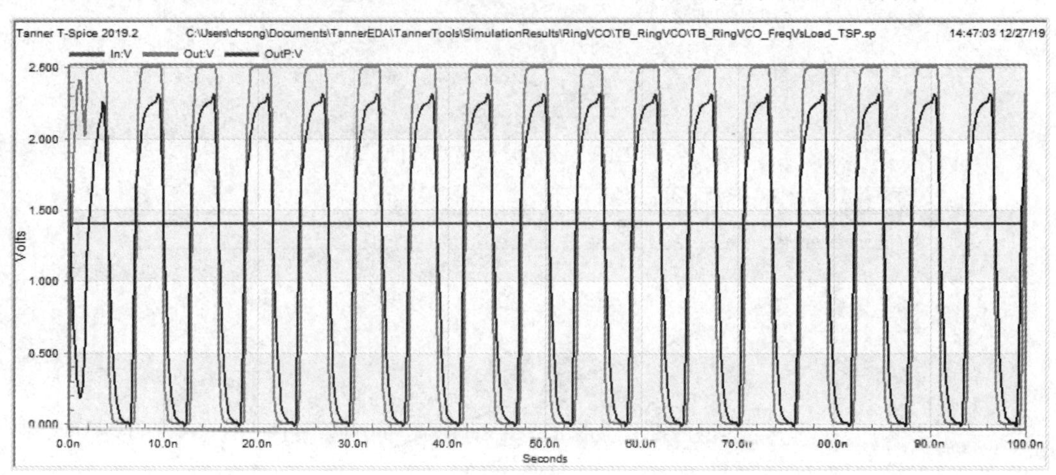

图 2.18　新抓取波形 OutP 的显示

步骤 6：还可以沿着层次结构来抓取波形结果。在 **S-Edit** 中使用电压探针工具，双击 *RingVCO* 符号(实例名为 *X1*)，进入该符号实例的原理图中，如图 2.19 所示。

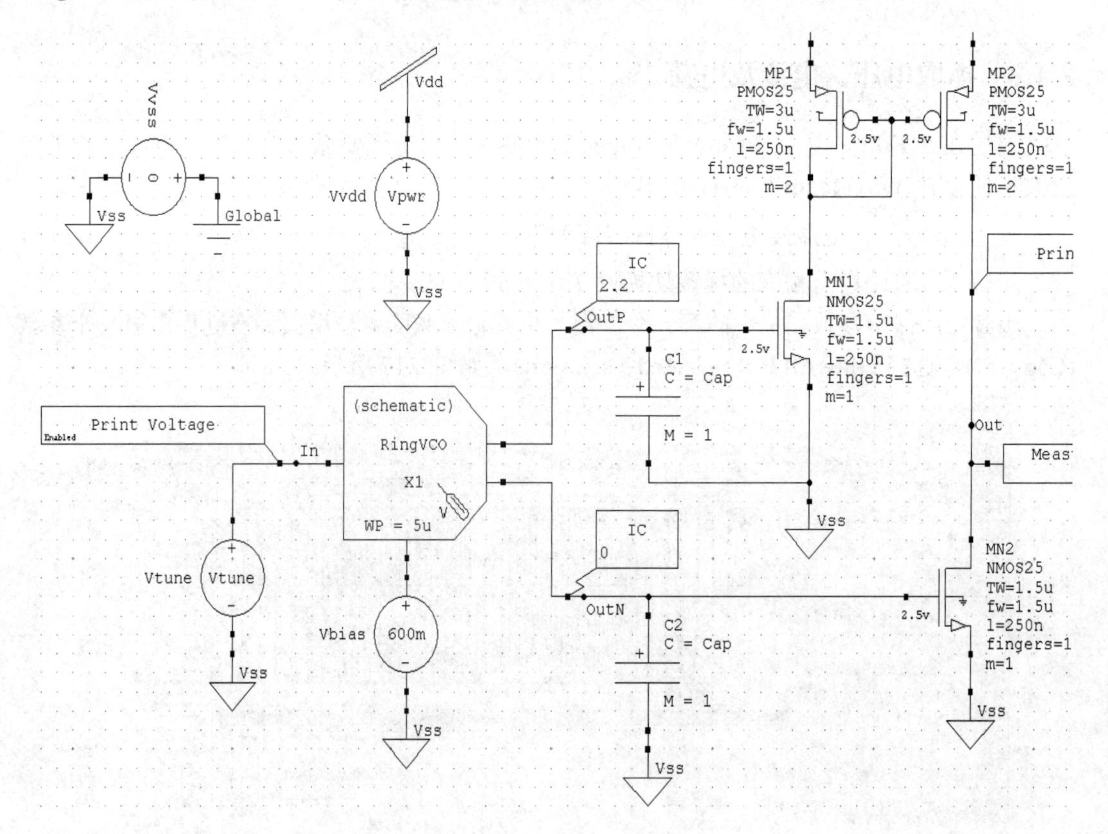

图 2.19　进入 RingVCO 的界面

步骤 7：再次使用波形抓取工具，进入 *DiffCell* 的左起第三个实例(名为 *Xa3* 的实例)，如图 2.20 所示。

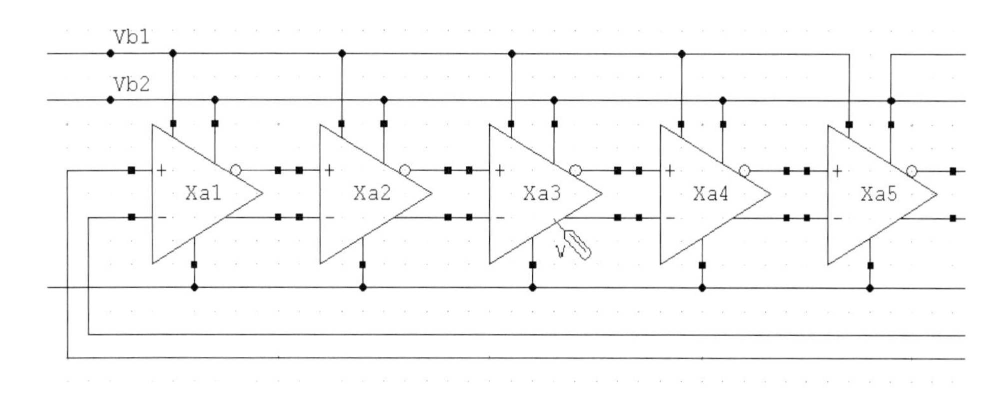

图 2.20 进入 Xa3 的界面

步骤 8：用波形探针点选 *Outm*，其波形将显示在 **Waveform Viewer** 中，如图 2.21 所示。

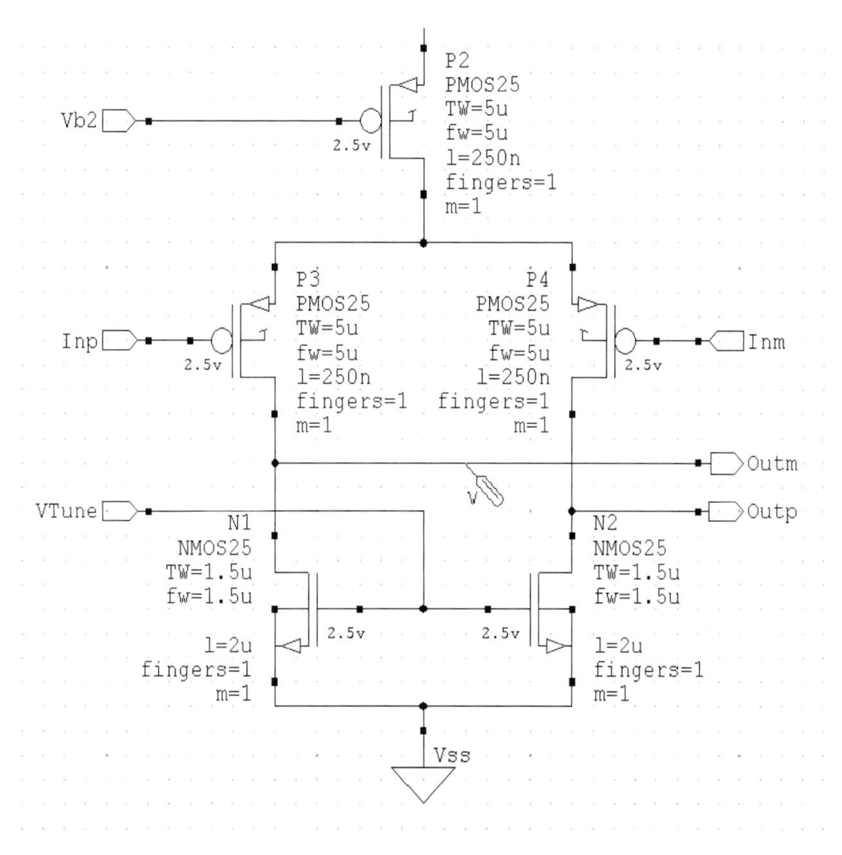

图 2.21 抓取电压波形操作

步骤 9：通过选择 **Probe Current** 按钮，点击想要抓取电流波形的端口，即可抓取该端口电流波形。

步骤 10：点击器件 *N1* 的栅极端口，如图 2.22 所示，抓取流过栅极的电流波形。

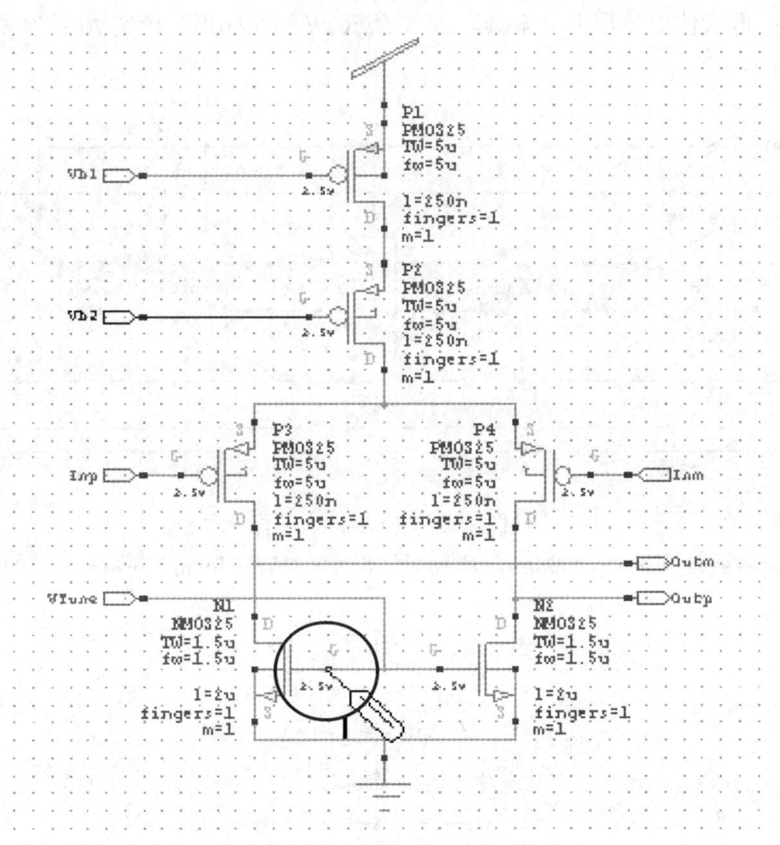

图 2.22　抓取电流波形操作

步骤 11：端口的电流波形将会在 **Waveform Viewer** 中显示，如图 2.23 所示。

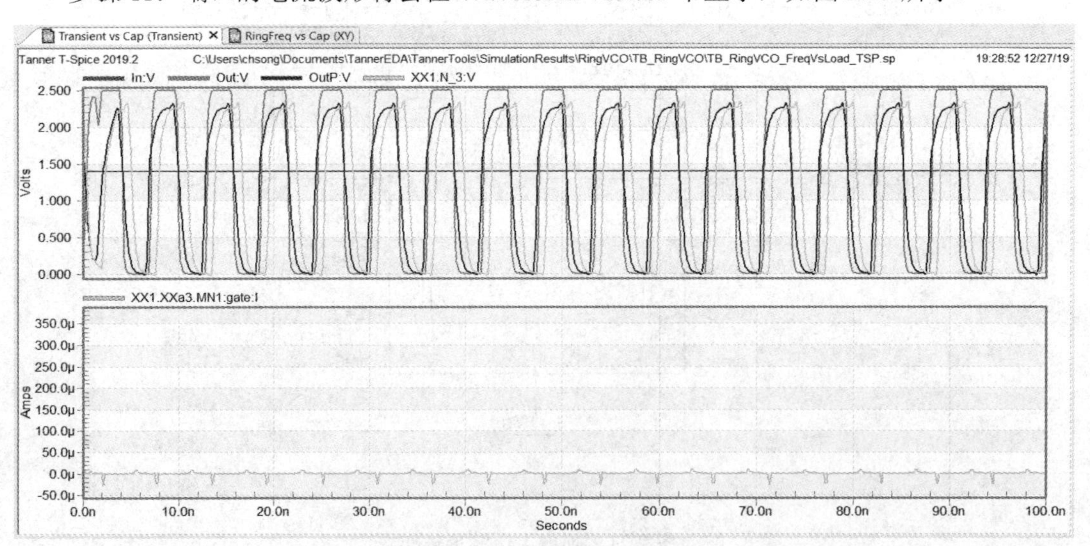

图 2.23　抓取电流的波形显示

步骤 12：同样的，如果仿真设置是为了计算电荷，则通过选择 **Probe Charge** 按钮，点击想要抓取电荷波形的端口即可抓取电荷波形(本书暂未涉及)。

步骤 13：通过探测器件可以显示器件的小信号参数。双击上方的 *pmos25x* 单元的实例

P1 查看其小信号参数，如图 2.24 所示。

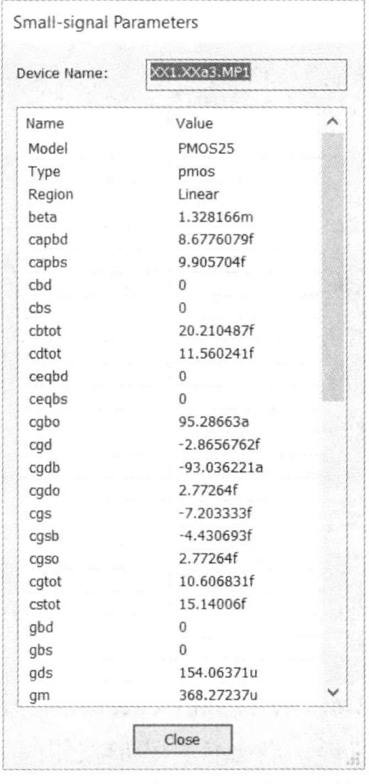

Name	Value
Model	PMOS25
Type	pmos
Region	Linear
beta	1.328166m
capbd	8.6776079f
capbs	9.905704f
cbd	0
cbs	0
cbtot	20.210487f
cdtot	11.560241f
ceqbd	0
ceqbs	0
cgbo	95.28663a
cgd	-2.8656762f
cgdb	-93.036221a
cgdo	2.77264f
cgs	-7.203333f
cgsb	-4.430693f
cgso	2.77264f
cgtot	10.606831f
cstot	15.14006f
gbd	0
gbs	0
gds	154.06371u
gm	368.27237u

图 2.24　查看 P1 的小信号参数

步骤 14：尝试在不同层次结构中探测不同的节点。

❖ **使用 Waveform Viewer 对波形进行操作：**

可以通过单击图表中的波形或者点击图表上方的波形名将波形选中。

步骤 1：在图表波形名中点击 *Out: V* 将其选中，当可以选中波形名字的时候，光标会变成“手”的形状。选中的波形会变成黄色，如图 2.25 所示。

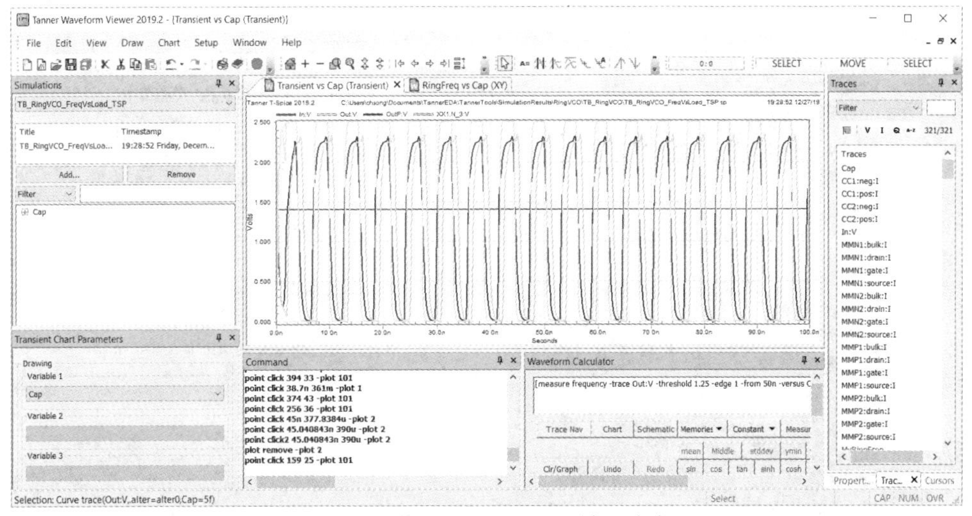

图 2.25　Waveform Viewer 波形选中

步骤 2：通过使用扩展绘制按钮( )，可将选中的波形重新单独绘制，如图 2.26 所示。

如果没有选中波形，每一个波形都会单独绘制。

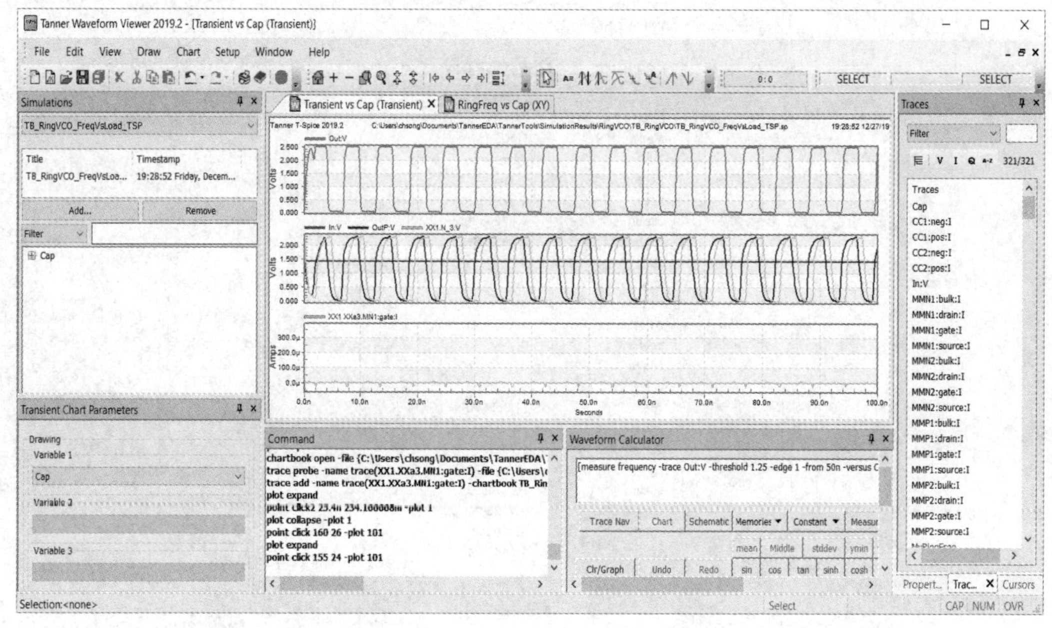

图 2.26　Waveform Viewer 波形扩展显示

同样的，可以选中不同的波形。点击合并波形按钮( )，可以将不同的波形绘制在同一张图上。选中波形后，按下 **Shift + Up** 或 **Down** 键可以调整波形的顺序。

可以将不同的波形堆叠组合在一起，但只有瞬态仿真的波形可以被堆叠。在图表中右击鼠标，然后选择 **Plot Properties**，将类型从 *Normal* 改为 *Stacked*，如图 2.27 所示。在堆叠中选中波形后，按下 **Ctrl + Up** 或 **Down** 键可以调整波形的顺序。**Waveform Viewer** 中的波形堆叠显示如图 2.28 所示。

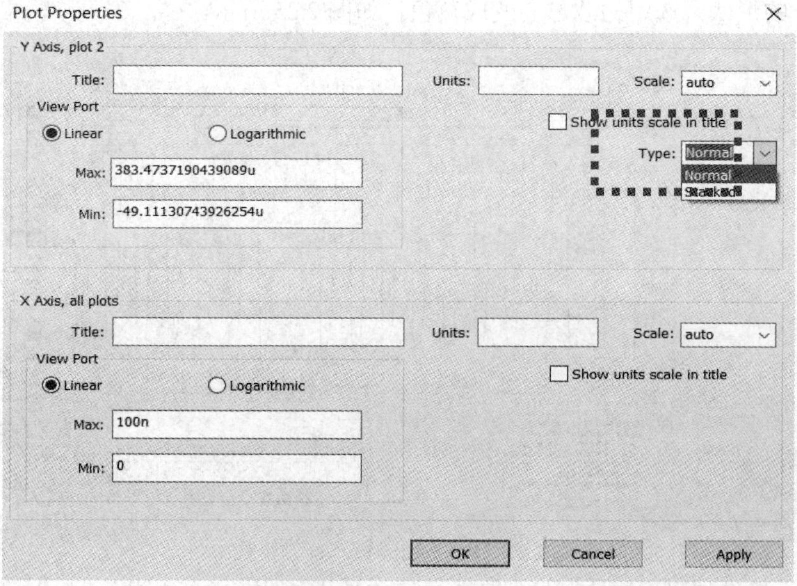

图 2.27　波形堆叠设置

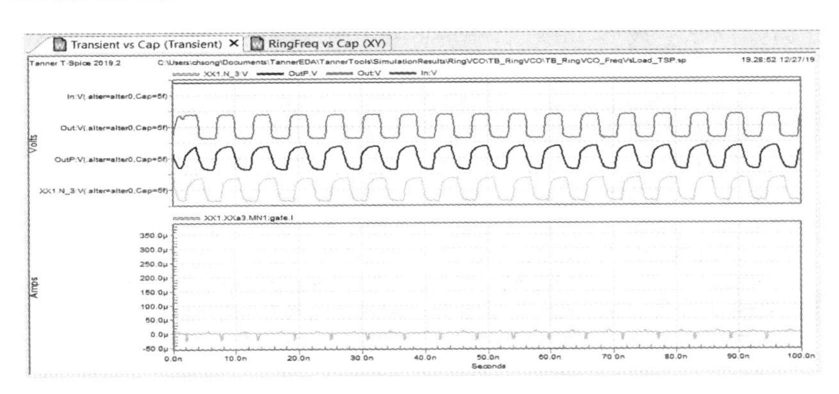

图 2.28　Waveform Viewer 中的波形堆叠显示

步骤 3：选取图 2.28 中最上方的两个波形，在堆叠图表中先选中第一个波形，按住 **Shift** 键再选中第二个波形，如图 2.29 所示。

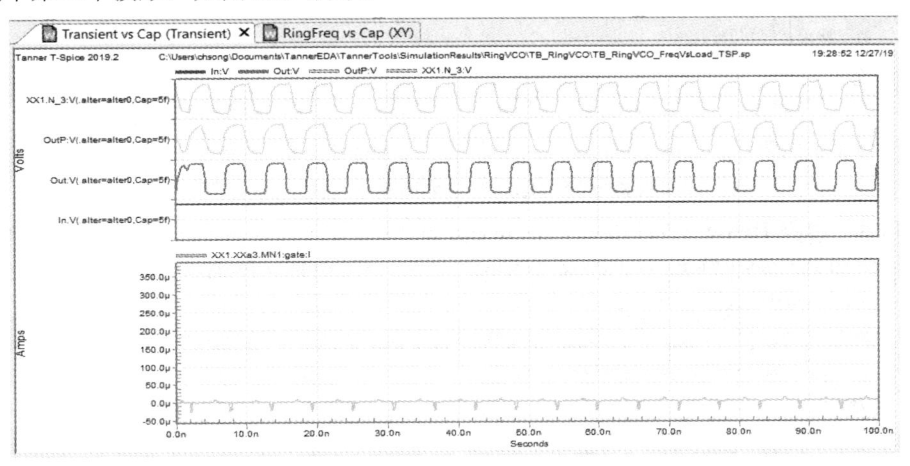

图 2.29　波形堆叠中最上方的两个波形

步骤 4：点击扩展绘图按钮，将堆叠波形分开。可以通过用鼠标左键在图表的底线上拖动来扩展绘图的大小，如图 2.30 所示。

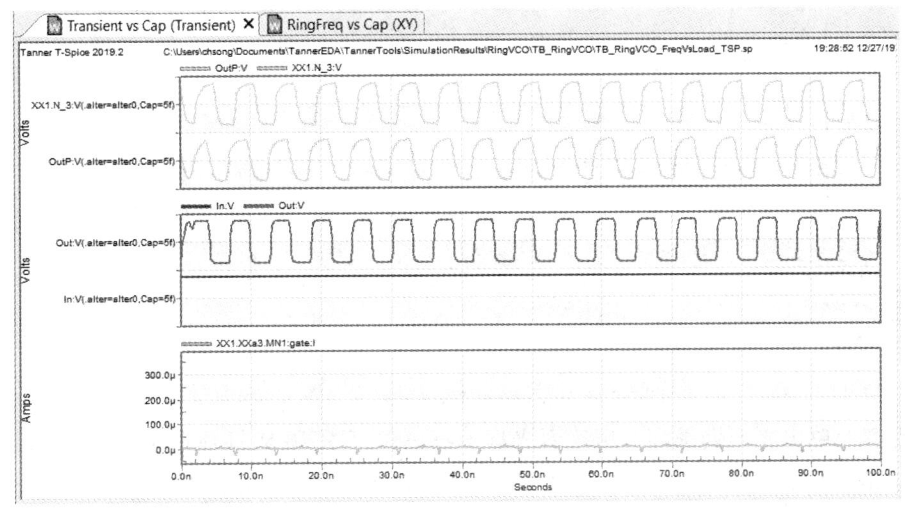

图 2.30　波形堆叠扩展显示

步骤 5：选择 *Out: V* 波形，用鼠标中键将绘图向上拖动到最上方的堆叠绘图中，如图 2.31 所示。

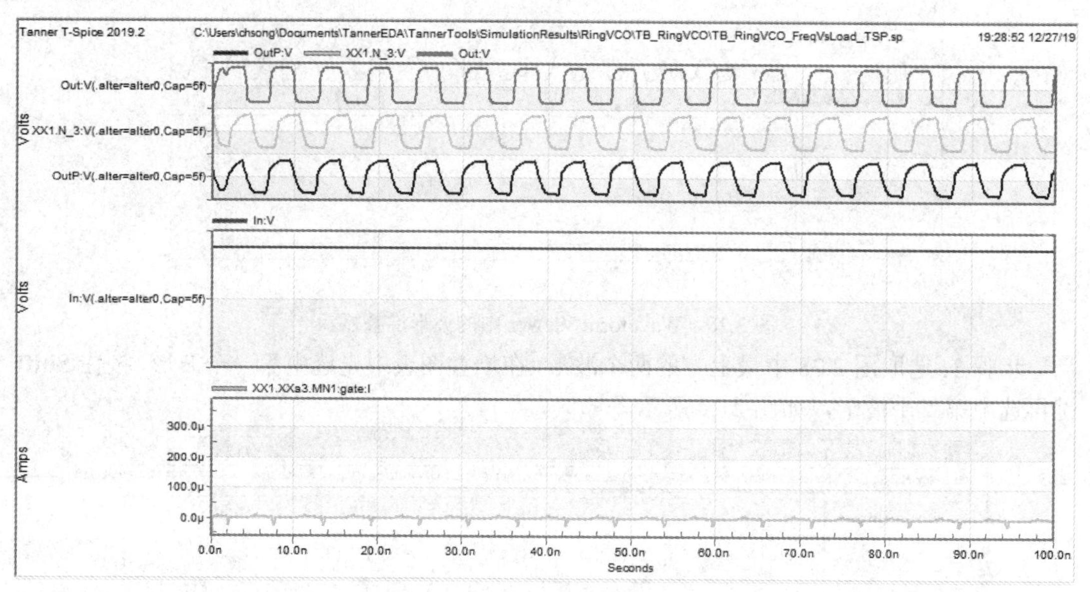

图 2.31　移动到另外堆叠中的波形

步骤 6：选择 **Draw > Vertical Cursors** 或点击( )，可以添加垂直光标条，如图 2.32 所示。通过鼠标左键单击选中光标条，并用鼠标中键可以拖曳到任意位置。

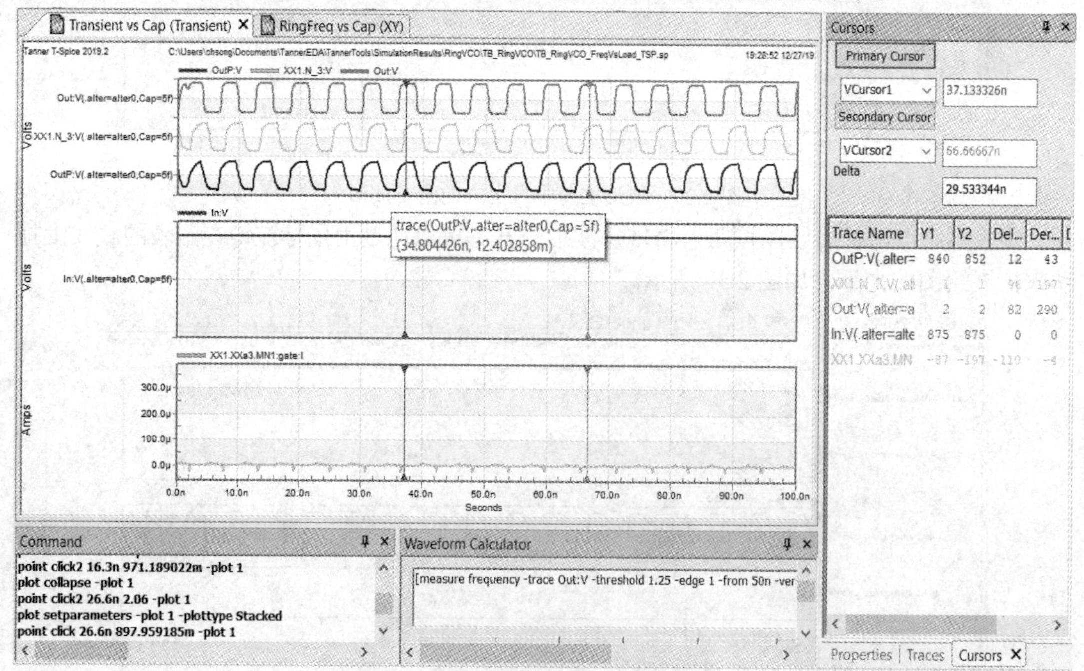

图 2.32　Waveform Viewer 添加垂直光标

步骤 7：单击光标表选项卡以查看光标数据，包括 X 和 Y 轴数据、1 阶和 2 阶导数、最小值、最大值、平均值、峰间值、RMS、样本数或任何用户定义的表达式信息。通过鼠标右键单击光标表数据的列标题可以选择要显示的内容，如图 2.33 所示。

步骤 8：在 **Waveform Viewer** 中自定义图表 X、Y 轴的标题和单位，从而根据需要显示波形。在图表中单击鼠标右键，然后选择 **Plot Properties**，将 X 轴的标题设置为 **Load Capacitor**，将单位设置为 **pF**，将比例设置为 **p**(如图 2.34 所示)，按 **OK** 按钮并注意 X 轴单位和标题的更改。更改了 X 轴名称及坐标数据的波形如图 2.35 所示。

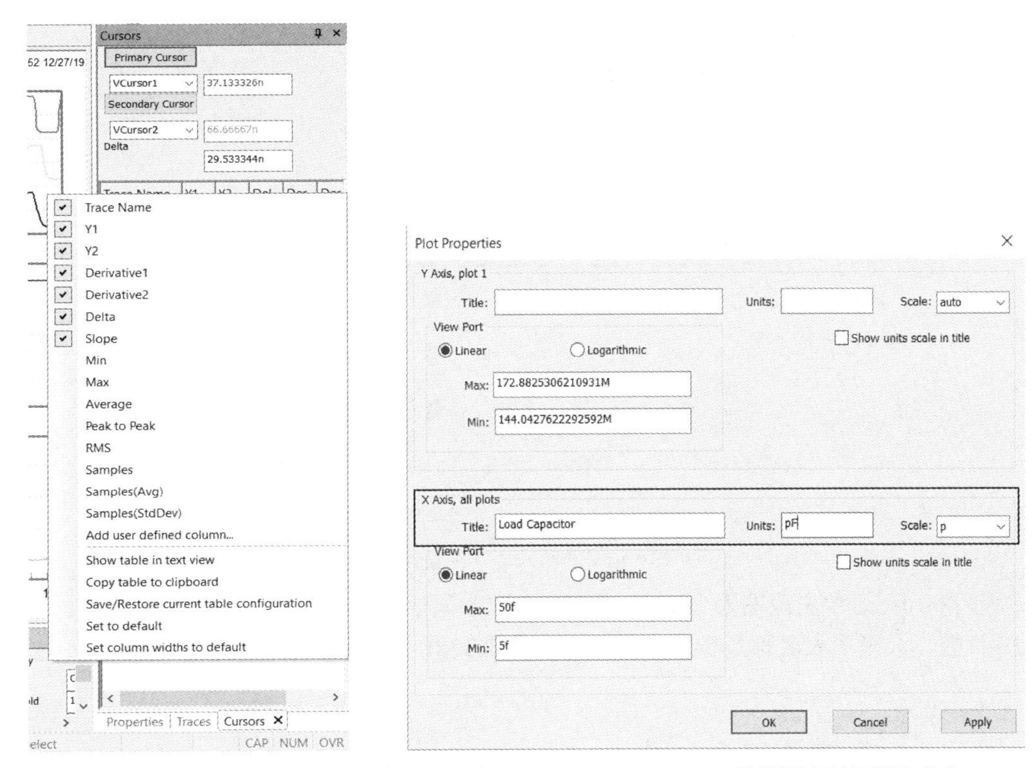

图 2.33　选择在光标数据表中显示的内容　　图 2.34　Waveform Viewer 设置图表轴标题和单位

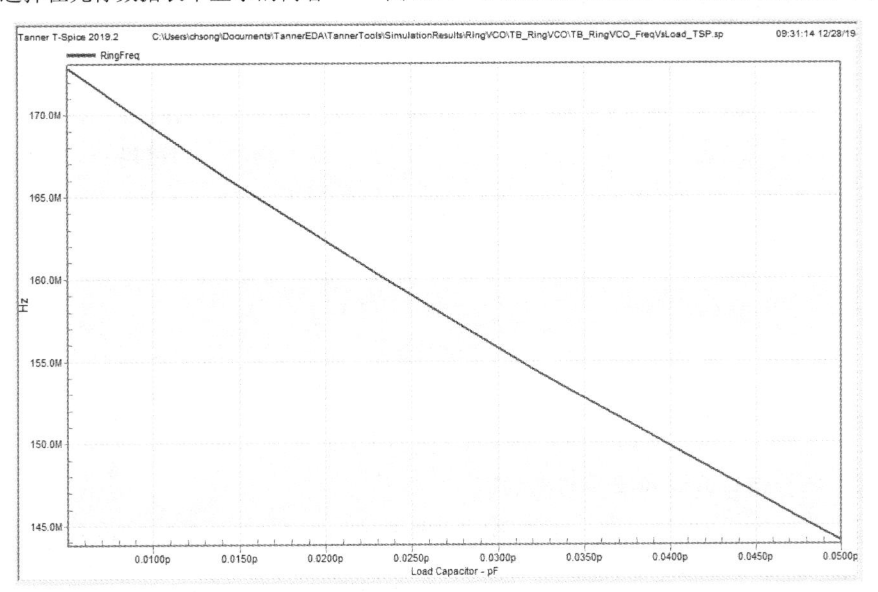

图 2.35　更改了 X 轴名称及坐标数据的波形

步骤 9：调整图表中显示文本的大小。再次用鼠标右键单击图表并选择 **Chart Text**，将文本大小切换为 **Medium**，并将轴号栏向下拖动，并更改对话框右上角的字体，如图 2.36 所示。根据需要使用这些设置。

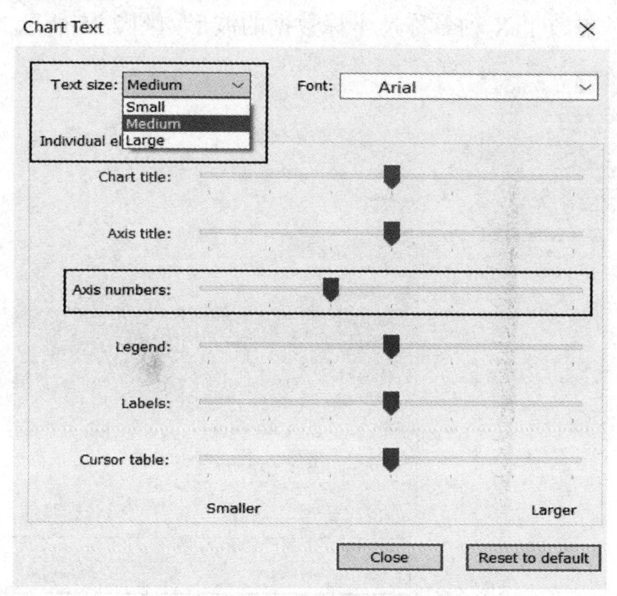

图 2.36　调整波形文本显示窗口

步骤 10：若要更改图表名称，则用鼠标右键单击图表并调用 **Chart Properties**，即可改变标题。波形图表名称及颜色设置窗口如图 2.37 所示。

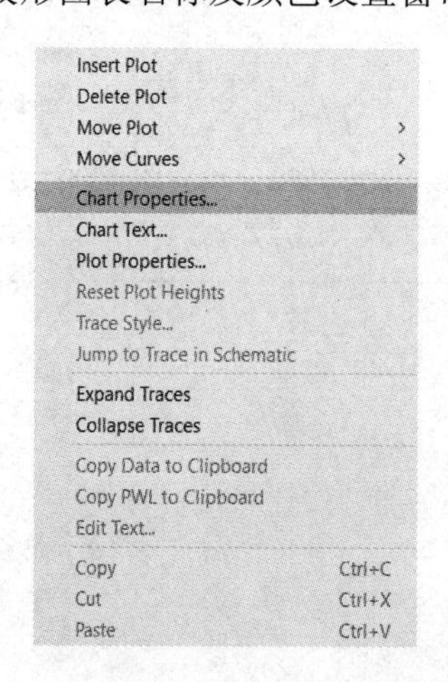

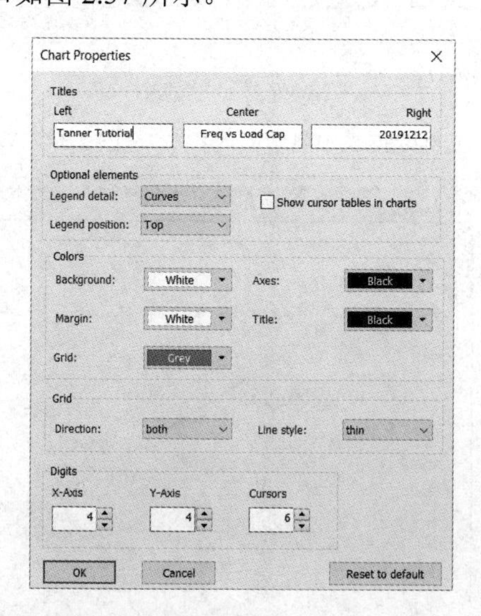

图 2.37　波形图表名称及颜色设置窗口

❖ **抓取差分信号波形的操作步骤如下：**

在本节中，将使用单端和差分电压探针抓取差分信号波形。同时，将比较这两种方法之间的差异。

步骤 1：关闭所有窗口，重新打开 **S-Edit**。

步骤 2：打开设计文件 *[installation path]\Designs\RingVCO\lib.defs*，原理图视图选项卡显示在 **S-Edit** 中。打开 *TB_RingVCO* 原理图。

步骤 3：在 **Libraries Navigator** 中用鼠标左键单击库 *RingVCO*。

步骤 4：在 **Libraries Navigator** 中用鼠标左键双击 *TB_RingVCO*，打开原理图视图，如图 2.38 所示。运行仿真，产生波形信号。

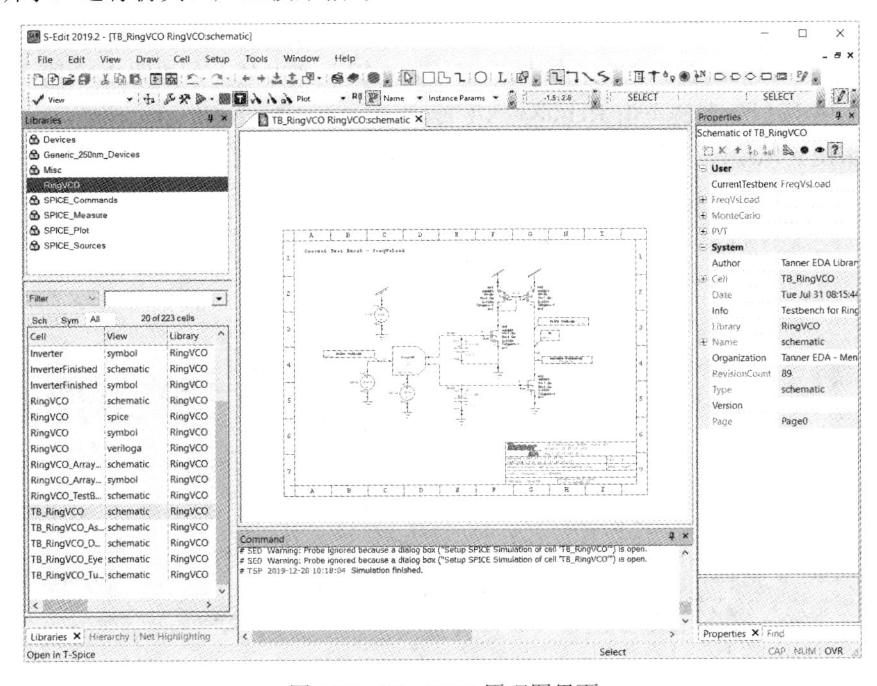

图 2.38　RingVCO 原理图界面

步骤 5：用鼠标左键单击 **Setup SPICE Simulation** 按钮，弹出 **Setup SPICE Simulation** 窗口，如图 2.39 所示。

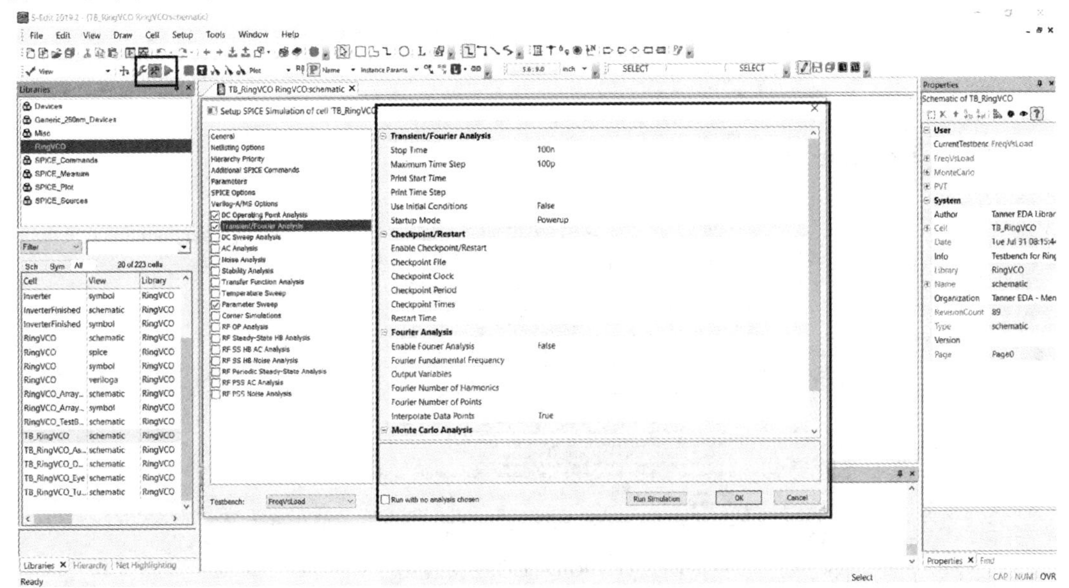

图 2.39　RingVCO 仿真设置界面

步骤 6：检查确认 **Transient/Fourier Analysis** 已被勾选。

步骤 7：检查确认 **DC Operating Point Analysis**、**DC Sweep Analysis**、**AC Analysis**、**Noise Analysis**、**Transfer Function Analysis**、**Temperature Sweep**、**Corner Simulations**、**Parameter Sweep** 以及 **Run with no analysis chosen** 未被勾选。

步骤 8：用鼠标左键单击 **Run Simulation** 按钮，几秒钟后，**T-Spice Simulation Status** 窗口会显示仿真完成，**S-Edit** 命令行也会显示仿真已完成。

步骤 9：在 **Traces** 窗口的空白区域单击鼠标右键，弹出菜单，如图 2.40 所示。

步骤 10：用鼠标左键单击 **Remove All Traces from Active Chart**，如图 2.40 所示，*In* 和 *Out* 波形便会从绘图中删除。接下来返回到 **S-Edit** 窗口并找到一对差分信号。

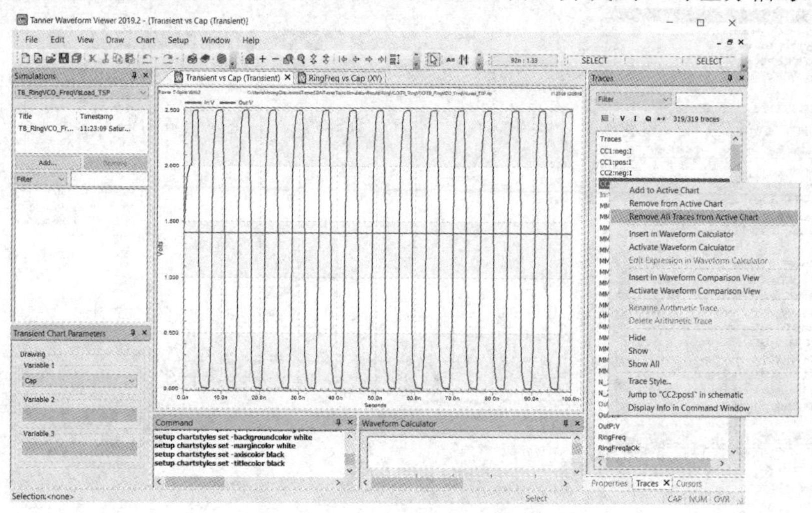

图 2.40　弹出的菜单窗口

步骤 11：用鼠标左键双击 *RingVCO* 的实例 *X1*，*RingVCO* 的原理图便会显示出来，如图 2.41 所示。

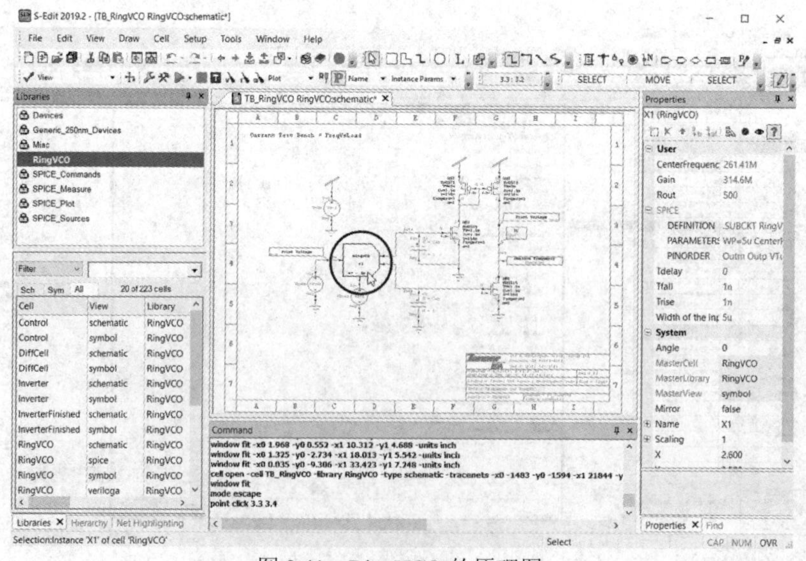

图 2.41　RingVCO 的原理图

步骤 12：放大至 *DiffCell* 的实例 *Xa2*，如图 2.42 所示。这个实例提供了一对差分的输入/输出信号。

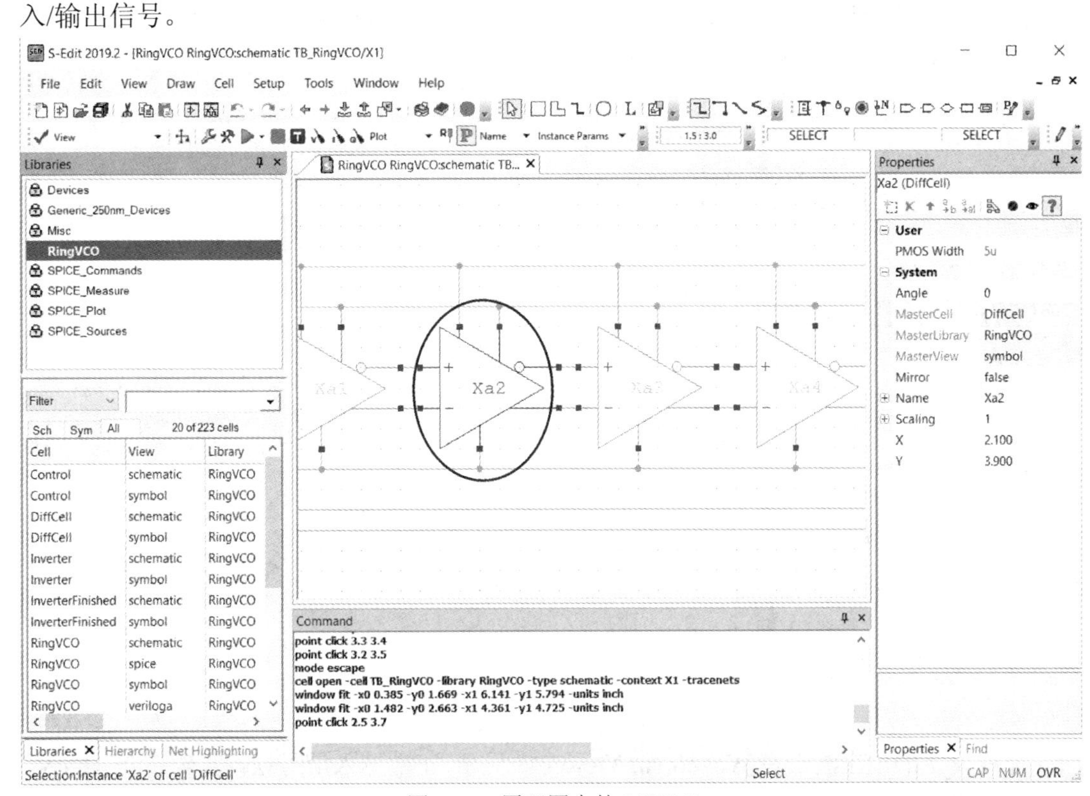

图 2.42　原理图中的 DiffCell

在这个例子中，体现出 *DiffCell* 的差分输入、输出信号之间的关系。在本节中，将会使用单端电压探针。

步骤 13：用鼠标左键单击 **Probe Type** 打开下拉菜单，点击 **Plot**，如图 2.43 所示。这样，探测结果会显示在 **Waveform Viewer** 窗口中。

步骤 14：用鼠标左键单击 **Probe Voltage** 按钮，按钮会变成高亮，光标变为 **V probe**，这时电压探针已经准备好抓取电压波形，如图 2.44 所示。

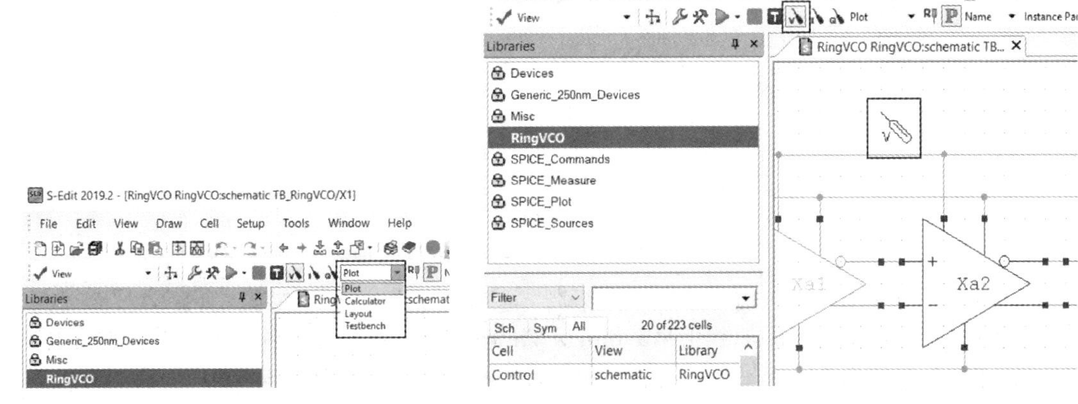

图 2.43　工具栏中探测波形设置　　　　图 2.44　工具栏中启用电压探针

步骤 15：用鼠标左键单击 *DiffCell* 的实例 *Xa2* (net *N_1*)的正输入端，如图 2.45 所示。

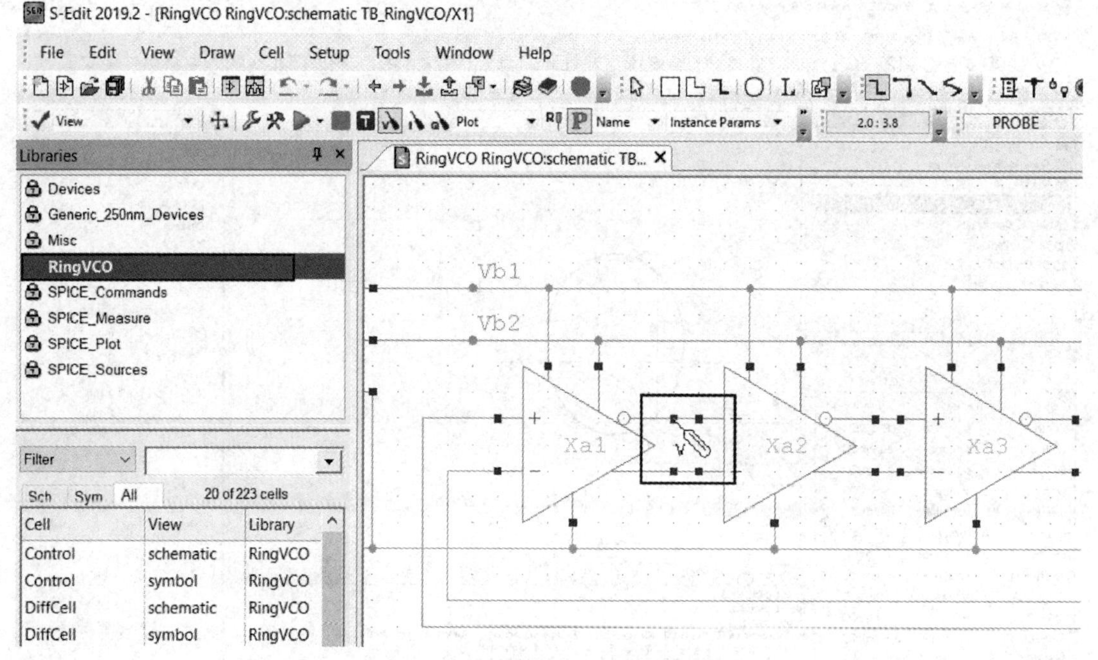

图 2.45　电压探针点选 Xa2 的正输入端

连线 *N_1* 的电压波形在 **Waveform Viewer** 中显示，正端输入信号摆幅大约在 0～2.2 V，如图 2.46 所示。

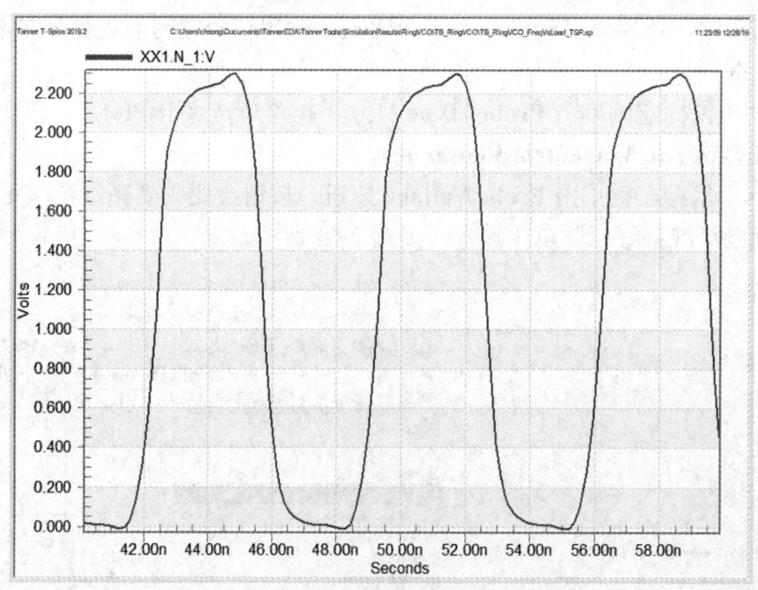

图 2.46　通过电压探针点选的 N_1 波形

步骤 16：用鼠标左键单击 *DiffCell* 的实例 *Xa2* (net *N_9*)的负输入端，如图 2.47 所示。

连线 *N_9* 的电压波形添加到了 **Waveform Viewer** 中显示，负端输入信号摆幅大约在 0～2.2 V，相位与正端输入信号相反，如图 2.48 所示。这样就实现了使用单端探针来抓取两条差分信号波形。

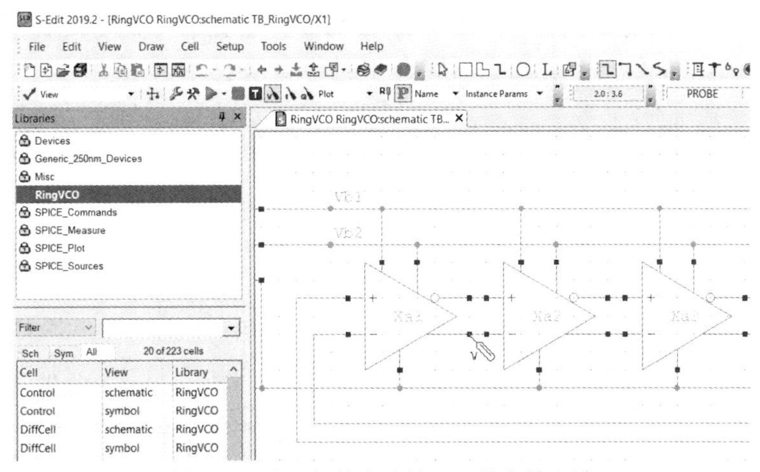

图 2.47　电压探针点选的 Xa2 的负输入端

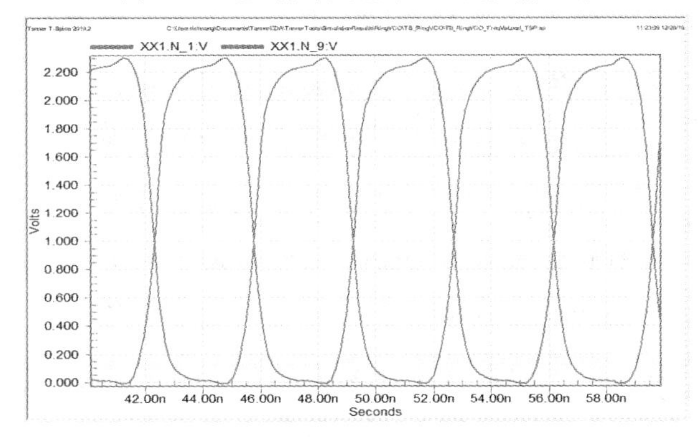

图 2.48　通过电压探针点选的 N_9 波形

步骤 17：用鼠标左键单击 *DiffCell* 的实例 *Xa2* (net *N_10*)的正输出端，如图 2.49 所示。

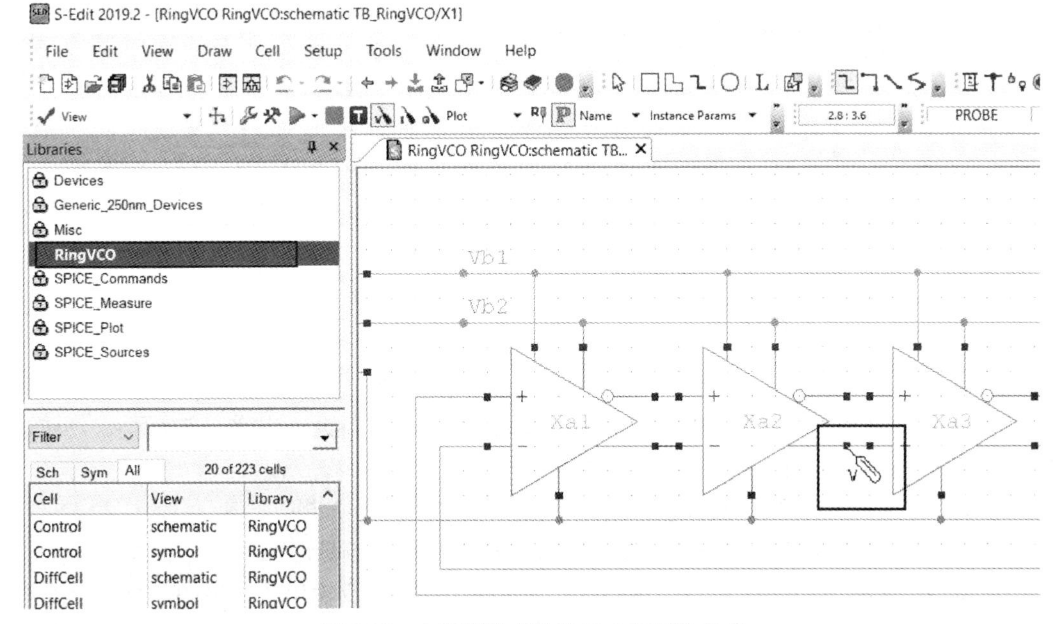

图 2.49　电压探针点选的 Xa2 的正输出端

连线 *N_10* 的电压波形添加到了 **Waveform Viewer** 中显示，如图 2.50 所示，正向输出信号摆幅大约在 0～2.2 V，相位与正端输入信号同相。

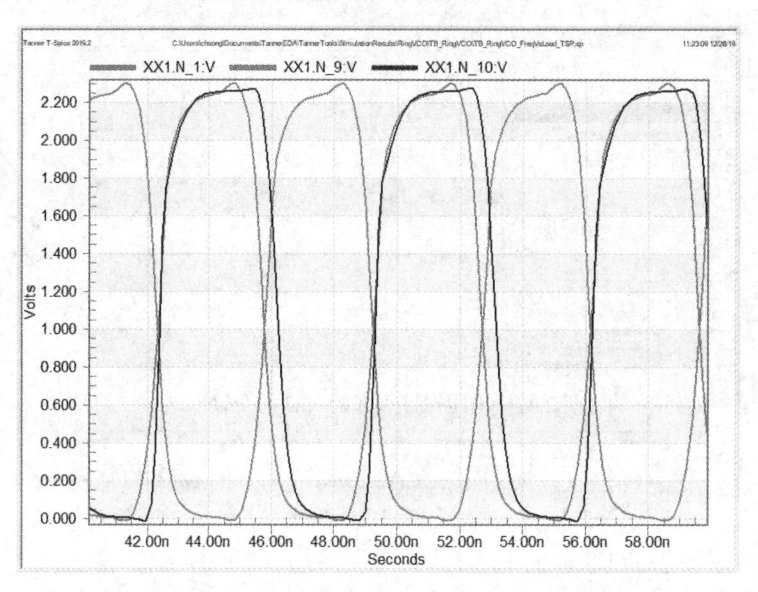

图 2.50　通过电压探针点选的 N_10 波形

步骤 18：用鼠标左键单击 *DiffCell* 的实例 *Xa2* (net *N_2*)的负输出端，如图 2.51 所示。

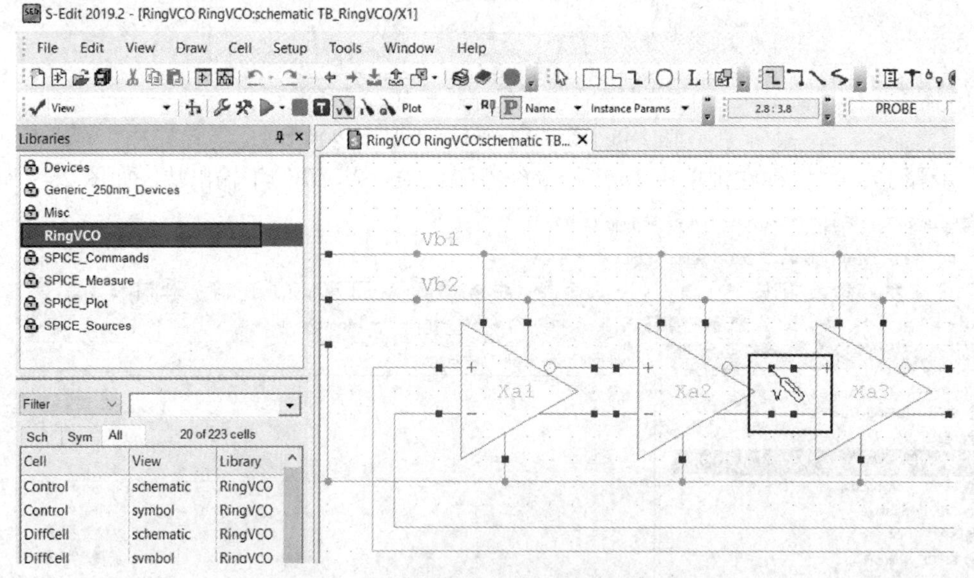

图 2.51　电压探针点选的 Xa2 的负输出端

连线 *N_2* 处的电压波形添加到了 **Waveform Viewer** 中显示，如图 2.52 所示。反向输出信号摆幅大约在 0～2.2 V，相位与负端输入信号同相。

虽然可以使用单端探针抓取差分信号波形，但难以解释结果。

- 因为有多个重叠的相位，所以难以跟踪输入和输出信号。
- 单端电压摆幅为 0～2.2 V，然而这不是 *DiffCell* 输入或输出所产生的差分电压摆幅。为了准确显示差分信号，必须使用 **Waveform Viewer** 算术函数从正输入/输出波形中减去负输入/输出波形(未显示)。

基于以上原因，建议使用差分探针来抓取差分波形。在 **Waveform Viewer** 中打开一个新的图表区。

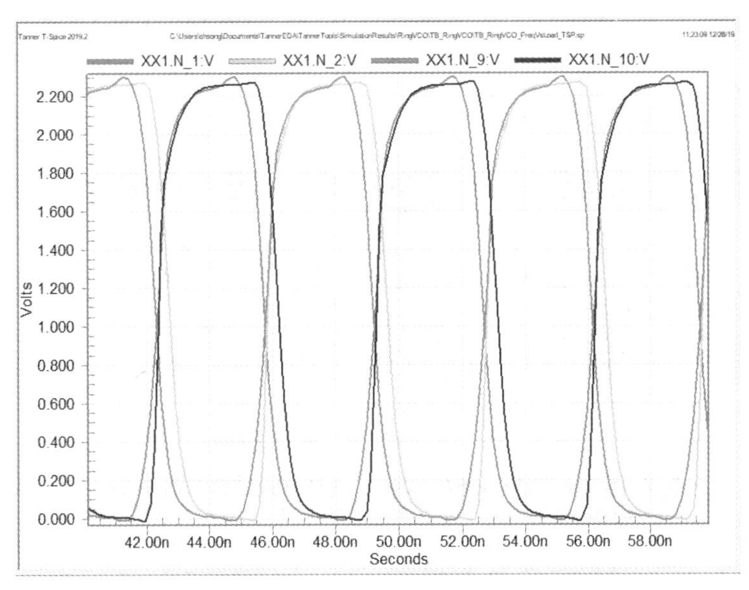

图 2.52　通过电压探针点选的 N_2 波形

步骤 19：在 **Waveform Viewer** 窗口中，用鼠标左键单击 **Chart**，显示下拉菜单。

步骤 20：用鼠标左键单击 **Plot**，显示下一级菜单。

步骤 21：用鼠标左键单击 **New Plot**，新的图表区域会显示在原先图表的下方，如图 2.53 所示。

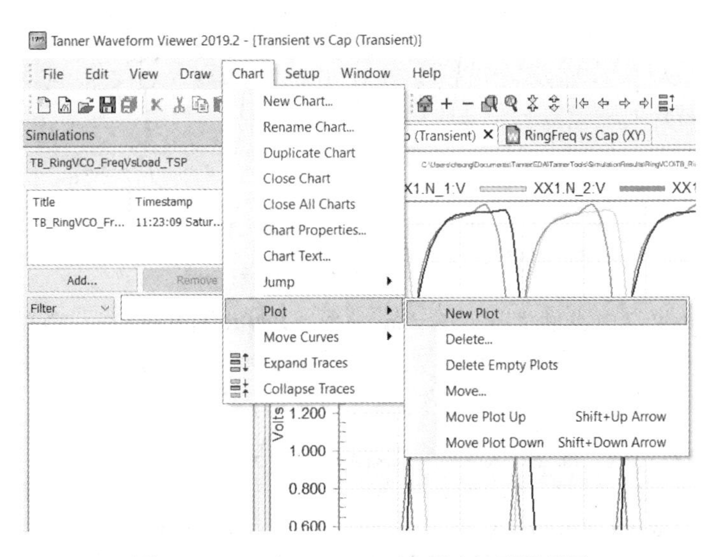

图 2.53　Waveform Viewer 中新建波形显示区

新的波形会在最上面的显示区中显示，因此需要将新建的显示区移到最上面。

步骤 22：在新图表区的空白处单击鼠标右键，显示菜单。

步骤 23：用鼠标左键单击 **Move Plot** 按钮，显示下一级菜单，如图 2.54 所示。

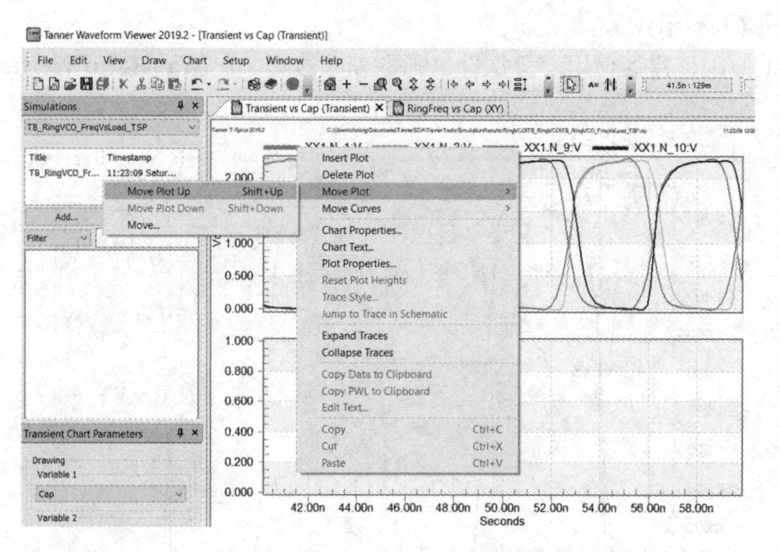

图 2.54　上移至顶端的新建显示区

步骤 24：用鼠标左键单击 **Move Plot Up**，新图表区移动到了最上方，如图 2.55 所示。

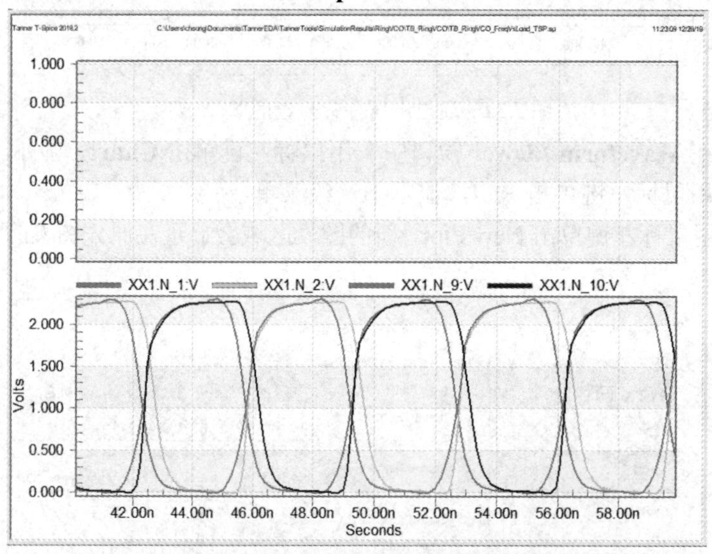

图 2.55　移动到上方的新建显示区

注意：S-Edit 窗口的当前状态如图 2.56 所示。**Probe Voltage** 按钮高亮，表示只进行电压波形抓取；**Probe type** 字段显示 **Plot**，表示结果将显示在 **Waveform Viewer** 中；**Reference probe** 按钮未高亮，表示未启用差分探针(探针为单端)，如图 2.56 所示。

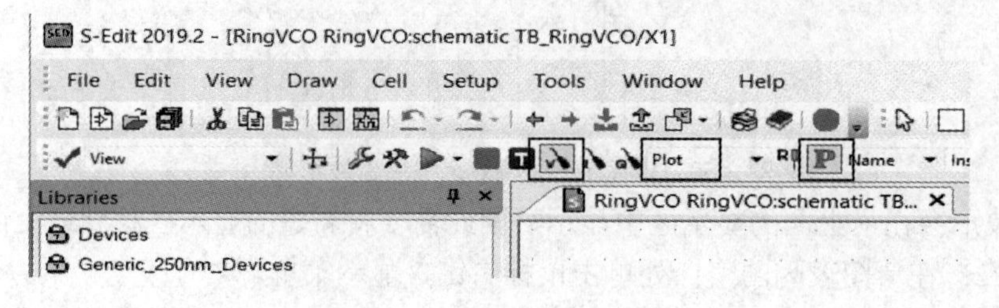

图 2.56　S-Edit 窗口工具栏

为了使用差分电压探针，必须启用 **Reference probe** 按钮并选择一个参考点。用户或许希望 **Reference Probe** 按钮的操作方式与 **Reference Voltage** 按钮相同，然而情况并非如此。

• 若要连接电压探头，用鼠标左键单击 **Probe Voltage** 按钮以启用该模式，光标变为电压探针样式，单击左键选择要探测电压的连线。

• 要连接一个参考探头，首先将鼠标指针切换为普通指针样式，然后点选作为参考点的连线，最后左键单击 **Reference Probe** 按钮来启动参考模式。

• 只能使用普通指针选择参考连线。因此，在设置参考探针时，必须禁用 **Probe Voltage**，以便将光标从 **V Probe** 更改回正常状态。

使用差分探头的一般步骤如下：

- 按 **Esc** 键或点选普通指针以禁用 **Probe Voltage** 模式。
- 选择参考连线。
- 启用 **Reference Probe** 模式。
- 重新启用 **Probe Voltage** 模式。
- **V Probe** 选择差分信号的第二条线。

在 *DiffCell* 的实例 *Xa2* 的差分输入端放置差分探针。

步骤 25：在 **S-Edit** 窗口中，按 **Esc** 键，**V Probe** 按钮不高亮，光标变回正常，表示 **Probe Voltage** 模式未激活。

步骤 26：用鼠标左键单击选择实例 *Xa2* 的负输入连线，连线 *N_9* 高亮，如图 2.57 所示。

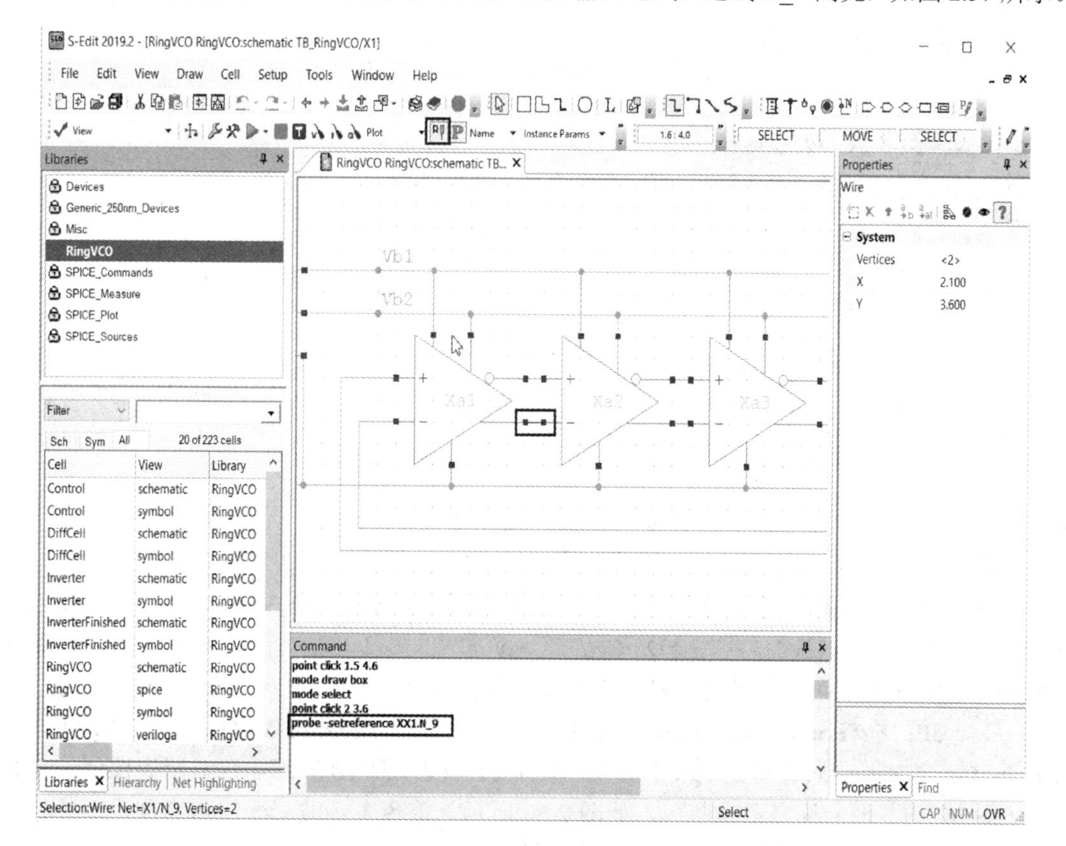

图 2.57　选定 Xa2 负输入端作为参考点

步骤 27：用鼠标左键单击 **Reference Probe** 按钮，**Reference Probe** 按钮高亮显示，**Command Line** 窗口显示连线 *N_9* 现在是参考连线，之后抓取到的任何电压都将相对于 *N_9* 的电压进行计算。差分测量参考选定的线，单端测量以地为参考。

步骤 28：用鼠标左键单击 **Probe Voltage** 按钮重新启用抓取电压波形。**Probe Voltage** 按钮高亮显示，光标显示为 **V Probe**，**Reference Probe** 按钮也将高亮显示，如图 2.58 所示。这表示电压探针是参考另一条线，而不是参考地线。

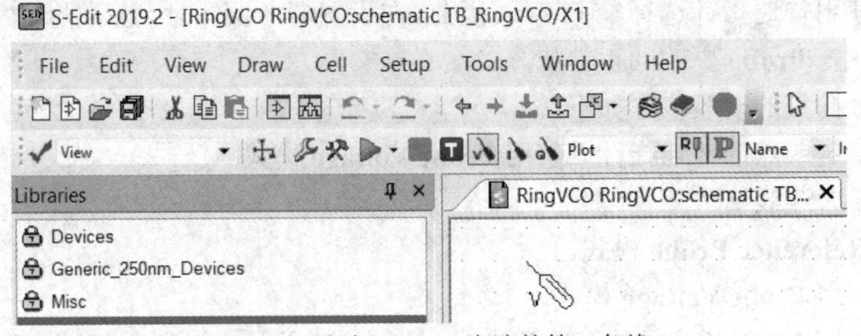

图 2.58　通过 V Probe 点选的第二条线

步骤 29：用鼠标左键单击 *Xa2* 正输入端(*N_1*)，如图 2.59 所示。

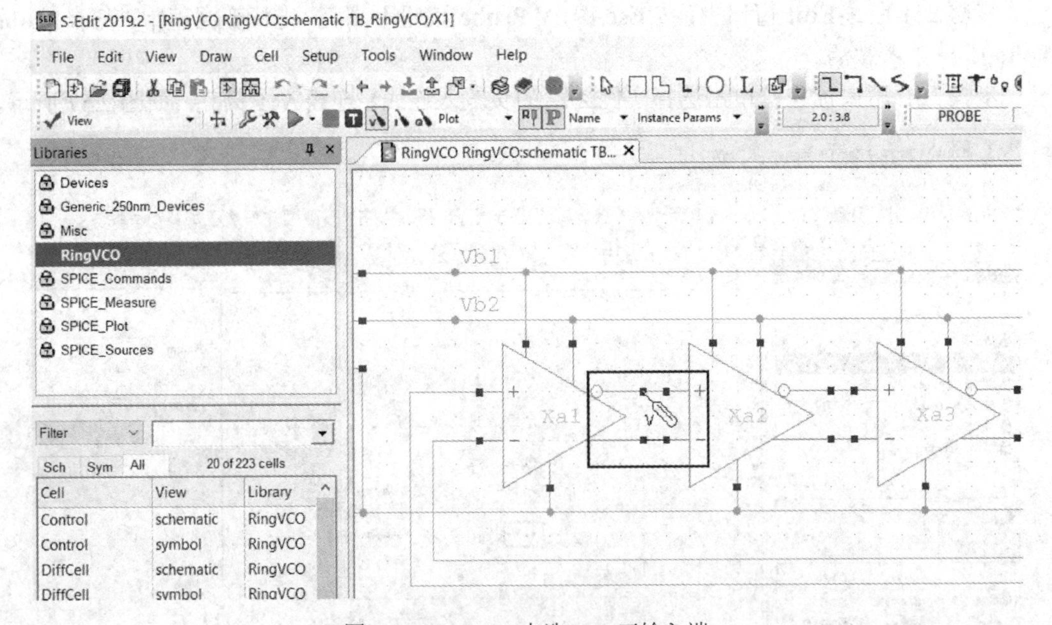

图 2.59　V Probe 点选 Xa2 正输入端

注意：连线不会在原理图上高亮显示。

如图 2.60 所示，*N_1*、*N_9* 的差分电压波形显示在 **Waveform Viewer** 窗口中，输入信号摆幅约为 −2.1～+2.1 V。这是 *DiffCell* 正、负输入端之间的实际差分电压。**Waveform Viewer** 已经自动计算出探测电压和参考电压之间的压差。

步骤 30：在 **Traces Navigator** 中，用鼠标左键单击 **Include V Traces** 按钮，**Traces Navigator** 窗口现在只显示电压波形列表。*N_1 /N_4/N_9/N_10* 波形名称显示为棕色，差分(*N_1* ～ *N_9*)波形名称显示为蓝色，如图 2.60 所示。棕色表示波形源于仿真测量，并且显示在当前图表中；蓝色表示波形源于计算结果。

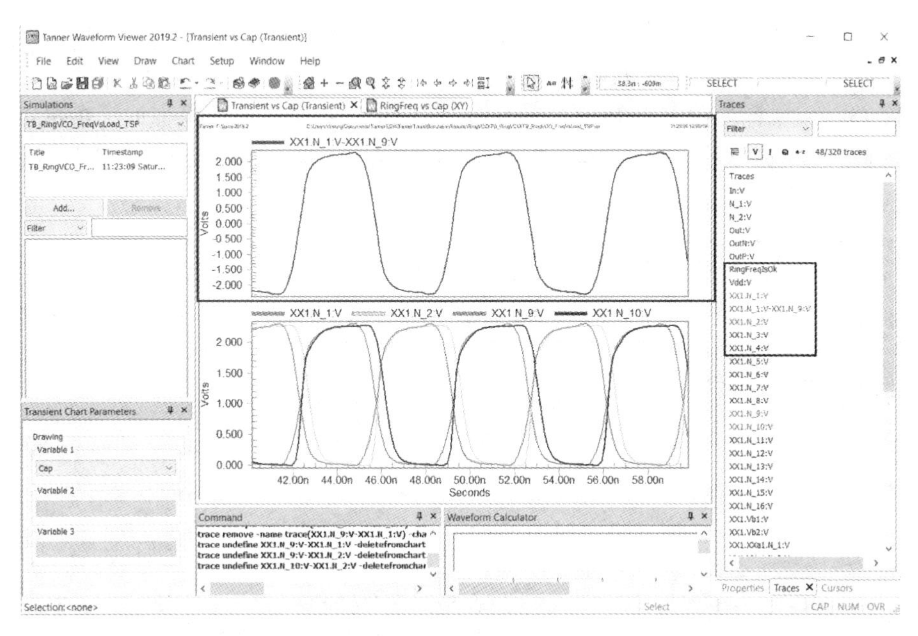

图 2.60 差分探针探测结果

接着将参考点移动到负差分输出端。

步骤 31：在 **S-Edit** 窗口中，用鼠标左键单击 **Reference Probe** 按钮，取消高亮，**Command Line** 窗口显示参考连线为空值，如图 2.61 所示。请注意：以前的参考连线仍处于选中状态。

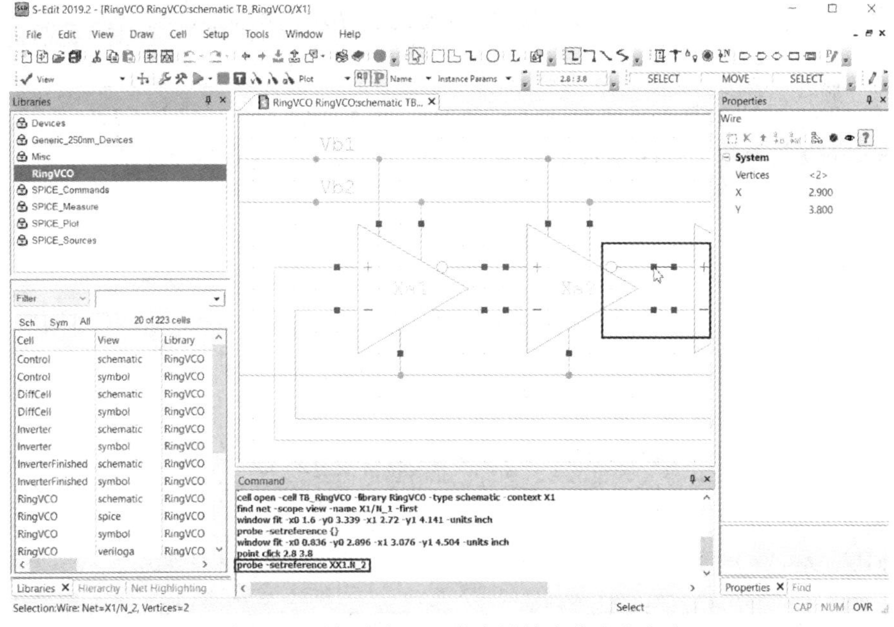

图 2.61 重新选定 Xa2 的负端输出作为参考点

步骤 32：恢复指针为普通指针，**Probe Voltage** 按钮不高亮显示。这表示 **Probe Voltage** 模式未激活。

步骤 33：用鼠标左键单击选择实例 *Xa2* 的负端输出，连线 *N_2* 高亮。

步骤 34：用鼠标左键单击 **Reference Probe** 按钮，按钮高亮显示，**Command Line** 窗

口显示连线 *N_2* 现在是参考连线，之后抓取到的任何电压都将相对于 *N_2* 的电压进行计算。差分测量参考选定的线，单端测量以地为参考。

步骤 35：用鼠标左键单击 **Probe Voltage** 按钮重新启用电压波形抓取。**Probe Voltage** 按钮高亮显示，光标显示为 **V Probe**，**Reference Probe** 按钮也将高亮显示，如图 2.62 所示。这表示电压探针是参考另一条线，而不是参考地线。

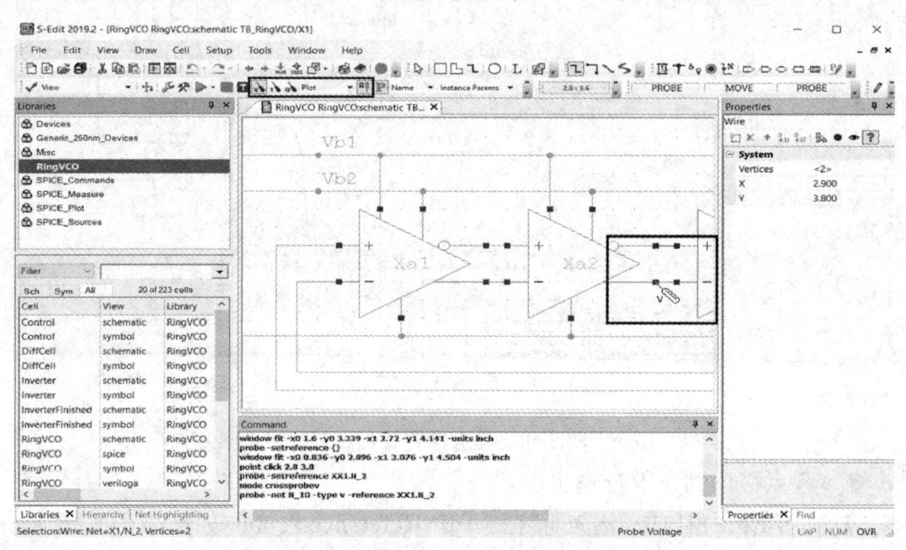

图 2.62　选定 Xa2 的正端输出作为探测点

步骤 36：用鼠标左键单击 *Xa2* 正输出端(连线 *N_10*)，如图 2.62 所示。

注意：连线不会在原理图中高亮显示。*N_2*、*N_10* 之间的差分电压波形显示在 **Waveform Viewer** 窗口中，输出信号摆幅约为 −2.1～+2.1V，如图 2.63 所示。这是 *DiffCell* 正、负输出端之间的实际差分电压。**Waveform Viewer** 已经自动计算出探测电压和参考电压之间的压差。

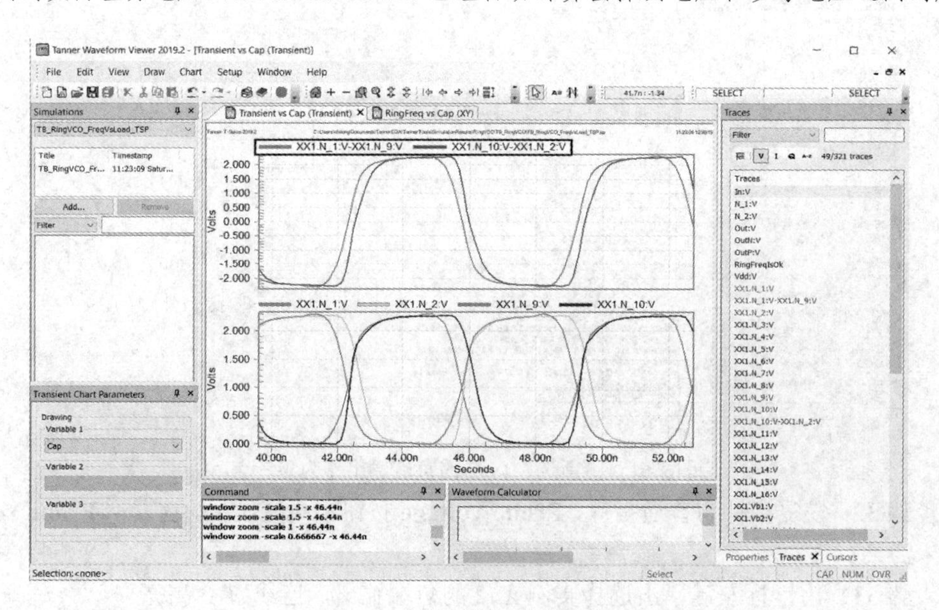

图 2.63　差分输入/输出波形

这清楚地表明 *DiffCell* 是一个缓冲器，而不是反相器。利用差分波形还可以很容易地确定开关点和传输延迟。

当用单端探头观察差分信号时，波形显示比较杂乱，很难跟踪信号的相位。差分电压波形需要通过创建一个计算出波形并减去两个信号线之间的电压来计算。

当使用差分探针观察差分信号时，波形显示简单明了，可以从波形图中直接读取输入和输出产生的差分电压。

步骤 37：关闭 **Waveform Viewer** 窗口。可以选择保存图表。

步骤 38：关闭 **S-Edit** 窗口。可以选择保存设计。

2.1.4　工艺角仿真

在本节中，将介绍电压扫描、温度扫描和工艺变化扫描仿真，然后练习 PVT(工艺、电压、温度)工艺角仿真。

❖ **进行工艺角仿真的操作步骤如下：**

步骤 1：关闭所有窗口，重新打开 **S-Edit**。

步骤 2：打开设计文件 *[installation path]\Designs\RingVCO\lib.defs*。

步骤 3：在 Libraries Navigator 中单击左键选择库 *RingVCO*，在下方的单元列表中用鼠标双击 *RingVCO_TestBench_Corner_Tutorial* 打开原理图，如图 2.64 所示。

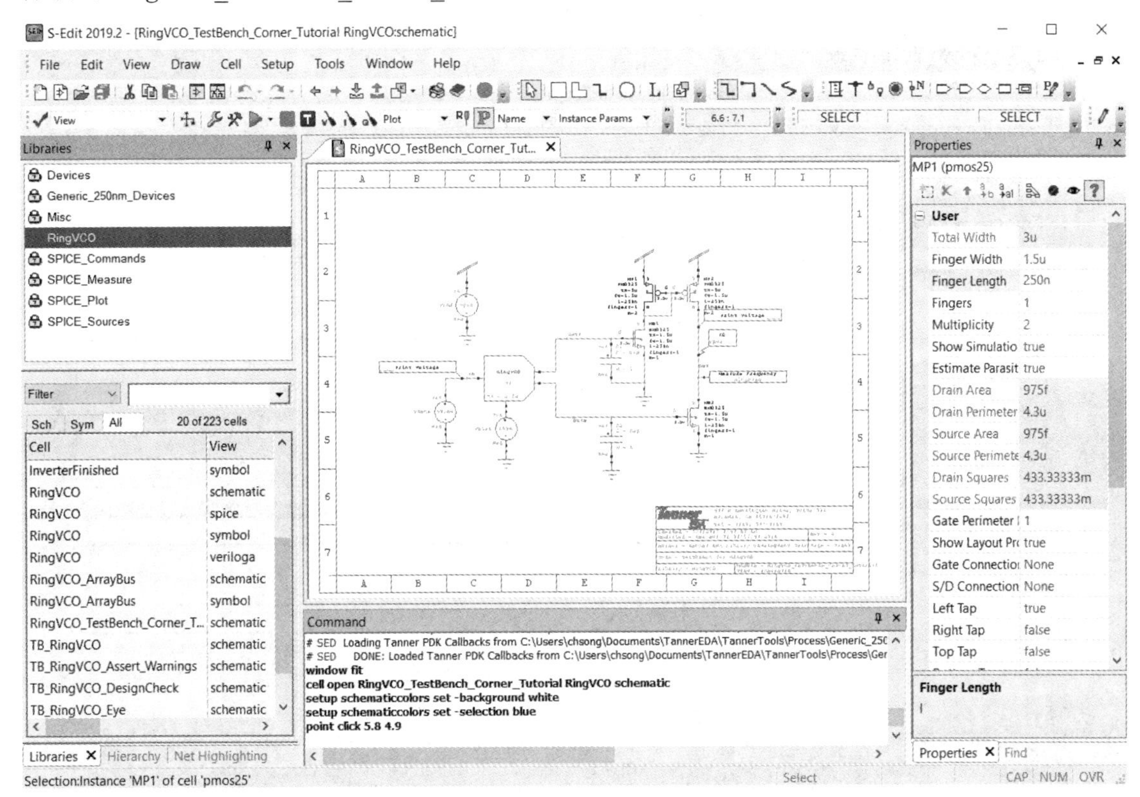

图 2.64　RingVCO 案例中的原理图

步骤 4：用鼠标单击工具栏中的 **Setup Simulation** 按钮，弹出 **Setup SPICE Simulation**

窗口，如图 2.65 所示。

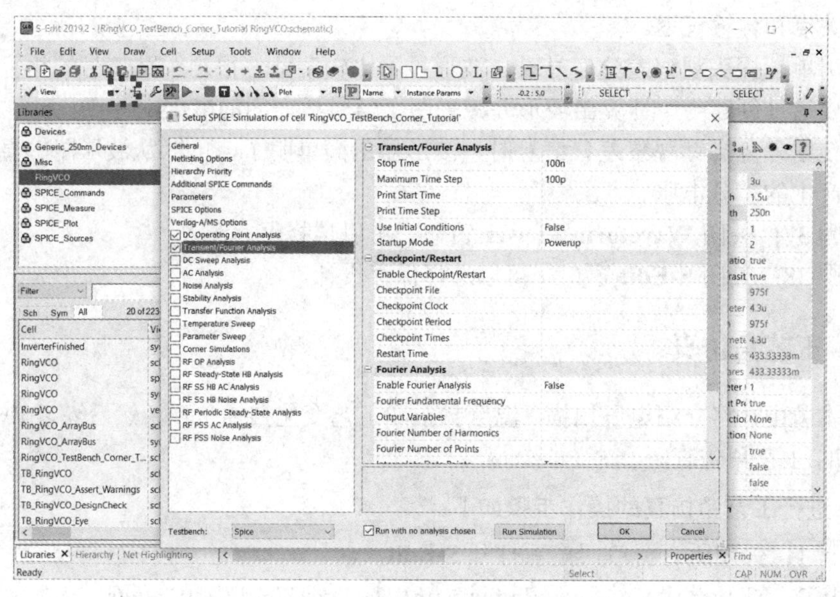

图 2.65　Setup SPICE Simulation 窗口

步骤 5：在窗口左侧列表中点击 **General** 选项，右侧进入设置界面，如图 2.66 所示。

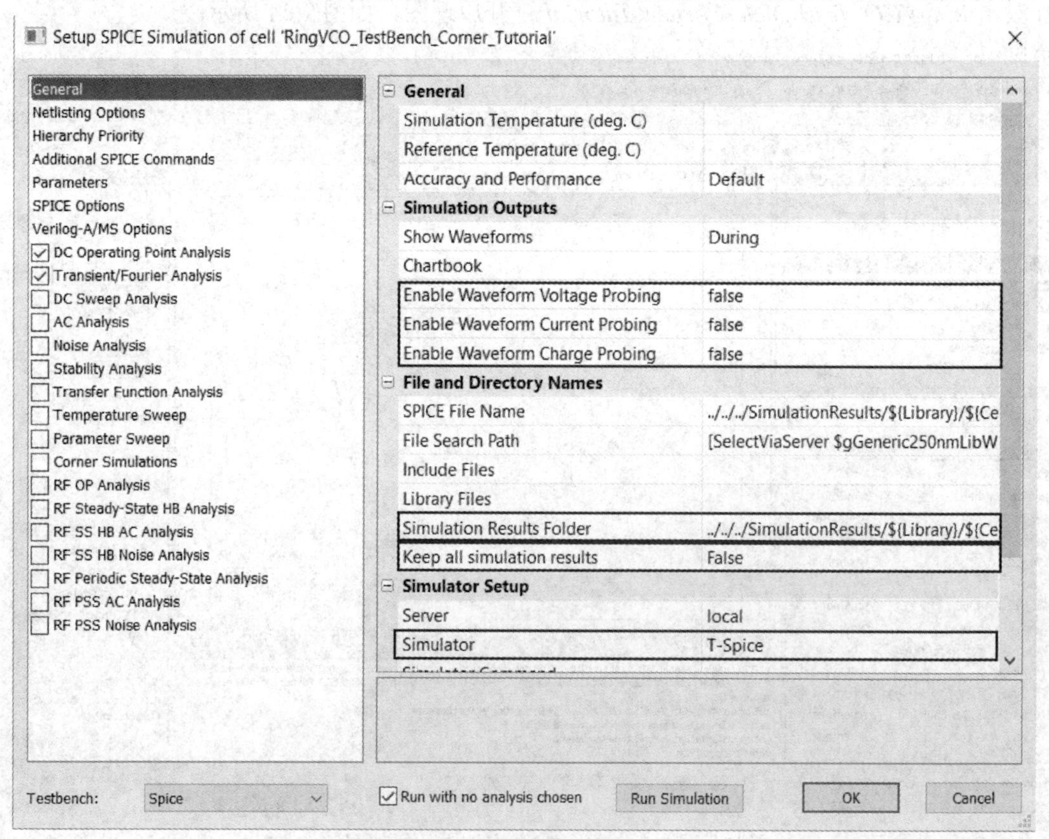

图 2.66　设置页面(1)

Probing fields：默认均为 *False*，表示不输出波形。本例中不需要显示波形。

SPICE File Name：指定仿真使用的 SPICE 文件存放位置及文件名。

Simulation Results Folder：定义了 SPICE 仿真中所有输入/输出文件的存放位置。

Keep all simulation results：默认设置为 *False*，表示仿真结果会被新的仿真输出覆盖。

Simulator：默认值为 *T-Spice*。

步骤 6：在 **Setup SPICE Simulation** 窗口左侧列表中点击 **Netlisting Options** 选项，右侧进入设置界面，如图2.67所示。除了 **Exclude Definitions of Empty Cells**，将所有的 **Exclude** 设为 *False*。本例中，空的单元不会在网表中生成，但是 .model、.end 的声明，全局端口以及元器件的位置包含在仿真输入的网表中。

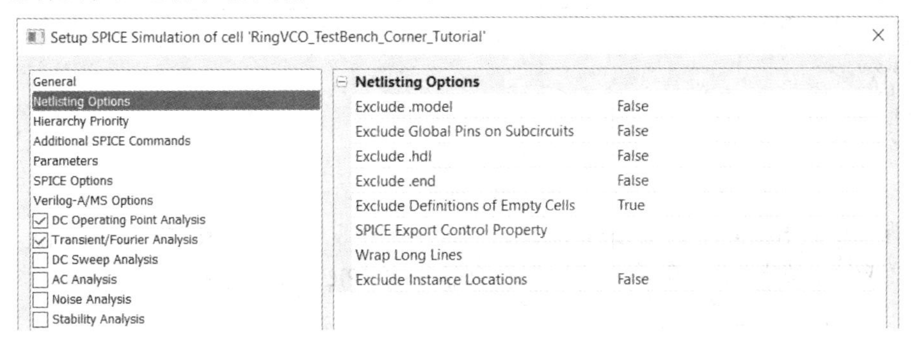

图 2.67　设置页面(2)

步骤 7：在左侧列表中点击 **Hierarchy Priority** 选项，右侧进入设置界面，如图 2.68 所示。在仿真中使用了从 **Schematic** 视图生成的 *RingVCO* 单元的网表。

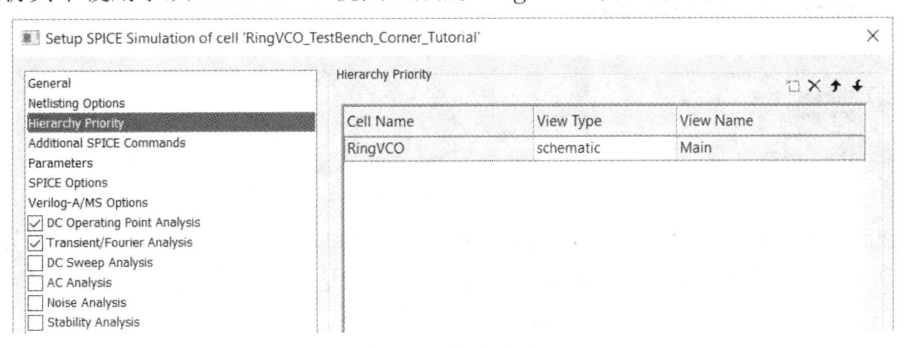

图 2.68　设置页面(3)

步骤 8：在 **Setup SPICE Simulation** 窗口左侧列表中点击 **Additional SPICE Commands** 选项，右侧进入设置界面，如图 2.69 所示，默认没有额外的 SPICE 命令被添加到仿真输入的 SPICE 文件中。

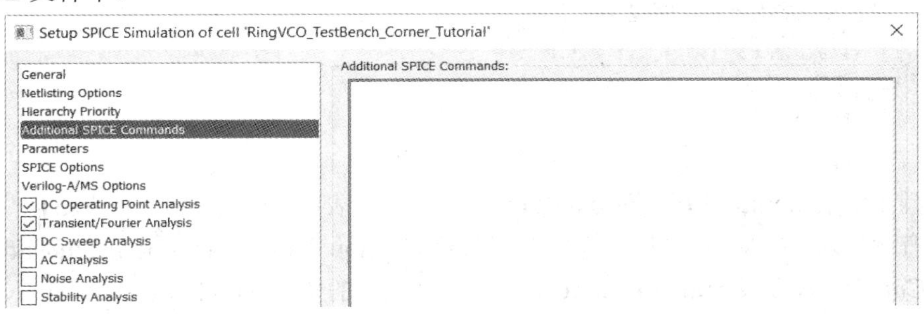

图 2.69　设置页面(4)

步骤 9：在左侧列表中点击 **Parameters** 选项，右侧进入设置界面，如图 2.70 所示，可以看到测试平台中有参数定义的独立电压源、负载电容和它们的默认参数值。

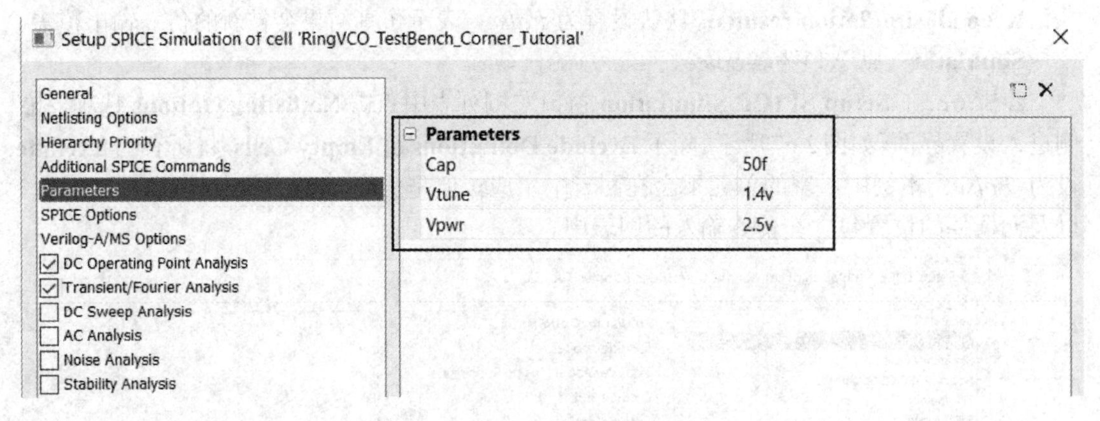

图 2.70　设置页面(5)

步骤 10：在 **Setup SPICE Simulation** 窗口左侧列表中点击 **SPICE Options** 选项，右侧进入设置界面，如图 2.71 所示。本例中没有额外的 SPICE 选项添加。

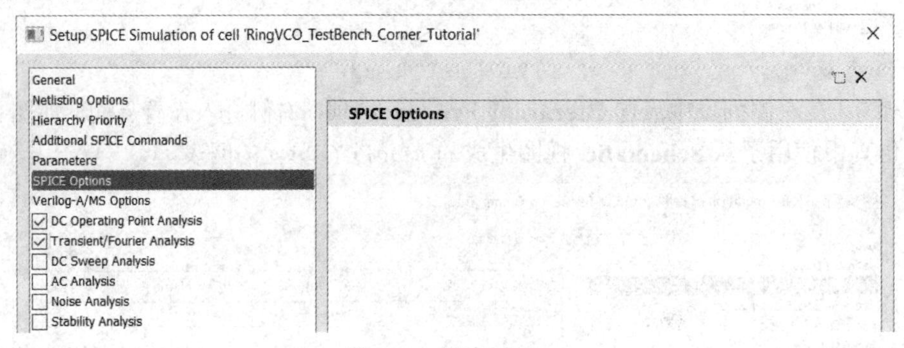

图 2.71　设置页面(6)

步骤 11：在左侧列表中点击 **DC Operating Point Analysis** 选项，右侧进入设置界面，如图 2.72 所示，确认 **DC Operating Point Analysis** 未被勾选。本例中未进行直流工作点分析。

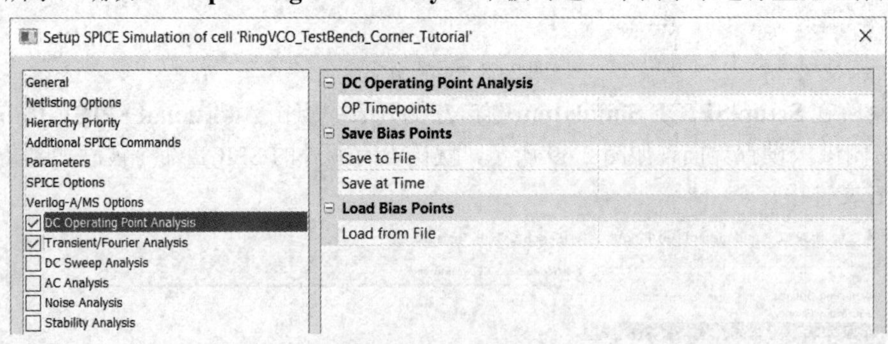

图 2.72　设置页面(7)

步骤 12：在 **Setup SPICE Simulation** 窗口左侧列表中点击 **Transient/Fourier Analysis** 选项，右侧进入设置界面，如图 2.73 所示。仿真的 **Stop Time**、**Maximum Time Step**、**Use Initial Conditions** 以及 **Startup Mode** 均已设置好相应的值，**Enable Fourier Analysis** 处为 *False*。确认 **Transient/Fourier Analysis** 被勾选。

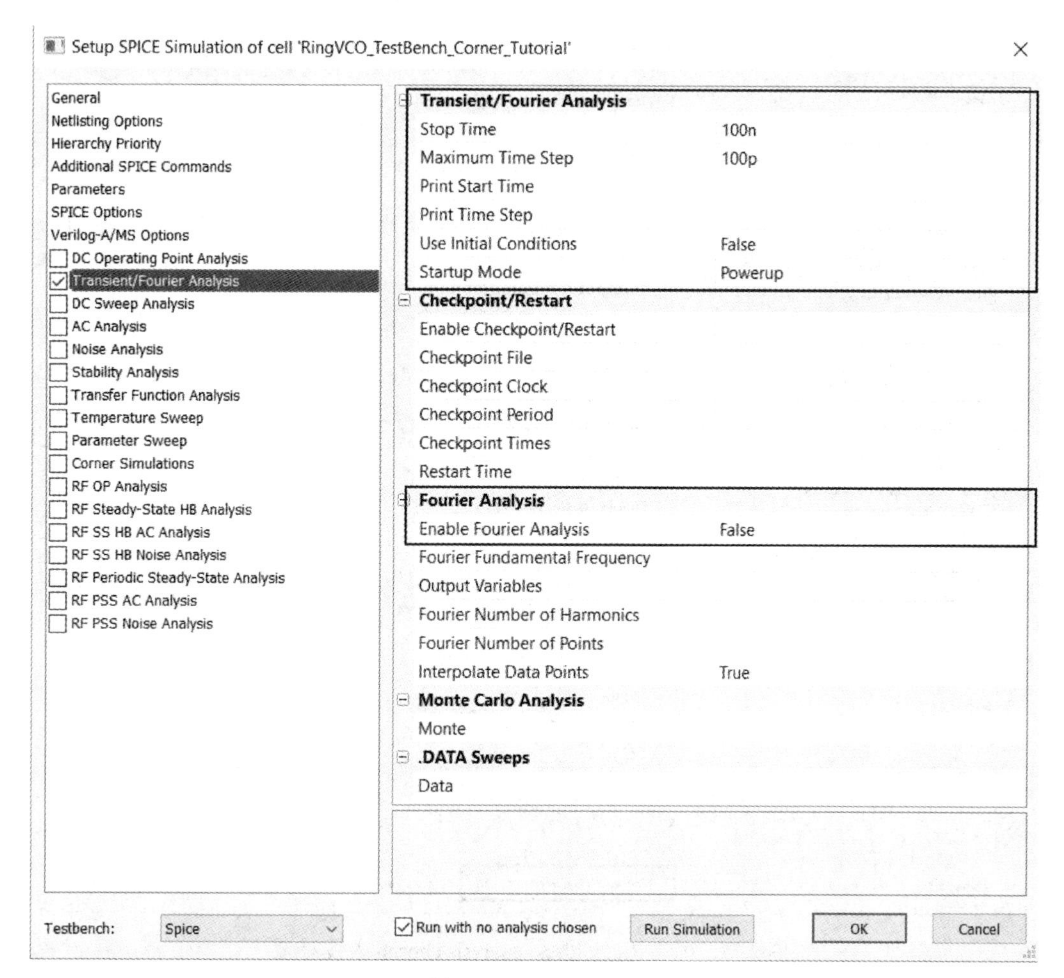

图 2.73　设置页面(8)

步骤 13：确认 **DC Sweep Analysis**、**Noise Analysis**、**Transfer Function Analysis** 未被勾选，如图 2.74 所示。本例中未用到上述仿真。

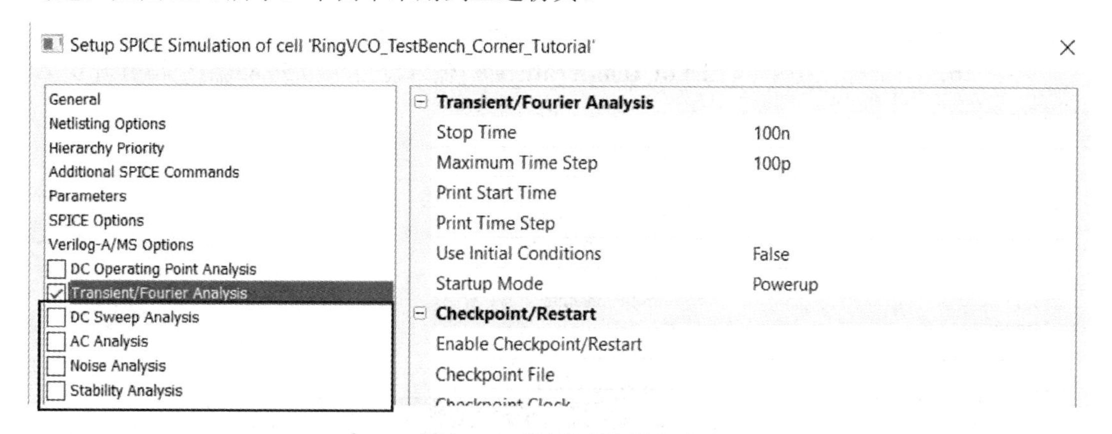

图 2.74　确认选项未被勾选

步骤 14：确认 **Run with no analysis chosen** 未被勾选，如图 2.75 所示。这样，当 T-Spice 作为仿真器时，会开启特定的错误检查功能。

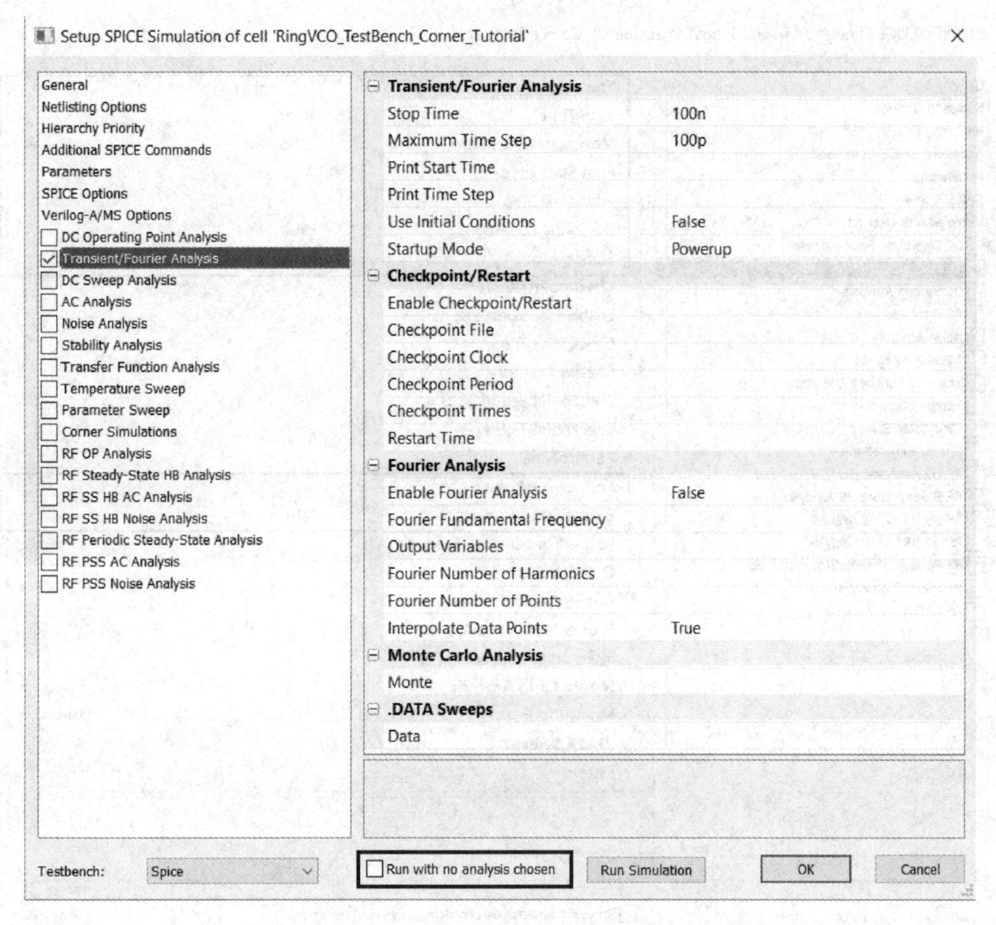

图 2.75　确认 Run with no analysis chosen 未被勾选

在进行 PVT 仿真时，可以选择线性温度扫描方式，但是在本例中，选择了几个业界常用的温度值进行仿真。

步骤 15：在 **Setup SPICE Simulation** 窗口左侧列表中点击 **Temperature Sweep** 选项，右侧进入设置界面，如图 2.76 所示，确认 **Temperature Sweep** 被勾选。

步骤 16：用鼠标左键单击 **List of Temperatures**，输入温度值 *0 50 85*(用空格分开)，如图 2.76 所示。

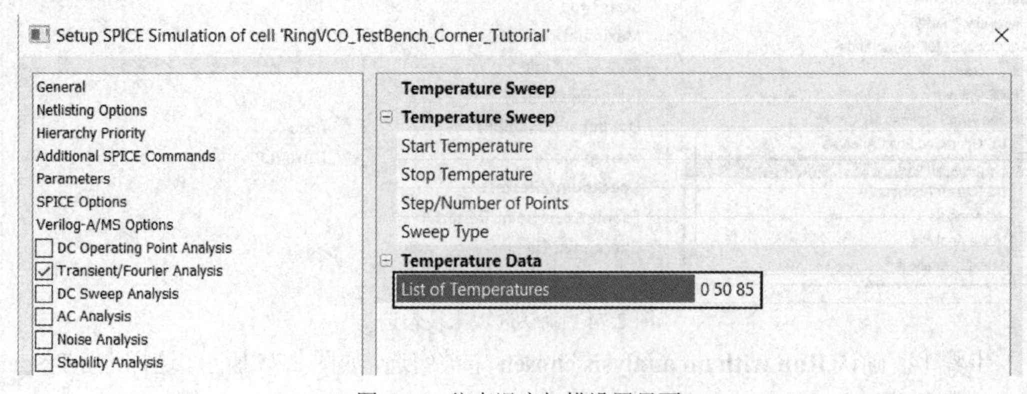

图 2.76　仿真温度扫描设置界面

步骤 17：在 **Setup SPICE Simulation** 窗口左侧列表中点击 **Parameter Sweep** 选项，右侧进入设置界面，如图 2.77 所示，确认 **Parameter Sweep** 被勾选。

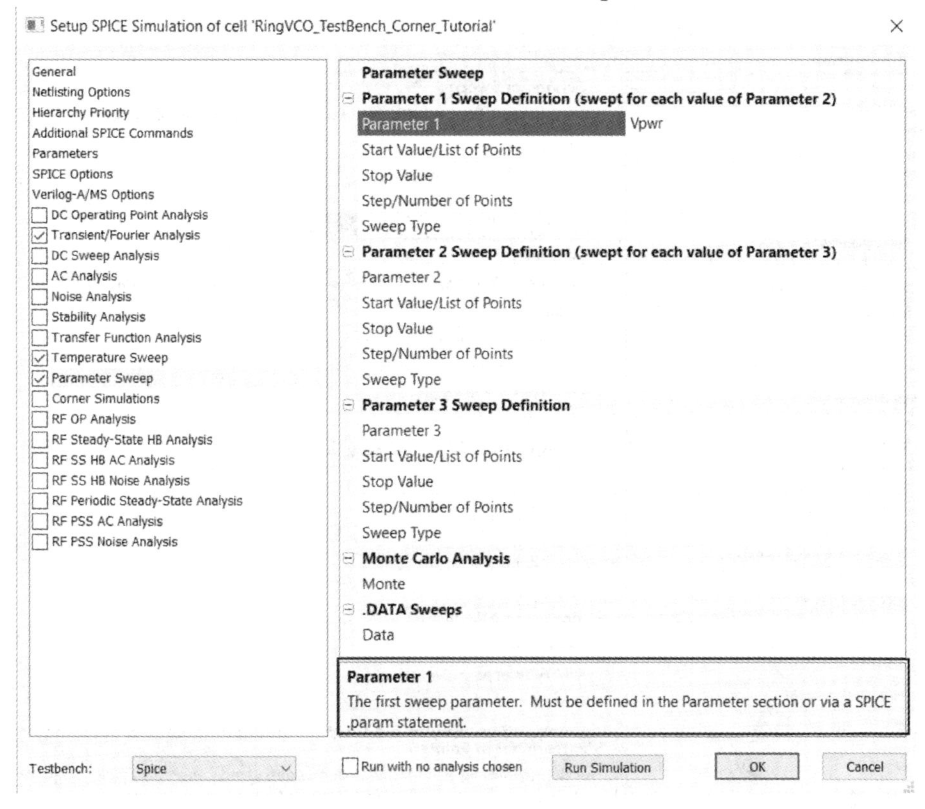

图 2.77　仿真参数扫描设置界面

步骤 18：单击 **Parameter 1** 处，输入文本 *Vpwr*，右侧下方会有提示 **Parameter1** 必须在 **Parameters** 界面或者 SPICE 文件中有定义。在本例中，*Vpwr* 在 **Parameters** 界面中已被定义好。

步骤 19：单击 **Start Value**，输入数值 *2.25*，如图 2.78 所示。

步骤 20：单击 **Stop Value**，输入数值 *2.75*，如图 2.78 所示。

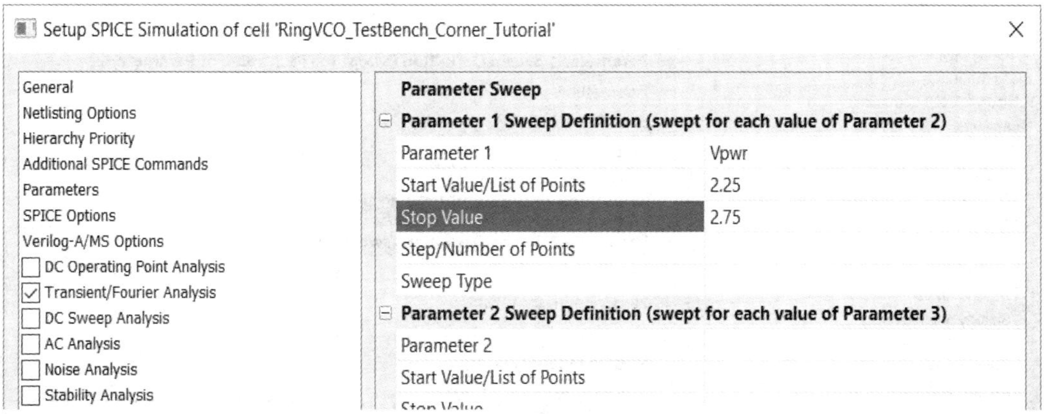

Setup SPICE Simulation of cell 'RingVCO_TestBench_Corner_Tutorial'
General
Netlisting Options
Hierarchy Priority
Additional SPICE Commands
Parameters
SPICE Options
Verilog-A/MS Options
DC Operating Point Analysis
Transient/Fourier Analysis
DC Sweep Analysis
AC Analysis
Noise Analysis
Stability Analysis
Parameter Sweep
Parameter 1 Sweep Definition (swept for each value of Parameter 2)
Parameter 1　Vpwr
Start Value/List of Points　2.25
Stop Value　2.75
Step/Number of Points
Sweep Type
Parameter 2 Sweep Definition (swept for each value of Parameter 3)
Parameter 2
Start Value/List of Points

图 2.78　设置扫描范围

步骤 21：用鼠标左键单击 **Step**，输入数值 *0.25*，右侧下方会有提示这是线性扫描的步长，或是对数扫描的每 10 倍程的步数，如图 2.79 所示。

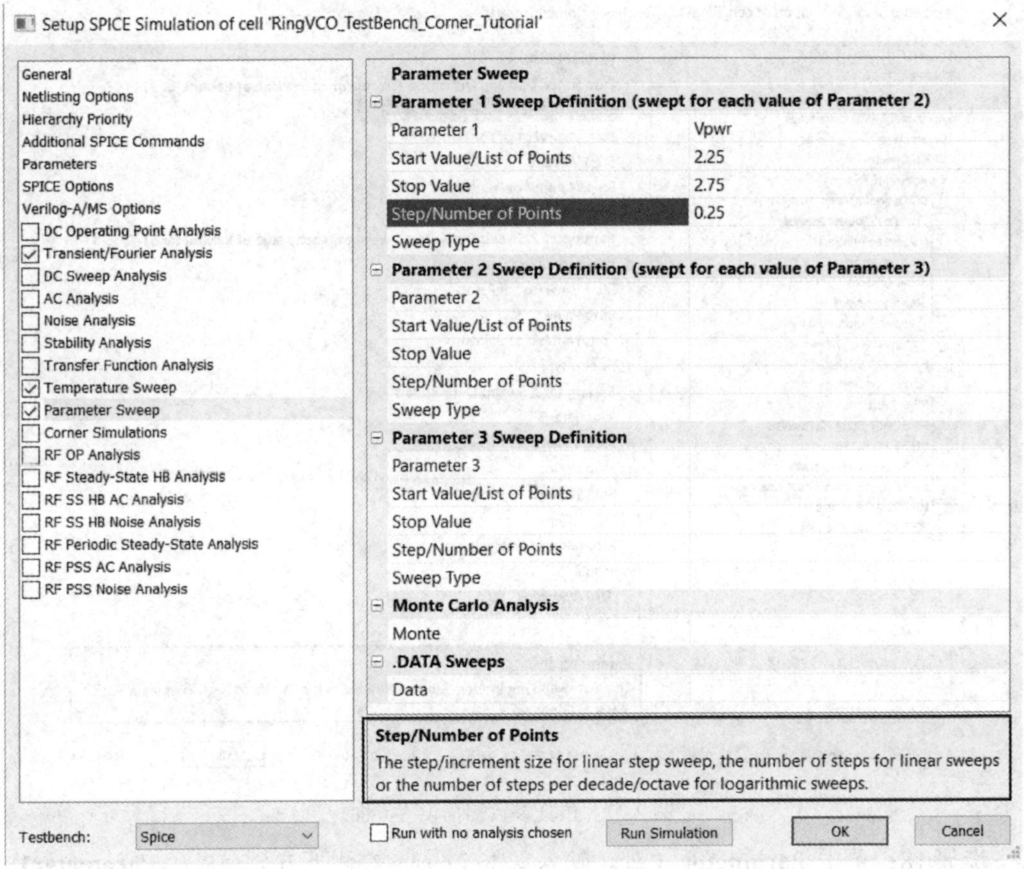

图 2.79　设置扫描步长

步骤 22：单击 **Sweep Type** 的下拉菜单，点击 **lin**，选择对 **Parameter 1** (*Vpwr*)进行线性扫描，如图 2.80 所示。

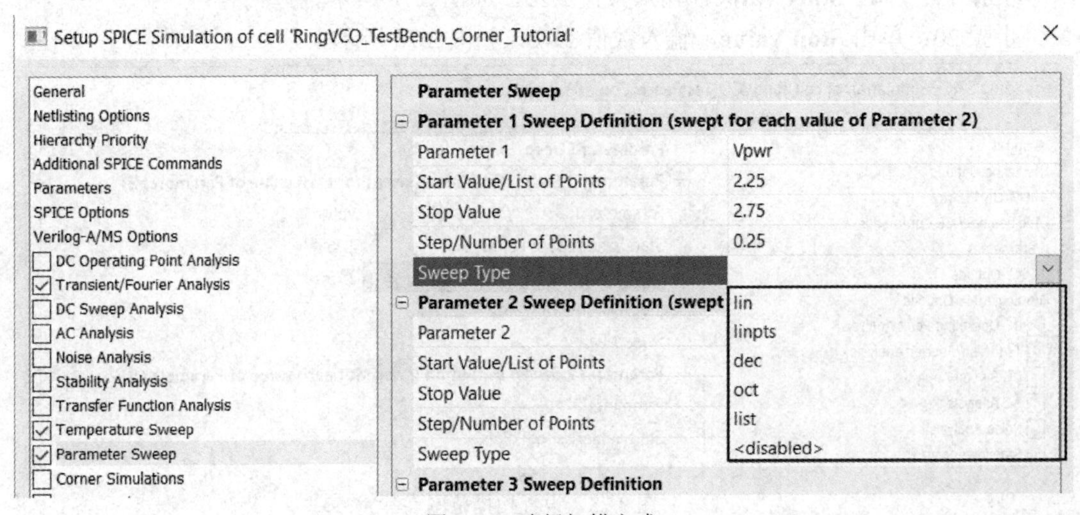

图 2.80　选择扫描方式

步骤 23：在 **Setup SPICE Simulation** 窗口左侧列表中点击 **Corner Simulations** 选项，右侧进入设置界面，如图 2.81 所示，确认 **Corner Simulations** 被勾选。此时，工艺角还未被定义。

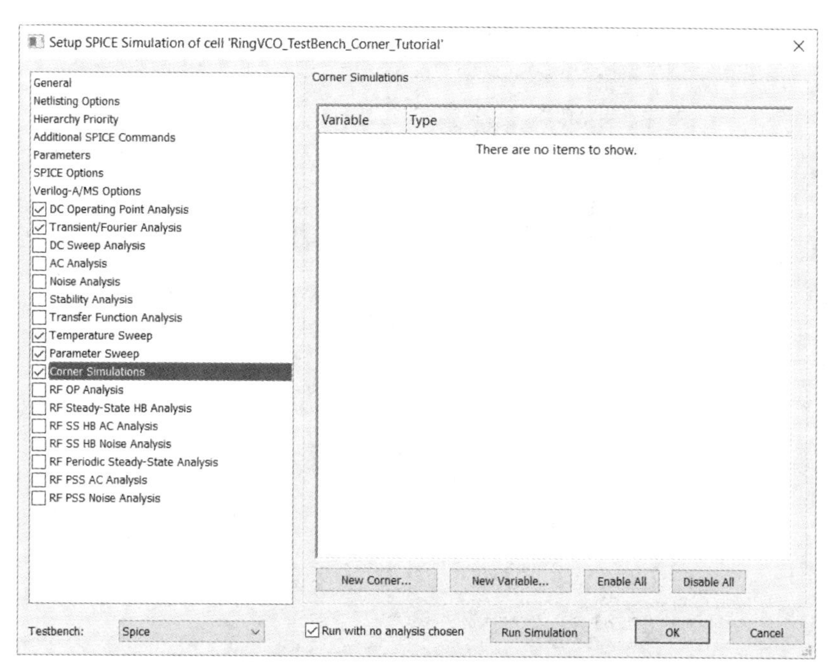

图 2.81　进入工艺角设置页面

步骤 24：单击 **New Variable** 按钮，弹出 **New Variable** 窗口，如图 2.82 所示。

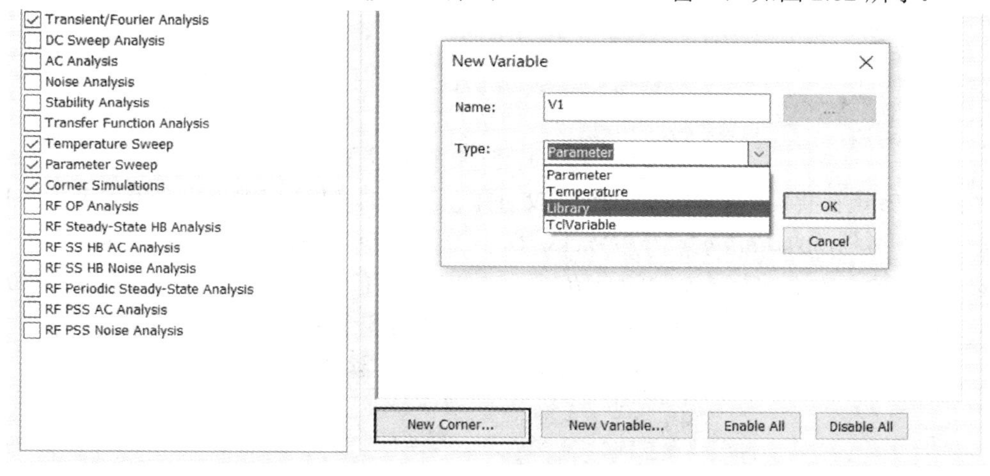

图 2.82　设置工艺角

步骤 25：单击 **Type** 下拉菜单，显示变量类型列表。在本例中，新的变量类型是包含工艺角定义的 Library 库文件，单击选择 Library。

步骤 26：单击 **New Variable** 窗口 **Name** 后的浏览按钮，在弹出的窗口中找到包含工艺角定义的库。本例中，该文件的路径是*[installation path]\Process\Generic_250nm\Models*。双击 *Generic_250nm.lib* 文件，如图 2.83 所示，点击 **OK** 按钮关闭 **New Variable** 窗口。加载了工艺角库的设置页面如图 2.84 所示。

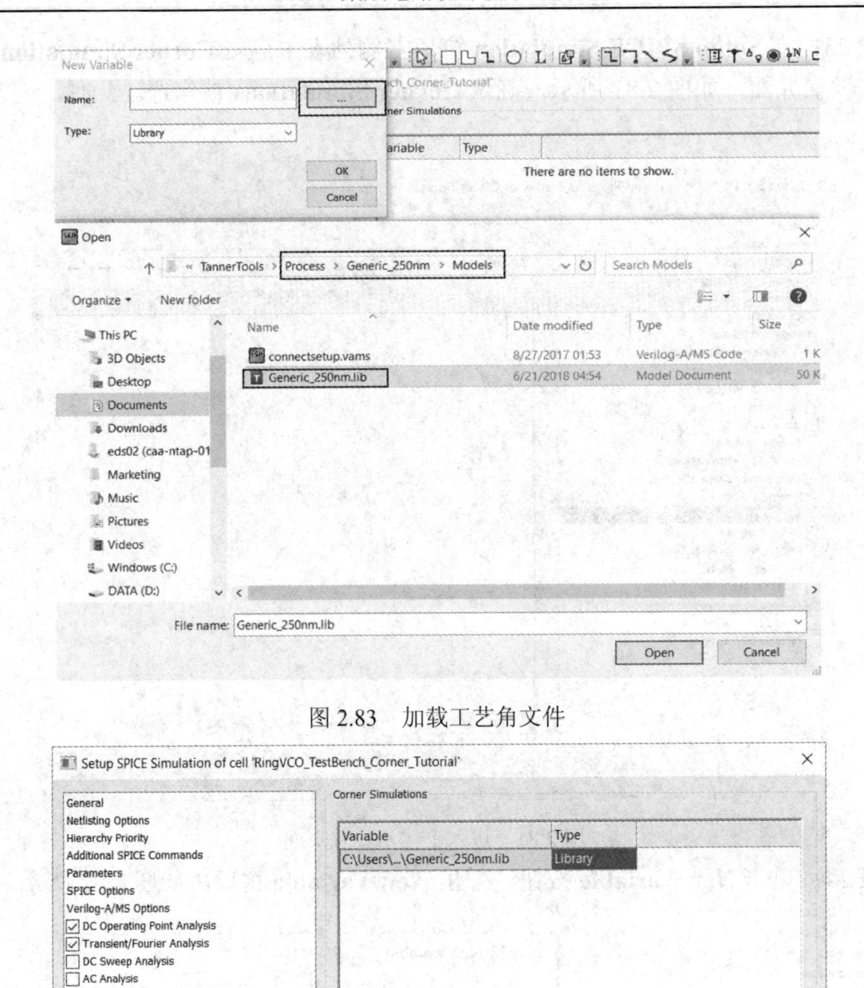

图 2.83　加载工艺角文件

图 2.84　加载了工艺角库的设置页面

步骤 27：现在我们需要知道在工艺库文件中工艺角的名字。使用文本编辑器或者 **S-Edit** 打开工艺库文件 *[installation path]\Process\Generic_250nm\Models\Generic_250nm.lib*，寻找字符串* *corner name*。*Generic_250nm.lib* 工艺库中定义了 5 个工艺角：*TT*、*SS*、*FF*、*SF* 和 *FS*，如图 2.85 所示。本例将在 **S-Edit** 中配置并仿真这 5 个工艺角。

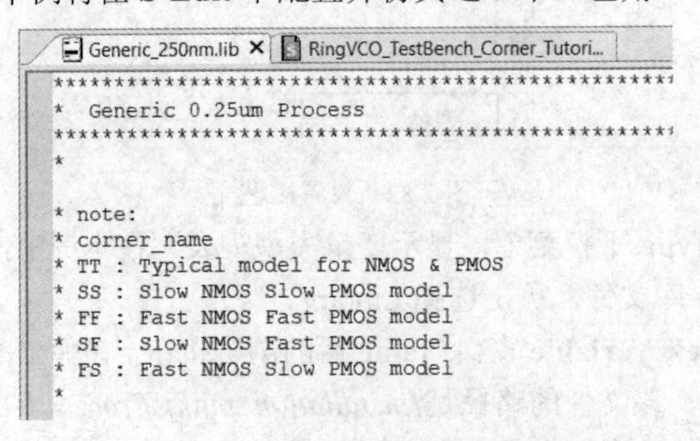

图 2.85　工艺库文件中的工艺角定义(1)

步骤 28：用鼠标左键单击 **New Corner** 按钮，**New Corner** 窗口弹出，在 **Name** 处输入

工艺角名 *Typical*，如图 2.86 所示。*Typical* 是用户定义名，用户定义名会出现在输出的仿真结果中，用户定义名不必与工艺库中的工艺角名一样。

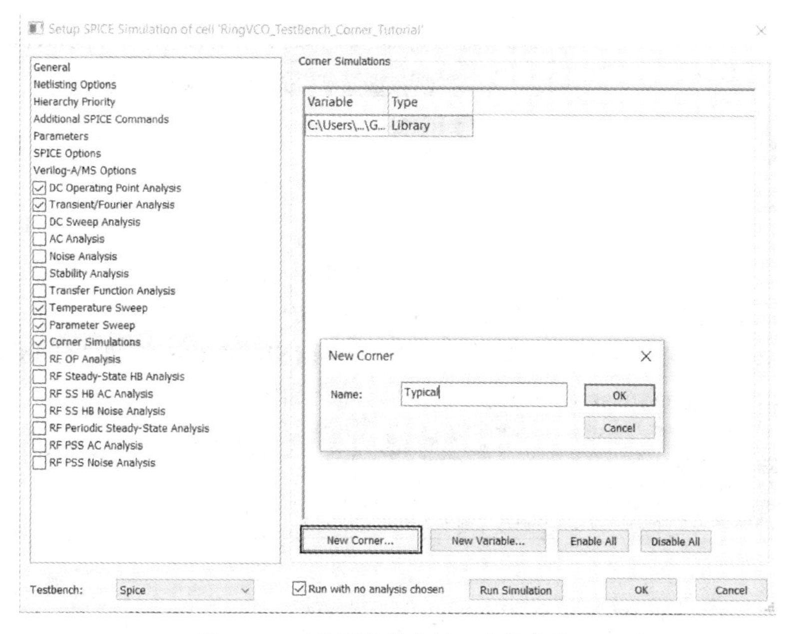

图 2.86　工艺库文件中的工艺角定义(2)

步骤 29：用鼠标左键单击 **OK** 按钮，**New Corner** 窗口关闭。此时，一个名为 *Typical* 的工艺角仿真出现在 **Corner Simulations** 界面中，如图 2.87 所示。

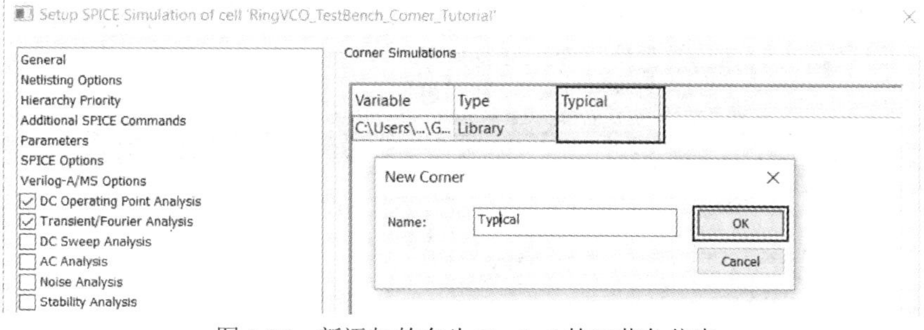

图 2.87　新添加的名为 Typical 的工艺角仿真

重复步骤 28、29 添加剩余工艺角：*Fast-Fast*、*Slow-Slow*、*Fast-Slow*、*Slow-Fast*，如图 2.88 所示。

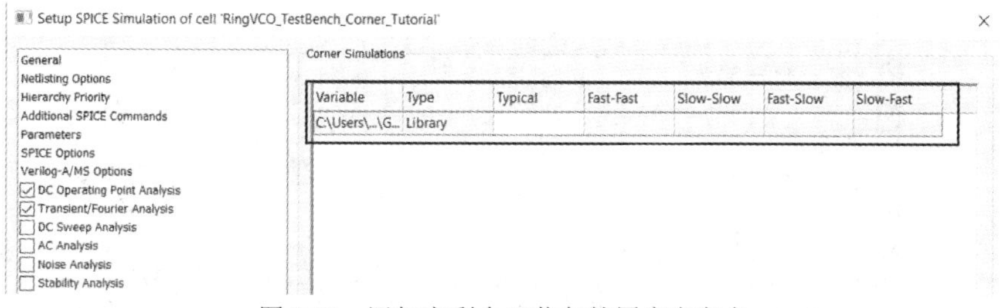

图 2.88　添加完剩余工艺角的用户定义名

步骤 30：每一个用户定义名必须对应一个库工艺角名。单击 *Typical* 下方表格处，输入与用户定义名对应的工艺角名，如图 2.89 所示。本例中，*TT* 工艺角对应的用户定义名为

Typical。

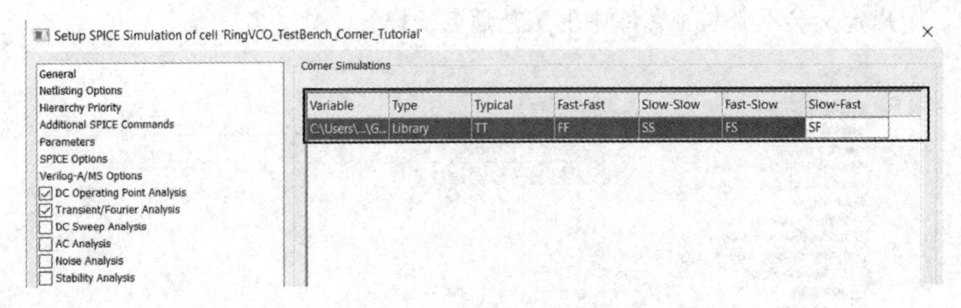

图 2.89　添加工艺角到相应的用户定义名下

重复步骤 30，对剩余的工艺角：*FF*、*SS*、*FS*、*SF* 进行添加。

步骤 31：至此，工艺角仿真设置完毕。单击 **Run Simulation** 按钮，**Command** 窗口会显示仿真状态，**Progress Bar** 显示剩余的仿真时间，如图 2.90 所示。

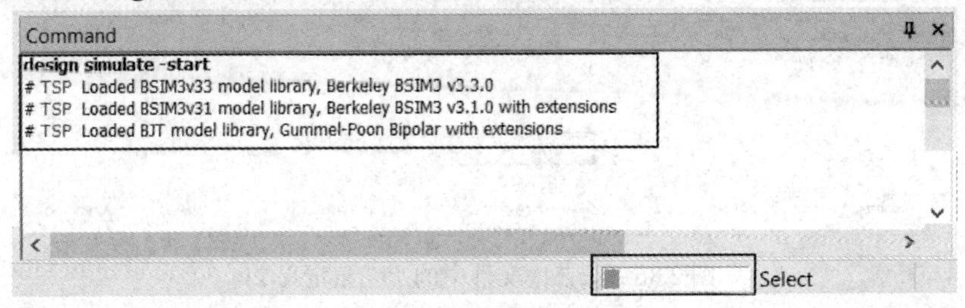

图 2.90　仿真状态

T-Spice 窗口会自动打开，**Simulation Status** 窗口显示了每个工艺角的仿真状态，如图 2.91 所示。稍等片刻，**Simulation Status** 窗口会显示所有工艺角仿真完成且没有错误。

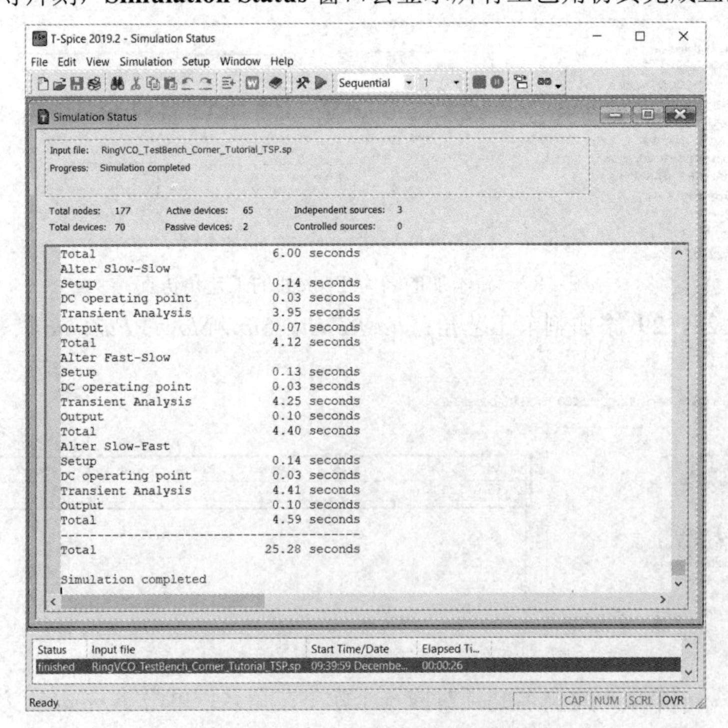

图 2.91　T-Spice 窗口中仿真状态显示

在仿真过程中 **Waveform Viewer** 窗口会自动打开，图表标签中包含了一个或多个仿真结果，每个仿真结果包含一个或多个波形，每个波形对应一个仿真设定的点。在本例中，对每个工艺角和电压进行了 *RingVCO* 的频率测量，温度作为一个独立变量，绘制为 X 轴，每个波形上的点都代表了一个工艺角的仿真结果。

步骤 32：将光标悬停在波形中某点上，弹出的悬浮提示窗显示该仿真结果的简要信息，如图 2.92 所示。本例中，选定的波形是 *FS* 工艺角，*Vpwr* 为 2.5 V，温度为 50°，*RingVCO* 的频率为 205 MHz。

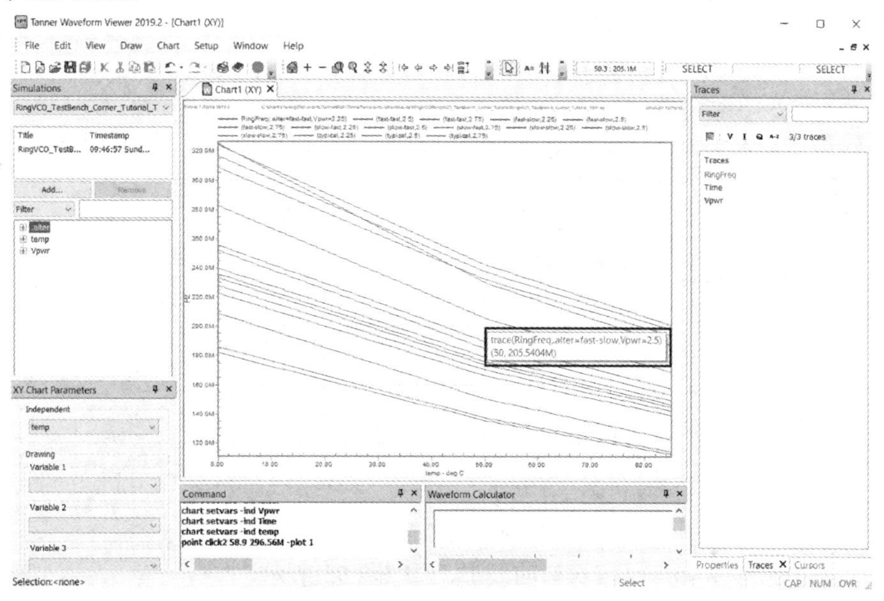

图 2.92 工艺角仿真结果

步骤 33：在图表上方的文字标签中，点选**(slow-slow, 2.75)**，与之对应的波形会高亮显示，如图 2.93 所示。在本例中，这个波形代表工艺角 *slow-slow*，电压是 2.75 的仿真结果。

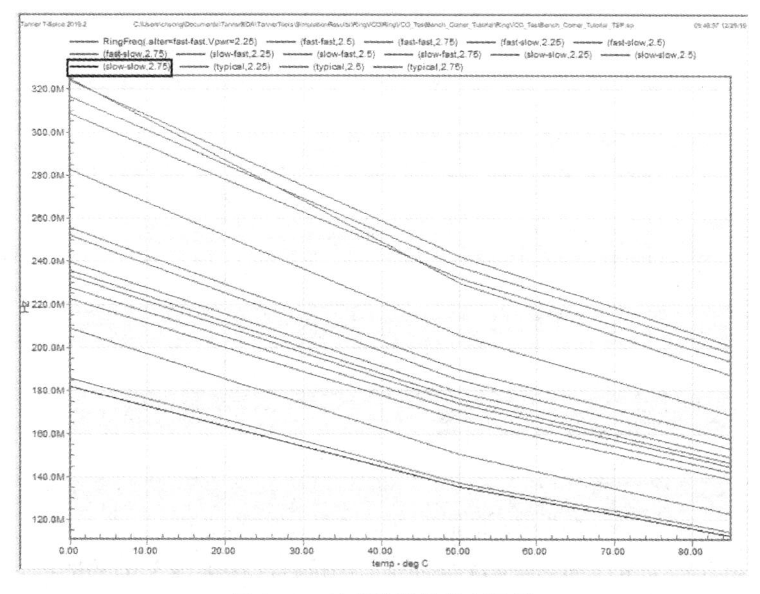

图 2.93 对应波形的高亮显示

步骤 34：在 **Simulations Navigator** 中，鼠标左键单击 *Vpwr* 旁的符号 +，显示变量列表。
步骤 35：右键单击 *Vpwr = 2.5*，弹出菜单。
步骤 36：选择 **Hide All But Selected Variations**，如图 2.94 所示。

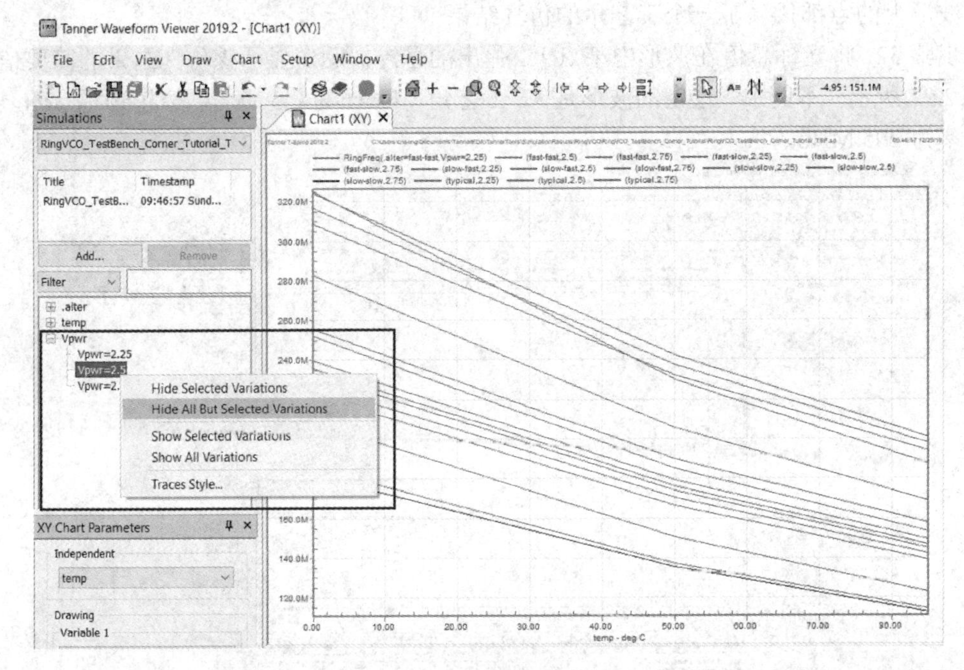

图 2.94　选择隐藏其他

此时，图中只显示 *Vpwr = 2.5* V 的波形，如图 2.95 所示。

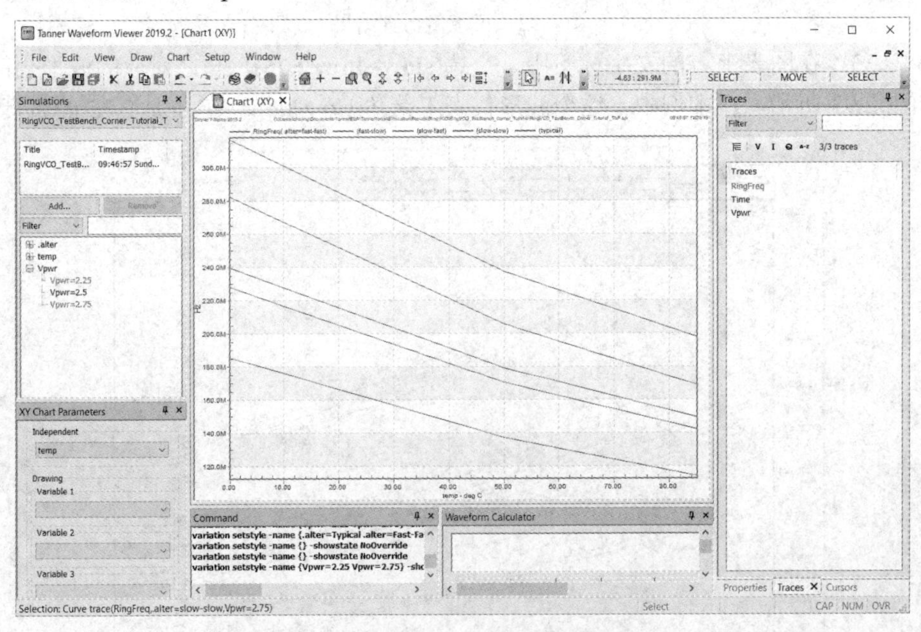

图 2.95　仅显示 Vpwr=2.5V 的仿真结果

步骤 37：在 **XY Chart Parameters** 界面中，用鼠标左键单击 **Variable 1**，显示下拉菜单。
步骤 38：用鼠标左键单击 *.alter*，如图 2.96 所示，*alter* 变量与工艺角相对应。

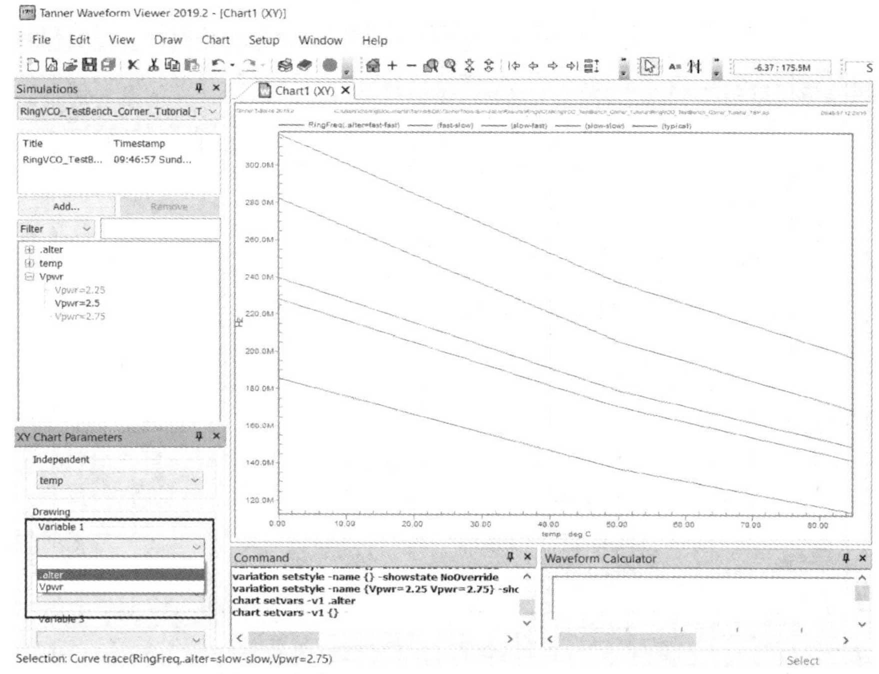

图 2.96　在 Variable1 的下拉菜单中选择.alter

步骤 39：单击 **Waveform Viewer** 菜单中的 **Setup**，显示次级菜单，如图 2.97 所示。

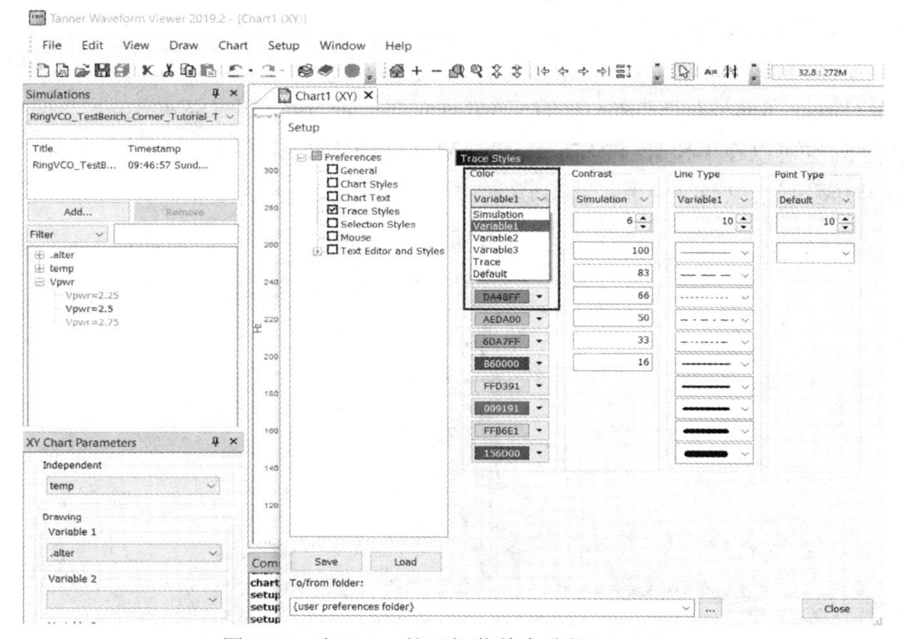

图 2.97　在 Color 的下拉菜单中选择 Variable1

步骤 40：选择 **Trace Styles**，弹出 **Setup** 窗口。

步骤 41：勾选 **Trace Styles**，单击右侧 **Color** 下方的下拉菜单。

步骤 42：选择 **Variable1**，**Variable1** 的值决定了波形的颜色。

步骤 43：点击 **Close** 按钮，在弹出的窗口中选择保存上述设置。

每个 **Variable 1**(工艺角)的波形将会用不同的颜色绘制出来，如图 2.98 所示。

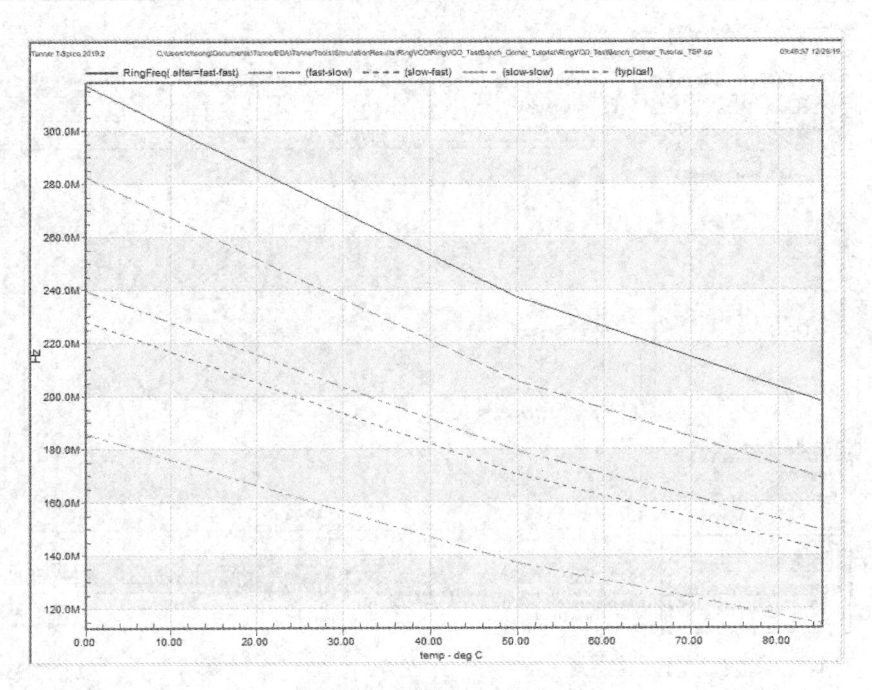

图 2.98　以不同颜色显示不同波形

步骤 44：还可以用文本浏览工艺角的仿真结果，如图 2.99 所示。用文本编辑器、**S-Edit** 或 **T-Spice** 打开日志文件：

[installation path]\SimulationResults\RingVCO\RingVCO_TestBench_Corner_Tutorial\RingVCO_TestBench_Corner_Tutorial_TSP\RingVCO_TestBench_Corner_Tutorial_TSP.measure。

步骤 45：也可以在 **T-Spice** 的 **Simulation Manager** 中单击鼠标右键，选择 **Open Measure Log**，打开仿真日志文件，如图 2.100 所示。

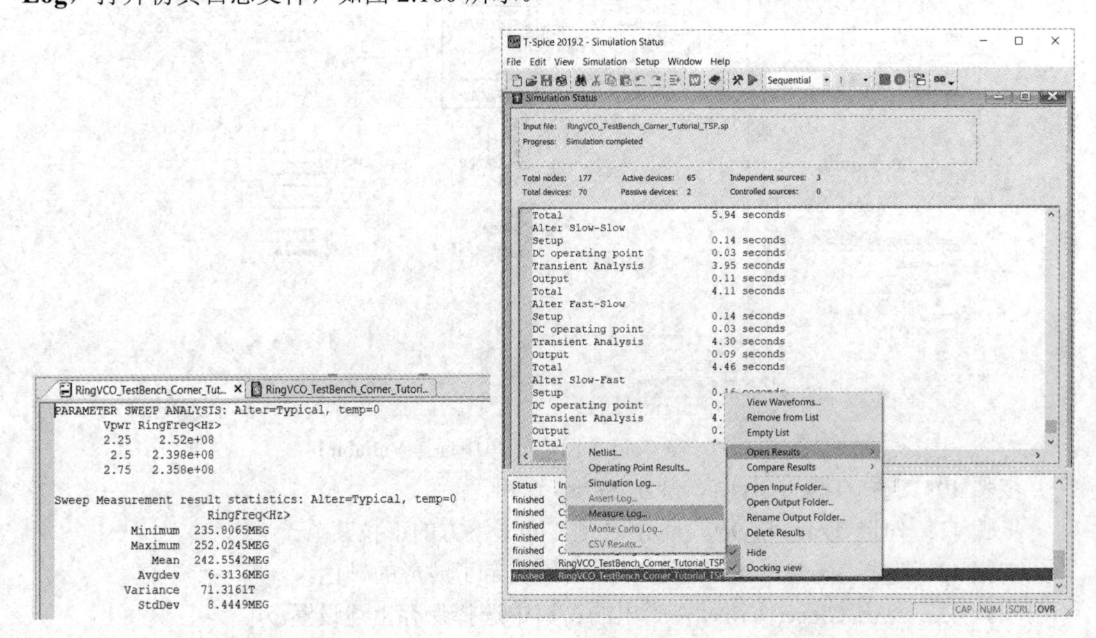

图 2.99　文本形式查看仿真结果　　　　图 2.100　打开 log 文件查看仿真结果

步骤 46：关闭 **Waveform Viewer**、**T-Spice**、**S-Edit** 窗口，可以选择保存本设计。

2.1.5　仿真检查点和重新启用

1. 概述

检查点(Checkpoint)是特定时间点上仿真状态的一个快照。默认情况下，检查点保存到与网表同名但扩展名为.chk 的文件中。用户也可以指定不同的路径和文件名。检查点文件以二进制格式保存。

注意：检查点只能在瞬态分析中生成。

检查点功能有两个主要用途：

① 故障恢复：在发生灾难性故障后，检查点可用于恢复仿真状态。例如，仿真需要 10 小时才能完成，检查点每小时生成一次。假如仿真开始后 8 小时出现网络故障，那么用户可以在 8 小时的检查点重启(Restart)仿真，而不是重新执行整个 10 小时的仿真。剩下的仿真只需要两个小时就可以完成。

② 初始化(Initialization)：检查点可用于将仿真置于已知状态。例如，当振荡器上要运行多个灵敏度进行测试时，需要 30 分钟振荡器才能达到稳定状态，那么可以利用 30 分钟的检查点启动仿真。每个测试无需再等待 30 分钟，随后的仿真只需要几秒钟就可以初始化振荡器。

有三个选项可以定义何时生成检查点，如图 2.101 所示。

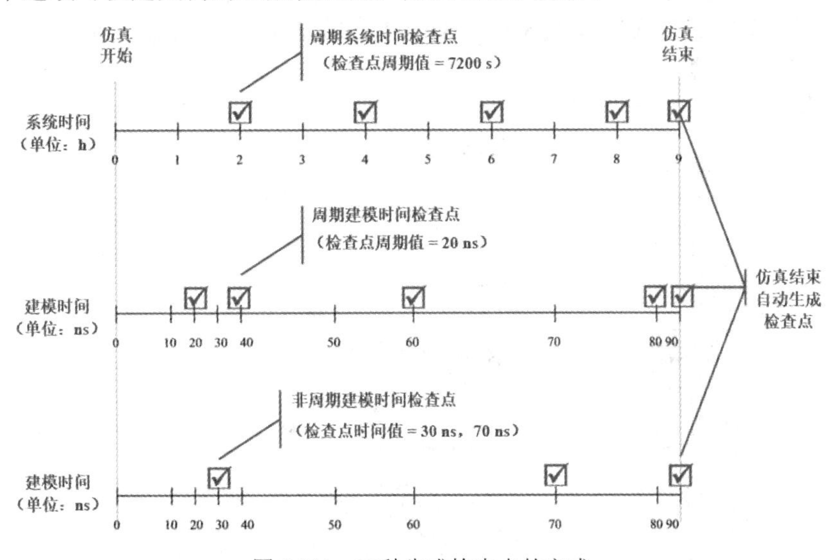

图 2.101　三种生成检查点的方式

(1) 周期系统时间检查点。

系统时间(wall-clock)是人类所经历的现实世界时间，系统时间范围从秒到小时。因此，该周期检查点是以固定的现实时间间隔生成的，最后一个检查点会在每次仿真结束时自动生成。周期系统时间检查点通常用于仿真遇到灾难性故障后的恢复。

周期系统时间检查点通过 **Setup SPICE Simulation** 中瞬态分析下的 **Checkpoint Clock** 来设置，如图 2.102 所示。

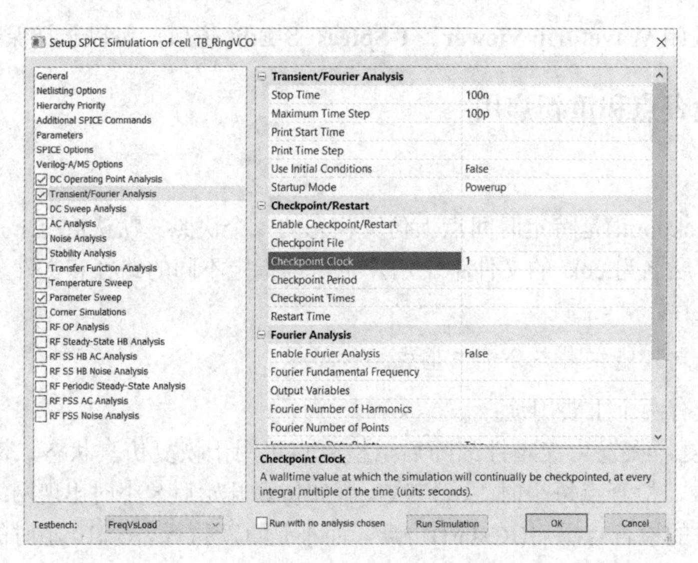

图 2.102　周期系统时间检查点设置(1)

(2) 周期建模时间检查点。

建模时间(modeled time)是 SPICE 模型在仿真中所经历的时间，建模时间具有计算机时间尺度(ps 到 s)。周期建模时间检查点在仿真中以可见的固定时间间隔生成。由于 **T-Spice** 使用了动态时间步进算法，因此建模时间点不像系统时间以自然时钟呈现出周期性。周期建模时间检查点通常用于对仿真进行采样，以确定重要事件的发生时间。

周期建模时间检查点通过步骤 **Setup SPICE Simulation** 中瞬态分析下的 **Checkpoint Period** 来设置，如图 2.103 所示。

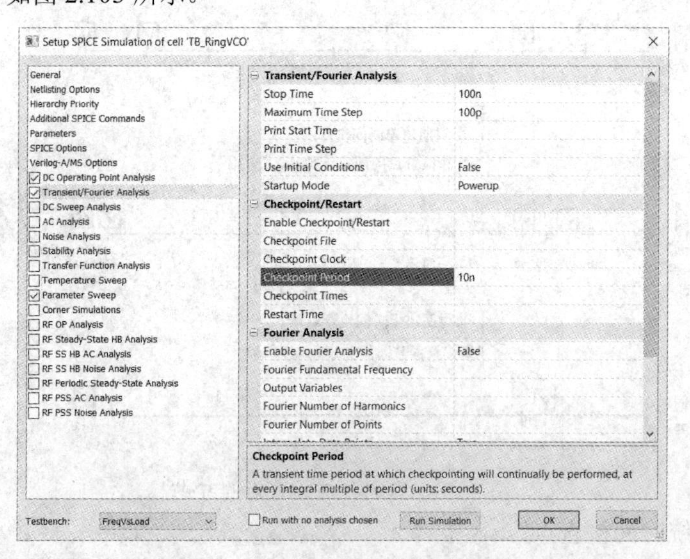

图 2.103　周期建模时间检查点设置(1)

(3) 非周期建模时间检查点。

非周期建模时间检查点与周期建模时间检查点性质相同，只是这些检查点不再以固定时间间隔生成，而是由用户指定重要的时间点来生成检查点。非周期建模时间检查点通常用于将仿真初始化为已知状态。

非周期建模时间检查点通过步骤 **Setup SPICE Simulation** 中瞬态分析下的 **Checkpoint Times** 来设置，如图 2.104 所示。

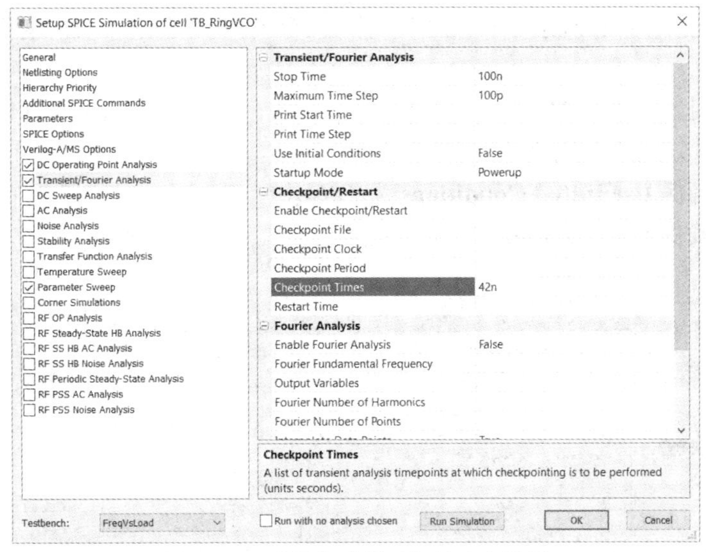

图 2.104 非周期建模时间检查点设置

2. 仿真重启风险

检查点允许用户将仿真初始化为已知状态，更改仿真参数和恢复仿真。但是在仿真过程中，参数更改会带来风险，有时仿真变得不稳定无法收敛，有时仿真不能处理新参数。以下是一些预测这些风险的一般准则。

① 确保成功：添加或删除 SPICE 的输出命令，如 PRINT 和 ASSERT。

② 一定风险：更改器件参数、温度、电源或仿真器设置，重新启动后，可能需要一定的时间使电路达到稳定状态。

③ 必然失败：添加或删除电路节点，添加或删除器件，更改组件名称或更改电路拓扑结构。

❖ 生成非周期建模时间检查点的操作步骤如下：

本节将配置 **S-Edit** 生成一个单独的检查点，然后运行瞬态仿真并熟悉检查点的特性。

步骤 1：打开设计文件*[install path]\Designs\RingVCO\lib.defs*。

步骤 2：在 **Libraries Navigator** 中点击库 *RingVCO*，下方将显示包含在 *RingVCO* 设计中的单元列表。

步骤 3：在单元列表中用鼠标双击 *TB_RingVCO* 将打开其原理图，如图 2.105 所示。

步骤 4：用鼠标单击工具栏 **Setup Simulation** 按钮，弹出 **Setup SPICE Simulation** 窗口，如图 2.106 所示。

步骤 5：确保以下复选框未选中，分别是 **DC Sweep Analysis**、**AC Analysis**、**Noise Analysis**、**Transfer Function Analysis**、**Temperature Sweep**、**Corner Simulations**、**DC Operating Point Analysis** 和 **Parameter Sweep**。

步骤 6：确保 **Run with no analysis chosen** 的复选框未选中。

步骤 7：用鼠标单击左侧列表中的 **Transient/Fourier Analysis**，右侧将显示相应设置页面，如图 2.106 所示。

步骤 8：确保 **Transient/Fourier Analysis** 复选框选中。

步骤 9：用鼠标单击 **Stop Time** 区域，输入 *100n*，指定瞬态仿真总时间为 100 ns(建模时间)。

步骤 10：用鼠标单击 **Maximum Time Step** 区域，输入 *1p*，指定仿真最大步长为 1 ps，仿真运行大概 1 分钟(系统时间)。

步骤 11：确保 **Use Initial Conditions** 为 *False*。

步骤 12：确保 **Startup Mode** 为 *Powerup*。

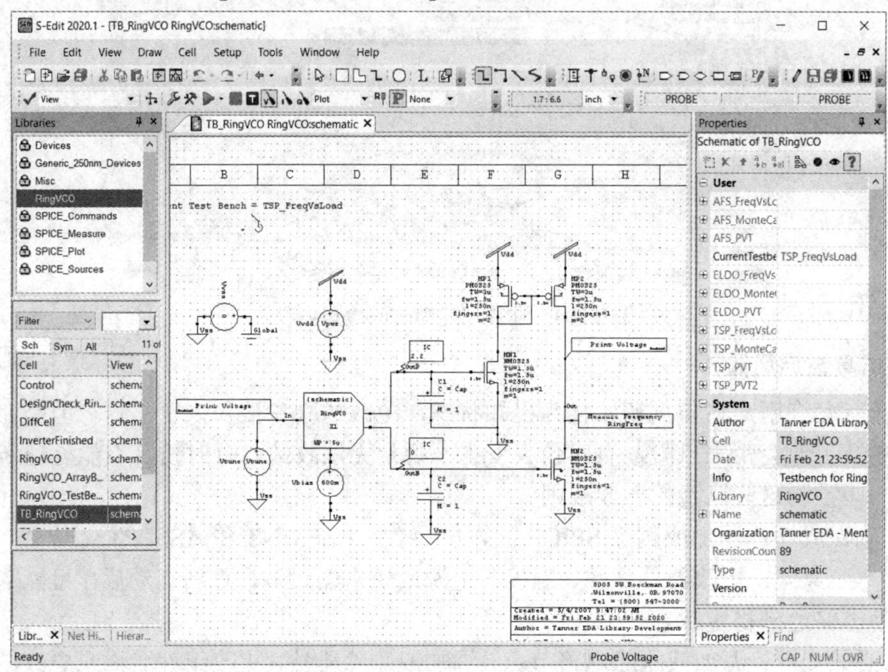

图 2.105　TB_RingVCO 原理图(1)

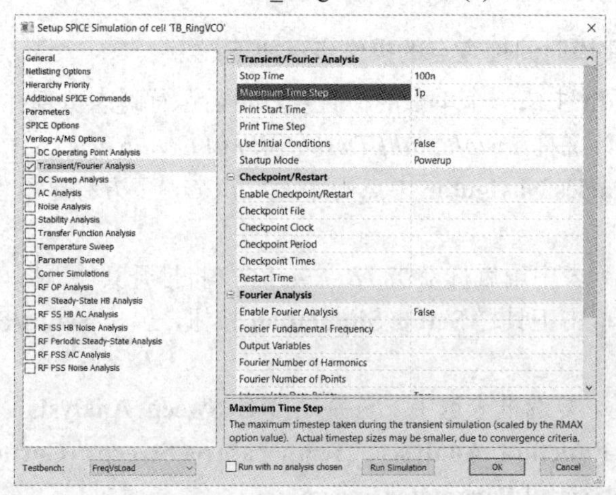

图 2.106　SPICE 瞬态仿真设置(1)

配置单个建模时间检查点的例子中，我们选择了 *RingVCO* 输出的第 12 个周期的起点，对应时间轴上 53.35 ns，如图 2.107 所示。

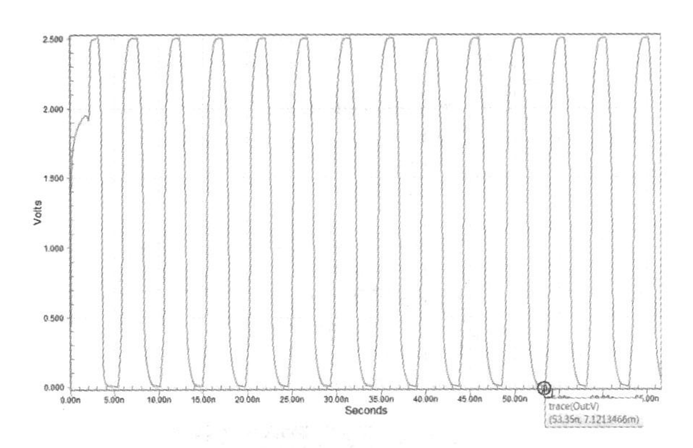

图 2.107 RingVCO 瞬态输出波形

步骤 13：用鼠标单击 **Enable Checkpoint/Restart** 区域，显示下拉列表，如图 2.108 所示。

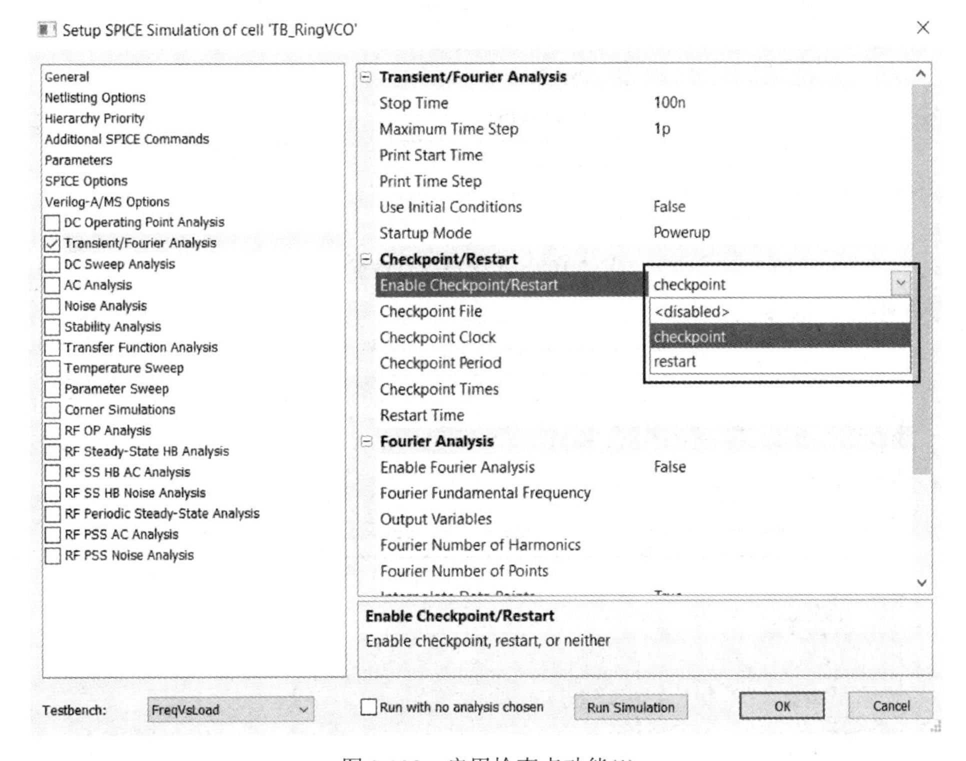

图 2.108 启用检查点功能(1)

步骤 14：选择 *checkpoint*，启用检查点生成功能。

步骤 15：确保 **Checkpoint File** 为空，为空表示检查点快照文件将默认保存，默认路径为 *[install path]\Simulation Results\RingVCO\TB_RingVCO\TB_RingVCO_TSP\TB_RingVCO_TSP.chk*。

步骤 16：确保 **Checkpoint Clock** 和 **Checkpoint Period** 为空。

步骤 17：用鼠标单击 **Checkpoint Times** 区域，输入 *53.344n*，如图 2.109 所示。这表明从仿真开始时将生成 53.344 ns(建模时间)的单个检查点快照。

步骤 18：用鼠标单击 **Run Simulation** 按钮，**T-Spice** 窗口打开并显示相关仿真日志，如图 2.110 所示。

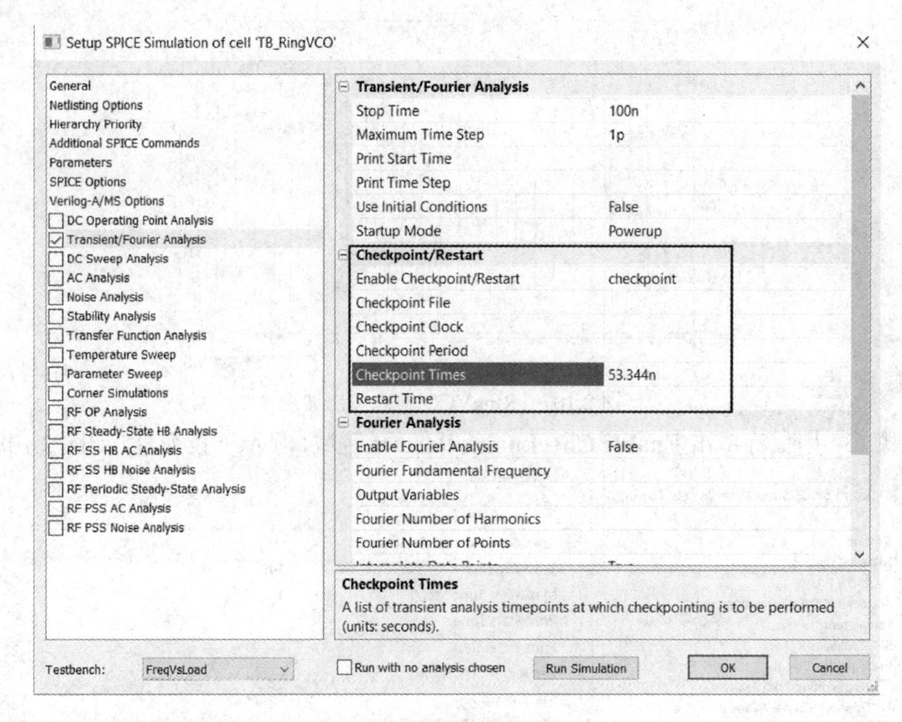

图 2.109　单个检查点设置

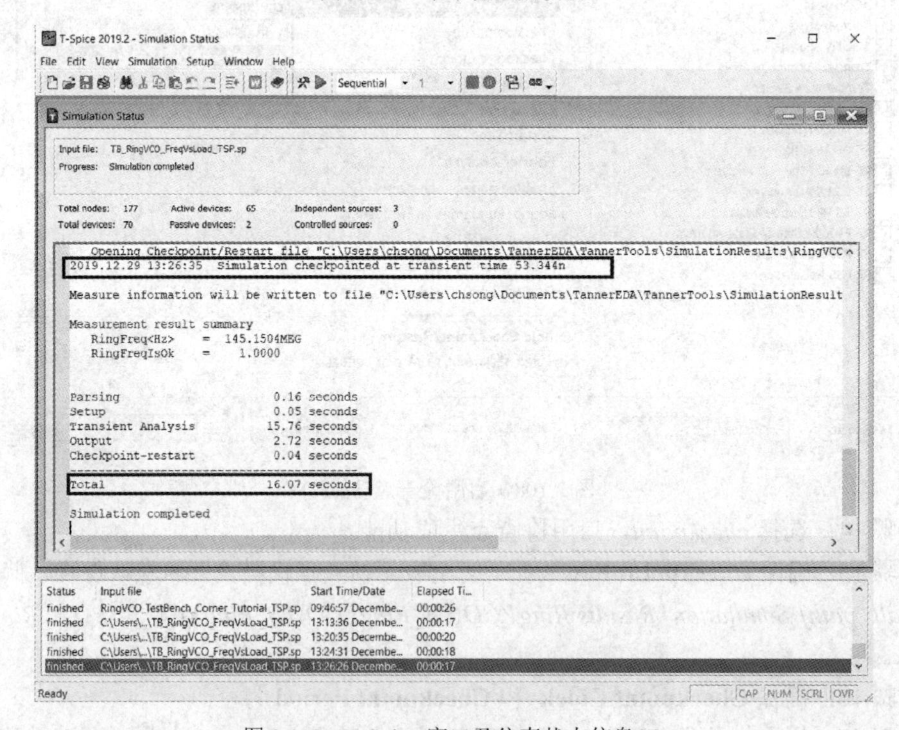

图 2.110　T-Spice 窗口及仿真状态信息(1)

从仿真日志中看，仿真实际运行时间为 16.07 s(系统时间)，对应于 100 ns 的仿真时间(建模时间)。由于系统配置和状态不同，结果可能会有所不同。在 53.344 ns 的建模时间生成了检查点，检查点是由 Transient/Fourier Analysis 中的 **Checkpoint Times** 的值指定的。

步骤 19：在 **T-Spice** 窗口工具栏中单击 **Run Simulation** 按钮，再次运行此次仿真，如图 2.111 所示。

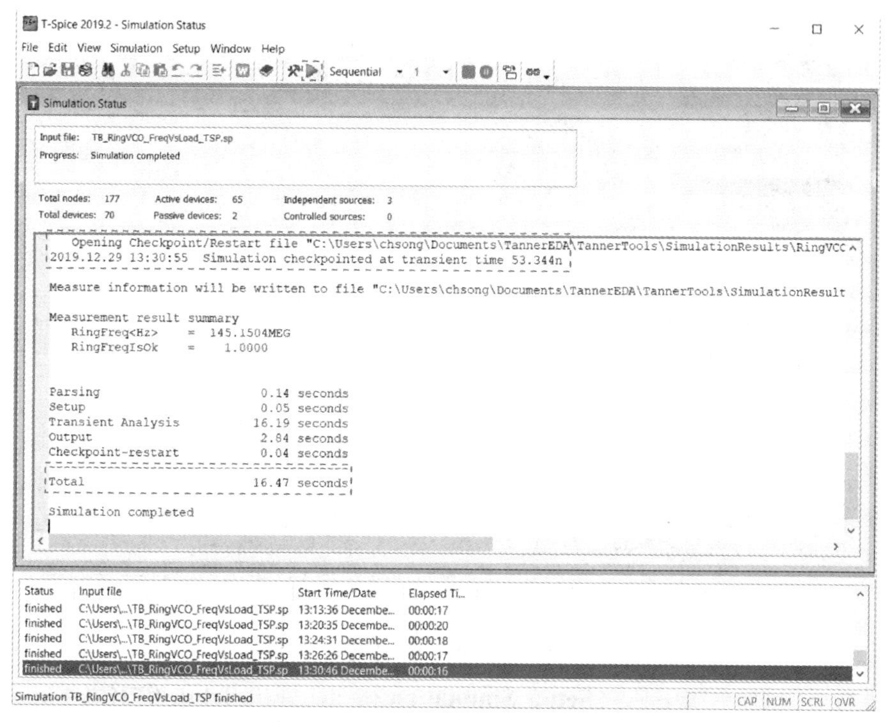

图 2.111　T-Spice 仿真状态信息(1)

这次仿真运行了 16.47 s(系统时间)。与之前相比，相同的仍然是在 53.344 ns 的建模时间生成了检查点。

步骤 20：在 **S-Edit** 的 **Setup SPICE Simulation** 弹出窗口中单击 **OK** 按钮关闭该窗口，并且保存当前的仿真设置。

步骤 21：关闭 **S-Edit**、**Waveform Viewer** 和 **T-Spice**，可以选择保存结果。

非周期建模时间检查点具有准确性和可重复性。本节中指定检查点为 53.344 ns(建模时间)，所有仿真都在该处生成了一个检查点。

建模时间是可预测与重复的，因此可以用于在仿真中识别特定的事件，并在建模时间的特定点上保存这些状态。

相比之下，仿真的总系统时间以及其检查点创建时间是不可预测和重复的。

当试图捕获仿真中特定事件的状态时，应使用非周期建模时间来创建检查点，而该检查点通常用于后续仿真时初始化为已知状态。

❖ **生成周期建模时间检查点的操作步骤如下：**

本节将配置 **S-Edit**，设置建模时间间隔，从而生成周期检查点，然后运行瞬态仿真并熟悉检查点的特性。

步骤 1：打开设计文件*[install path]\Designs\RingVCO\lib.defs*。

步骤 2：在 **Libraries Navigator** 中点击库 *RingVCO*，下方将显示包含在 *RingVCO* 设计中的单元列表。

步骤 3：在单元列表中用鼠标双击 *TB_RingVCO* 将打开其原理图，如图 2.112 所示。

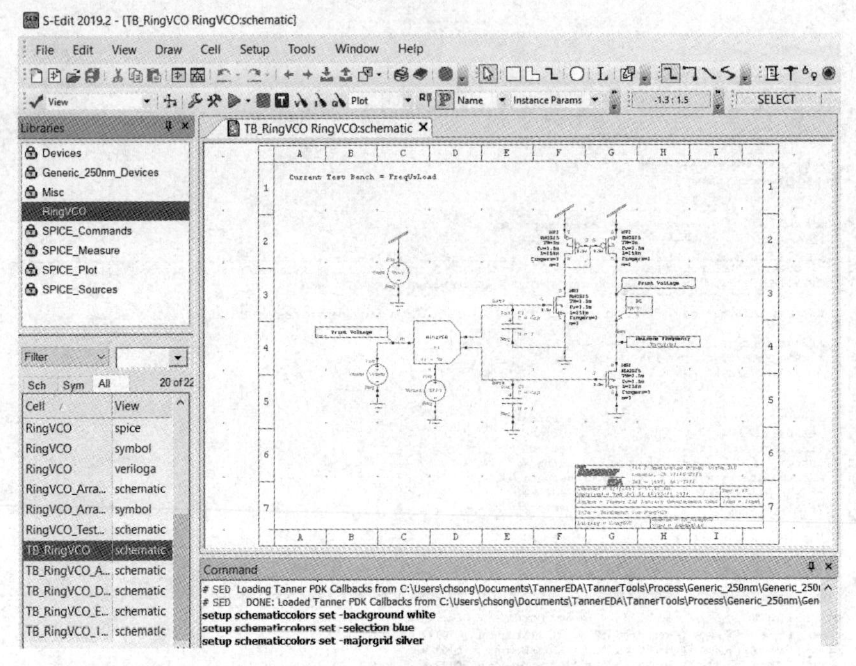

图 2.112　TB_RingVCO 原理图(2)

步骤 4：用鼠标单击工具栏 **Setup Simulation** 按钮，弹出 **Setup SPICE Simulation** 窗口，如图 2.113 所示。

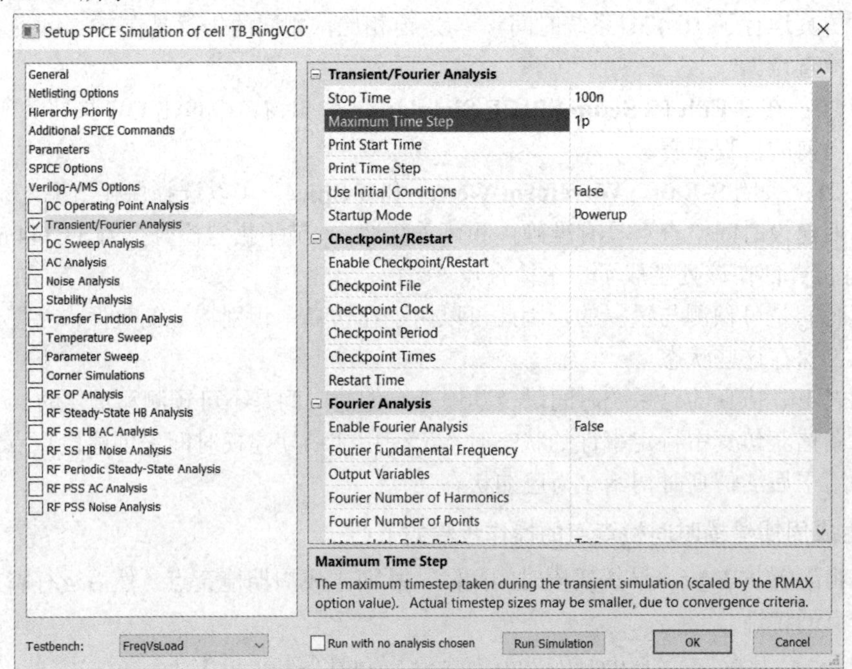

图 2.113　SPICE 瞬态仿真设置(2)

步骤 5：确保以下复选框未选中，分别是 **DC Sweep Analysis**、**AC Analysis**、**Noise Analysis**、**Transfer Function Analysis**、**Temperature Sweep**、**Corner Simulations**、**DC**

Operating Point Analysis 和 **Parameter Sweep**。

步骤 6：确保 **Run with no analysis chosen** 的复选框未选中。

步骤 7：用鼠标单击左侧列表中的 **Transient/Fourier Analysis**，右侧将显示相应的设置页面。

步骤 8：确保 **Transient/Fourier Analysis** 复选框选中。

步骤 9：用鼠标单击 **Stop Time** 区域，输入 *100n*，指定瞬态仿真总时间为 100 ns(建模时间)。

步骤 10：用鼠标单击 **Maximum Time Step** 区域，输入 *1p*，指定仿真最大步长为 1 ps，仿真运行大概 1 分钟(系统时间)。

步骤 11：确保 **Use Initial Conditions** 为 *False*。

步骤 12：确保 **Startup Mode** 为 *Powerup*。

步骤 13：用鼠标单击 **Enable Checkpoint/Restart** 区域，显示下拉列表，如图 2.114 所示。

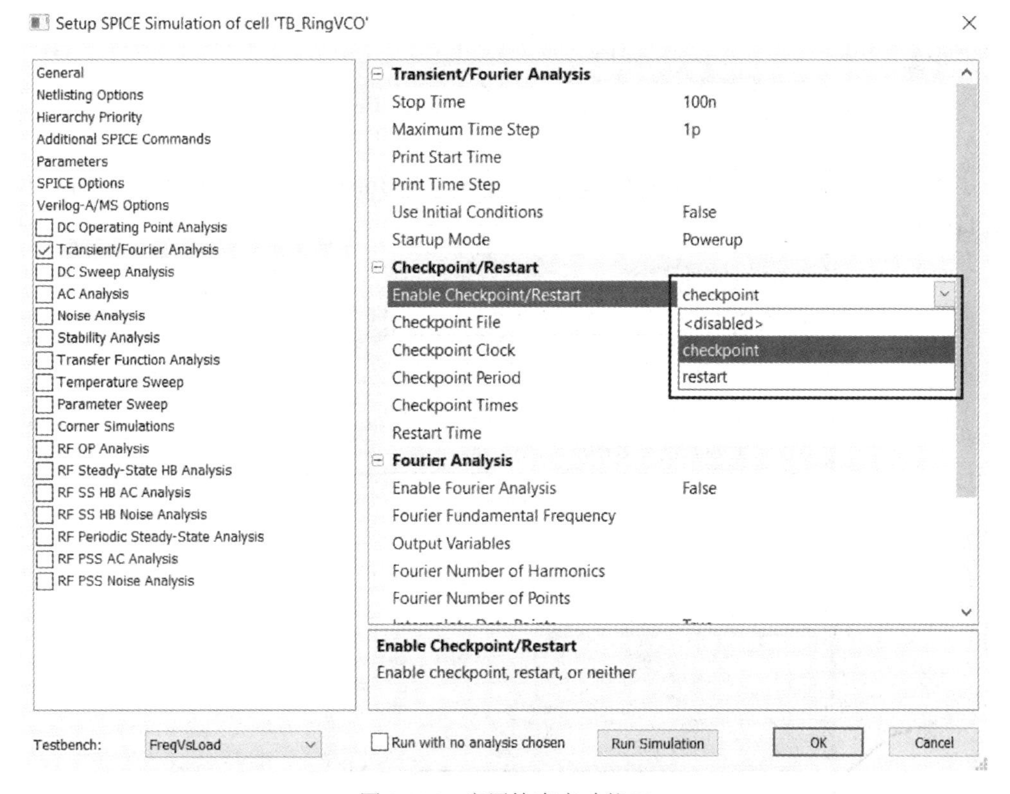

图 2.114　启用检查点功能(2)

步骤 14：选择 *checkpoint*，启用检查点生成功能。

步骤 15：确保 **Checkpoint File** 为空，为空表示检查点快照文件将默认保存，默认路径为 *[install path]\Simulation Results\RingVCO\TB_RingVCO\TB_RingVCO_TSP\TB_RingVCO_TSP.chk*。

步骤 16：确保 **Checkpoint Clock** 和 **Checkpoint Times** 为空。

步骤 17：用鼠标单击 **Checkpoint Period** 区域，输入值为 *20n*，如图 2.115 所示，表明从仿真开始，每隔 20 ns(建模时间)生成一个检查点。

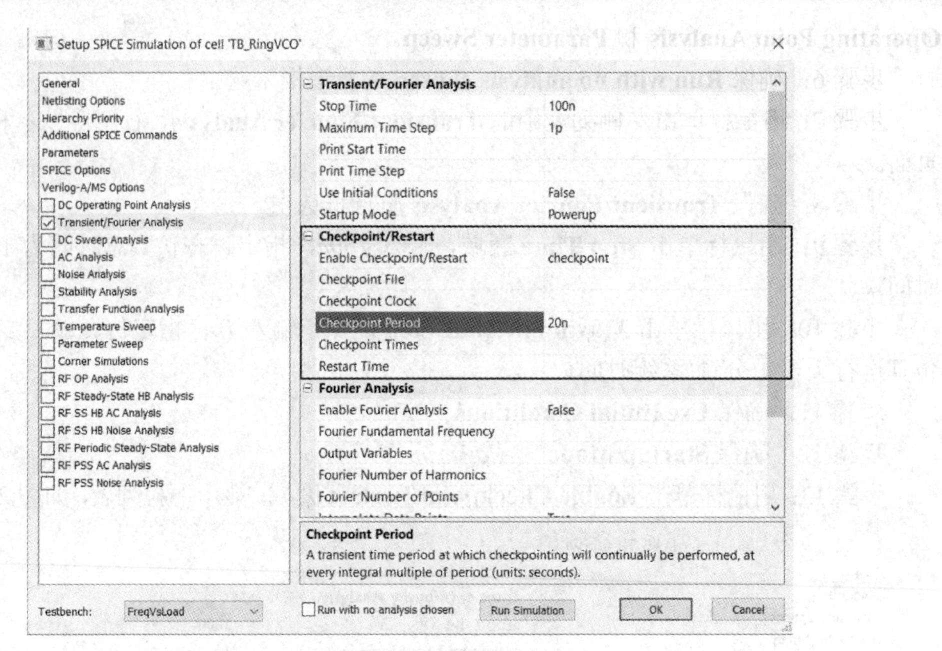

图 2.115　周期建模时间检查点设置(2)

步骤 18：用鼠标单击 **Run Simulation** 按钮后，**T-Spice** 仿真窗口将显示仿真日志，如图 2.116 所示。

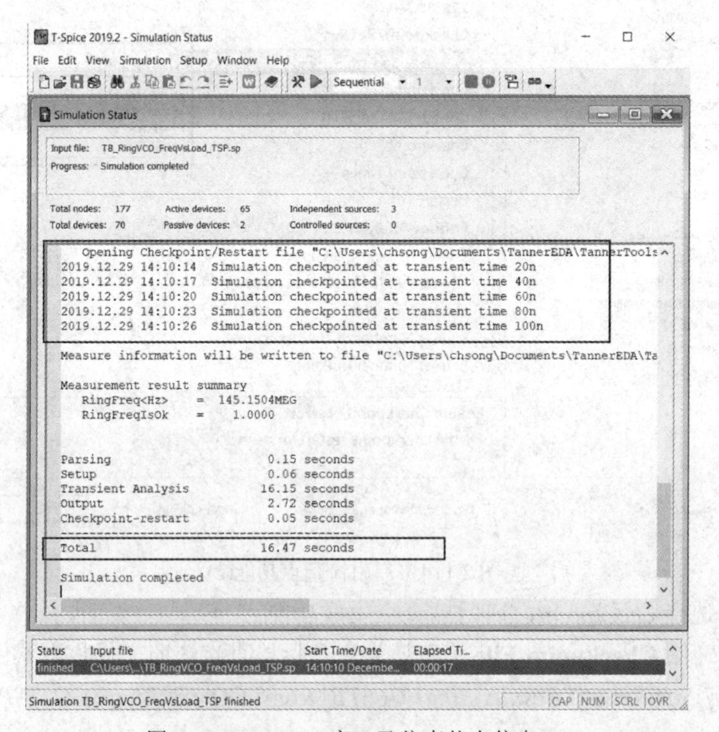

图 2.116　T-Spice 窗口及仿真状态信息(2)

在本例中，总仿真运行时间为 16.47 s(系统时间)，对应于 100 ns 的仿真时间(建模时间)。由于系统配置和状态不同，结果可能会有所不同。可以看到，每隔 20 ns(建模时间)，在 20 ns、40 ns、60 ns、80 ns 和 100 ns 的时间点(建模时间)中生成了 5 个检查点。

步骤 19：在 **T-Spice** 窗口工具栏中单击 **Run Simulation** 按钮，再次运行此次仿真，如图 2.117 所示。

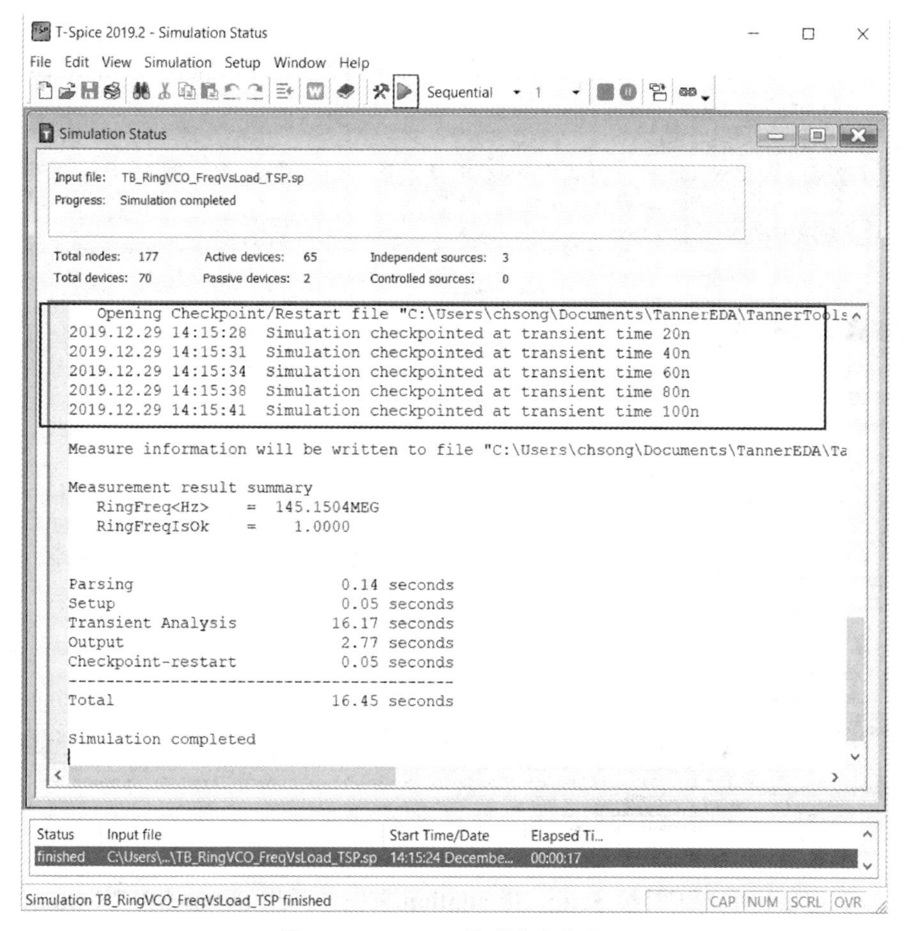

图 2.117　T-Spice 仿真状态信息(2)

本次仿真运行了 16.45 s(系统时间)。与之前相比，相同的是，仍然每隔 20 ns(建模时间)生成 1 个检查点，仿真结束时生成 5 个检查点。

步骤 20：关闭 **S-Edit**、**T-Spice** 及 **Waveform Viewer**，可以选择保存结果。

周期建模时间检查点具有准确性和可重复性。本节中设置检查点间隔为 20 ns(建模时间)，所以当仿真时，检查点间隔正好是 20 ns，没有任何变化。

建模时间是可预测和重复的，可以以固定的时间间隔保存仿真状态。

相比之下，系统总时间及其检查点间隔是不可预测与重复的。

当不知道仿真期间何时发生重要事件时，应使用周期建模时间检查点，使得多个检查点按建模时间的固定间隔生成。用户可以识别仿真结果中的关键点，并且保存相应检查点，而无需再次运行仿真。

❖ **生成周期系统时间检查点的操作步骤如下：**

本节将配置 **S-Edit** 以在固定的系统时间间隔生成检查点，然后运行瞬态仿真并熟悉检查点的特性。

步骤 1：打开设计文件*[install path]\Designs\RingVCO\lib.defs*。

步骤 2：在 **Libraries Navigator** 中点击库 *RingVCO*，下方将显示包含在 *RingVCO* 设计中的单元列表。

步骤 3：在单元列表中用鼠标双击 *TB_RingVCO* 将打开其原理图，如图 2.118 所示。

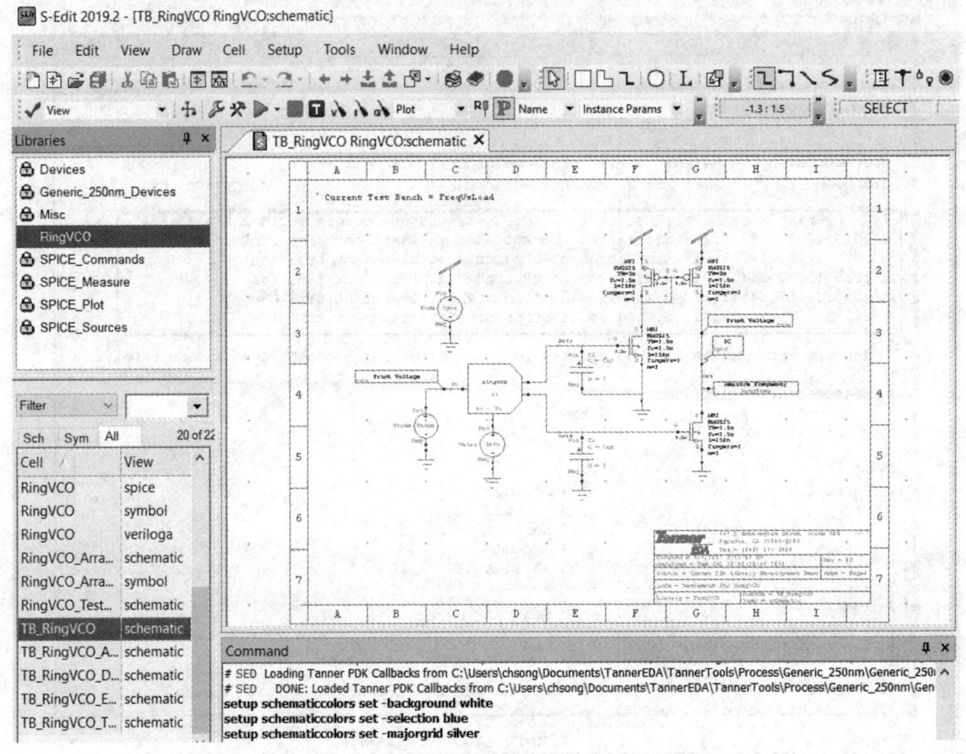

图 2.118　TB_RingVCO 原理图(3)

步骤 4：用鼠标单击工具栏 **Setup Simulation** 按钮，弹出 **Setup SPICE Simulation** 窗口，如图 2.119 所示。

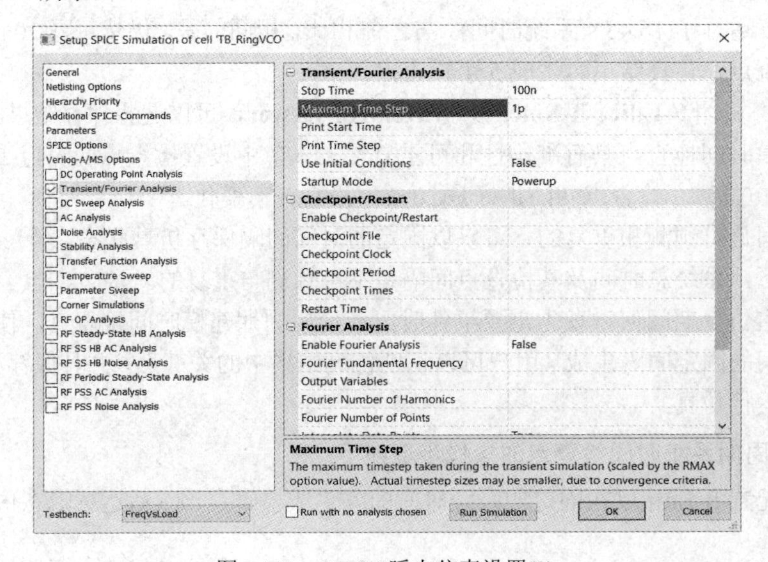

图 2.119　SPICE 瞬态仿真设置(3)

步骤 5：确保以下复选框未选中，分别是 **DC Sweep Analysis**、**AC Analysis**、**Noise Analysis**、**Transfer Function Analysis**、**Temperature Sweep**、**Corner Simulations**、**DC Operating Point Analysis** 和 **Parameter Sweep**。

步骤 6：确保 **Run with no analysis chosen** 的复选框未选中。

步骤 7：用鼠标单击左侧列表中的 **Transient/Fourier Analysis**，右侧将显示相应设置页面。

步骤 8：确保 **Transient/Fourier Analysis** 复选框选中。

步骤 9：用鼠标单击 **Stop Time** 区域，输入 *100n*，指定瞬态仿真总时间为 100 ns(建模时间)。

步骤 10：用鼠标单击 **Maximum Time Step** 区域，输入 *1p*，指定仿真最大步长为 1 ps，仿真运行大概 1 分钟(系统时间)。

步骤 11：确保 **Use Initial Conditions** 为 *False*。

步骤 12：确保 **Startup Mode** 为 *Powerup*。

步骤 13：用鼠标单击 **Enable Checkpoint/Restart** 区域，显示下拉列表，如图 2.120 所示。

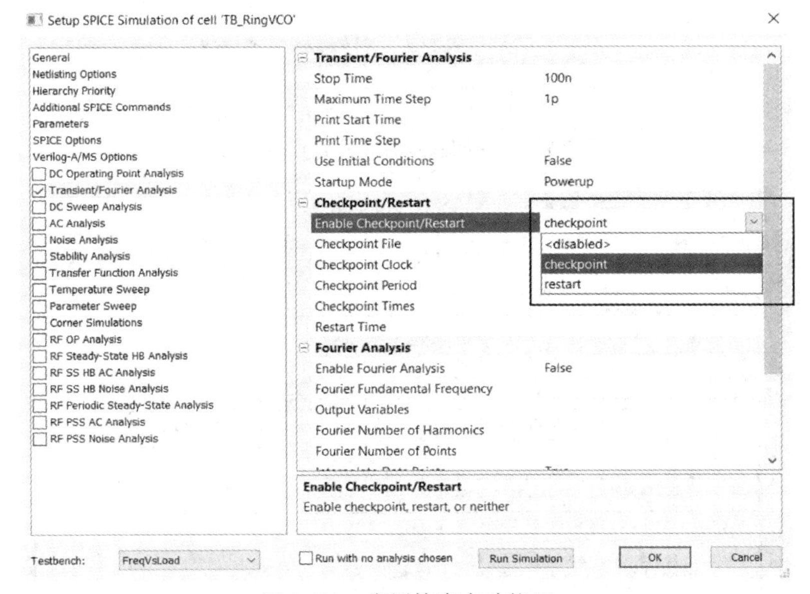

图 2.120　启用检查点功能(3)

步骤 14：选择 *checkpoint*，启用检查点生成功能。

步骤 15：确保 **Checkpoint File** 为空，为空表示检查点快照文件将默认保存，默认路径为 *[install path]\Simulation Results\RingVCO\TB_RingVCO\TB_RingVCO_TSP\TB_RingVCO_TSP.chk*。

步骤 16：确保 **Checkpoint Period** 和 **Checkpoint Times** 为空。

步骤 17：用鼠标单击 **Checkpoint Clock** 区域，输入值为 *5*，如图 2.121 所示。这表明从仿真开始，每隔 5 s(系统时间)生成一个检查点。

步骤 18：用鼠标左键单击 **Run Simulation** 按钮运行仿真，**T-Spice** 仿真窗口显示日志，如图 2.122 所示。

在本例中，总仿真时间为 17.52 s(系统时间)，对应于 100 ns 仿真时间(建模时间)。由于系统配置和状态不同，结果可能会有所不同。三个检查点创建的时间间隔为 5 s(系统时间)，三个时间检查点对应建模时间间隔分别是 29.278 ns 和 29.306 ns。系统和建模的时间检查点之间的相关性很小。

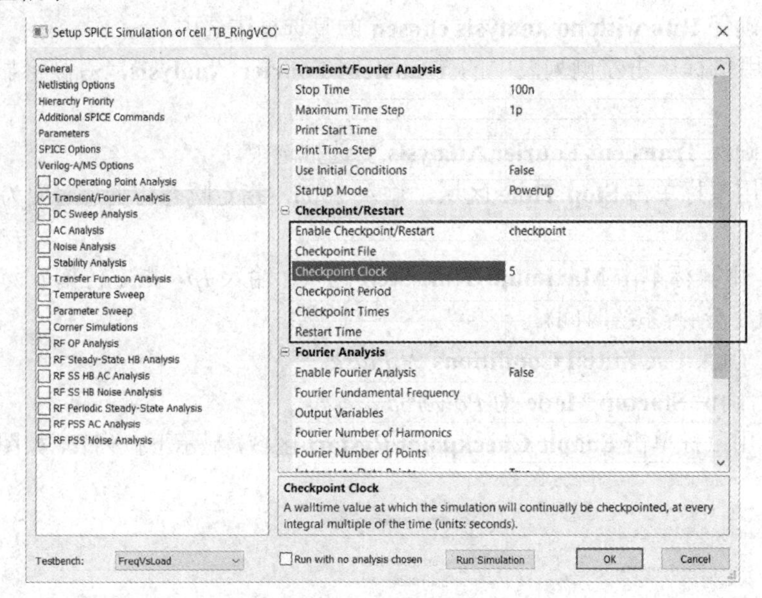

图 2.121　周期系统时间检查点设置(2)

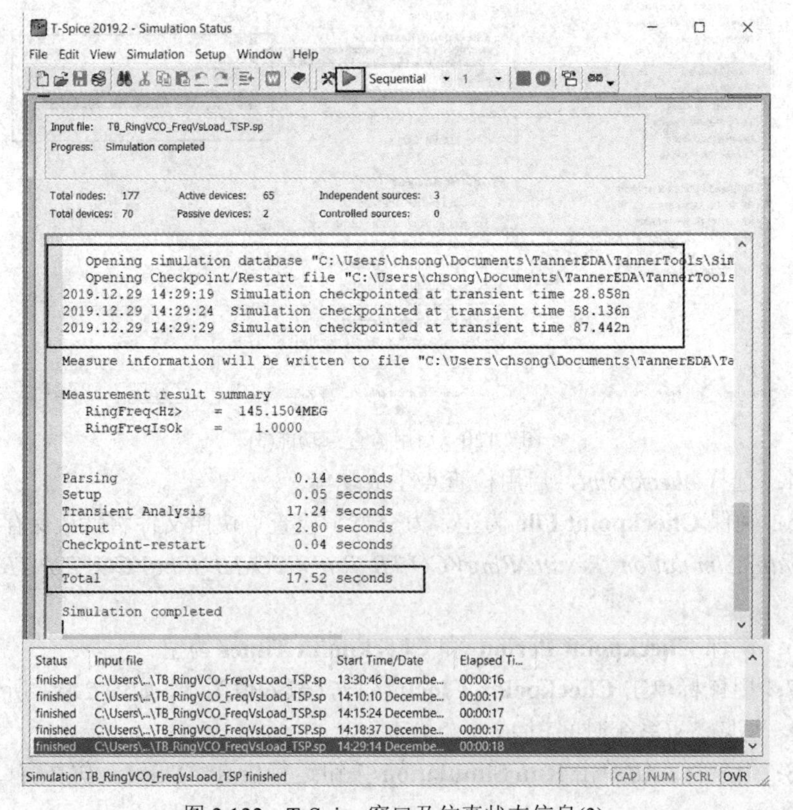

图 2.122　T-Spice 窗口及仿真状态信息(3)

步骤 19：在 **T-Spice** 窗口工具栏中单击 **Run Simulation** 按钮，再次运行此次仿真，如

图 2.123 所示。

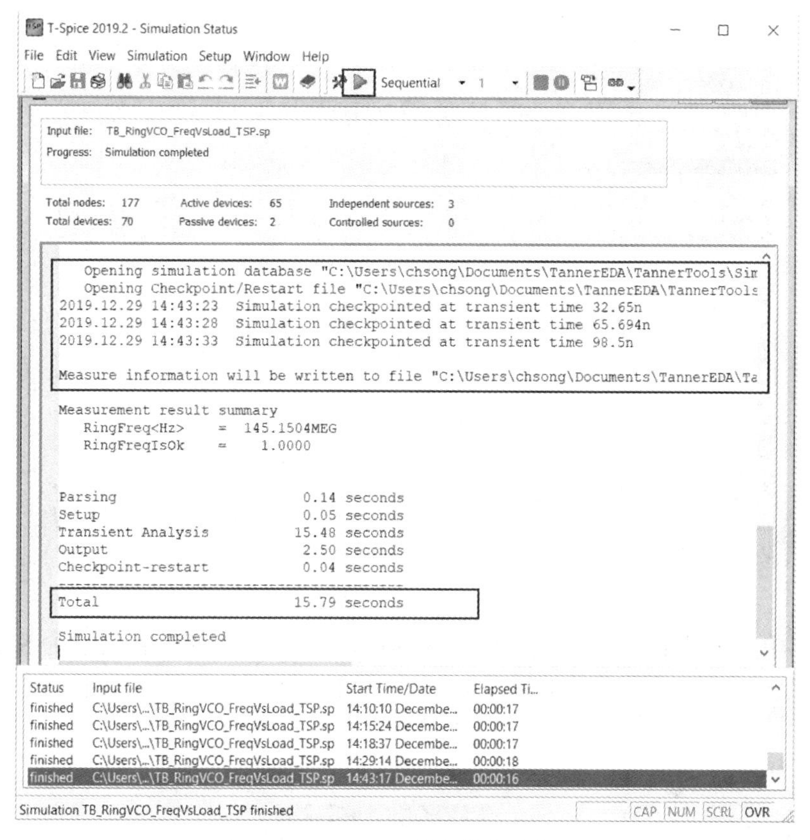

图 2.123　T-Spice 仿真状态信息(3)

本次仿真运行了 15.79 s(系统时间)。与之前相比，三个检查点的系统时间间隔为 5 s，变化不大，相应的建模时间间隔为 33.044 ns 和 32.806 ns，也不相同。

步骤 20：关闭 **S-Edit**、**T-Spice** 和 **Waveform Viewer**，可以选择保存结果。

周期系统时间检查点具有近似性和不可重复性。本节中的系统时间间隔设置为 5 s。

由于建模时间与系统时间的相关性较小，很难在仿真中识别关键点并使用系统时间检查点来保存这些状态。

只有在不关注间隔精度，并且用户不知道仿真过程中何时发生重要事件(如灾难性故障)时，才使用周期系统时间检查点。

❖ **使用检查点进行故障后恢复的操作步骤如下：**

本节将配置 **S-Edit** 以在固定的系统时间间隔生成检查点，然后运行一个瞬态仿真，并在仿真结束之前中止它。接着利用保存的检查点，使得仿真在中止之前的某个时间点重新启动。

步骤 1：打开设计文件*[install path]\Designs\RingVCO\lib.defs*。

步骤 2：在 **Libraries Navigator** 中点击库 *RingVCO*，下方将显示包含在 *RingVCO* 设计中的单元列表。

步骤 3：在单元列表中用鼠标双击 *TB_RingVCO* 将打开其原理图，如图 2.124 所示。

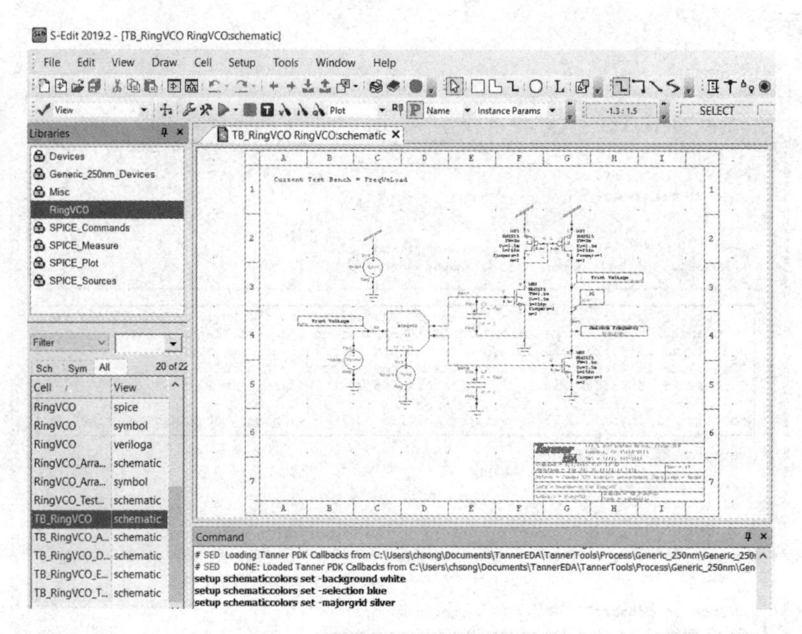

图 2.124　TB_RingVCO 原理图(4)

步骤 4：用鼠标单击工具栏 **Setup Simulation** 按钮，弹出 **Setup SPICE Simulation** 窗口，如图 2.125 所示。

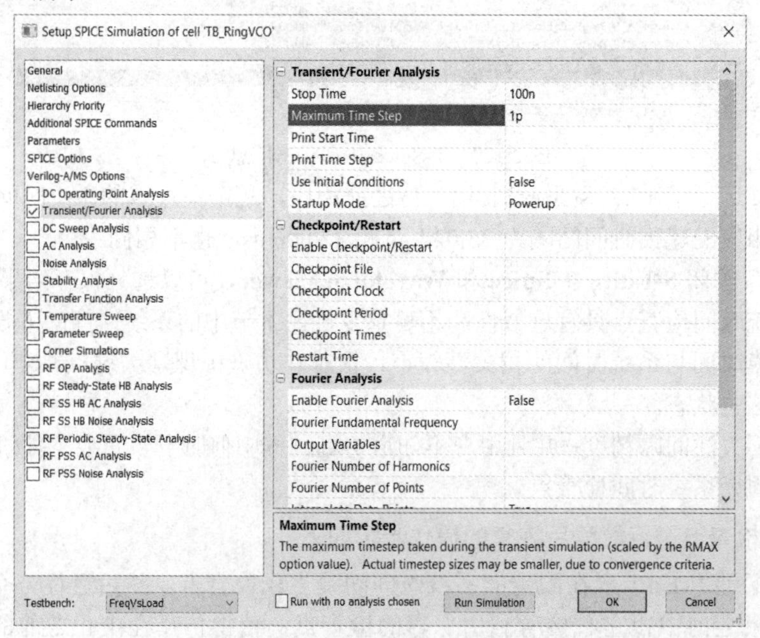

图 2.125　SPICE 瞬态仿真设置(4)

步骤 5：确保以下复选框未选中，分别是 **DC Sweep Analysis**、**AC Analysis**、**Noise Analysis**、**Transfer Function Analysis**、**Temperature Sweep**、**Corner Simulations**、**DC Operating Point Analysis** 和 **Parameter Sweep**。

步骤 6：确保 **Run with no analysis chosen** 的复选框未选中。

步骤 7：单击左侧列表中的 **Transient/Fourier Analysis**，右侧将显示相应设置页面。

步骤 8：确保 **Transient/Fourier Analysis** 复选框选中。

步骤 9：用鼠标单击 **Stop Time** 区域，输入 *100n*，指定瞬态仿真总时间为 100 ns(建模时间)。

步骤 10：用鼠标单击 **Maximum Time Step** 区域，输入 *1p*，指定仿真最大步长为 1 ps，仿真运行大概 1 分钟(系统时间)。

步骤 11：确保 **Use Initial Conditions** 为 *False*。

步骤 12：确保 **Startup Mode** 为 *Powerup*。

步骤 13：用鼠标单击 **Enable Checkpoint/Restart** 区域，显示下拉列表，如图 2.126 所示。

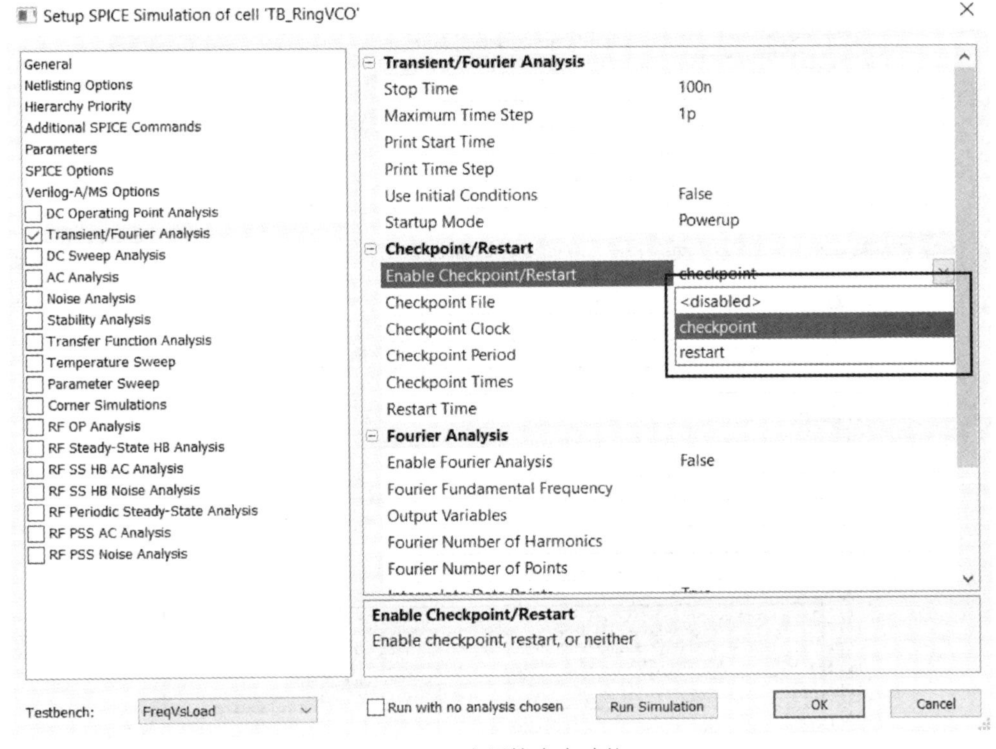

图 2.126　启用检查点功能(4)

步骤 14：选择 *checkpoint*，启用检查点生成功能。

步骤 15：确保 **Checkpoint File** 为空，为空表示检查点快照文件将默认保存，默认路径为 *[install path]\Simulation Results\RingVCO\TB_RingVCO\TB_RingVCO_TSP\ TB_RingVCO_TSP.chk*。

步骤 16：确保 **Checkpoint Period** 和 **Checkpoint Times** 为空。

步骤 17：单击 **Checkpoint Clock** 区域，输入 *3*，如图 2.127 所示。这表明从仿真开始，每隔 3 s(系统时间)生成一个检查点。

注意： 复杂的仿真通常需要几个小时甚至更长时间才能完成，检查点间隔通常为 3600 s (1 小时)。为了节省时间，本例中的仿真运行大约为 15 s，检查点间隔为 3 s。

步骤 18：用鼠标单击 **Run Simulation** 运行仿真。运行大约 10 s(第三个检查点建立)后，点击 **Stop Simulation** 按钮，通过中止仿真创建“故障”。中止仿真后的日志如图 2.128 所示。

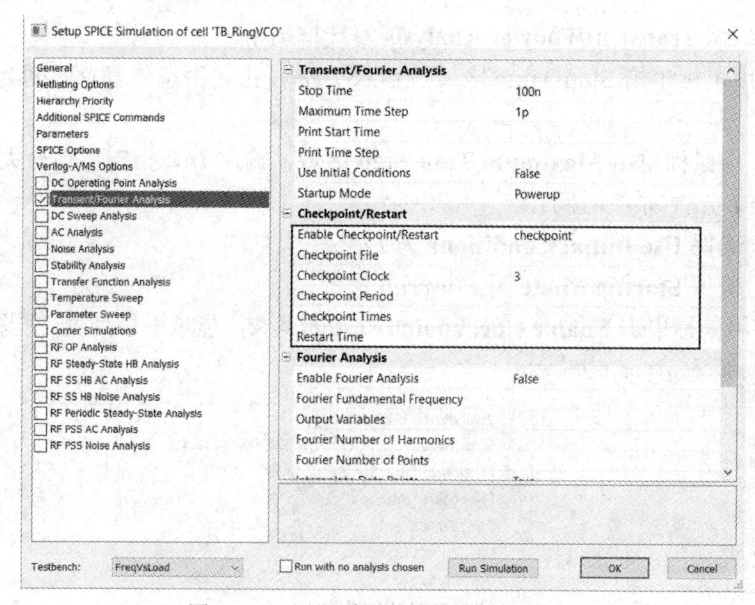

图 2.127　周期系统时间检查点设置(3)

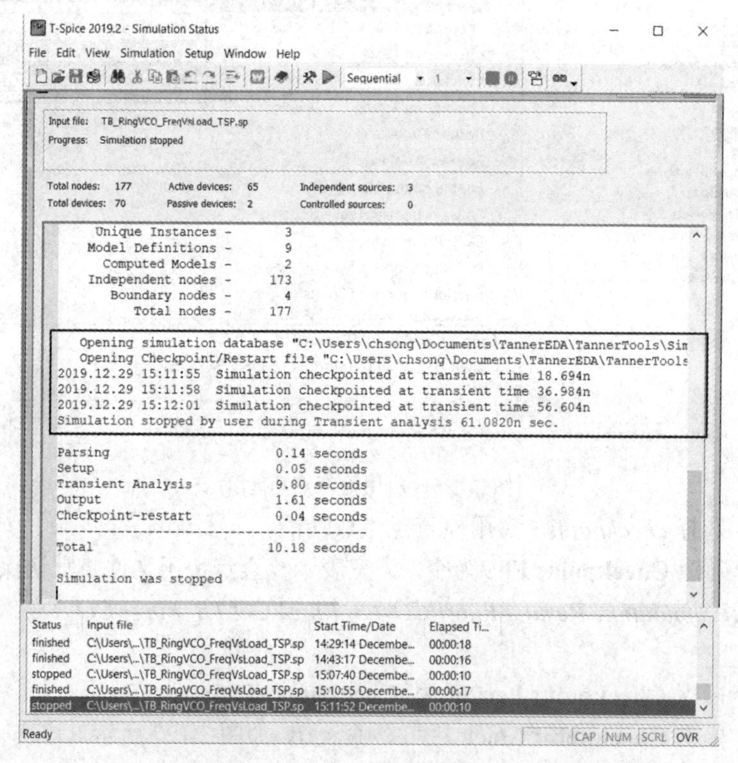

图 2.128　中止仿真后的日志

在本例中，仿真在 10.18 s(系统时间)后中止，对应于 61.08 ns(建模时间)。每隔 3 s(系统时间)生成 1 个检查点，仿真结束生成 3 个检查点，分别对应于 18.694 ns、36.984 ns 和 56.604 ns(建模时间)。

Waveform Viewer 窗口显示从仿真开始到 61.08 ns(建模时间)中止时的仿真结果，如图 2.129 所示。

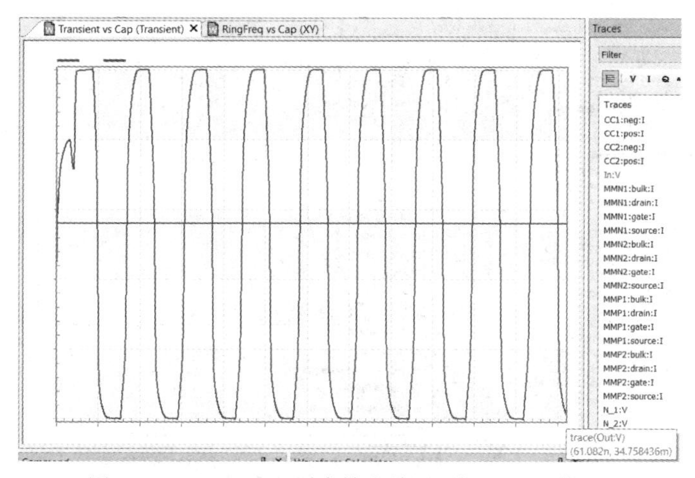

图 2.129　RingVCO 瞬态输出波形(到 61.08 ns 停止)

如果没有检查点功能，将需要从头开始运行整个仿真，才能在 100 ns(建模时间)看到最终的仿真结果，复杂的仿真可能需要几个小时甚至更长时间。

幸运的是，检查点功能允许用户从故障发生之前的某个时间点重启仿真，重启的仿真将从该时间点开始进行直到仿真结束。

步骤 19：在 **S-Edit** 的 **Setup SPICE Simulation** 窗口中，点击 **Enable Checkpoint/Restart** 区域，显示下拉列表。

步骤 20：用鼠标单击 *restart*，启用检查点重启功能，如图 2.130 所示。

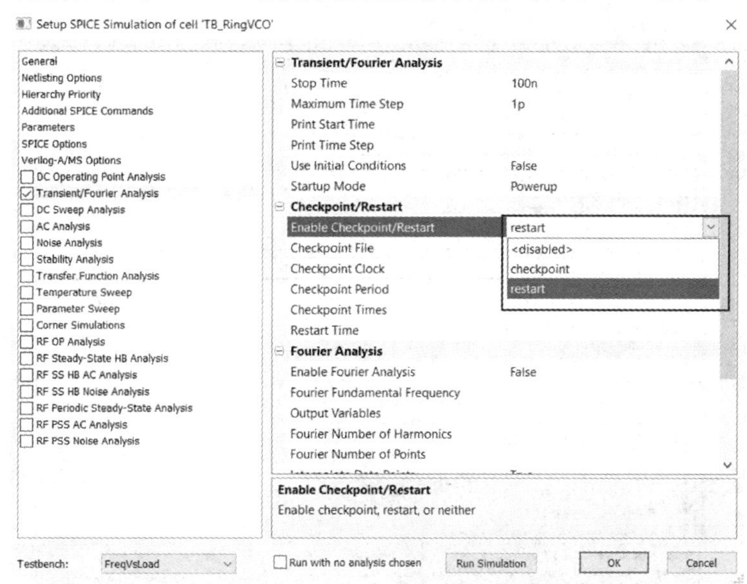

图 2.130　启用重启仿真功能

步骤 21：确保 **Checkpoint File**、**Checkpoint Clock**、**Checkpoint Period** 和 **Checkpoint Times** 为空。

步骤 22：用鼠标单击 **Restart Time**，输入 *61.082n* (建模时间)，如图 2.131 所示，指定希望从故障发生的时间点重启仿真。此时，下方会显示一条注释，提醒用户如果在 61.082 ns 上没有相应检查点，则会使用最近的前一个检查点作为重启时间点。

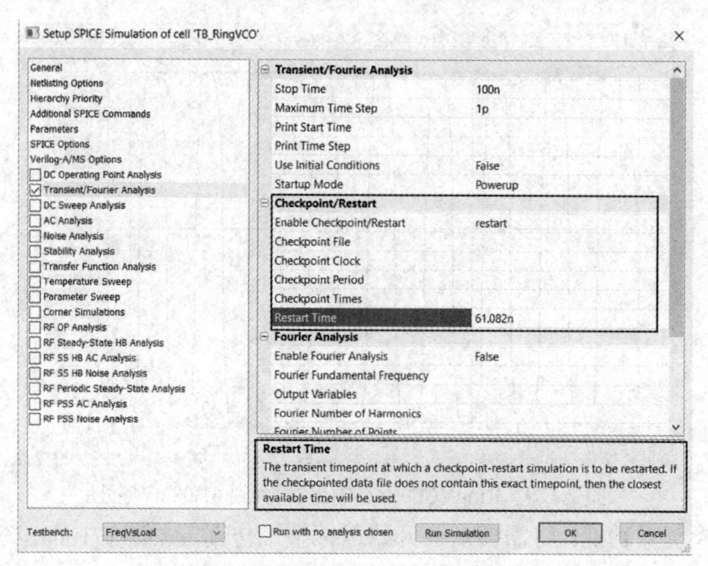

图 2.131　重启仿真时间点设置

在本例中，没有与 61.082 ns 对应的检查点，因此，将使用在 56.604 ns(建模时间)生成的检查点。

步骤 23：用鼠标单击 **Run Simulation** 按钮运行仿真，**T-Spice** 窗口显示仿真日志，如图 2.132 所示。

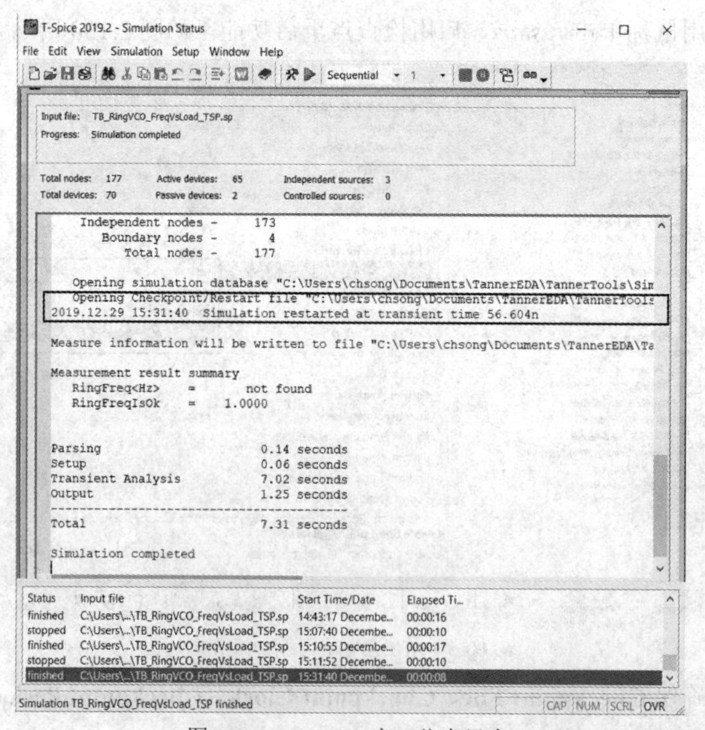

图 2.132　T-Spice 窗口仿真日志

仿真在 56.604 ns(建模时间)重新启动，这是最后一个检查点生成的时间，而不是在 **Restart Time** 中请求的时间。重新启动的仿真在 7.31 s 内完成(系统时间)，这比完整仿真所需的 15 s 仿真要快得多。

Waveform Viewer 窗口显示从检查点(56.604 ns)到结束(100 ns)的部分仿真结果，如图2.133 所示。

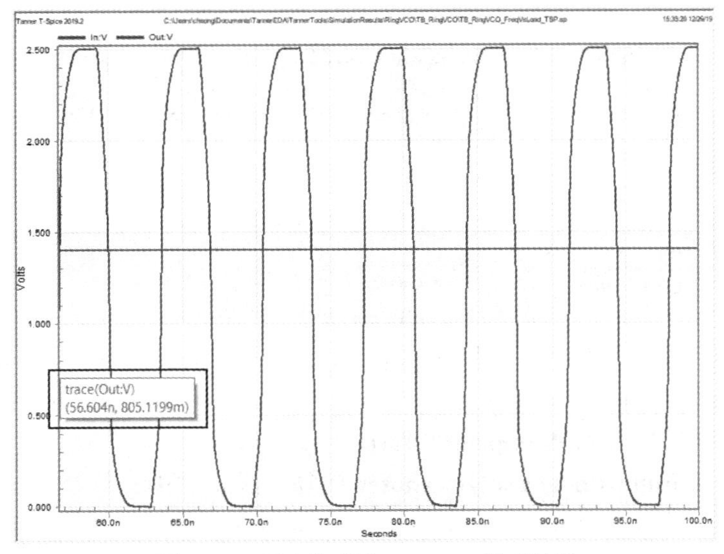

图 2.133　重启仿真后 RingVCO 输出波形

步骤 24：关闭 **S-Edit**、**Waveform Viewer** 和 **T-Spice** 窗口，选择是否保存结果。

❖ **使用检查点初始化仿真的操作步骤如下：**

本节中假设 *RingVCO* 电路需要 85 ns(建模时间)才能稳定，将配置 **S-Edit** 在 85 ns(建模时间)生成单个检查点，然后运行瞬态仿真，并使用检查点初始化后续仿真。

步骤 1：打开设计文件 *[install path]\Designs\RingVCO\lib.defs*。

步骤 2：在 **Libraries Navigator** 中点击库 *RingVCO*，下方将显示包含在 *RingVCO* 设计中的单元列表。

步骤 3：在单元列表中用鼠标双击 *TB_RingVCO* 将打开其原理图，如图 2.134 所示。

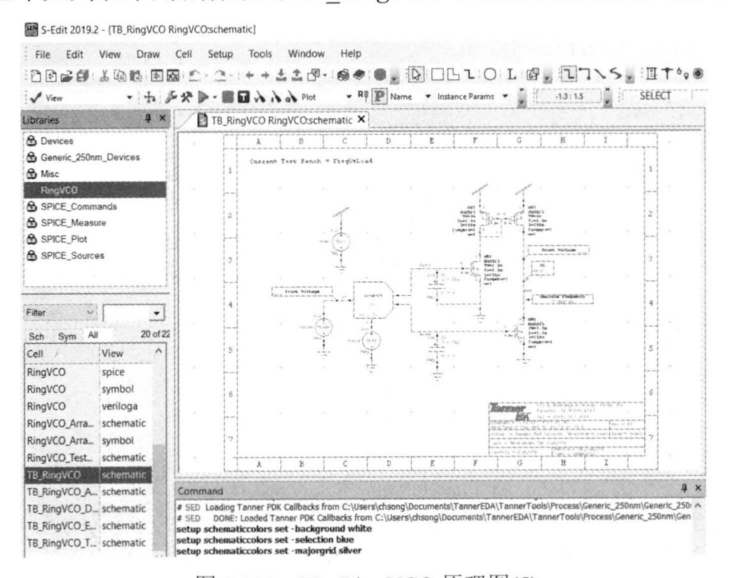

图 2.134　TB_RingVCO 原理图(5)

步骤 4：用鼠标单击工具栏 **Setup Simulation** 按钮，弹出 **Setup SPICE Simulation** 窗口，如图 2.135 所示。

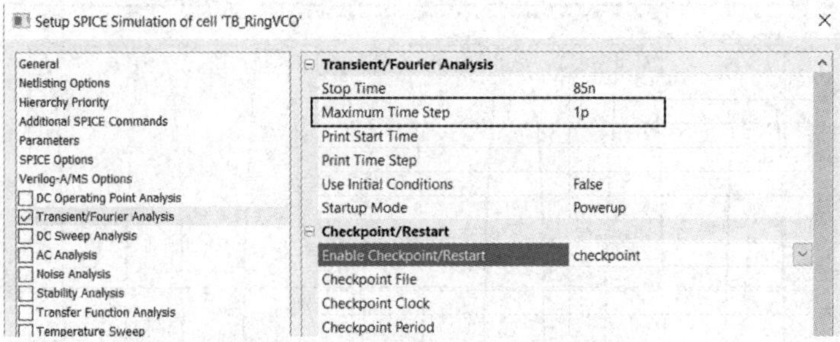

图 2.135　SPICE 瞬态仿真设置(5)

步骤 5：确保以下复选框未选中，分别是 **DC Sweep Analysis**、**AC Analysis**、**Noise Analysis**、**Transfer Function Analysis**、**Temperature Sweep**、**Corner Simulations**, **DC Operating Point Analysis** 和 **Parameter Sweep**。

步骤 6：确保 **Run with no analysis chosen** 的复选框未选中。

步骤 7:用鼠标单击左侧列表中的 **Transient/Fourier Analysis**,右侧将显示相应设置页面。

步骤 8：确保 **Transient/Fourier Analysis** 复选框选中。

步骤 9：用鼠标单击 **Stop Time** 区域，输入 *85n*，指定瞬态仿真总时间为 85 ns(建模时间)。

步骤 10：用鼠标单击 **Maximum Time Step** 区域，输入 *1p*，指定仿真最大步长为 1 ps，仿真运行大概 1 分钟(系统时间)。

步骤 11：确保 **Use Initial Conditions** 为 *False*。

步骤 12：确保 **Startup Mode** 为 *Powerup*。

步骤 13：用鼠标单击 **Enable Checkpoint/Restart** 区域，显示下拉列表。

步骤 14：选择 *checkpoint*，启用检查点生成功能。

步骤 15：用鼠标单击 **Checkpoint File** 区域后显示浏览按钮，再单击该按钮弹出文件夹搜寻窗口，如图 2.136 所示。

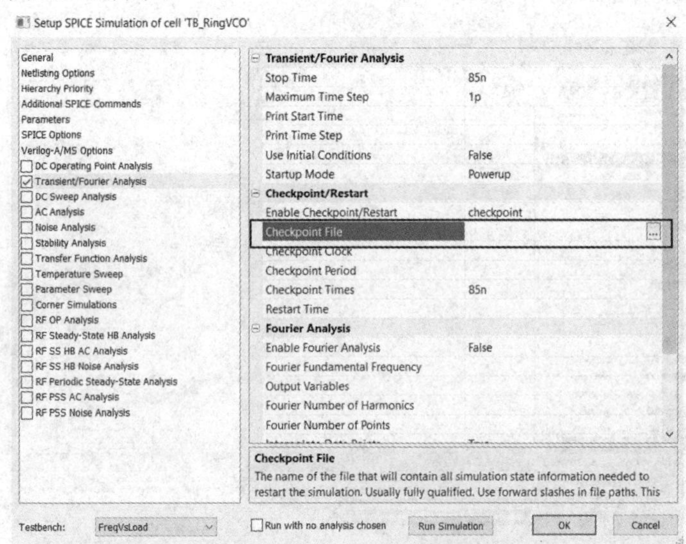

图 2.136　检查点文件设置

步骤 16：导航到目录 *[install path]\Simulation Results\RingVCO\TB_RingVCO\TB_RingVCO_TSP* 中。

步骤 17：用鼠标单击 **File name** 区域，输入 *RingVCO_stabilized.chk*，指定检查点保存文件为*[install path]\Simulation Results\RingVCO\TB_RingVCO\TB_RingVCO_TSP\RingVCO_stabilized.chk*。在随后的仿真中，可以通过 *RingVCO_stabilized.chk* 引用这个检查点，如图 2.137 所示。

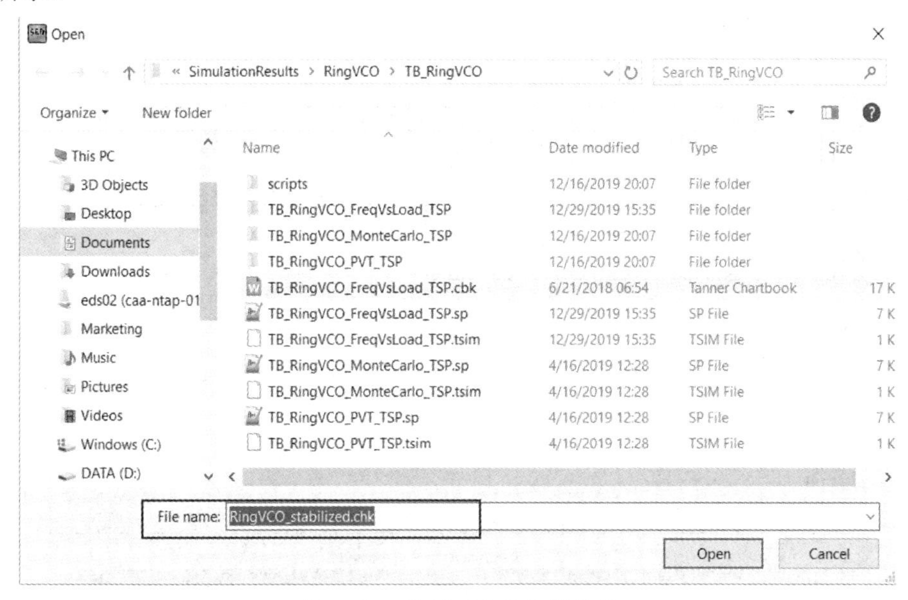

图 2.137　检查点文件路径设置

步骤 18：用鼠标左键单击 **Open** 按钮，将关闭弹窗，相应的路径/文件名显示在 **Checkpoint File** 中。

步骤 19：确保 **Checkpoint Clock**、**Checkpoint Period** 为空。**Checkpoint Times** 输入 *85n*，确保在该时间生成检查点。

步骤 20：用鼠标单击 **Run Simulation** 按钮运行仿真，**T-Spice** 窗口显示仿真日志，如图 2.138 所示。

在本例中，总仿真时间为 13.85 s(系统时间)，对应于 85 ns 仿真时间(建模时间)。仿真结束时生成一个名为 *RingVCO_stabilized.chk* 的检查点(85 ns)文件，此检查点表示 *RingVCO* 稳定时的状态。本仿真在参数 *Vpwr=2.5*V 下运行，结束时测得的 *RingVCO* 频率为 145.1504 MHz。现在可以使用 *RingVCO_stabilized.chk* 初始化其他仿真，之后的仿真不需要运行前 85 ns 的仿真来稳定 *RingVCO*。

步骤 21：用鼠标单击 **S-Edit** 工具栏中的 **Setup Simulation** 按钮，弹出 **Setup SPICE Simulation** 窗口，如图 2.139 所示。

步骤 22：用鼠标单击 **Stop Time**，输入 *100n*，指定瞬态仿真将运行总共 100 ns 的时间。

步骤 23：用鼠标单击 **Enable Checkpoint/Restart**，显示一个下拉菜单。选择 **restart** 菜单项，设置仿真将从指定的检查点重新开始。

注意：Checkpoint File 仍设置为 *RingVCO_ stabilized.chk*。

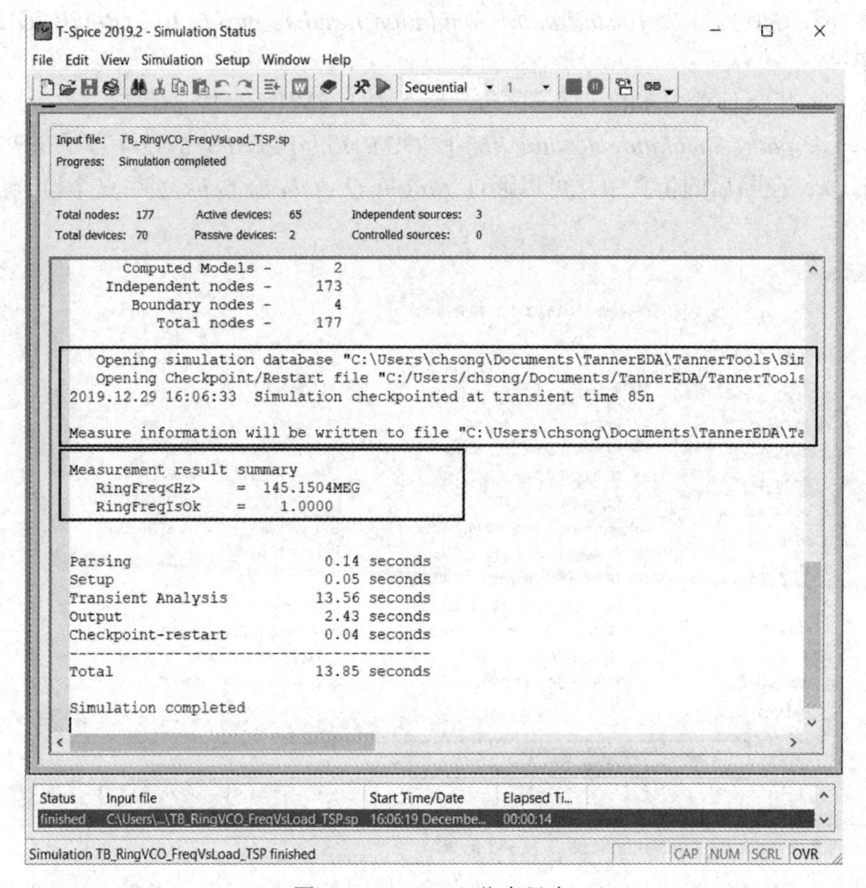

图 2.138　T-Spice 仿真日志

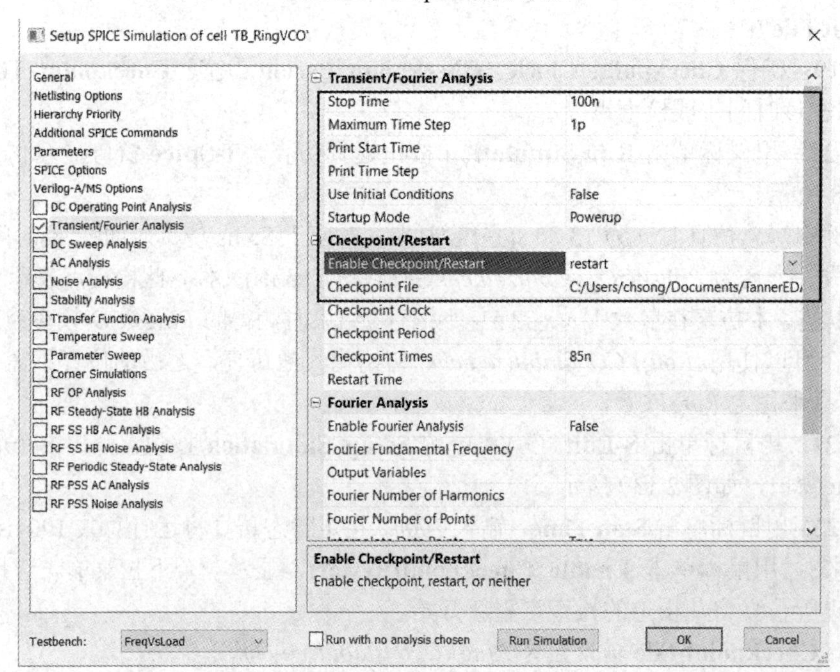

图 2.139　重新设置仿真结束时间和启用重启功能

步骤 24：在 **Setup SPICE Simulation** 窗口中单击 **Parameters** 菜单项。

步骤 25：用鼠标单击 **Vpwr**，输入 *2.0v*，下一个仿真将在 2.0 V 的电源下运行，如图 2.140 所示。

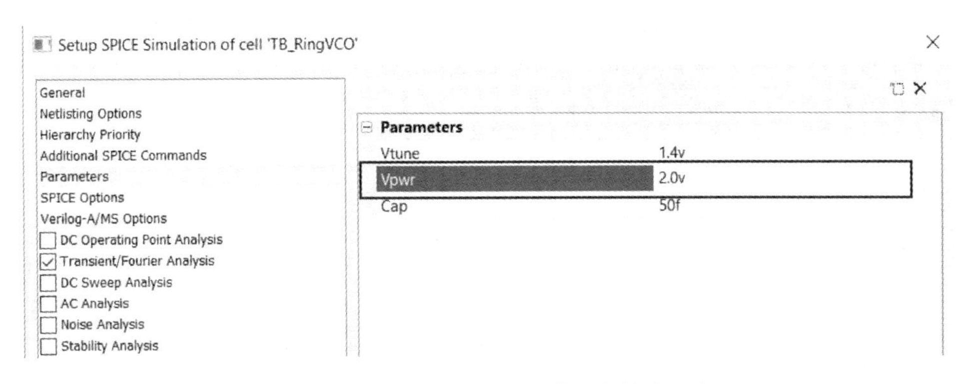

图 2.140　重新设置 Parameter 中定义的电源电压

步骤 26：单击 **Run Simulation** 按钮运行仿真，**T-Spice** 显示仿真日志，如图 2.141 所示。

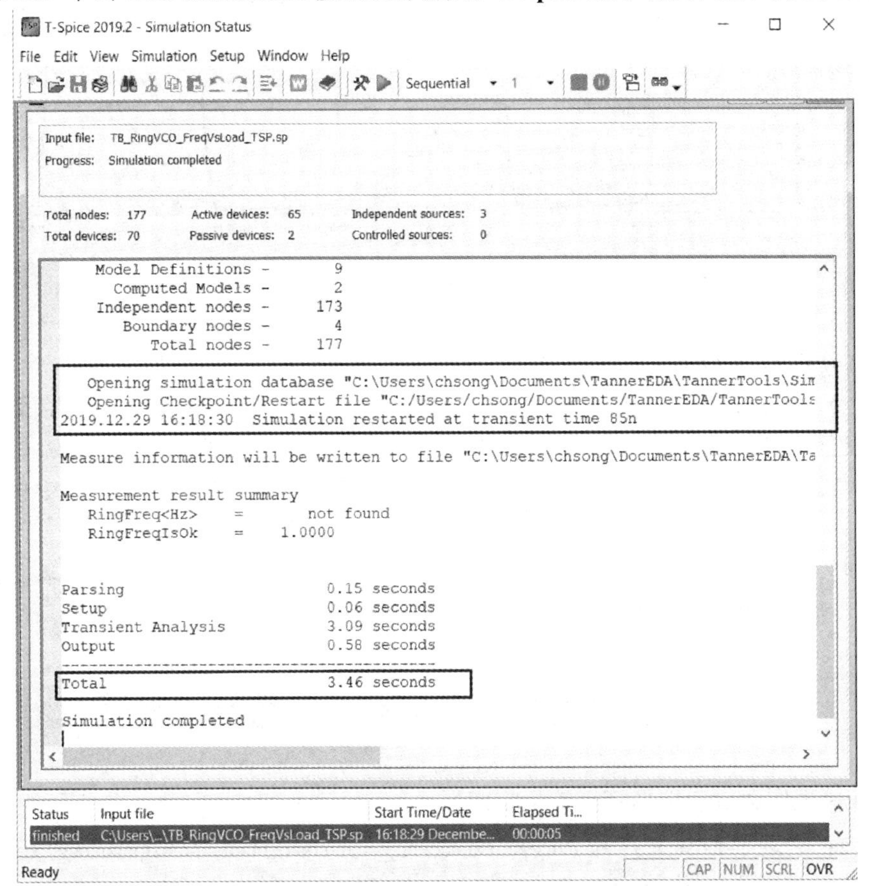

图 2.141　T-Spice 窗口显示的仿真日志

加载了 *RingVCO_stabilized.chk* 检查点文件后，仿真开始时间被设置为 85 ns(建模时间)。仿真运行了 3.46 s(系统时间)，比进行完整仿真所需的 15 s 快得多。

Waveform Viewer 窗口显示了新的仿真结果，即从 85 ns 的检查点到 100 ns 的仿真结束时间。**Waveform Viewer** 波形计算器用于测量输出波形的特性(步骤未显示)。

在 2.0 V 电源电压下，*RingVCO* 输出频率现在为 169.3355 MHz，如图 2.142 所示。在原本的仿真中，电源电压为 2.5 V，*RingVCO* 输出频率为 145.1504 MHz。通过使用检查点初始化新的仿真，可以在不运行完整仿真的情况下快速尝试各种参数设置。当一个完整的仿真可能需要几个小时才能完成时，这个功能就会特别有用。

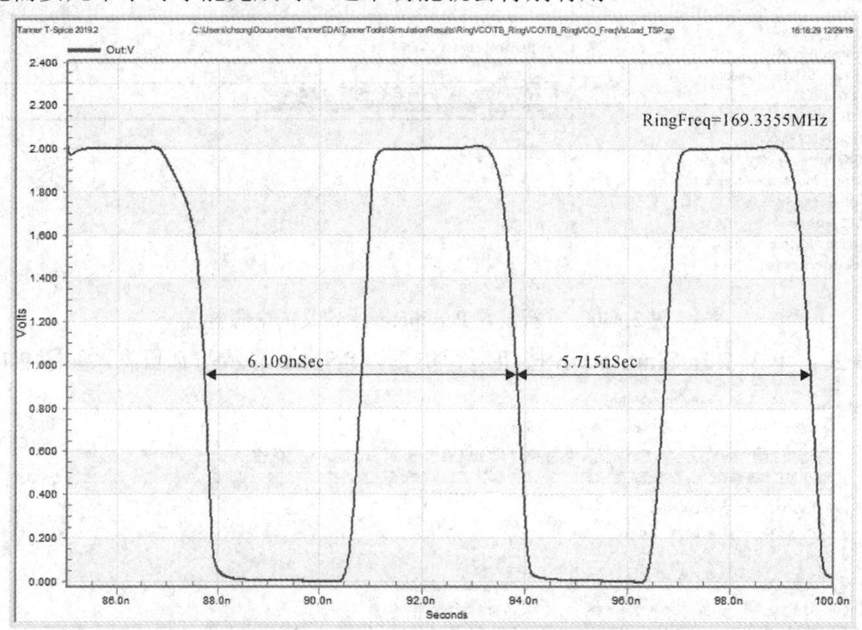

图 2.142　重启仿真后 RingVCO 输出波形

注意：

① *RingVCO* 的 *Out* 电压波形的第一个周期与第二个周期不同，第一个周期的时间较长(6.109 ns 与 5.715 ns)。产生这些结果的原因是，用于初始化仿真状态的检查点是在电源电压为 2.5 V 下记录的，而新的仿真是在 2.0 V 的电源电压下进行的，仿真器在新的仿真开始时检测到电源电压阶跃变化为 −0.5 V，*RingVCO* 电路需要一定时间才能从该变化中恢复到稳定状态。

② 如果检查点参数设置与后续仿真设置不同，则新的仿真可能需要时间来适应这些更改，所需时间是 SPICE 模型和仿真设置的函数。

2.2　在原理图上查看电压、电流和电荷

❖ 在原理图上查看仿真结果的步骤如下：

步骤 1：启动 **S-Edit** 并打开 *RingVCO*，路径为 *[install path]\Designs\RingVCO\lib.defs*。

步骤 2：打开原理图 *TB_RingVCO*。

步骤 3：点击工具栏中的 **SPICE simulation** 按钮，在弹出的 **Setup SPICE Simulation** 窗口中确认勾选了 **DC Operating Point Analysis**，如图 2.143 所示。

步骤 4：点击 **Run Simulation** 按钮。

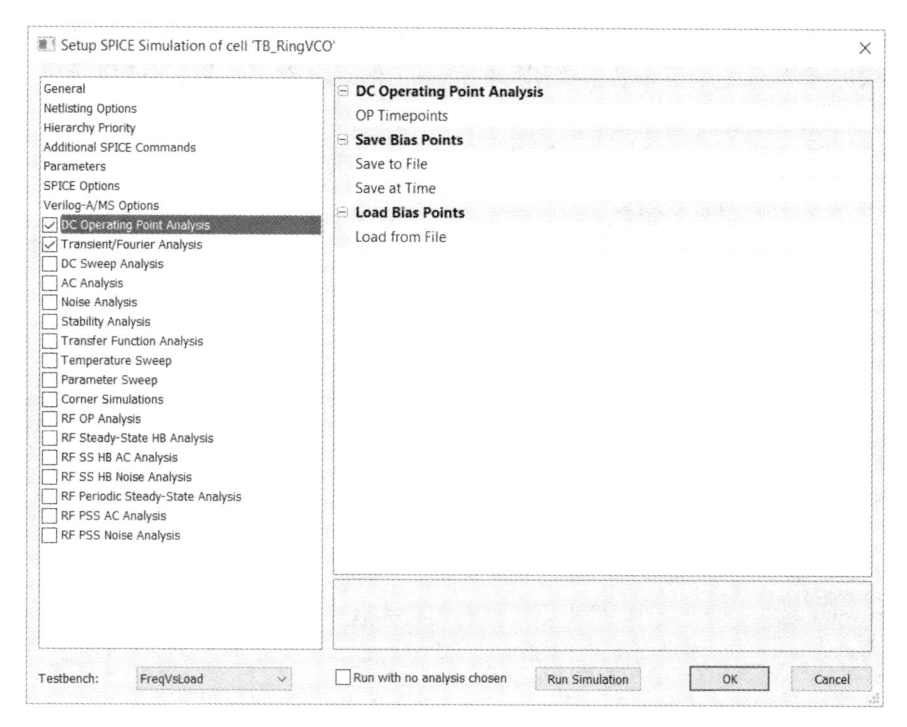

图 2.143　勾选 DC Operating Point Analysis

步骤 5：仿真完成后，关闭 **Setup SPICE Simulation** 窗口。

步骤 6：在 *TB_RingVCO* 原理图中进入 *RingVCO* 的实例 *X1*，然后进入实例 *Xa3*(左数第三个 *DiffCell*)。

步骤 7：在 **S-Edit** 工具栏中确认 **Display Evaluated Properties** 启用，并在其右侧下拉菜单选择 *Voltage*。此时，原理图上会显示出电路各节点的静态工作点电压，如图 2.144 所示。

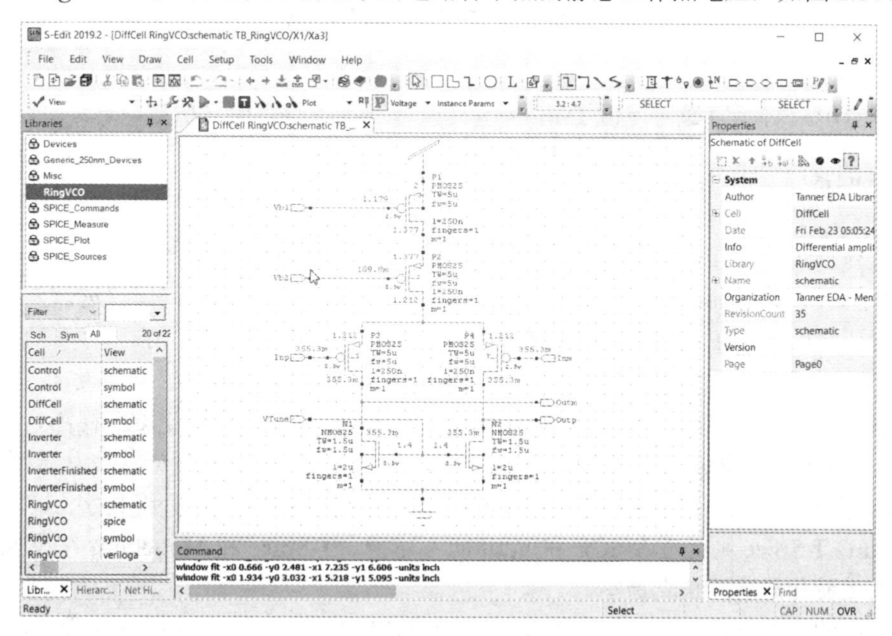

图 2.144　显示的各节点静态工作点电压

步骤 8：在工具栏中 **Display Evaluated Properties** 按钮右侧下拉菜单选择 *Current*。此时，原理图上会显示出电路中各器件引脚的静态工作点电流，如图 2.145 所示。

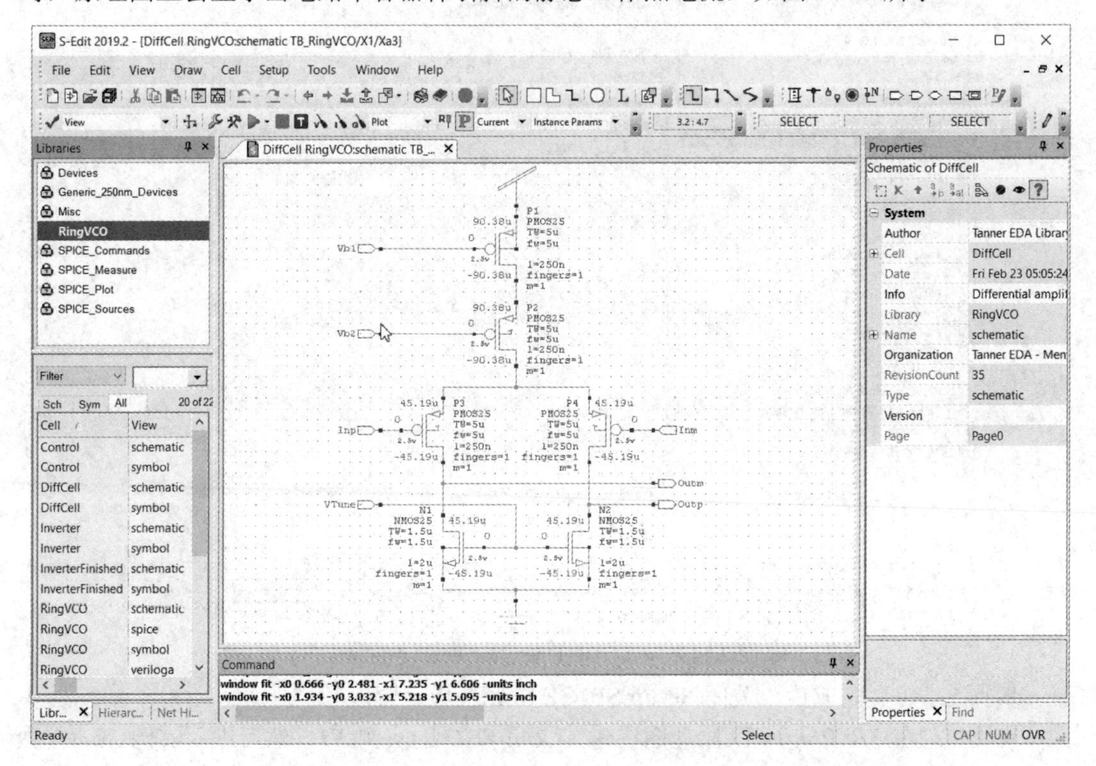

图 2.145　显示的器件引脚静态工作点电流

2.3　混合信号仿真

在本节中，将学习如何使用 **Tanner** 工具设置和运行混合信号仿真。

2.3.1　概述

与晶体管级仿真相比，混合信号仿真具有许多优点。对于自上而下的设计，它允许用户在晶体管级设计之前探索设计架构；对于自下而上的验证，它允许用户进行整个芯片的验证，而传统的 SPICE 仿真通常无法处理这些验证。

Tanner 工具提供完整的混合信号设计流程。**S-Edit** 用于原理图绘制和设计，它允许每个单元有多种类型的视图，用户可以轻松创建晶体管级的示意图、SPICE 视图、用于混合信号的 Verilog、Verilog-A 或 Verilog-AMS 视图。一旦设计完成，设计就被发送到 **T-Spice** 和 **ModelSim** 进行混合信号仿真。**T-Spice** 会自动划分网表，然后将数字 RTL 发送到 **ModelSim**；**T-Spice** 则处理 SPICE 和 Verilog-A 本身。**T-Spice** 和 **ModelSim** 在模拟/数字接口信号发生变化时交互仿真通信。

在下面的内容中，将首先在 **S-Edit** 中查看混合信号设计示例，然后设置联合仿真环境，

并使用 **T-Spice/ModelSim** 联合仿真设计范例。在开始之前，需要确认安装以下软件：

(1) **Tanner EDA S-Edit** and **T-Spice**。

(2) **ModelSim DE 10.4c** 或以上版本。

2.3.2　设计实例

练习中使用的混合信号设计范例是位于*[installation path]\Designs\ADC8* 的模数转换器。它的一个子单元 *ADCCtrl* 除了原理图视图外，还有 verilogams 视图，其用来与 SPICE 中的其他子单元一起构成混合信号设计。verilogams 视图包含一个纯数字模块，该模块将被发送到 **ModelSim** 进行仿真。

首先使用 **S-Edit** 来看看这个设计。

❖ **打开一个混合信号设计示例的操作步骤如下：**

步骤 1：打开 **S-Edit**，按下工具栏上的 **Open Design** 按钮( )，然后在 **Open Design** 对话框中依次浏览 *[installation path]\Designs\ADC8*，选择 *lib.defs* 并单击 **OK** 按钮。

步骤 2：自动打开 *TB_ADC8* 的示意图，如果没有则从 **Libraries** 导航器中选择 *ADC8*，在子单元中选择 *TB_ADC8*，双击打开原理图。

步骤 3：在 *TB_ADC8* 的原理图中，双击实例 *X1(ADC8)*，如图 2.146 所示。

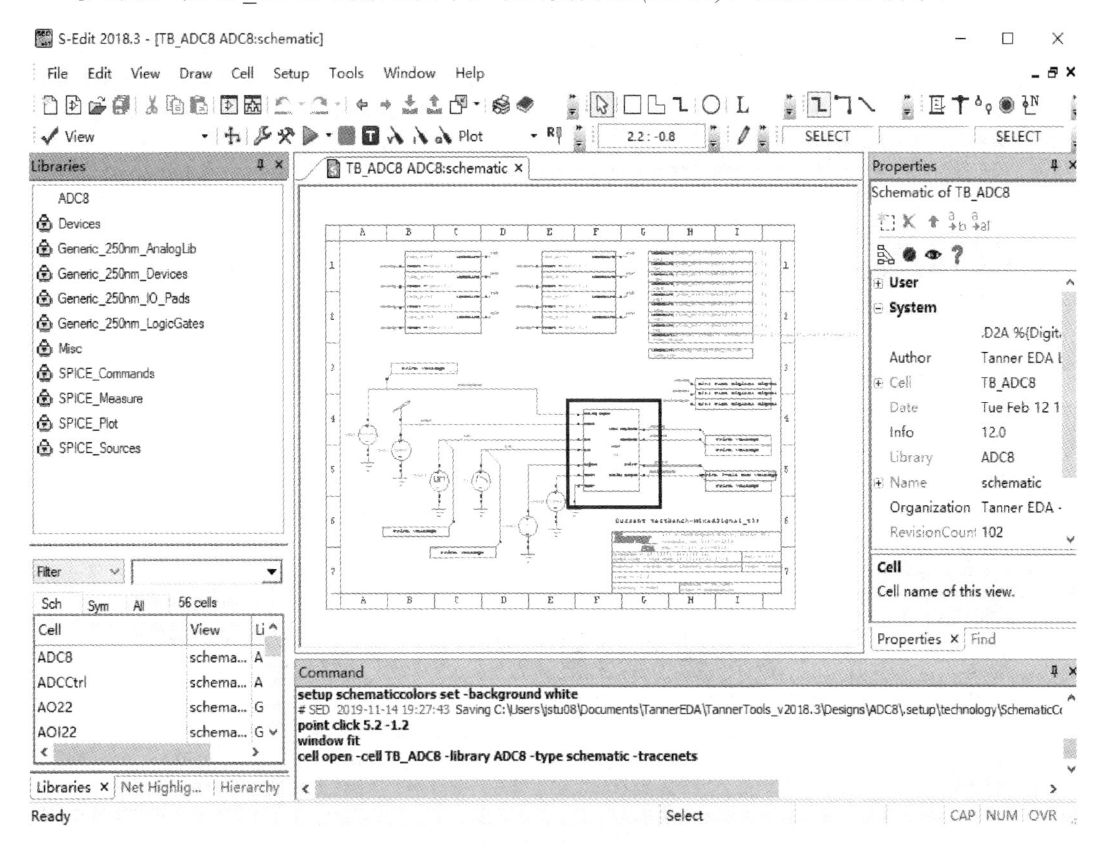

图 2.146　一个 8 位 ADC 测试原理图

步骤 4：打开 *ADC8* 的示意图后，双击实例 *XadcCtrl(ADCCtrl)*，如图 2.147 所示。

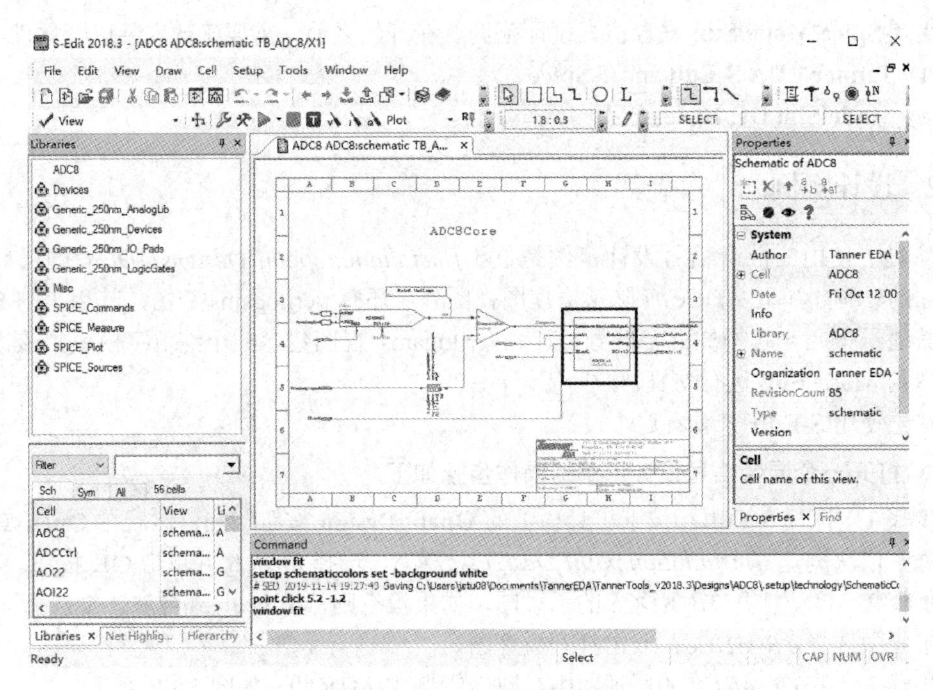

图 2.147　ADC8 内部原理图

步骤 5：打开 *ADCCtrl* 的 verilogams 视图。它显示了将用于混合信号仿真的 Verilog 模块，如图 2.148 所示。

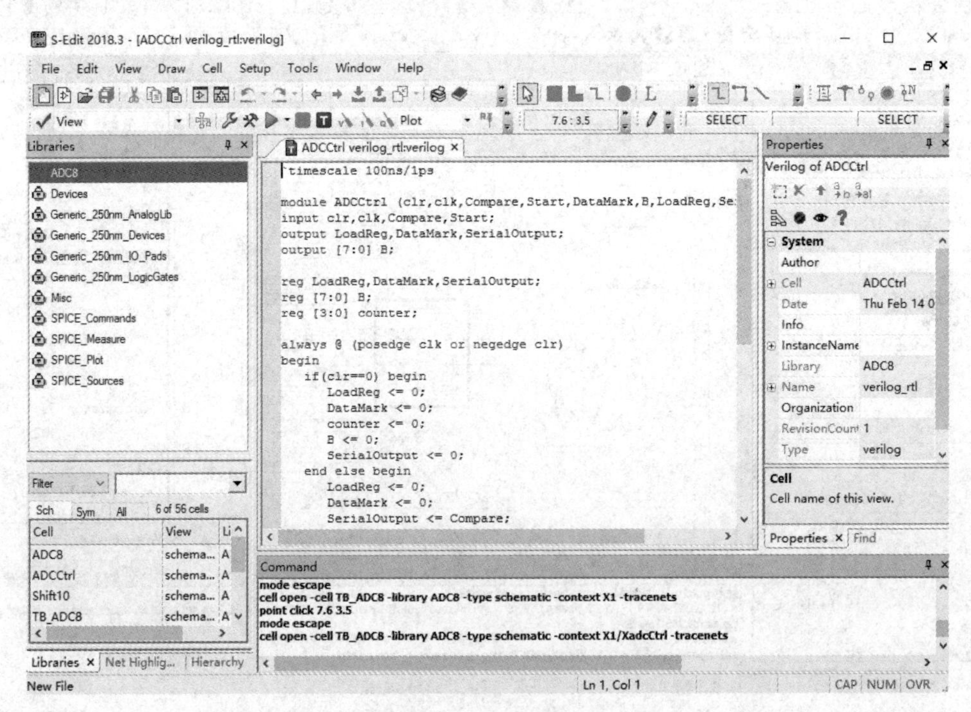

图 2.148　ADCCtrl 的 verilogams 代码

步骤 6：通过单击 **Back** 和 **Pop Out** 按钮(⇦)回到 *TB_ADC8*。

步骤 7：调用 **Setup > SPICE Simulation… > General > Verilog-A Search Path** 搜索路

径，查看设置，然后单击 **OK** 按钮，如图 2.149 所示。

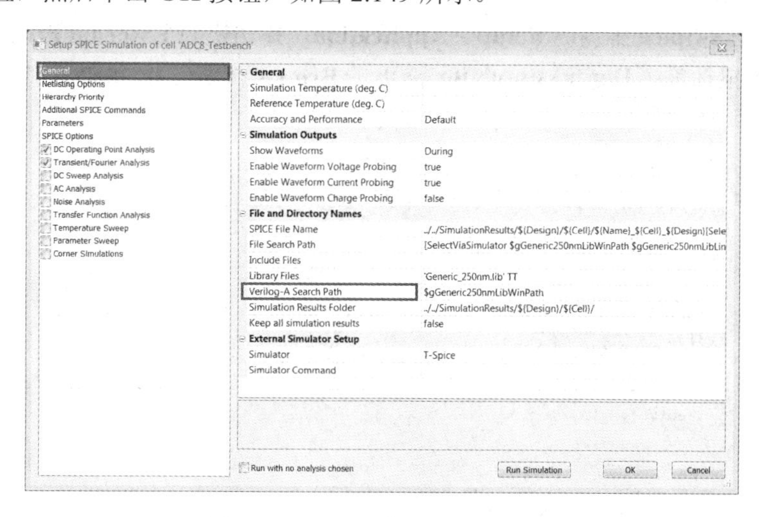

图 2.149　SPICE 的 Verilog-A 设置

当前设置指向“*[installation path]\Process\Generic_250nm\Models*”。在 **connectsetup.vams** 文件中，已定义好边界条件，以便于进行模拟/数字信号转换，可以在此文件中设置逻辑高和逻辑低的电压。在此文件中，逻辑高设为 2.5 V，逻辑低设为 0 V，如图 2.150 所示。

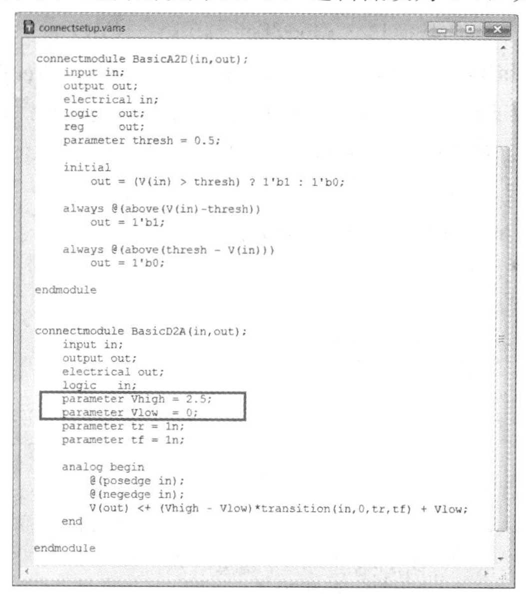


```
connectmodule BasicA2D(in,out);
    input in;
    output out;
    electrical in;
    logic   out;
    reg     out;
    parameter thresh = 0.5;

    initial
        out = (V(in) > thresh) ? 1'b1 : 1'b0;

    always @(above(V(in)-thresh))
        out = 1'b1;

    always @(above(thresh - V(in)))
        out = 1'b0;

endmodule


connectmodule BasicD2A(in,out);
    input in;
    output out;
    electrical out;
    logic   in;
    parameter Vhigh = 2.5;
    parameter Vlow  = 0;
    parameter tr = 1n;
    parameter tf = 1n;

    analog begin
        @(posedge in);
        @(negedge in);
        V(out) <+ (Vhigh - Vlow)*transition(in,0,tr,tf) + Vlow;
    end

endmodule
```

图 2.150　connectsetup.vams 内部代码

现在我们已经找到了用于仿真的混合信号设计案例，下面将进行 **T-Spice/ModelSim** 混合仿真的环境设定。

2.3.3　混合信号仿真装置

❖ **建立混合信号仿真的操作步骤如下：**

步骤 1：在 **S-Edit** 中打开 *TB_ADC8* 的示意图视图，然后点击工具栏上的 **T-Spice** 按钮

(T)，调用 **T-Spice**。

步骤 2：在 **T-Spice** 中调用 **Setup > Application**，并切换到 **External Programs** 选项卡。

步骤 3：用鼠标单击 **Digital simulator path** 的 **Browse** 按钮(...)，并浏览到安装 **ModelSim** 的位置，如图 2.151 所示。

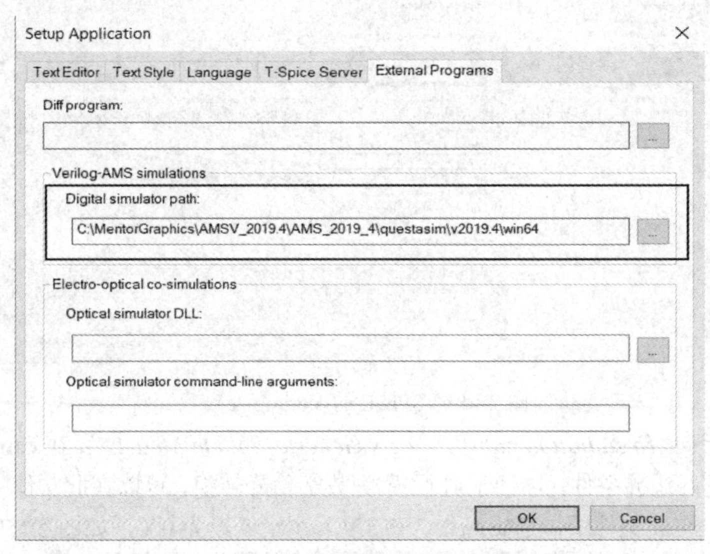

图 2.151　ModelSim 程序路径设置

步骤 4：调用 **Simulation > Simulation Settings**，并切换到 **Verilog-AMS** 选项卡。

步骤 5：选中 **Run digital simulator in full GUI mode (-digital_gui setting)**复选框，在仿真时将 **ModelSim** 设置为图形用户界面模式，然后按 **OK** 按钮，如图 2.152 所示。

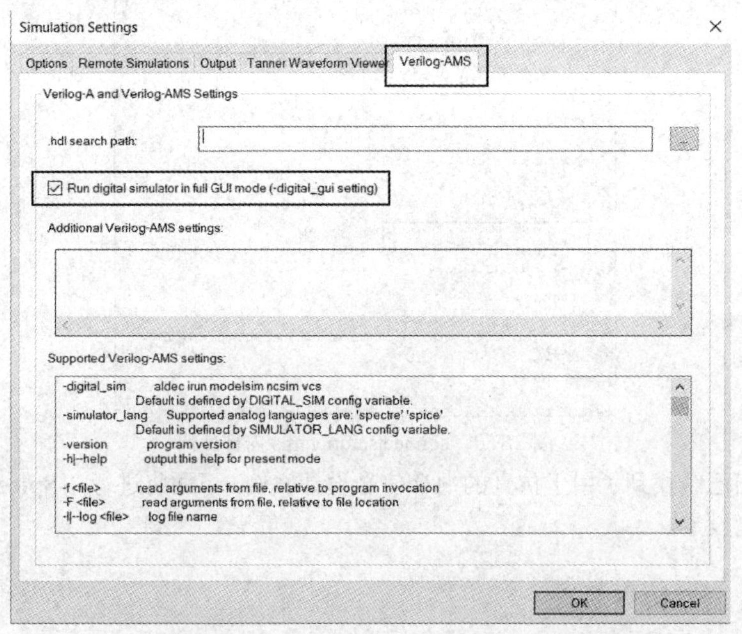

图 2.152　打开数字仿真器的图形模式

注意：上面描述的工具设置只需要进行一次，除非想更改设置。

2.3.4 运行混合信号仿真

❖ 运行混合信号仿真并查看结果的操作步骤如下：

步骤 1：在 T-Spice 中点击 **Run Simulation** 按钮(▶)开始仿真。

步骤 2：弹出 **ModelSim** 图形界面。在 **ModelSim** 中用鼠标右键单击 *ADC8/XXadcCtrl*，然后从相关菜单中选择 **Add Wave** 以绘制 *ADCCtrl* 中的所有连线的电压，如图 2.153 所示。

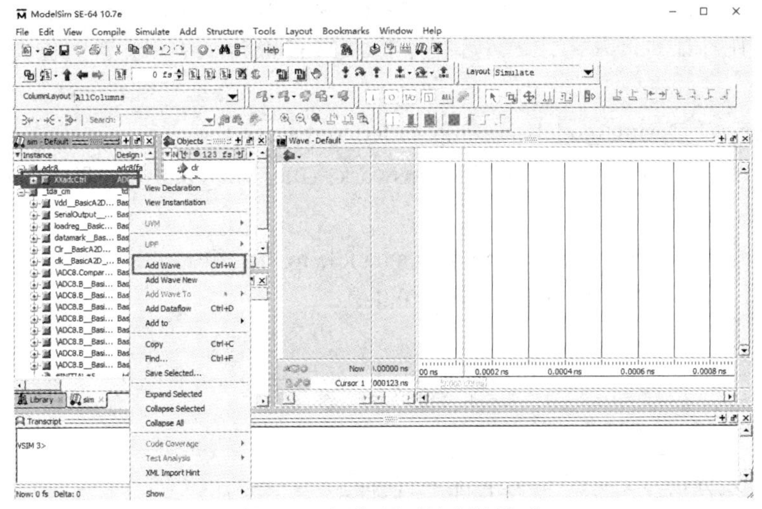

图 2.153 添加需要绘制的波形

步骤 3：用鼠标单击工具栏中的 **Run-All** 按钮()开始仿真 241。

步骤 4：当仿真停止时，单击 **Wave** 面板中的空白处，然后单击工具栏中的 **Zoom Full** 按钮()以查看数字波形。

步骤 5：自动弹出 Tanner 波形查看器(以前是 W-Edit)，显示模拟信号波形，如图 2.154 所示。

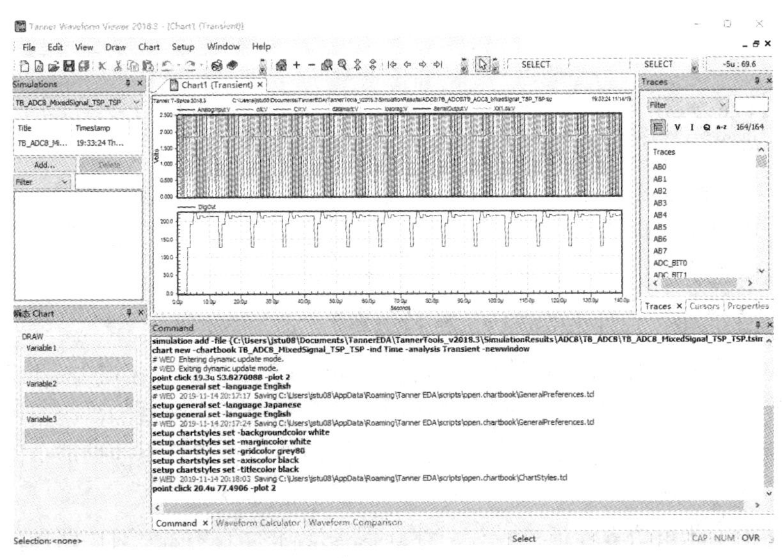

图 2.154 模拟信号波形

注意：

① 目前，数字波形显示在 **ModelSim** 图形界面中，模拟波形显示在 Tanner 波形视图界面中。

② 设置之后，也可以通过在 **S-Edit** 中单击 **Start Simulation** 按钮(▶)，直接从 **S-Edit** 调用混合信号仿真。但是，在当前工具中，如果从 **S-Edit** 调用仿真，**ModelSim** 将不会以图形界面运行。

③ 要重新运行仿真，首先要关闭当前 **ModelSim** 图形界面，以消除当前 **ModelSim** 图形界面锁定的许可证和记录文件，然后打开新的 **ModelSim**。否则，新的仿真将失败，并出现以下错误：

```
Fatal Error :  During modelsim setup, failed to remove file
            :  ...\ADC8\TB_ADC8\.amswork_Transient_Analysis_TB_ADC8_ADC8_TSP/2.90.580/transcript
            :  kill any processes holding a handle to this file.
Fatal Error :  Verilog-AMS Post Setup failed.
```

本章练习题

1. 什么是差分信号？差分信号的优点有哪些？
2. 什么是工艺角？为什么要进行工艺角仿真？
3. 修改 RingVCO 的参数或拓扑结构，观察利用检查点初始化仿真的可行性。

★ 参考答案

1. 什么是差分信号？差分信号的优点有哪些？

差分信号是指两根信号线的信号之差，一般而言这两个信号的振幅相同，相位相反。

优点：

(1) 抗干扰能力强。干扰噪声一般会等值，同时被加载到两根信号线上，而其差值为 0，即噪声对信号的逻辑意义不产生影响。

(2) 能有效抑制电磁干扰(EMI)。由于两根线靠得很近且信号幅值相等，这两根线与地线之间的耦合电磁场的幅值也相等，同时它们的信号极性相反，其电磁场将相互抵消，因此对外界的电磁干扰也小。

2. 什么是工艺角？为什么要进行工艺角仿真？

在不同的晶片之间以及在不同的批次之间，MOSFETs 参数变化很大，比如掺杂浓度、制造时的温度控制、刻蚀程度等，所以造成同一个晶圆上不同区域的情况不同。为了在一定程度上减轻电路设计任务的困难，芯片代工厂给电路设计者提供的性能范围以工艺角的形式给出。

只有通过了工艺角仿真验证的设计，才能保证实际的工艺偏差对电路性能不会造成较大影响。

3. 修改 RingVCO 的参数或拓扑结构，观察利用检查点初始化仿真的可行性。

在使用检查点初始化仿真的步骤中，重复步骤 1～步骤 24。在 Parameters 窗格中，修改 Cap 或者 Vtune 的值，或者修改温度，利用检查点重启仿真，观察 RingVCO 仿真初始化效果以及仿真结果的变化。在使用检查点初始化仿真的步骤中，重复步骤 1～步骤 24 后回到原理图，在 RingVCO 的输出节点 outP 和 outN 分别添加并联到地的电容 C=10fF，保存并检查，利用检查点重启仿真，观察 RingVCO 是否成功初始化。

第三章　L-Edit

本章主要介绍 Tanner L-Edit，除了基本的版图绘制外还包括原理图驱动版图和利用 T-cell Builder 从版图创建 T-cells 等内容。

3.1　使用 L-Edit

3.1.1　特点及内容介绍

L-Edit 是一款易于使用的高性能版图编辑器，它的最大特点是渲染速度快，功能丰富强大，可以满足行业内针对版图设计的各种需求。L-Edit 是一款领先的模拟/混合信号 IC 设计工具，用户可以轻松快速上手。与其他版图工具相比，在 L-Edit 上使用者通过更少的键盘敲击或鼠标点击次数就可以快速地绘制和编辑版图。

本节将会介绍 L-Edit 中针对芯片版图设计常用的查看和编辑功能，并将创建一个新的版图文件，查看设计文件的层次结构和版图设计。

本节包括以下内容：

- 打开设计文件；
- L-Edit 用户界面介绍；
- 缩放和平移操作；
- 浏览设计文件；
- 选择操作；
- 绘图和编辑操作；
- 临时标尺；
- 查看版图；
- 例化单元；
- T-Cells。

3.1.2　打开设计文件

❖ 打开一个已经存在的 L-Edit 设计文件。

步骤 1：启动 L-Edit 后在程序菜单中点击 **File > Open**，打开本章提供的版图设计文件。

步骤 2：在 **Open Design** 对话框中，浏览随 Tanner Tools 安装的示例文件的教程文件夹中的 *Tutorial.tdb* 文件。

本章的默认目录：*My Documents \ TannerEDA \ TannerTools_v20XX.X \ Tutorials*。

步骤 3：点击 **Open** 对话框中的 **Open** 按钮，将设计加载到 L-Edit 中。

3.1.3　L-Edit 用户界面介绍

在新版 L-Edit 中，版图设计可以保存在扩展名为 TDB(Tanner Data Base)的单个数据库文件中，也可以保存为业界通用的 Open Access 格式数据文件。一个完整的 L-Edit 设计文件通常由图层定义、工艺信息和版图单元组成。在硬件允许的情况下可以同时打开多个版图设计文件。L-Edit 的窗口标题栏中会显示正打开的文件名称。

图 3.1 是 L-Edit 用户界面的主要内容。

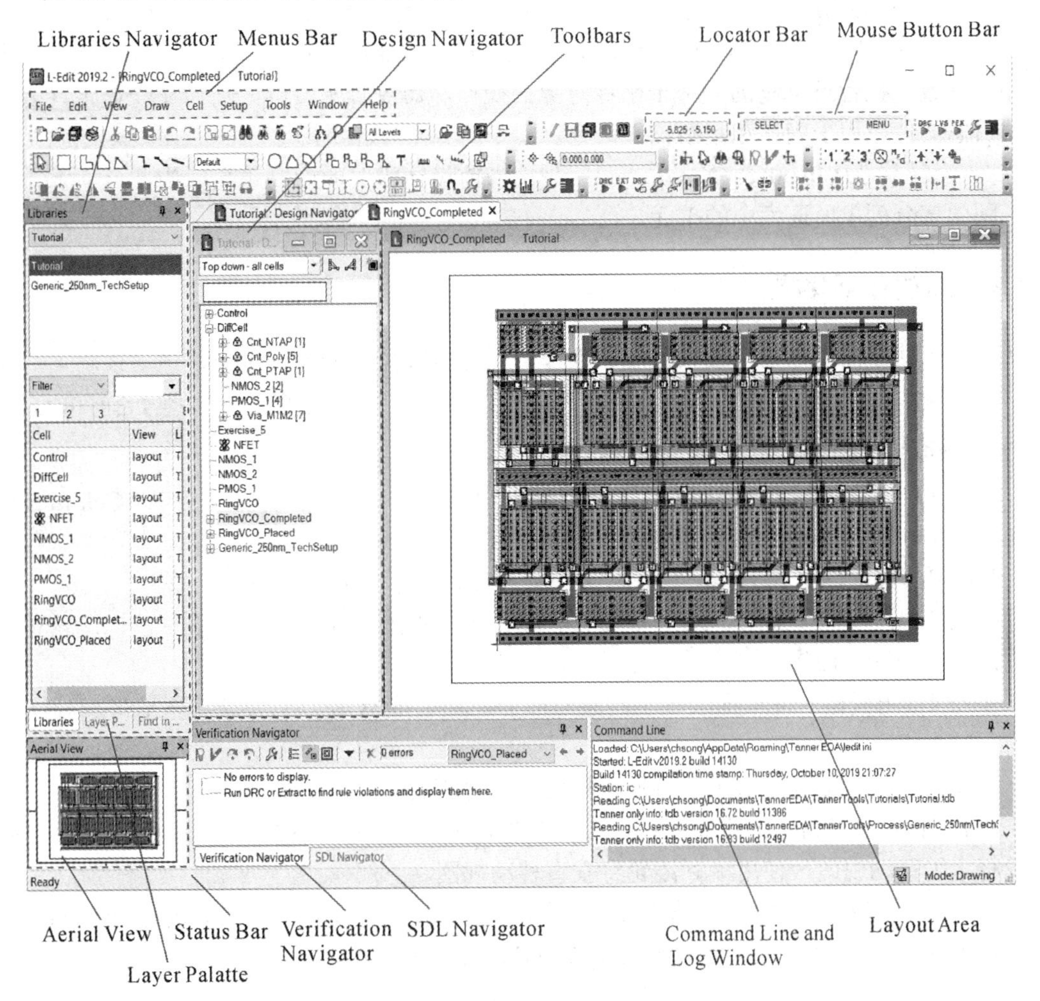

图 3.1　L-Edit 用户界面的主要内容

◇ 工具栏(**Toolbars**)：提供了各种工具来加速版图设计，可以使用 **View > Toolbars** 命令调出工具栏设置窗口单独显示或隐藏工具栏上的项目，也可以用鼠标右键单击工具栏区域中的任意位置以打开相关的菜单。

◇ 图层面板(**Layer Palette**)：显示当前版图设计中的图层。

◇ 鼠标按键栏(**Mouse Button Bar**)：显示每个鼠标按钮的当前功能。

◇ 鸟瞰图(**Aerial View**)：显示当前窗口查看到的内容相对于单元整体的位置。

◇ 设计导航器(**Design Navigator**)：以层级方式显示版图设计中的所有单元，其中包括有关父单元和子单元的信息、DRC 状态、单元是否已锁定等类似的详细信息。

◇ 定位器栏(**Locator Bar**)：在默认模式下显示鼠标指针相对于绝对原点的位置。

◇ SDL 导航器(**SDL Navigator**)：可以将网表与版图单元关联，通过导航工具可以根据网表识别出版图单元间的连接关系。

◇ 验证导航器(**Verification Navigator**)：以可滚动的树型显示当前版图单元的 DRC 规则和违规数量。

◇ 状态栏(**Status Bar**)：在两个单独的状态栏中显示与当前界面及操作相关的信息。

◇ 命令行和日志窗口(**Command Line and Log Window**)：可以以命令行模式输入指令及相关参数，执行可重复的、基于坐标对象的操作和命令脚本。同一窗口还会显示许多操作的日志文件，用于确认和重新输入命令。

◇ 库导航器(**Libraries Navigator**)：列出当前设计相关的库，顶层库为黑色文本，窗口下面的部分列出所选库中的单元。

3.1.4　缩放和平移操作

当前活动视图可以通过放大或缩小操作查看更多或更少的设计细节，也可以将当前视图移动(平移)以在当前放大倍率下查看不同位置的视图。所有视图命令仅影响当前单元。

❖ 缩放(Zoom)和平移(Pan)的步骤如下：

步骤 1：使用 **Cell > Open** 命令打开 *RingVCO_Completed* 单元，确保 **Select Cell to Edit** 对话框中选中了 *Tutorial* 库。

步骤 2：按键盘上的 **Home** 键，放大单元视图，显示单元中的所有对象。

步骤 3：使用键盘上的 + 或 − 键放大和缩小当前视图，或者使用 **Ctrl** + 鼠标滚轮实现同样的放大和缩小操作。

步骤 4：用鼠标右键单击版图上的某一部分，然后按 **W** 键，视图将缩放到完整显示所选对象的大小。

步骤 5：使用 **X** 键可以在当前视图和上一个视图之间反复切换。

步骤 6：使用键盘上的方向键可以对视图进行上、下、左、右的移动。使用 **Shift**+鼠标滚轮将水平移动视图，使用鼠标滚轮将垂直移动视图。

步骤 7：选择一个对象，并使用 **J** 和 **K** 键分别将视图移动到当前对象的左/上或右/下。

步骤 8：单击 **File > Close** 关闭 *Tutorial.tdb*，并且不保存。

3.1.5　浏览设计文件

库导航器(**Libraries Navigator**)与 **S-Edit** 中的类似。如图 3.2 所示，窗口上部的库列表列出了当前设计所关联的库(顶层库为黑色文本)，窗口下部的单元列表列出了所选库中包含的单元。

单元列表中的列可以通过多种方式进行排序和配置。单击列标题并拖动可以对单元列表进行排序，单击并拖动列标题的间隔条可以调整列标题的大小。

图 3.2　库导航器

单元列表中的筛选菜单有两种工作方式：一种方式是首先在筛选选项右侧的文本输入框中输入字母或数字，配合前面的筛选选项可以控制单元列表仅显示包含所输入字符的对象；另一种方式是根据单元在层次设计中的结构筛选出相应的单元显示在列表中。例如，“Descendants”选项会将当前打开的版图单元中包含的单元和实例显示在列表中。

在单元列表中单击鼠标右键，弹出的列表中可提供大多数单元和实例操作的快捷方式，包括打开、创建、保存、复制、重命名、删除和调用单元以及保留/未保留、锁定/解锁或隐藏单元。

列表中的单元将通过粗体和背景颜色显示其状态，如下所示：

• 筛选的列表(Filtered List)：筛选列表时，整个列表的背景为浅黄色。

• 保留的单元(Reserved Cells)：保留单元的行背景为浅绿色。

• 已修改的单元(Modified Cells)：已经修改但未保存的单元名将显示为粗体字。

• 隐藏的单元(Hidden Cells)：当 Show hidden cells in lists 设置为“on”时，隐藏单元的名称将显示为灰色。

• 未解决的单元(Unresolved Cells)：当引用某个单元但未在磁盘上找到该单元时，该单元的名称显示为红色。

❖ 库导航器(Libraries Navigator)的使用步骤如下：

步骤 1：使用 **File > Open** 打开设计数据库。

步骤 2：在 **OpenDesign** 对话框中，再次浏览文件夹中的 *Tutorial.tdb* 文件。

步骤 3：在 **Libraries Navigator** 的顶部选择 *Tutorial* 库和 *Generic_250nm_TechSetup*。

步骤 4：用鼠标右键单击单元列表中的 *DiffCell* 单元，然后选择 **Select Hierarchy**，此时将突出显示 *DiffCell* 的层次结构中的所有组成部分，即在 *DiffCell* 中调用的所有子级单元。

注意：带有▩标志的单元是 *T-Cells* 或参数化单元，带有蓝色框图标▣的单元是标准通孔，而带有红色框图标是自定义通孔，带有锁图标的单元是被锁定的单元。

步骤 5：单击 **Libraries Navigator** 中的 **Filter** 下拉列表并将其更改为 *Top-level*。

实例化是对另一个单元的调用，通过这种调用版图中的单元可以被重复使用，使版图设计模块化，可以更快地实现版图设计，更轻松地更新版图设计。**Top-level** 筛选将仅显示设计中所有未被实例化的单元。

注意：将 GDSII 文件导入 L-Edit 时，**Top-level** 筛选可以快速找到该设计中的顶层单元。

Leaves、Children、Parents、Descendants 和 Ancestors 选项可用于确认在版图视图中打开单元的层次结构。

- **Leaves**：过滤列表仅显示那些本身不包含任何实例的单元。
- **Children**：过滤列表仅显示当前打开单元中包含其他实例的单元。
- **Parents**：过滤列表仅显示包含当前版图单元实例的单元。
- **Descendants**：过滤列表显示在当前单元中实例化的 Children 和 Leaves，即在单元中使用的所有实例。
- **Ancestors**：过滤列表显示包含当前单元实例化的任何单元，包括所有单元，如 parents、grandparents、great-grandparents 等，即所有层次结构中位于当前单元上层的单元。

步骤 6：打开 *RingVCO_Completed* 单元并尝试使用 **Filters** 下拉列表查看单元列表中显示的内容。

注意：当单元被修改而未保存时，它将在 **Libraries Navigator** 中以粗体字母书写，并以浅红色背景显示。

下面介绍如何查看设计层次结构，并用不同方法打开一个单元。

❖ 打开一个 cell 单元的步骤如下：

步骤 1：用鼠标双击 **Libraries Navigator** 中的 *DiffCell*，在新窗口中打开。

步骤 2：按键盘上的 **F10** 键，会自动调整当前版图窗口和 **Design Navigator** 窗口到适当的位置及窗口大小。

步骤 3：用鼠标单击版图窗口右上角的 **X**，关闭 *DiffCell* 单元窗口，如图 3.3 所示。从 **Design Navigator** 窗口中双击 *DiffCell*，可再次打开版图窗口。

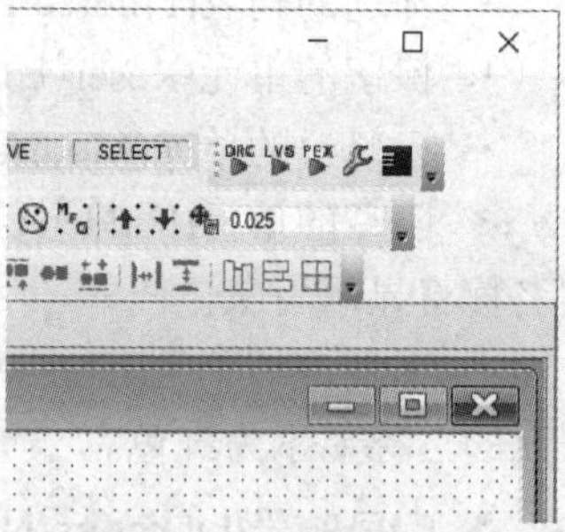

步骤 4：使用 **Cell > Open** 命令打开单元 *NMOS_2*，注意会在新的窗口中打开。

步骤 5：用鼠标单击 *NMOS_2* 单元窗口的标题栏或 *NMOS_2* 单元版图中的任何位置，会激活所选的版图窗口。

图 3.3　关闭单元窗口

步骤 6：选择 **Cell > Open** 命令并选择 *NFET* NFET 单元，会在文本窗口中显示 NMOS T-Cell 的代码。

步骤 7：选择 **File > Close** 命令关闭 T-Cell 文本窗口。

3.1.6　选择操作

通过选择对象(**Selecting Objects**)可以查看对象信息，以图形或文本方式编辑对象、移动对象。选择绘图工具栏(**Drawing Toolbar**)中的第一个工具，一次可以选择多个对象，如图 3.4 所示。

图 3.4 绘图工具栏的选择操作

注意：在选择模式下，可以选择对象和边，还可以使用鼠标右键在任何其他绘图模式下选择对象和边。

如果多个对象彼此重叠，则可以通过继续用鼠标右键单击对象而不移动鼠标来循环选择特定对象。它将在每次单击后选择下一个对象，单次循环中的最后一次单击将不选择任何对象，继续单击后将开始循环重复。

注意：当循环选择时，最好观察一下应用程序主窗口左下方的状态栏，以查看当前在循环中选择的对象。

L-Edit 中的常用选择命令如表 3.1 所示。

表 3.1 L-Edit 中的常用选择命令表

全选	Ctrl + A	全选	Ctrl + A
取消全选	Alt + A		Ctrl + (RMB) SEL EDGES / MOVE / SEL EDGES
添加选择	Shift + (RMB) EXTEND SL / MOVE / EXTEND SL		
减少选择	Alt + (RMB) MOVE / MOVE / DESELECT	添加边	Ctrl + Shift + (RMB) EXTEND SL / MOVE / EXT SL ED
选择边		移除边	Ctrl + Alt + (RMB) MOVE / MOVE / DESEL EDG

注意：

① 按下 **Esc** 键将取消绘图或编辑操作，再次按下 **Esc** 键将切换到选择工具。

② 默认情况下，所选对象轮廓显示为黑色。使用 **Setup > Layers** 命令(**"Rendering"**选项卡)更改选定对象在特定图层上的显示方式。

❖ **现在练习选择单个和多个绘制对象，以便对其进行编辑。**

步骤 1：关闭所有先前打开的单元版图窗口。

步骤 2：选择 *Tutorial* 库并打开单元 *Exercise_5*。

步骤 3：将鼠标光标放在绿色方框内。

步骤 4：用鼠标右键单击选择该方框。

步骤 5：按住 **Shift** 键并在红色方框上单击鼠标右键，将该方框添加到选择中，确保鼠标点选位置不是红色和紫色方框重叠处。在 L-Edit 窗口左下方的状态栏中应该可以看到 **Selections：2 boxes**。

步骤 6：按住鼠标中键并拖动所选对象移动一小段距离。选择多个对象时，旋转(**Rotate**)、翻转(**Flip**)、切割(**Slice**)、移动(**Move By**)等编辑操作将影响所有选定对象。

步骤 7：单击版图中的任意位置以取消选择(**Deselect**)所选对象，练习多个边的选择和编辑操作。

步骤 8：按住 **Ctrl** 键并使用鼠标右键，单击并拖动绿色框的顶部中心，向右下方拖动以包含整个紫色框，当指针到达红色框的右下角时松开，如图 3.5 所示。

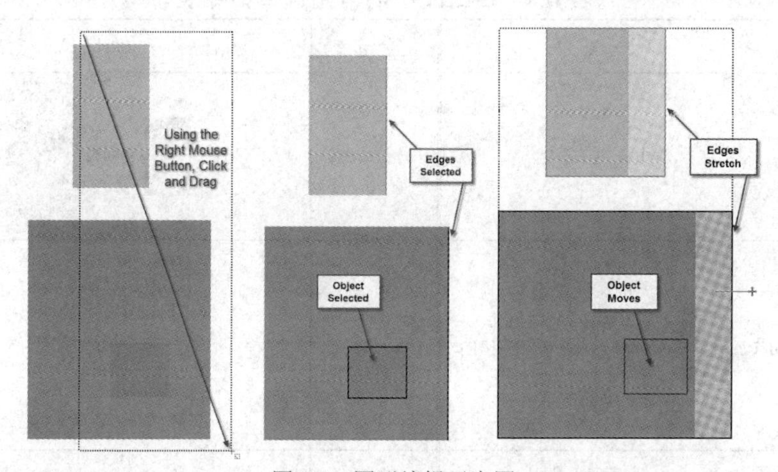

图 3.5　图形编辑示意图

步骤 9：如图 3.5 所示，应该已经有两条边和一个方框被选中。再按住鼠标中键并向右侧移动，以延伸两条边及移动紫色方框。在所有图形以外的空白处单击以取消选择。当需要拉伸 MOSFETs 栅极为更多的接触点腾出空间时，这项操作非常有用。

步骤 10：用鼠标右键单击绘图工具栏(**Drawing Toolbar**)并选择所有角度和曲线(**All Angle and Curves**)，可以在工具栏上显示圆形、饼形和环形绘图工具，如图 3.6 所示。

图 3.6　在工具栏上显示圆形，饼形和圆环形状

步骤 11：选择红色和绿色框的右侧，如图 3.7 所示。

步骤 12：要选择多个边，按住 **Ctrl** 键并单击鼠标右键，选择第一个边。

步骤 13：按住 **Ctrl + Shift** 键并单击鼠标右键，选择下一个边。

步骤 14：选择 **Draw > Move By**，将水平方向的边移动 5 u，如图 3.8 所示。这将使所选对象从其当前位置向右延伸 5 u。

图 3.7　同时选定多个边

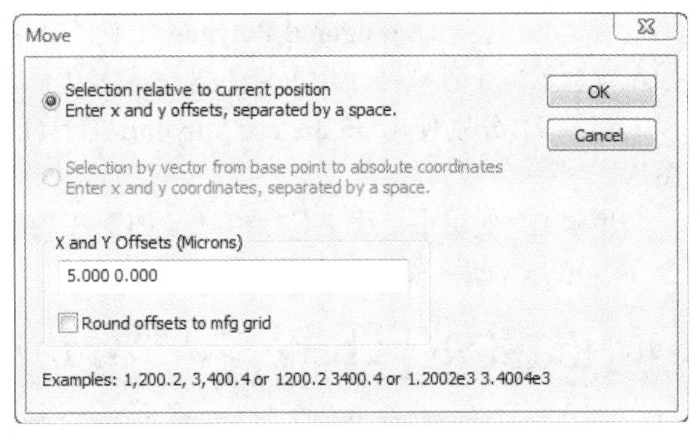

图 3.8　延伸边示意图

3.1.7　绘图和编辑操作

使用 L-Edit 可以快速直接绘制出多种样式的图形，点击 **View > Toolbars** 并选中绘图复选框以打开绘图工具栏(**Drawing Toolbars**)，如图 3.9 所示。

图 3.9　绘图工具栏

默认情况下，L-Edit 以所有角度(**All Angle**)模式启动。可以通过将 **Setup > Application - General** 选项卡内 **Toolbars** 中 **Drawingmode** 的选项更改至 **All Angle & Curves** 模式来实现，也可以通过鼠标右键单击 **Drawing Toolbar** 并在弹出菜单底部勾选 **All Angle Curves** 的方式来实现。在 **All Angle** 模式下，无法绘制曲线图形。在 **All Angle & Curves** 模式下，可以绘制曲线图形以及将直线边转换为曲线。

❖ 绘制对象的步骤如下：

步骤 1：单击 **Cell > New** 以打开 **Create New Cell** 对话框。

步骤 2：键入单元名称为 *_Temp*，然后按 **OK** 按钮。

步骤 3：在 **Layer Palette** 中选择 *Poly* 图层，如图 3.10 所示。

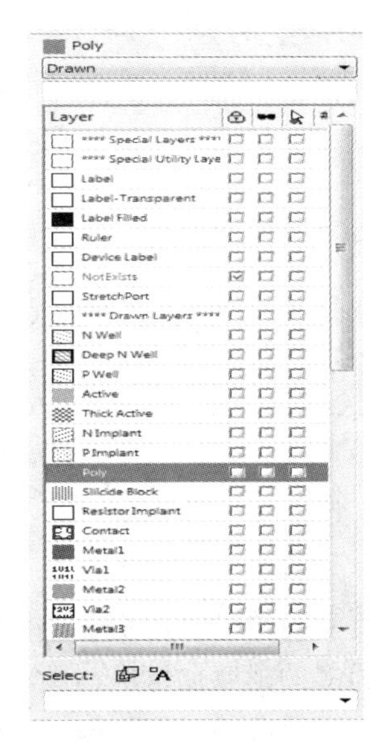

图 3.10　图层面板

步骤 4：单击 **Drawing Toolbar** 的框图标，选择 **Box Drawing tool**，如图 3.11 所示。

图 3.11　绘图工具栏中的框绘图工具

步骤 5：使用鼠标左键绘制任意大小的方框，然后拖动。

注意：要打开鼠标工具提示，使用 **Setup > Application - Mouse** 选项卡(或双击 **Mouse button Bar** 命令栏的 **Draw**)，然后将 **Mouse Function tool tips** 下面的 **Show under mouse pointer** 勾选，并选择 **Both Text and Pictures**。这可以帮助新用户更快地学习鼠标不同的功能。

步骤 6：选择 **Orthogonal Polygon** 工具( )并绘制正交多边形。要绘制多边形，使用鼠标左键放置每个顶点并使用鼠标右键完成多边形。

步骤 7：分别使用 **45 degree polygon** 工具( )和 **all-angle polygon** 工具( )绘制一个图形。

步骤 8：使用正交线工具绘制线，如图 3.12 所示。要绘制线，可点击鼠标左键放置每个顶点并点击鼠标右键来结束线的绘制。

图 3.12　正交线工具

注意：每个图层的默认线宽在 **Setup > Layers - General** 选项卡中定义。

步骤 9：使用 **45 degree wire** 工具( )绘制另一根线，并使用下拉列表( )为要绘制的线选择不同的线宽(选择 **other...**选项，并键入宽度为 2)。这将覆盖默认的线宽。绘制完成图形如图 3.13 所示。

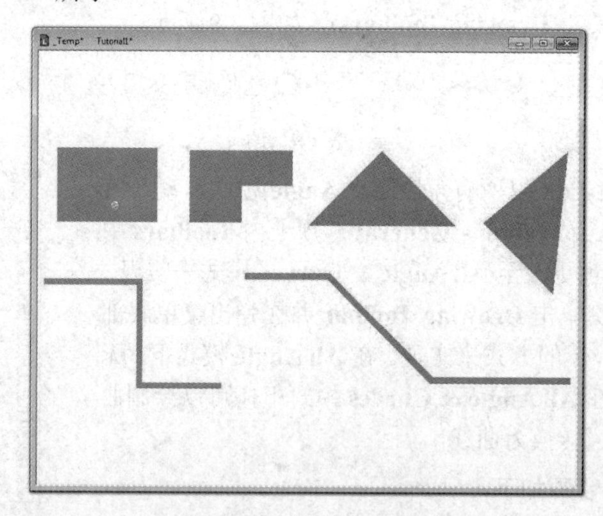

图 3.13　绘制完成图形

注意：按下 **Esc** 键可用于中止绘图操作并返回选择模式( )。

对象可以用键盘或鼠标以图形方式编辑，例如移动、调整大小、重塑对象、扩展边界、为多边形添加端点、画线、旋转、切割、合并或挖孔等。

这些功能在 **Draw** 菜单中可以找到，也可以使用 **Editing toolbar** 中的工具按钮来编辑所选对象，如图 3.14 所示。

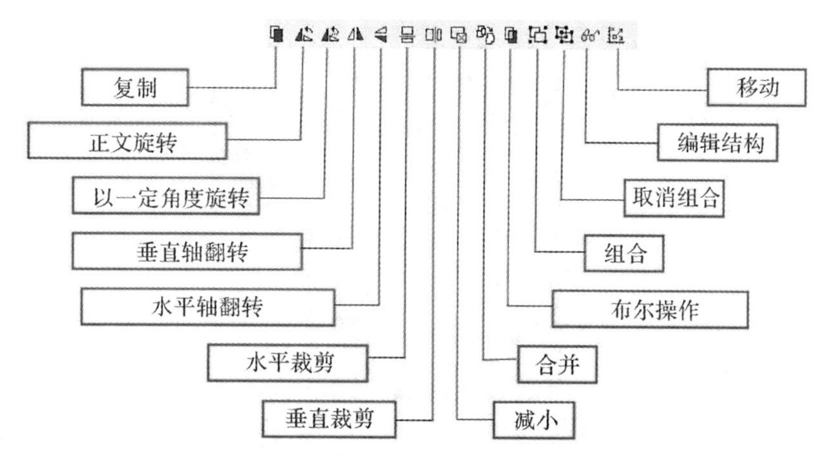

图 3.14　绘图菜单功能

注意：只有在当前单元中选择了一个或多个对象时，才可以启用“编辑”工具栏中的图标。

❖ **编辑对象的步骤如下：**

步骤 1：用鼠标右键单击上一个练习中绘制的正交多边形，选中此图形。

当鼠标光标位于所选对象的内部或外部时，中键可用于移动对象。对于双键鼠标，可以通过按住 **Alt** 键并使用鼠标左键来模拟鼠标中键；对于带有滚轮的双键鼠标，可以将滚轮按下作为鼠标中键来使用。

步骤 2：将鼠标光标放在所选多边形内，使用中键拖动并移动，如图 3.15 所示。

当鼠标光标位于对象的边上或附近时，拖动鼠标中键将拉伸该对象的边。

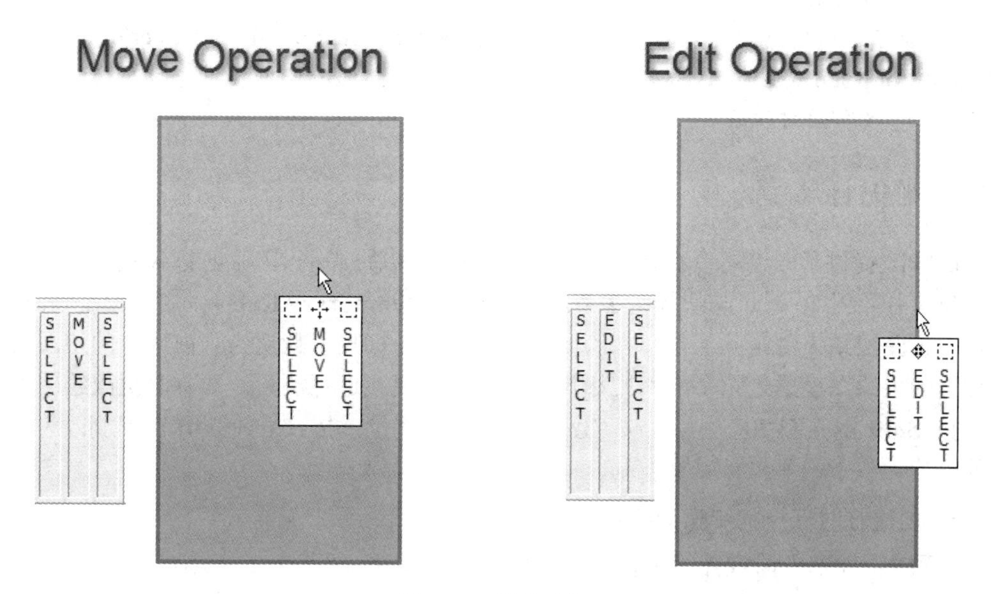

图 3.15　移动对象

步骤 3：将鼠标光标放在所选多边形的边上(直到看到鼠标按钮状态栏指示编辑 **Edit** 而不是移动 **Move**)，并使用中键拉伸它，如图 3.16 所示。

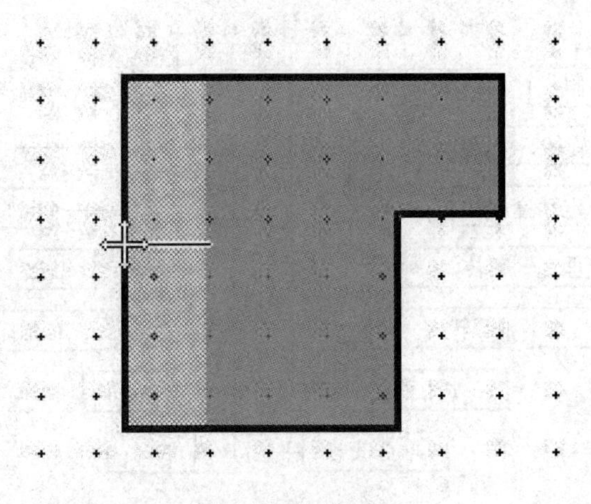

图 3.16　拉伸对象

步骤 4：选择任何对象，然后单击 **Editing toolbar** 的 **Rotate** 图标( )，将以逆时针方向将对象旋转 90 度。

步骤 5：与步骤 4 类似，使用 **flip** 图标 之一翻转对象。

步骤 6：选择对象并尝试 **Editing toolbar** 中的其他功能。

L-Edit 能够进行隐式对象选择。如果未选择任何对象，在某一对象上按住鼠标中键将会进行移动操作；如果指针靠近对象的边(在选择范围内)，按住鼠标中键将开始编辑或拉伸操作。由此可见，编辑图形时不必显式选择对象或边，因此可以简化编辑过程，加速版图开发。

注意：① 隐式选择由在 **Setup > Design - Selection** 选项卡中为“选择范围”和“取消选择范围”设置的值控制。

② 当在“选择范围”内时，可以通过设置 **Setup > Application - Selection** 选项卡上的 **Highlight implicit selections** 来显示隐式选择，从而使 **L-Edit** 突出隐式显示对象，还可以在此选项卡上关闭隐式选择。

3.1.8 临时标尺

L-Edit 提供了一个可以在任何绘图模式下使用的临时标尺。临时标尺被激活时从光标所在位置开始测量。通过按快捷键 **T** 或选择 **Draw > Temporary Ruler** 以启动绘制临时标尺，点击鼠标左键结束测量并保留正在绘制标尺的显示。标尺将默认为当前选定的绘图模式。例如，如果绘图模式是正交的，则标尺也将按正交模式进行测量。要临时更改绘图模式，可以按 **Shift** 键强制 90° 测量，按 **Ctrl** 键强制 45° 测量，按 **Ctrl+Shift** 键强制改为任意角度的测量。

❖ **创建临时标尺的步骤如下：**

步骤 1：关闭先前打开的所有版图窗口。

步骤 2：选择 *Tutorial* 库并打开单元 *_Temp*。

步骤 3：使用临时标尺(使用快捷键 **T**)测量最左侧框的上边和左边，如图 3.17 所示。

步骤 4：接下来测量 45° 三角形的左边和底边。

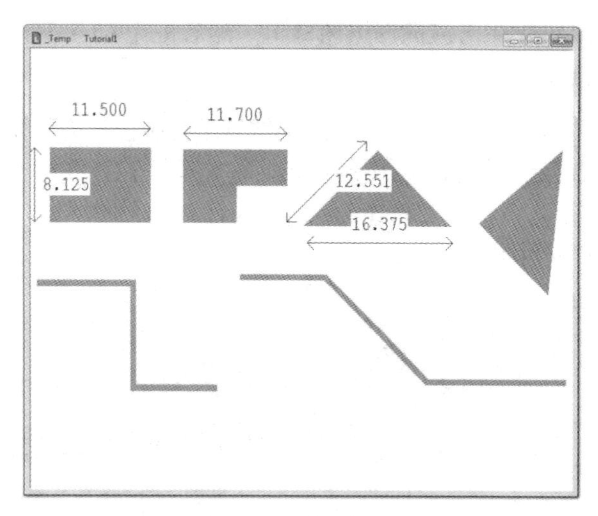

图 3.17　临时标尺

步骤 5：使用 **Verification Navigator** 工具栏上的 **Toggle Markers**( )按钮可以在打开和关闭临时标尺间反复切换。

步骤 6：要删除临时标尺，点击 **Verification Navigator** 工具栏上的清除标记按钮(Clear markers button)( )即可。

3.1.9　查看版图

1. 显示和隐藏对象

L-Edit 在版图设计中可以显示或隐藏特定类型的图形。当某种图形隐藏时，L-Edit 会在 **Drawing toolbar** 上对应的图形图标 处以阴影覆盖的方式来表示隐藏状态；隐藏图形时，该种类图形将无法绘制、选择、编辑、移动或删除。

要显示或隐藏某种图形，可以使用 **View > Objects** 下的菜单针对每种图形进行单独的勾选或取消勾选，也可以通过右键点击工具栏中对应的图形图标并勾选或取消勾选 Show 的方式来实现，还可以通过鼠标中键点击工具栏中对应的图形图标来实现隐藏或显示。

❖ 现在将练习显示/隐藏上一个练习中绘制的对象。

步骤 1：保持 **_Temp** 单元打开。

步骤 2：用鼠标右键单击 **Boxtool**( )并取消选中 **Show** 选项，将隐藏当前版图中绘制的所有方框图形。通过将鼠标光标放在所需 **Drawing toolbar** 图标上并单击鼠标中键，可以切换特定对象的隐藏状态。

步骤 3：用鼠标中键单击正交多边形工具( )，将隐藏当前版图中绘制的所有多边形。

注意：当绘制工具如正交多边形(**Orthogonal Polygon**)、45 度多边形(**45-Degree Polygon**)、任意角度多边形(**All Angle Polygon**)、饼形(**Pie Wedge**)和环形(**Torus**)组合在一起时，只要用鼠标中键单击其中一个工具图标，将会显示/隐藏该组中的所有工具。

步骤 4：通过鼠标右键单击任意一个绘图工具按钮并选择 **Show All** 选项来显示所有图形。当显示所有图形时，如果需要隐藏除某一特定图形之外的所有其他图形，则将鼠标指

针移动到 **Drawing toolbar** 中对应的图形图标上，然后按住 **Ctrl** 键并单击鼠标中键。

2. 显示和隐藏图层

在任何时候都可以通过显示或隐藏选定图层以进行版图检查。隐藏某些层可以让用户更清楚地查看特定层的连接信息。当图层隐藏时，将无法在该图层上进行绘制。

要显示和隐藏图层，可以使用 **Setup > Layers** 针对每个图层做分别设定。**LayerPalette** 及其主要内容如图 3.18 所示。

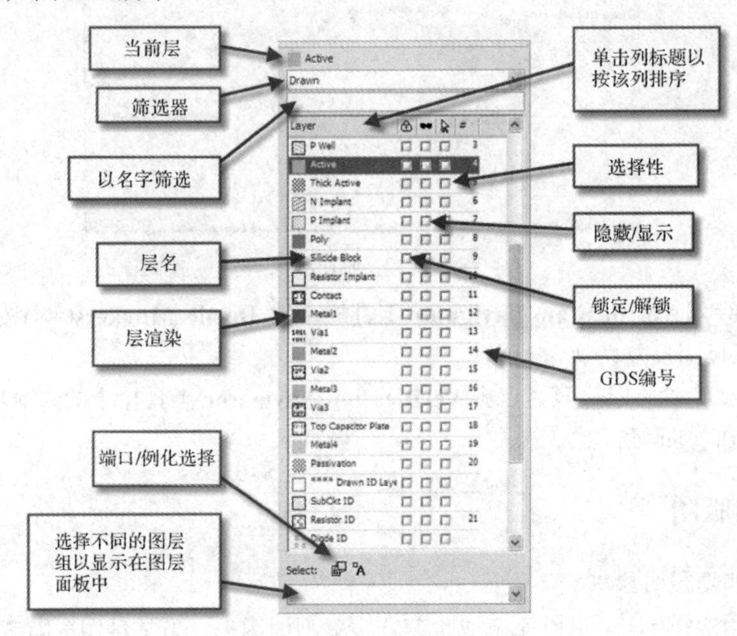

图 3.18　图层面板示意图

❖ **现在练习显示/隐藏在上一练习中绘制的对象。**

步骤 1：在 *Tutorial.tdb* 中打开控制单元。

步骤 2：用鼠标右键单击 **LayerPalette** 中的 *Metal1* 图层，然后选中 **Hide > Hide all but "Metal1"** 选项，将会隐藏当前版图单元所有层次结构中除"**Metal1**"之外其他图层上的所有几何图形。

步骤 3：用鼠标中键单击图层面板中 *Poly* 图层，将会显示当前版图单元中 *Poly* 图层上的所有图形，此时 **Metal1** 仍然显示(因为在第 2 步中显示了该图层)。还可以通过选中或取消选中 **Layer Palette** 中各个图层的隐藏图标(**Hidden**)(■■)来显示或隐藏该图层。

注意：当某一图层隐藏时，图层面板中该图层名称将以灰色填充。

步骤 4：通过鼠标右键单击任一图层并选择 **Show > ShowAll** 选项，将显示所有图层上的图形。可以一次在多个图层上执行 **Show/Hide** 操作。

步骤 5：将图层面板(**Layer Palette**)的过滤菜单切换为 **In Use in Cell + Hierarchy**。

步骤 6：单击图层名称的列标题，将按字母顺序对图层进行排序，如图 3.19 所示。

步骤 7：在 **Layer Palette** 中，选择 *Active* 层。

步骤 8：按住 **Shift** 键并选择 *Metal3_keepout* 图层。

步骤 9：用鼠标右键单击所选图层，然后选择 **Hide > Hide Selected** 选项，如图 3.20 所示。

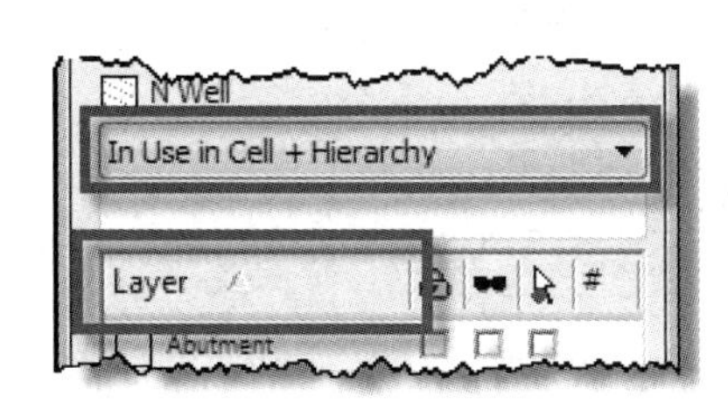

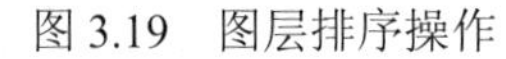
图 3.19 图层排序操作

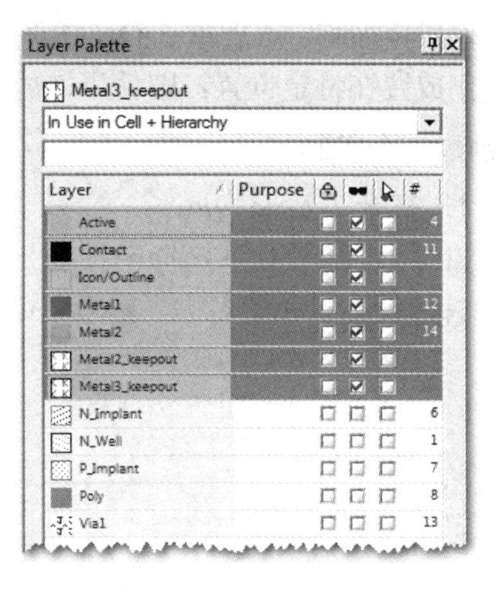

图 3.20 图层显示/隐藏

步骤 10：用鼠标右键单击任一图层，然后选择 **Show > ShowAll**。

注意：按下 **Ctrl** 键，用鼠标中键单击某一图层名称，将显示/隐藏除选中图层之外的所有图层。

3.1.10 例化单元

Instance 是指版图单元以特定方向和位置放置在其他单元中。实例化的单元还可以是从 T-Cell 代码生成的单元，也称为自动生成的单元。对已经实例化的单元所做的更改会自动传播到该单元的所有实例。对 T-Cell 进行的更改会导致所有自动生成的单元及其实例被标记为 **out of date**。可以使用 **Cell > Regenerate T-Cellsand Vias** 命令来更新 T-Cell 的实例。

要例化单元，可使用 **Cell > Instance** 或按快捷键 **I**，或单击绘图工具栏中的 **Instance** 按钮( )以打开 **Select Cell to Instance** 对话框，如图 3.21 所示。还可以将库导航器中的单元直接拖放到当前版图窗口中。

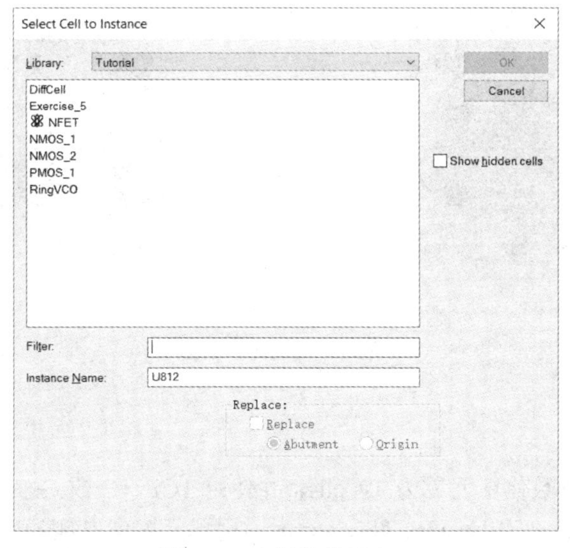

图 3.21 实例化单元窗口

为实例指定名称，然后单击 **OK** 按钮，将在屏幕中间创建具有先前参数的新实例单元。若要将实例放置在特定位置，则使用拖放功能。

❖ **创建一个实例。**

步骤 1：打开 *Tutorial.tdb*。

步骤 2：通过调用 **Cell > New ...**或按快捷键 **N**，创建一个名为 cell0 的新单元。

步骤 3：修改 cell0 的名称，然后单击 **OK** 按钮，如图 3.22 所示。

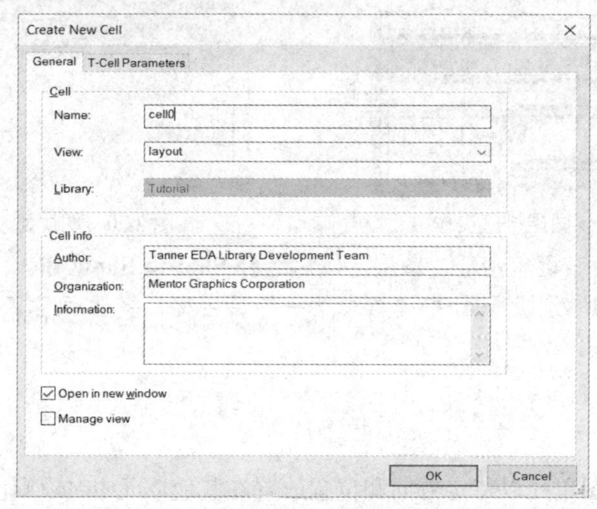

图 3.22　创建实例

步骤 4：通过鼠标拖放将 *NMOS_1* 的一个实例摆放到新的 cell0 中。

步骤 5：使用前面介绍的方法再建一个 *NMOS_1* 实例，然后按 **Home** 键，如图 3.23 所示。

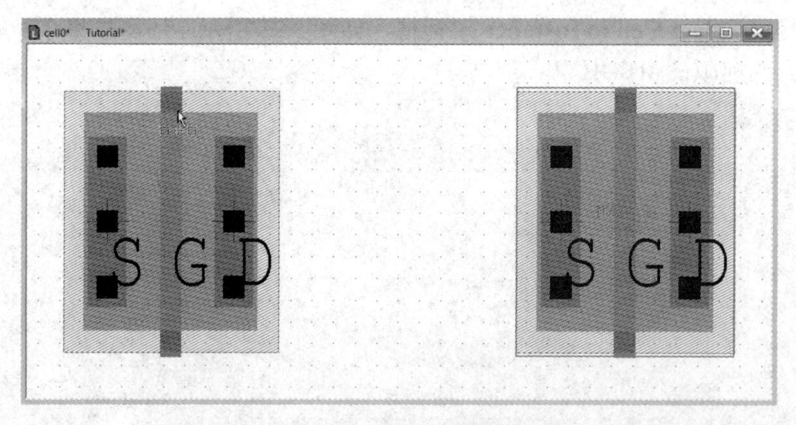

图 3.23　实例操作示意

3.1.11　T-Cells

Tanner L-Edit 的参数化单元称为 T-Cells，并使用 TCL、C 或 C++ 编写的代码来创建自定义单元结构。T-Cells 在 **Libraries Navigator** 中用单元名称左侧的图标表示(尚未加载的单元在加载之前不会显示图标)。使用 T-Cells 可以让用户快速完成单元版图设计。T-Cells

的实例化与上一节中提到的版图单元实例化相同。当实例化 T-Cells 时，会首先弹出参数化单元的参数输入窗口以供用户输入该实例的特定参数。要编辑已实例化的 T-Cell 参数，选择该实例后通过 **Edit > Edit Object(s)(Ctrl + E)**弹出如图 3.24 所示的对话框，进入 **T-Cell Parameters** 选项卡即可。用鼠标双击 **Libraries Navigator** 中的 T-Cell 单元名称，将打开 T-Cell 代码，而不是版图单元的版图视图。

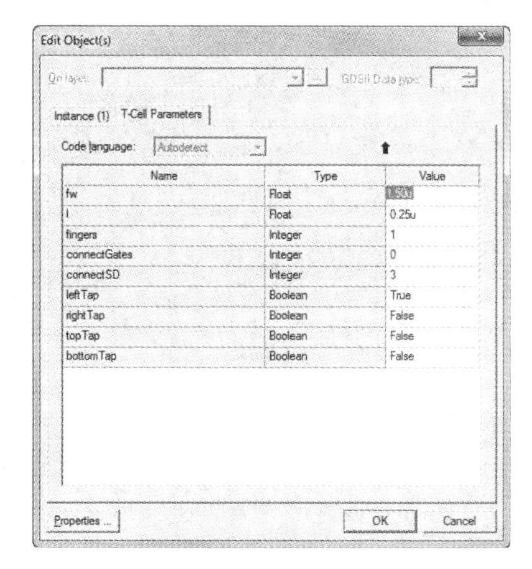

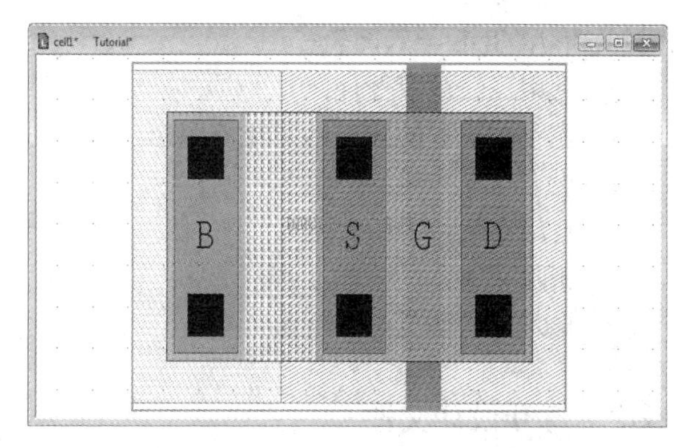


```
/*****************************************************************************
 * Cell Name: NFET
 * Creator  : Application Engineering Group
 *
 * Revision History:
 * 26 Sep 2002 Generated by L-Edit
 *****************************************************************************/
module NFET_code
{
#include <stdlib.h>
#include <math.h>
#include <string.h>
#include <stdio.h>
#include "ldata.h"

/* Begin -- Remove this block if you are not using L-Comp. */
#include "lcomp.h"
/* End */

   /* TODO: Put local functions here. */

   LCoord GetDimension( LDrcRuleType rule, char *layer1, char *layer2 )
   {
      LDesignRuleParam DrcParam;
      LDrcRule DrcRule = LDrcRule_Find( LC_CurrentFile, rule, layer1, layer2 );
      if ( ! DrcRule )
      {
         char *ruletype;
```

图 3.24　T-Cell 代码编辑与操作结果

3.2　L-Edit 原理图驱动的版图设计入门

3.2.1　功能及内容介绍

原理图驱动版图设计(SDL)是 L-Edit 的附加工具之一。其功能是在读取包含实例和连接关系的网表后，将原理图中的实例转换为版图中的对应单元，并根据连接关系创建飞线，再利用垂直/水平的走线和通孔自动布线以连接各个器件和输入/输出端口。当使用 SDL 生成子电路和器件的版图时，L-Edit 会在实例或连线被移动时更新飞线。使用 SDL 导入网表时会根据网表中器件的名称在版图中找到相同名称的单元来进行版图的实例化。匹配 T-Cell 名称的器件会使用其网表中的参数在版图中生成对应尺寸的器件。

本节包括以下内容：

- 打开设计文件；
- 设置 SDL 的单元模块；
- 利用 SDL 导入网表；
- 利用飞线放置器件；
- 在手动放置的线上标记几何图形；
- 设置自动布线；
- 自动布线；
- 删除布线；
- 导入工程变更单(ECO)。

3.2.2　打开设计文件

打开图 3.25 所示的设计库，点击 **File>Open** 找到 Tutorials 文件夹中的 *Tutorial.tdb* 或 *OA\lib.defs* 文件(OpenAccess 格式库)并打开。Tutorials 文件夹的默认路径是 *My Documents\TannerEDA\TannerTools_v20XX.X\Tutorials*。

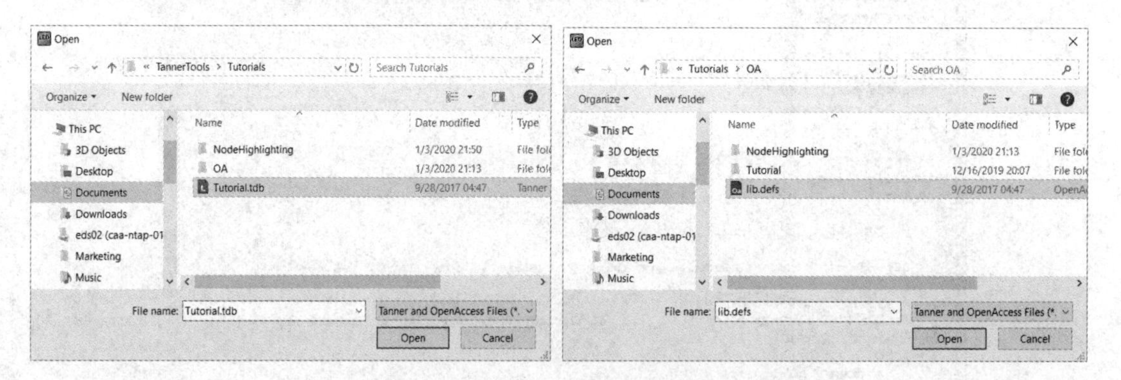

图 3.25　打开 Tutorial 设计库

此项目文件包含一个叫作 *RingVCO* 的设计文件，设计文件中有名为 *NMOS_1*，*NMOS_2* 和 *PMOS_1* 的单元电路。此外，该设计文件包含名为 *Control* 和 *DiffCell* 的单元模块。

OpenAccess：如果想获得多用户支持或需要使用代工厂提供的 OpenAccess 格式 PDK(Process Design Kits)，那么 OpenAccess 格式是唯一选择。对于单用户且无需 OpenAccess 兼容的项目，TDB 是首选项。OpenAccess 数据库能够基于每个单元模块保存数据，从而可以快速保存大型数据库。TDB 是一个更紧凑的数据库格式，对于完整的数据库读写操作来说速度更快。

3.2.3　设置 SDL 的单元模块

❖ **设置 SDL 的单元模块的步骤如下：**

步骤 1：检查 *Control* 单元，评估其是否具备作为 SDL 单元模块必需的条件。

步骤 2：用鼠标双击 **Libraries Navigator** 中 *Control* 单元，打开单元模块版图。

步骤 3：网表中包含的每个器件应该都具有已定义好的版图单元，或者以 T-Cell 形式存在(在运行 SDL 之前)。网表中的器件名称必须与版图设计文件中的单元模块名称匹配，才能在 SDL 期间实例化该器件。当导入网表生成版图时，不存在或者名称不匹配的单元可以选择性生成。

步骤 4：首先检查单元模块中使用的端口。

步骤 5：使用 **Ctrl** + 鼠标中键点击方框端口图标，或者通过鼠标右键单击图标选择 **Hide all** 来隐藏除了端口外版图中的所有内容。如果使用 OpenAccess 数据库，还需要通过右键单击 **T** 图标并选择 **show** 来显示 **text labels**。

步骤 6：版图中有 7 个端口。端口 *Vdd* 和 *Gnd* 在 **Metal1** 层上，端口 *Abut* 在 **Icon/Outline** 层(OA 中在 **Error** 层)上，端口 *Vb1*、*Vb2*、*Vbias* 和 *Vtune* 在 **Metal2** 层上，可以通过 Layer Palette 查看每层端口。

步骤 7：每个 I/O 端口必须放置在布线层上，以便于 SDL 布线器连接，并且应将其放置在靠近单元版图的边缘或者方便布线的位置。如果它们彼此靠得太近，SDL 布线器可能无法连接到所有的 I/O 端口。理想情况下，端口应放置在特定的布线网格上，以便 SDL 布线器可以直接访问端口，而不必脱离网格点进行布线。

步骤 8：端口的尺寸决定连接到该端口的连线的宽度。在此示例中，所有端口都是矩形端口或文本标签。在这种情况下，较小尺寸的矩形端口将决定布线宽度。如果这个较小尺寸小于定义的最小线宽，则使用最小线宽。例如，假设 **Metal1** 和 **Metal2** 层规定的最小线宽为 0.35 u，则 *Vdd* 和 *Gnd* 将使用 1.00 u 的线宽连接，因为它们的最小尺寸为 1.00 u。同样，*Vb1*、*Vb2*、*Vbias* 和 *Vtune* 将使用 0.6 u 的线宽连接。若要将两个不同尺寸的端口连接在一起，则使用端口中的较小尺寸来定义线宽。对于 OA 文本端口，会使用布线器设置中定义的最小线宽。

步骤 9：使用 **Ctrl** + 鼠标中键点击方框端口图标，或者通过右键单击图标选择 **Show all** 来取消前面隐藏的内容。

步骤 10：接下来查看 *Control* 单元的隔离(keepout)区域。

步骤 11：通过同时选择 **Metal2_Keepout** 和 **Metal3_Keepout**，用鼠标右键单击 **Hide** > **Hide all but select**，隐藏除了选中层外的所有图层。对于 OA 设计文件，选中的层是 **Metal2：blockage** 和 **Metal3：blockage**。

步骤 12：版图设计中可以为每个布线层定义一个隔离层。隔离层定义了布线不会涉及的区域。在本示例中，布线不会通过晶体管的有源区域。

步骤 13：通过鼠标右键单击选择 **Show** > **Show all** 来显示先前隐藏的图层。

步骤 14：现在需要确认定义的通孔单元 *via cells*。

步骤 15：在 Generic_250nm_TechSetup 中已经定义了 contact cells(*Via_M1M2*、*Via_M2M3*、*Via_M3M4* 和 *Cnt_Poly*)，稍后会在布线设置中进行分配。这些连接单元用来连接不同的布

线层。

3.2.4　利用 SDL 导入网表

❖ 利用 **SDL** 导入网表的步骤如下：

步骤 1：首先检查将要导入的网表。

步骤 2：用鼠标双击 **Libraries Navigator** 中单元 *RingVCO*。

步骤 3：选择 **Tools > SDL Navigator > Show SDL Navigator** 或用鼠标右键单击绘图工具栏，选择 **Docking Views > SDL Navigator**。

步骤 4：在 **SDL Navigator** 工具栏上选择 **Load Netlist** 图标，打开 **Import Netlist** 对话框，如图 3.26 所示。

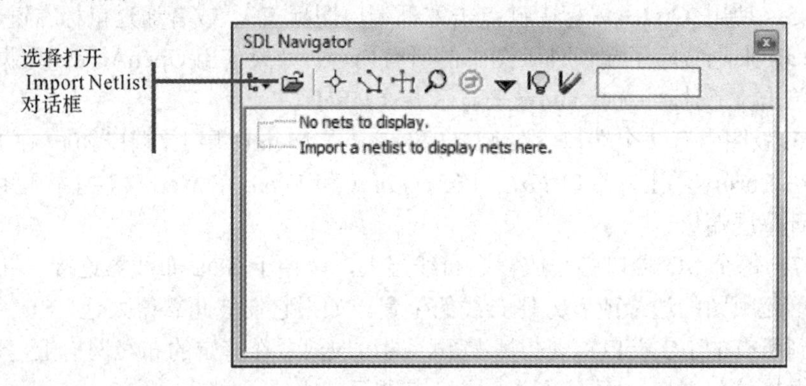

图 3.26　导入网表

步骤 5：如图 3.27 所示，点击 **Browse** 按钮，找到 *RingVCO_Testbench.sps* 文件并打开。该文件目录为*[Install Location]\TannerEDA\TannerTools_v20XX.X\Tutorials*。

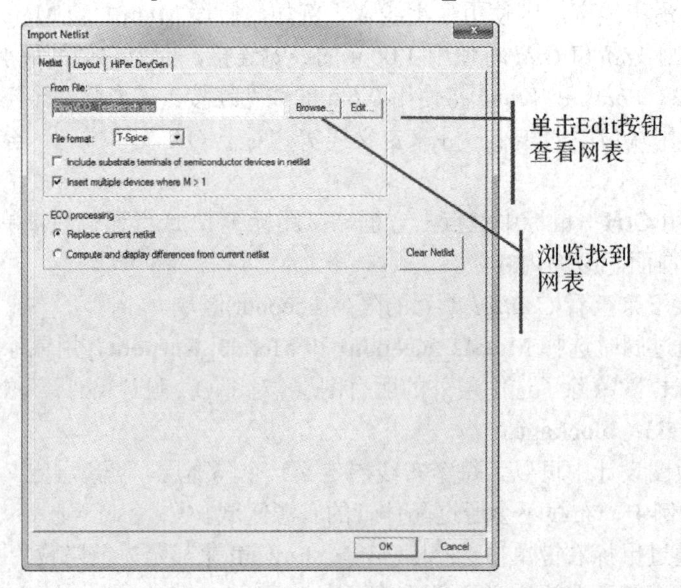

图 3.27　选择网表文件

步骤 6：单击 **Edit** 查看网表，如图 3.28 所示。滚动网表至中间部分，查看 *RingVCO* 的子电路定义。通过 SDL 功能，网表子电路内列出的器件将被实例化到 *RingVCO* 版图单元中。

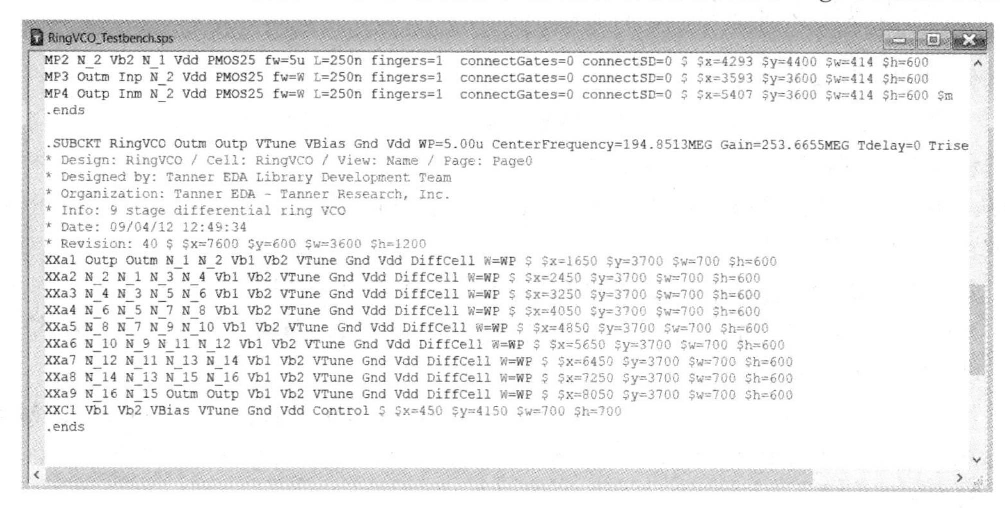

```
RingVCO_Testbench.sps
MP2 N_2 Vb2 N_1 Vdd PMOS25 fw=5u L=250n fingers=1  connectGates=0 connectSD=0 $ $x=4293 $y=4400 $w=414 $h=600
MP3 Outm Inp N_2 Vdd PMOS25 fw=W L=250n fingers=1  connectGates=0 connectSD=0 $ $x=3593 $y=3600 $w=414 $h=600
MP4 Outp Inm N_2 Vdd PMOS25 fw=W L=250n fingers=1  connectGates=0 connectSD=0 $ $x=5407 $y=3600 $w=414 $h=600 $m
.ends

.SUBCKT RingVCO Outm Outp VTune VBias Gnd Vdd WP=5.00u CenterFrequency=194.8513MEG Gain=253.6655MEG Tdelay=0 Trise
* Design: RingVCO / Cell: RingVCO / View: Name / Page: Page0
* Designed by: Tanner EDA Library Development Team
* Organization: Tanner EDA - Tanner Research, Inc.
* Info: 9 stage differential ring VCO
* Date: 09/04/12 12:49:34
* Revision: 40 $ $x=7600 $y=600 $w=3600 $h=1200
XXa1 Outp Outm N_1 N_2 Vb1 Vb2 VTune Gnd Vdd DiffCell W=WP $ $x=1650 $y=3700 $w=700 $h=600
XXa2 N_2 N_1 N_3 N_4 Vb1 Vb2 VTune Gnd Vdd DiffCell W=WP $ $x=2450 $y=3700 $w=700 $h=600
XXa3 N_4 N_3 N_5 N_6 Vb1 Vb2 VTune Gnd Vdd DiffCell W=WP $ $x=3250 $y=3700 $w=700 $h=600
XXa4 N_6 N_5 N_7 N_8 Vb1 Vb2 VTune Gnd Vdd DiffCell W=WP $ $x=4050 $y=3700 $w=700 $h=600
XXa5 N_8 N_7 N_9 N_10 Vb1 Vb2 VTune Gnd Vdd DiffCell W=WP $ $x=4850 $y=3700 $w=700 $h=600
XXa6 N_10 N_9 N_11 N_12 Vb1 Vb2 VTune Gnd Vdd DiffCell W=WP $ $x=5650 $y=3700 $w=700 $h=600
XXa7 N_12 N_11 N_13 N_14 Vb1 Vb2 VTune Gnd Vdd DiffCell W=WP $ $x=6450 $y=3700 $w=700 $h=600
XXa8 N_14 N_13 N_15 N_16 Vb1 Vb2 VTune Gnd Vdd DiffCell W=WP $ $x=7250 $y=3700 $w=700 $h=600
XXa9 N_16 N_15 Outm Outp Vb1 Vb2 VTune Gnd Vdd DiffCell W=WP $ $x=8050 $y=3700 $w=700 $h=600
XXC1 Vb1 Vb2 VBias VTune Gnd Vdd Control $ $x=450 $y=4150 $w=700 $h=700
.ends
```

图 3.28　查看网表

注意：子电路 *RingVCO* 中包含 1 个 *Control* 模块和 9 个 *DiffCell* 模块。

步骤 7：同一顶层网表内的多个模块均可以使用 SDL 功能。如果网表中的子电路名称没有与之匹配的版图单元，则改用网表中的顶层电路。

步骤 8：关闭网表窗口。

步骤 9：现在用 SDL 导入网表。

步骤 10：在 **SDL Navigator** 工具栏中再次选择 **Load Netlist** 图标，打开 **Import Netlist** 对话框。

步骤 11：选中 **layout** 选项卡，在对话框中进行如图 3.29 所示的设置。

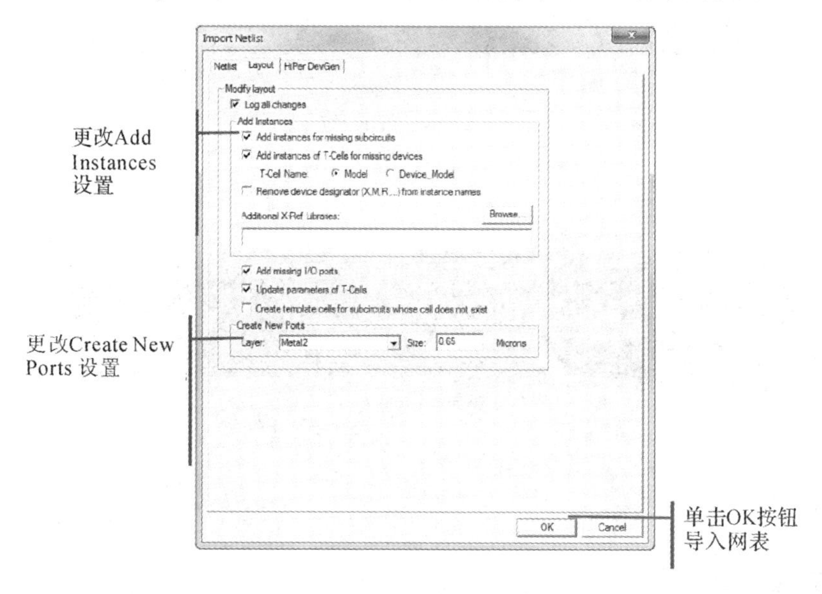

图 3.29　导入网表设置

步骤 12：单击 **OK** 按钮导入网表。

步骤 13：关闭生成的日志文件。

3.2.5　利用飞线放置器件

❖ 利用飞线放置器件。

步骤 1：飞线可以用来帮助放置版图模块，使得版图更紧凑并且优化布线。

步骤 2：根据网表中每个子电路中定义的相对位置和旋转信息，器件被自动放置在版图中(从 S-Edit 导出网表时 Exclude Instance Locations 应为 False，默认值)。子电路对应版图模块放置后，所有实例和端口都被选中。

步骤 3：**SDL Navigator** 包含版图中需要布线的所有连线的清单。

步骤 4：确保选中 *RingVCO* 版图中的所有内容，按 **Ctrl + A** 键选择全部。此处有 6 个端口和 10 个实例被选中。

步骤 5：要查看所有走线的飞线，则选择 **SDL Navigator** 工具栏上的 **Command Menu** 图标▼，然后点击 **Add Selection Flyline**。每段走线将会由不同颜色的飞线显示出来，如图 3.30 所示。

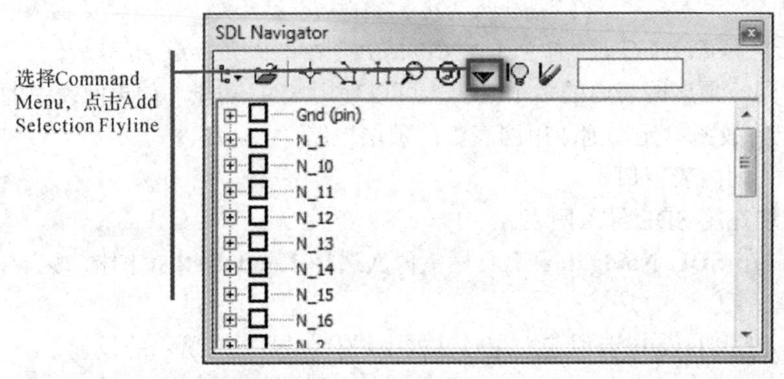

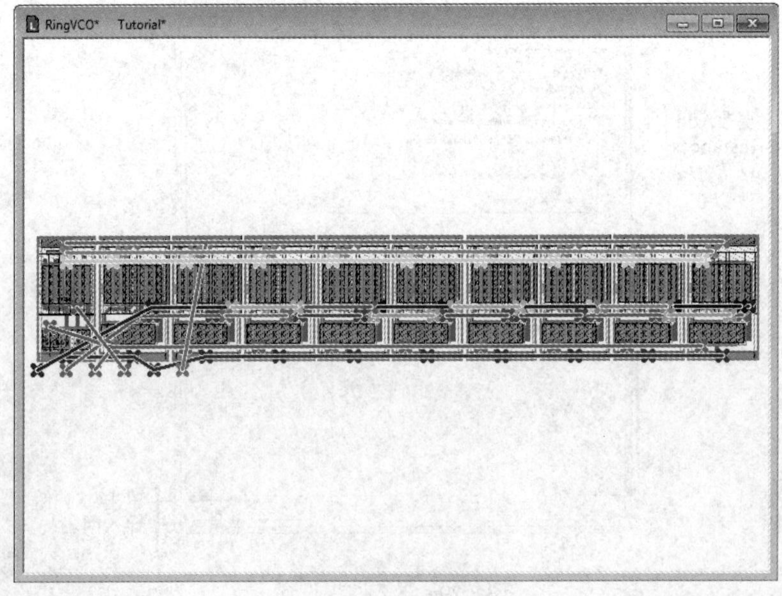

图 3.30　显示飞线

步骤 6：选择并拖动每个端口或实例以便做出最短走线距离的版图设计。飞线将根据实例和端口的挪动实时更新。

步骤 7：如果想在摆放某个单元模块的同时只关注一条或两条走线，先选择 **SDL Navigator** 工具栏上的 **Remove All Markers** 图标来清除所有飞线，再在 **SDL Navigator** 清单中选择相应的走线名称，然后点击工具栏上的 **Flyline** 图标，或者用鼠标右键单击走线名称并在弹出菜单中选择 **Flyline** 选项。

步骤 8：若显示或隐藏飞线，则选择 SDL Navigator 工具栏上的 **Toggle Markers** 图标。若清除飞线，则选择 **Remove All Markers** 图标。

步骤 9：版图单元 **RingVCO_Placed** 是摆放好模块及端口的一个例子，可供参考。

3.2.6　在手动放置的线上标记几何图形

❖ **在手动放置的线上标记几何图形，步骤如下：**

步骤 1：将端口和实例放置在版图后，关键走线可能需要手动绘制以确保走线最短，并且不会被引入 SDL 自动布线功能中。

步骤 2：双击 **Libraries Navigator** 中的单元名称打开单元 *RingVCO_Placed*。

步骤 3：在这个例子中，*Vdd* 和 *Gnd* 被认为是需要手动布线的关键走线。

步骤 4：手动布线应使用相应的走线名进行标记，以便在需要时可以分割与分段走线相关的所有几何图形。

步骤 5：在此单元中，所有实例上的 *Vdd* 重叠连接在一根 *Vdd* 导轨上。因此，需要勾选 **SDL Navigator** 中的 *Vdd* 复选框，以表明该分段走线的布线完成情况。

步骤 6：版图顶部的 *Gnd* 轨道上有一个手动绘制的图形，用以连接 *XXC1* 控制块和 *XXa9DiffCell* 块。要查看这个手动放置并标记的图形，则在 **SDL Navigator** 清单中用鼠标右键单击 *Gnd* 走线段，然后调用 **Select Net**。将光标移动到版图窗口后，可以看到有 3 个方框和 2 个通孔被选中，并使用走线名称 *Gnd* 进行标记，则可以在 L-Edit 窗口左下角的状态栏中看到当前选择内容。

步骤 7：现在我们来完成 *Gnd* 分段走线的完整布线并标记手动绘制的图形。

步骤 8：展开 **SDL Navigator** 中 *Gnd* 走线左侧的符号，查看以 *Gnd* 命名的引脚及其所属模块。注意，只有 *XXa1/Gnd* 和 *XXC1/Gnd* 是需要勾选的引脚。

步骤 9：在 **SDL Navigator** 中选择 *Gnd* 分段走线，然后点击工具栏上的 **Flyline** 图标，将会显示出一条连接顶部 *Gnd* 导轨和底部 *Gnd* 导轨的飞线。

步骤 10：在版图左侧画一条 *Metal1* 层上的宽金属(*1.00u*)，用来连接顶部导轨和底部导轨。要执行此操作，在 *Layer Palette* 中选择 *Metal1* 图层，然后在工具栏上选择绘制正交线的图标。

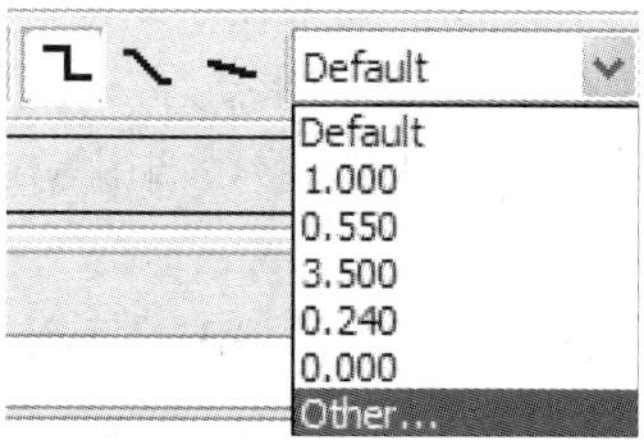

Default
Default
1.000
0.550
3.500
0.240
0.000
Other...

图 3.31　设置线宽

步骤 11：打开正交线右侧的下拉列表，设置线宽为 *1.00u*，如图 3.31 所示。

步骤 12：点击工具栏上的 **Setup Object Snap** 图标，使鼠标可以捕捉到边线中点。捕捉对象中点设置如图 3.32 所示。

步骤 13：用鼠标右键单击 **SDL Navigator** 中的 *Gnd* 选择 **Active Net**，如图 3.33 所示。或者使用鼠标中键单击 **SDL Navigator** 中的 *Gnd* 以激活该走线。走线名称的字体将变成斜体，表明走线已激活。当走线处于激活状态时，放置的所有图形都将标记为 *Gnd* 分段走线。

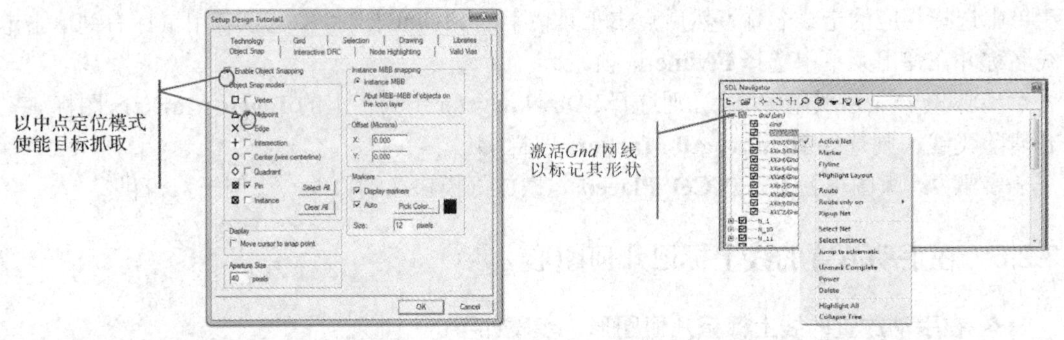
以中点定位模式
使能目标抓取
激活Gnd网线
以标记其形状

图 3.32　捕捉对象中点设置　　图 3.33　激活走线

步骤 14：手动布线，如图 3.34 所示，连接上、下 *Gnd* 导轨。

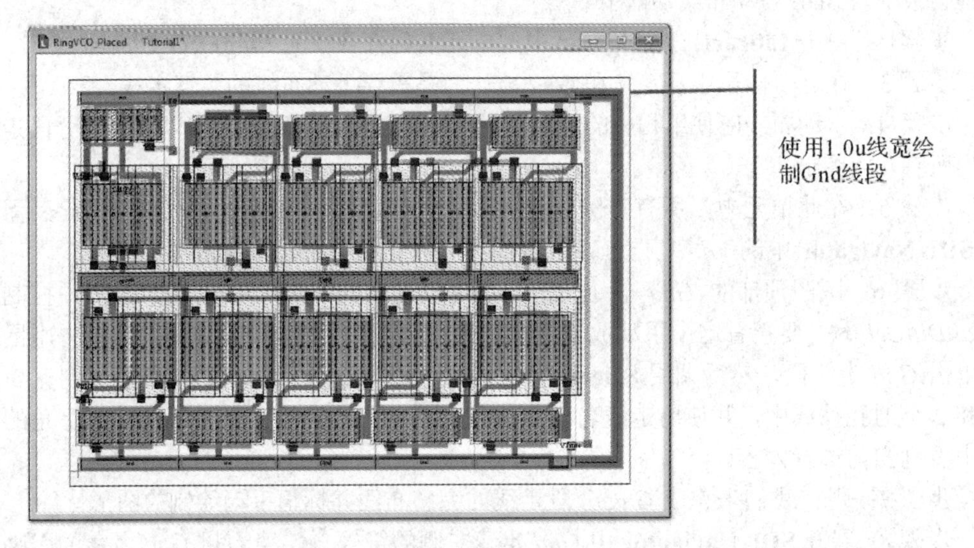
使用1.0u线宽绘
制Gnd线段

图 3.34　手动布线

步骤 15：使用鼠标中键单击 **SDL Navigator** 中的 *Gnd* 走线，取消激活走线。

步骤 16：如果在绘制某个分段走线的图形时，没有先激活走线进行标记，仍可使用走线名称标记所绘制图形。只需依照上面介绍的步骤先将对应的走线名激活，再在版图中选择要标记的图形，然后调用 **SDL Navigator** 工具栏上的 **Command Menu** 图标 选择 **Tag Selections**。

步骤 17：勾选 **SDL Navigator** 中 *Gnd* 的复选框，表明整个 *Gnd* 走线已完成。

3.2.7　设置自动布线

❖ **设置自动布线，步骤如下：**

步骤 1：首先创建布线区域，通过自动布线绘制的线都将被约束在这一区域。

步骤 2：在 **Layer Palette** 中选择 *Routing_Area* 图层，并在 L-Edit 工具栏上选中绘制方

框图形的图标□。

步骤 3：绘制一个覆盖整个版图的方框，自动布线在框中区域工作，如图 3.35 所示。

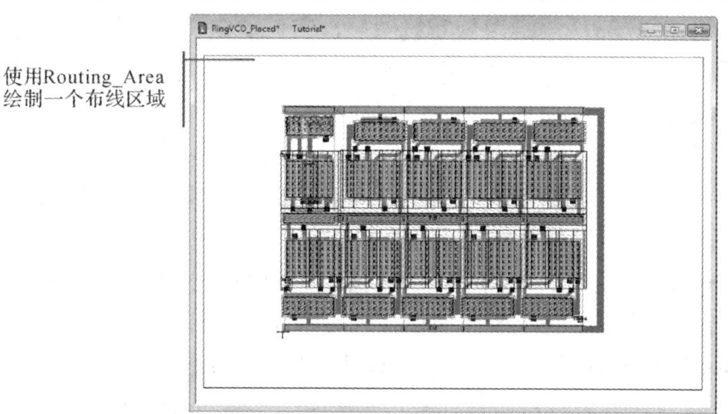

图 3.35　创建自动布线区域

步骤 4：在使用 SDL 自动布线之前，必须定义一些布线信息。

步骤 5：点击 **SDL Navigator** 工具栏上的 **Command Menu** 图标，在 **Router** 中打开 **Setup Router** 对话框。

步骤 6：在 **Setup Router** 对话框中输入如图 3.36 所示的设置。

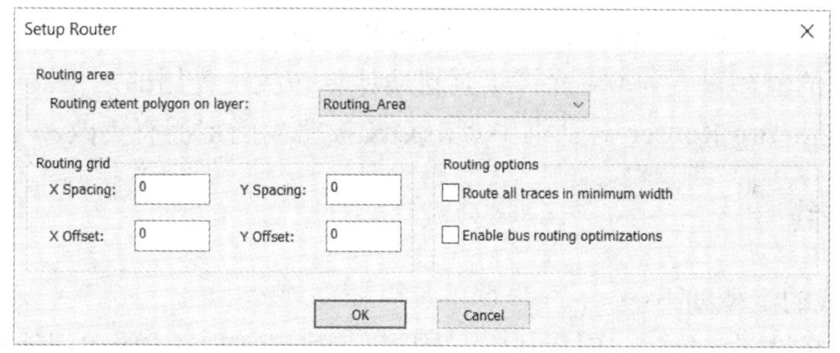

图 3.36　自动布线设置

注意：新版 L-Edit 中将布线层及连接关系定义窗口移到了 **Setup > Design** 窗口的 **Tech Layers** 选项卡中，如图 3.37 所示。

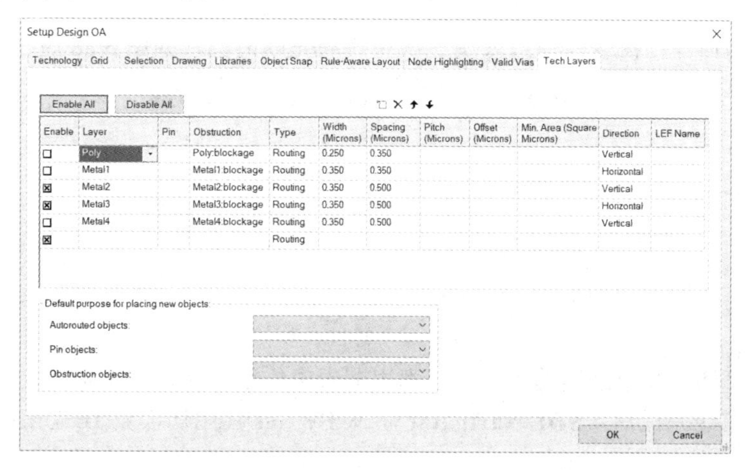

图 3.37　新版 L-Edit 中布线层及连接关系定义窗口

步骤7：此例中在*Metal2*和*Metal3*层上布线，这可以通过**Setup Router**对话框中的**Route**复选框看到。第一个布线层通常用于在水平方向上布线，第二个布线层则在垂直方向上布线。

步骤8：*Poly*和*Metal1*层不用做布线图层，它们的定义只是用来明确布线中如何连接到该层，主要用于定义使用哪种通孔连接到该层上的端口。

步骤9：**Width** 用于定义该图层上的最小线宽。如前面所述，端口框的大小将决定布线的实际宽度。如果连接到的是点端口，则使用此对话框中设定的线宽；如果连接到线端口，则使用线端口的宽度，除非线端口小于此对话框中的线宽；如果连接到方框端口时，则使用框端口的较小尺寸，除非该尺寸小于此对话框中的线宽。

步骤10：**Spacing** 定义了该图层上的不同对象间的最小间距。自动布线绘制时也将与同层上的其他对象保持相应的距离，该设置只对当前层次结构有效。

步骤11：**Keepout layer**用来定义特定布线层的禁止布线区域。在本例中，*Metal2_Keepout*和*Metal3_Keepout*绘制在较低层级单元中，并覆盖晶体管的有源区。这样，布线时相应的金属层就不会越过晶体管有源区。

步骤12：**Via cell** 定义了布线需要从当前层转换到下一层时使用的通孔单元。最后一个布线层不需要定义通孔单元，因为它没有需要连接的后续层。

步骤13：**Routing extent polygon on layer** 定义了标识允许自动布线区域的层。此处选择了之前创建的*Routing_Area*图层。

步骤14：**X Spacing**、**Y Spacing**、**X Offset**和**Y Offset**都用来定义布线的自定义网格。在本例中，所有的值都设置为0，允许工具自动计算布线中使用的网格。

步骤15：在**Setup Router**对话框中点击**OK**按钮，确定所有更改。

3.2.8 自动布线

❖ 自动布线的步骤如下：

步骤1：布线设置完成后，SDL 自动布线将可用于尚未完成的单根连线或所有连线的布线。

步骤2：在单元*RingVCO_Placed*中点击**SDL Navigator**中的**Route All**图标，自动完成剩余布线。自动布线不会涉及清单中已经勾选的走线。

步骤3：随后弹出的警告窗口表明此次布线的完成情况，如图3.38所示。

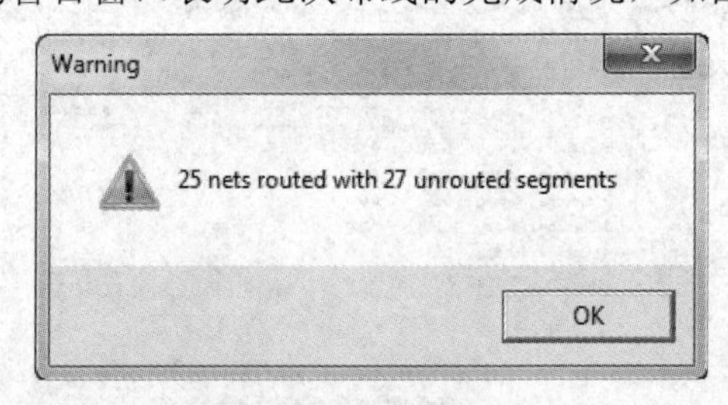
Warning
25 nets routed with 27 unrouted segments
OK

图3.38　警告示意

步骤4：自动布线中创建的所有走线都用网表中的走线名进行了标注。

步骤5：布线完成后，**SDL Navigator** 将从 **By Net** 视图切换到 **By Unrouted Segment** 视图。

步骤 6：切换到 **By Net** 视图，每个走线名称前都会有布线完成或失败的标注。要切换 **SDL Navigator** 视图，则点击 **Netlist view** 图标，然后选择 **By Net**、**By Instance** 或 **By Unrouted Segment**。已完成的走线标记为 ✔，未完成的标记为 ✕。

步骤 7：确保 **SDL Navigator** 已切换回 **By Unrouted Segment** 视图。

步骤 8：展开 **SDL Navigator** 中 *Outp* 走线段左侧的符号 ⊞，查看无法完成布线的走线的坐标，如图 3.39 所示。

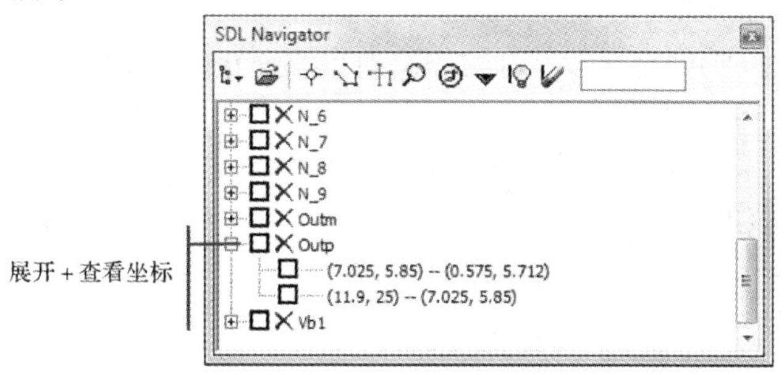

图 3.39　未被布线的连线坐标

步骤 9：单击版图窗口空白处，取消全选的所有布线。

步骤 10：选择坐标并点击 **Marker** 图标，查看无法完成布线的走线，如图 3.40 所示。

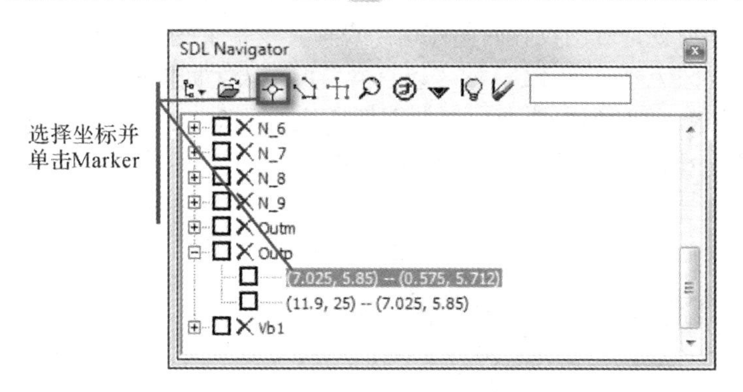

图 3.40　Marker 图标示意

步骤 11：如果走线的某些部分已经被布线但尚未整体完成，它的标记与飞线可能有所不同，如图 3.41 所示。

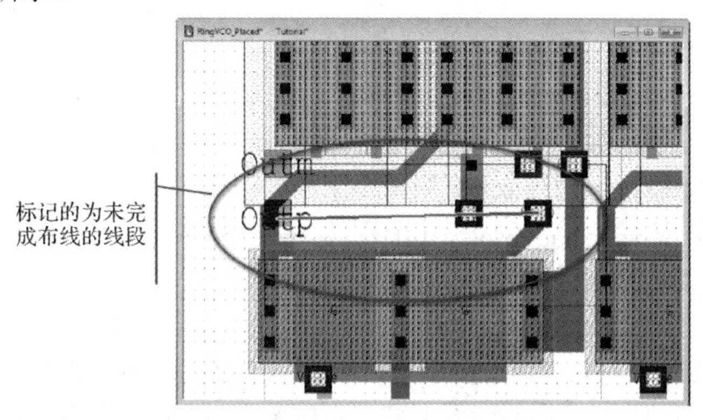

图 3.41　布线未完成示意

注意：在这个例子中，飞线表示端口和导线之间缺少连线。

步骤 12：如果不希望一次完成所有走线布线的尝试，还可以通过在 **SDL Navigator** 中选择走线，用鼠标右键单击走线名称并选择 **Route** 来对单个走线或选定的走线进行布线。

步骤 13：确保勾选已完成布线的走线，以便后续自动布线不再涉及这些走线。

3.2.9　删除布线

❖ 删除布线的步骤如下：

步骤 1：如果对自动布线的结果不满意，可以删除并重新布线。

步骤 2：切换回 **SDL Navigator** 中的 **By Net** 视图。

步骤 3：鼠标右键单击 **SDL Navigator** 中的 **VTune** 走线并点击 **Ripup Net**，会弹出一条消息，显示涉及该走线的布线中删除了多少对象，同时连线的布线状态也很清楚。与此走线对应的所有已标记的图形都将被删除。

步骤 4：现在针对该走线可以重新手动布线或自动布线。

3.2.10　导入工程变更单

❖ 导入工程变更单(ECO)的步骤如下：

步骤 1：很多时候，版图设计时前端电路设计又发生了变化。如果版图是使用 SDL 创建的，则可以导入工程变更单 ECO 网表以查看新旧网表之间的差别。

步骤 2：关闭单元 *RingVCO_Placed* 并重新打开单元 *RingVCO*。点击 **SDL Navigator** 工具栏上的 **Load Netlist** 图标 打开 **Import Netlist** 对话框，如图 3.42 所示。

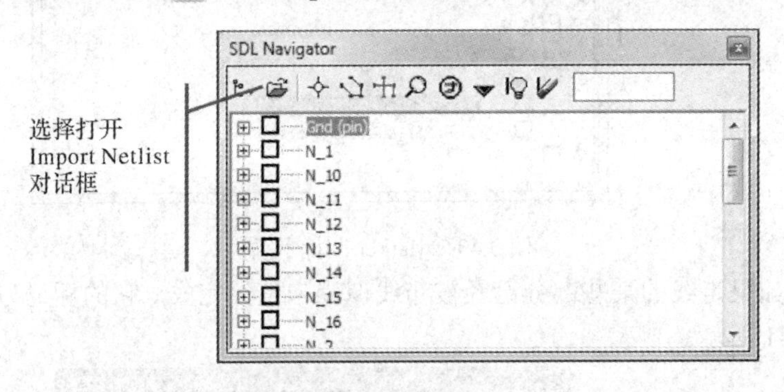

图 3.42　导入网表

步骤 3：点击 **Browse** 按钮，找到网表 *RingVCO_Testbench_ECO.sps* 并加载，如图 3.43 所示。该文件的地址为 *[Install Location]\TannerEDA\TannerTools_v20XX.X\Tutorials*。

步骤 4：找到 ECO processing。

步骤 5：勾选 Compute and display differences from current netlist。

步骤 6：点击 **OK** 按钮，导入 ECO 文件。

步骤 7：展开 **SDL Navigator** 中 *N_8* 走线左侧的符号 ⊞。图标 ⓘ 表示网表和走线之间存在差异；✚ 表示新网表中添加的引脚，━ 表示新网表中删除的引脚，如图 3.44 所示。

步骤 8：重命名的走线会用新走线名和旧走线名表示。在这个例子中，走线 *N_10* 被重命名为 *N_Rename*。

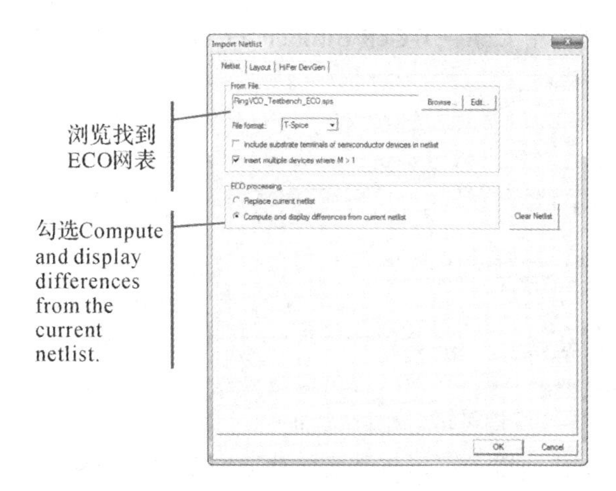

图 3.43　导入网表设置

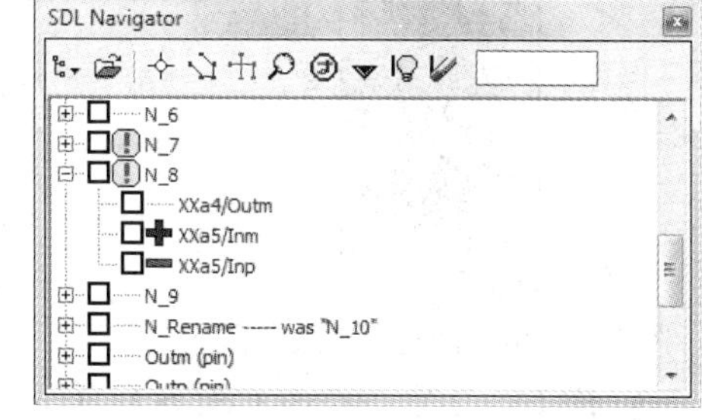

图 3.44　引脚删减示意

3.3　T-Cell 创建器

3.3.1　利用 T-Cell 创建器创建 MOSFET

设计文件：*Tool\L-Edit\T-Cells\T-CellBuilder.tdb*。

单元：*MOSFET*。

Cell > T-Cell Builder 菜单中的 **T-Cell Builder** 允许从版图视图自动生成 T-Cell 代码视图。生成的 T-Cells 是参数化的，其包含的图形是依据参数生成的。由于用户不需要直接编写任何 UPI 代码，因此该功能对于不熟悉 UPI 编程的用户非常有用。

通过执行 **Cell > T-Cell Builder> Construct T-Cell ...**命令创建代码视图。此命令分析当前版图单元的几何图形，并为该单元创建代码视图 (已有的代码可被选择性的重写)。版图视图中的几何图形将由代码生成。几何图形的参数可以根据 T-Cell 的参数缩放、移动或复制，并且图形所在的图层也可以根据 T-Cell 的参数设置。

3.3.2　缩放和定义参数

版图设计中一个常见的操作是通过单元参数设置版图对象的尺寸。例如，一个简单的 MOSFET 的尺寸可以通过设置沟道的长和宽来确定。要创建此 T-Cell，首先创建一个模板。

注意，缩放轴由图层(可由用户选择)上的端口定义。这些端口定义了控制缩放的参数名称、缩放的方向以及缩放的默认值。参数的默认值由端口的尺寸决定，或者通过“Parameter Name = default Value” 形式在端口字符串中声明。

这些端口必须是线端口(即只有一个维度且非零)。默认情况下，所有与此端口相交的对象(在两个方向上扩展为无限远)都将被缩放。完全位于端口某一侧的对象可以移动，这取决于缩放的方向。

缩放的方向由端口文本方向控制。通常，与端口文本同一侧的几何图形将沿端口文本的方向移动(如果端口文本居中对齐，则端口两侧的几何图形都会被修改)。

要从图 3.45 所示的版图创建 T-Cell，则调用 **Cell > T-Cell Builder > Construct T-Cell**，会弹出如图 3.46 所示的对话框。

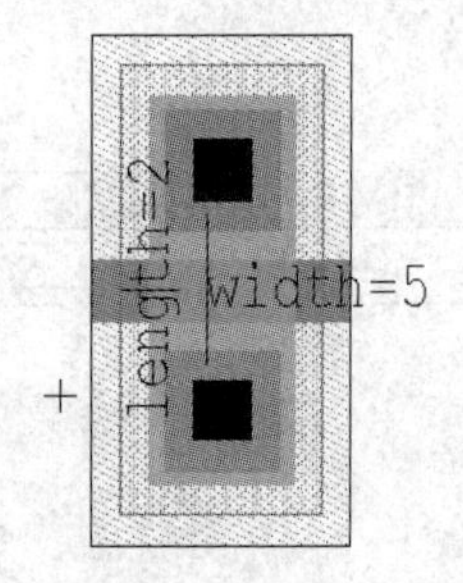

图 3.45　用于创建 T-Cell 的版图

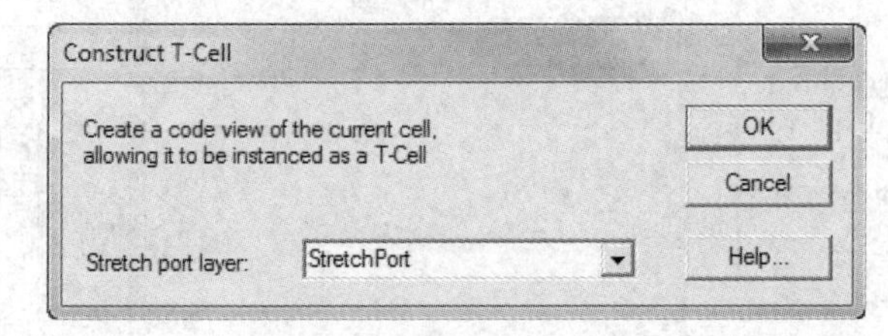

图 3.46　创建 T-Cell

创建 T-Cell 后，点击 **Cell > Instance...**(快捷键 **I**)可以将其实例化到版图中。如图 3.47 所示，调用 T-Cell 时将其默认宽度更改为 20。

L-Edit 生成如图 3.48 所示的版图。

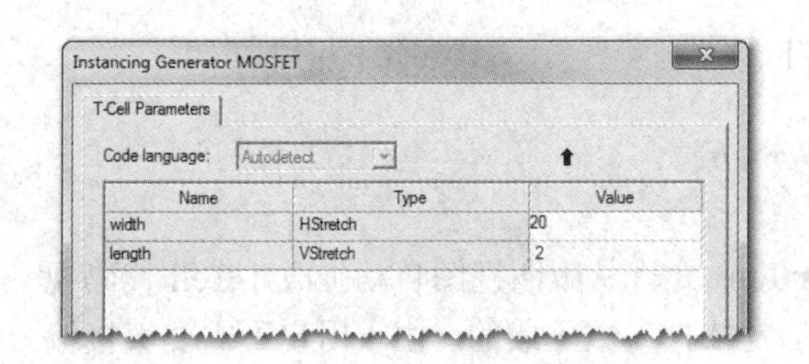

图 3.47　修改默认宽度

图 3.48　L-Edit 中执行缩放和定义参数操作

有时不仅需要简单的缩放，也需要复制。首先选中相关对象，然后点击 **Cell > T-Cell Builder > Define Repeat Group...**即可完成。

定义重复组的选项如表 3.2 所示。

表 3.2　定义重复组的选项

Horizontal/Vertical Repeat	**None**：如果选中，则相关对象既不重复也不缩放。此选项适用于导线等必须保持特定尺寸的对象。 **Count**：参数需是整数，确定该对象重复的次数。 **Fill**：迭代对象以填充指定参数定义的长度。 **Stretch**：默认值。对象若与缩放轴相交时，则可以在指定的方向上自由缩放
Parameter Name	控制此重复的参数
Stepping Distance	相邻重复对象的间距
Repeat Direction	原始对象是“锚”对象；新对象创建在左侧、右侧或同等地创建到左侧和右侧

在单元 *MOSFET* 中选择两个 **Active Contact** 框，点击 **Cell> T-Cell Builder> Define Repeat Group...**，设置如图 3.49 所示的参数。

调用 **Cell > T-Cell Builder > Construct T-Cell…**创建 T-Cell。如果之前已创建 T-Cell 代码，则会重新生成 T-Cell 代码。现在，再查看 MOSFET T-Cell，宽度为 20 时，将得到如图 3.50 所示的版图。

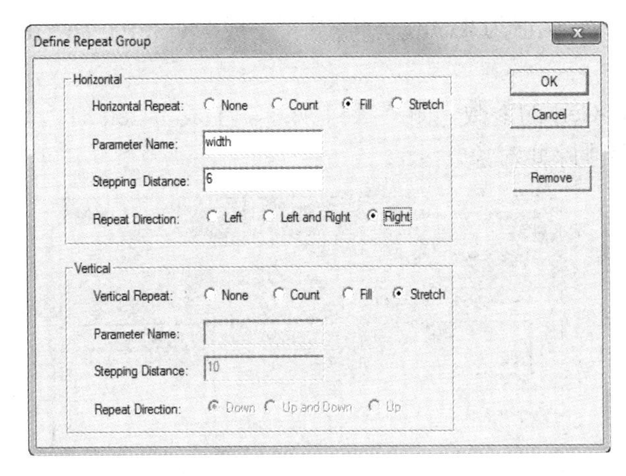

图 3.49　定义重复组时参数设置　　　　图 3.50　L-Edit 中执行复制而非缩放操作

3.3.3　选择图层

选择对象，点击 **Cell > T-Cell Builder > Choose Layer…**，可以将放置对象的图层变成 T-Cell 的某个参数。

选择 **N Select** 上的方框，并为其分配一个名为 *SelectLayer* 的图层参数，然后重新生成 T-Cell 以保存此参数，如图 3.51 所示。

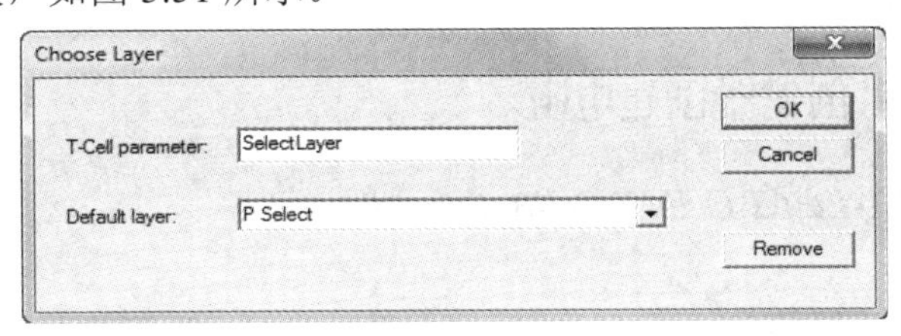

图 3.51　选择图层

当例化 MOSFET 时，*SelectLayer* 是 T-Cell 的一个参数。**P Select** 可以更改为 **N Select**，如图 3.52 所示。

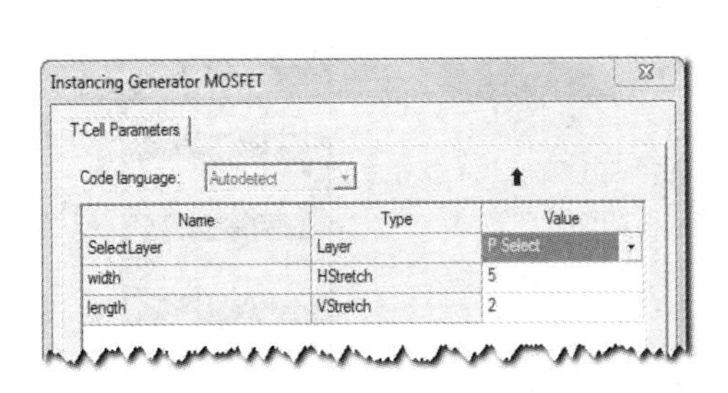

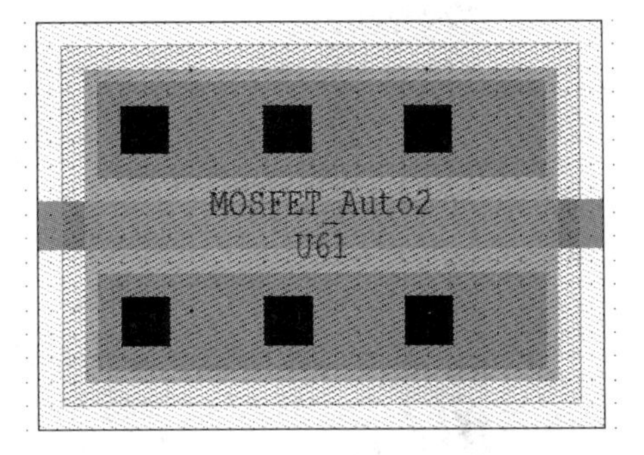

图 3.52　修改设置及结果

3.3.4　定义条件域

一个图层对象可以基于布尔或逻辑条件被包含或被排除在外。选择 **HV-Oxide** 层上的方框，并命名为 *HighVoltage* 的条件参数，默认值为 **True**，然后重新生成 MOSFET T-Cell，如图 3.53 所示。

当 T-Cell 被例化时，*HighVoltage* 是 T-Cell 的参数，如图 3.54 所示。生成 T-Cell 时，勾选则会包含该图层上的对象，不勾选则会排除此对象。

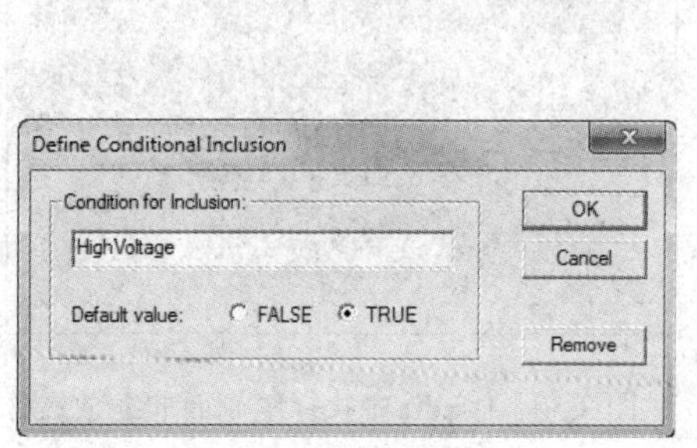

图 3.53　定义条件域

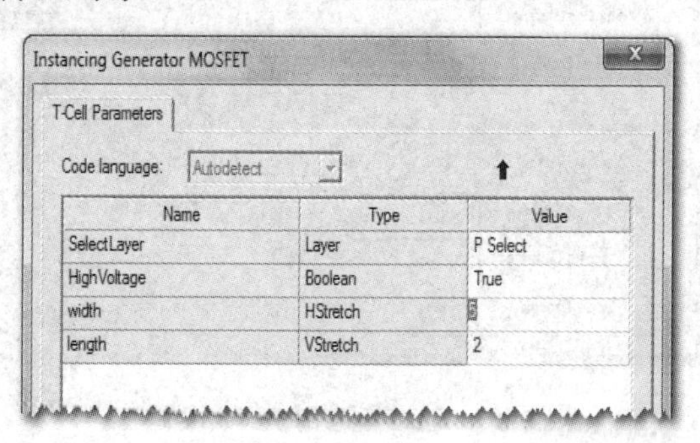

图 3.54　例化设置示意

3.3.5　选择 T-Cell 对象

选择 T-Cell 对象会导致所有标记为重复，包含在条件内或图层参数化的对象被选中，可以从左下角状态栏中查看到被选中的内容。此操作对于查找这些对象很有用，以便了解如何创建 T-Cell。

3.3.6　利用 T-Cell 创建器创建电阻

设计文件：*Tool\L-Edit\T-Cells\T-CellBuilder.tdb*。

单元：*Res*。

本示例展示了电阻器件生成器。在 *Poly* 层上用箭头指向的四个部分是重复组的一部分，如图 3.55 所示。

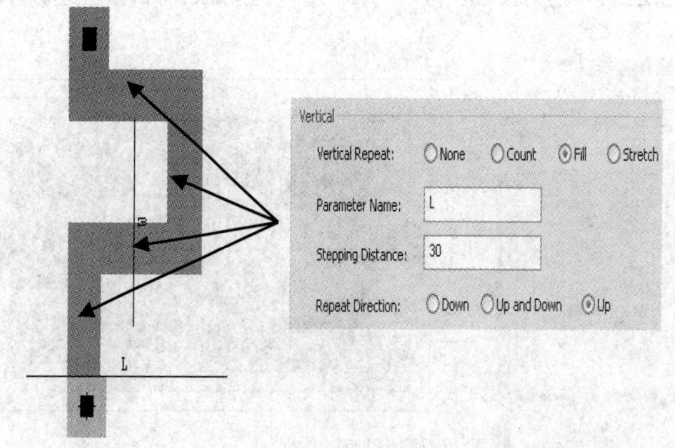

图 3.55　电阻器生成

3.4 导入/导出数据文件

根据实际情况，可以将 GDSII、CIF、DFX 和 Gerber 格式文件以及位图 GIF、JPEG、TIFF 和 BMP 导入 L-Edit 中。

3.4.1 导出 GDSII 文件

使用 **File > Export Mask Data > GDSII** 命令从 L-Edit 导出文件，如图 3.56 所示。

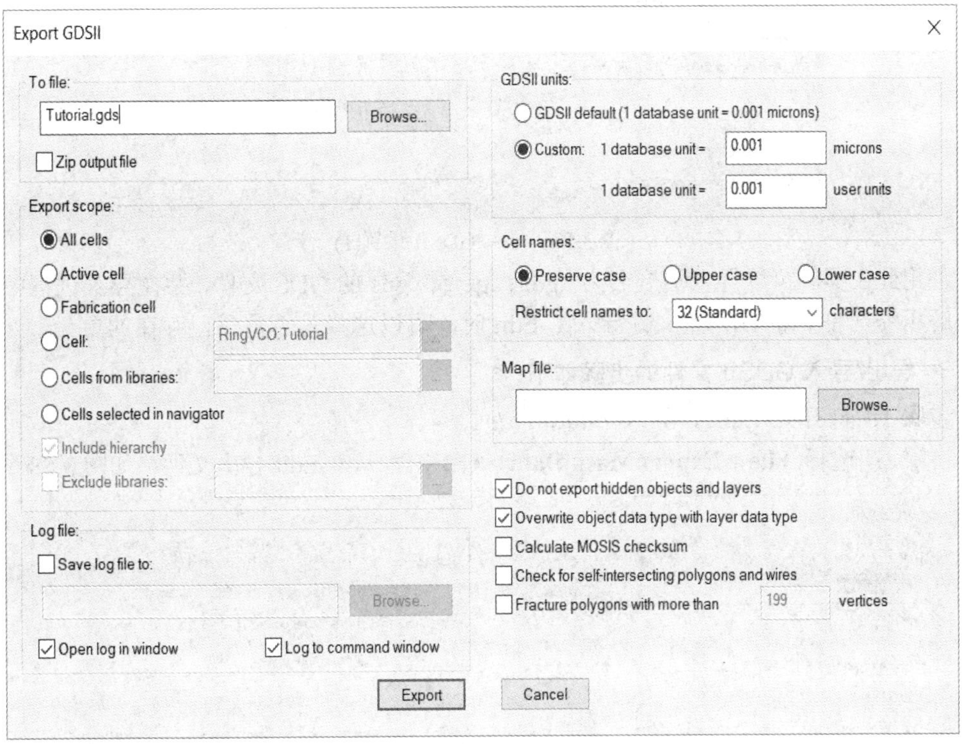

图 3.56 导出 GDSII 设置(1)

GDSII 是 IC 版图设计的标准数据交换格式。导出到 GDSII 时，勾选 **Zip output File** 可以在导出期间压缩文件，L-Edit 会以 **.gz** 作为导出文件的扩展名。此外，当导出到 GDSII 文件时，L-Edit 允许选择要导出的单元。例如，如果选择 **Allcells**，则 L-Edit 会将库中所有打开的单元导出到 GDSII 文件中；如果选择 **Activecell**，则 L-Edit 仅导出当前单元。可以从打开的库中导出一个或多个单元(以逗号和空格分隔)。此外，还可以通过 **Include Hierarchy** 导出指定单元及其内部调用的所有实例化单元。

3.4.2 导入 GDSII 文件

使用 **File > Import Mask Data > GDSII** 命令导入文件到 L-Edit，如图 3.57 所示。

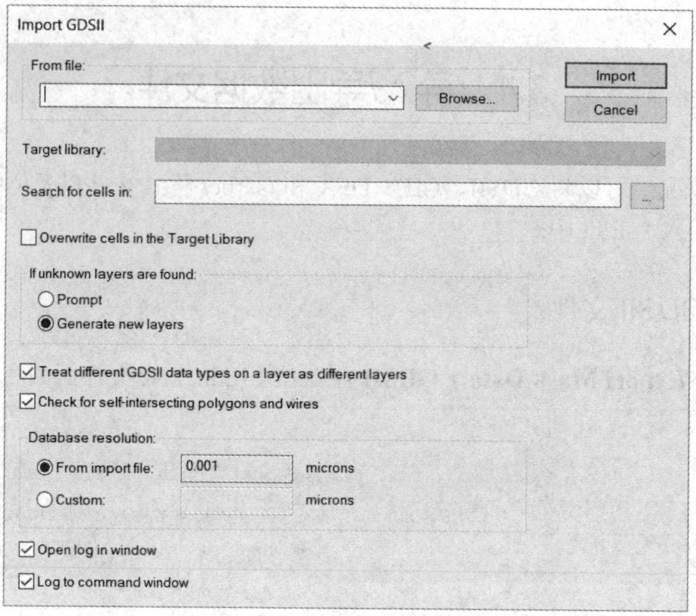

Import GDSII

From file:

Browse...

Import

Cancel

Target library:

Search for cells in:

Overwrite cells in the Target Library

If unknown layers are found:

Prompt

Generate new layers

Treat different GDSII data types on a layer as different layers

Check for self-intersecting polygons and wires

Database resolution:

From import file: 0.001 microns

Custom: microns

Open log in window

Log to command window

图 3.57　导入 GDSII 设置(1)

使用此工具，可以导入扩展名为 **.gds**、**.gz** 或 **.gds** 的 GDS 文件，并在导入过程中根据需要解压缩文件。将 GDSII 文件导入 L-Edit 时，可以选择是否覆盖已存在的单元。

❖ **导出/导入 GDSII 文件的步骤如下：**

步骤 1：打开 L-Edit ，导入 *Tutorial.tdb*。

步骤 2：选择 **File > Export Mask Data > GDSII**，从 L-Edit 导出文件，如图 3.58 所示。

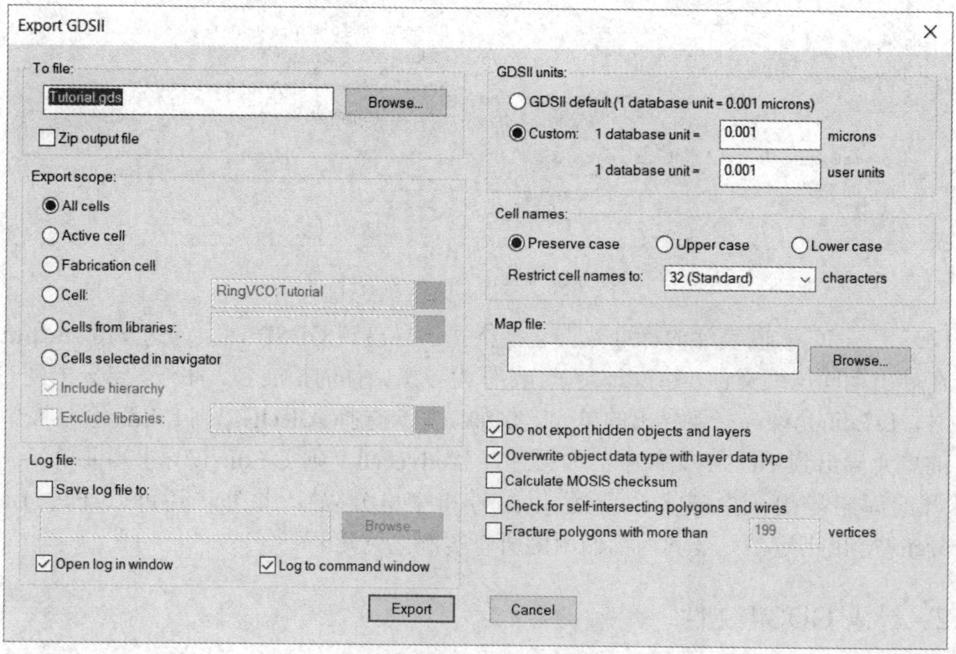

Export GDSII

To file:

Tutorial.gds

Browse...

Zip output file

Export scope:

All cells

Active cell

Fabrication cell

Cell: RingVCO:Tutorial

Cells from libraries:

Cells selected in navigator

Include hierarchy

Exclude libraries:

Log file:

Save log file to:

Browse...

Open log in window

Log to command window

GDSII units:

GDSII default (1 database unit = 0.001 microns)

Custom: 1 database unit = 0.001 microns

1 database unit = 0.001 user units

Cell names:

Preserve case

Upper case

Lower case

Restrict cell names to: 32 (Standard) characters

Map file:

Browse...

Do not export hidden objects and layers

Overwrite object data type with layer data type

Calculate MOSIS checksum

Check for self-intersecting polygons and wires

Fracture polygons with more than 199 vertices

Export

Cancel

图 3.58　导出 GDSII 设置(2)

步骤 3：选择 **Export**。一个日志文件将出现在 L-Edit 中，如图 3.59 所示，确保已导出所有正确的单元。

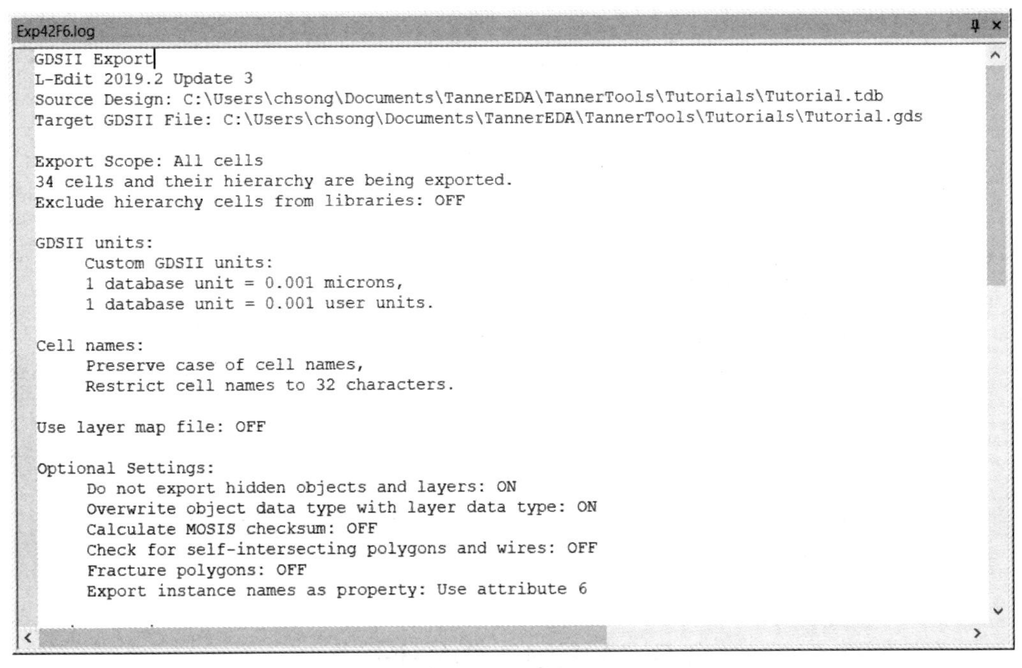

```
Exp42F6.log
GDSII Export
L-Edit 2019.2 Update 3
Source Design: C:\Users\chsong\Documents\TannerEDA\TannerTools\Tutorials\Tutorial.tdb
Target GDSII File: C:\Users\chsong\Documents\TannerEDA\TannerTools\Tutorials\Tutorial.gds

Export Scope: All cells
34 cells and their hierarchy are being exported.
Exclude hierarchy cells from libraries: OFF

GDSII units:
     Custom GDSII units:
     1 database unit = 0.001 microns,
     1 database unit = 0.001 user units.

Cell names:
     Preserve case of cell names,
     Restrict cell names to 32 characters.

Use layer map file: OFF

Optional Settings:
     Do not export hidden objects and layers: ON
     Overwrite object data type with layer data type: ON
     Calculate MOSIS checksum: OFF
     Check for self-intersecting polygons and wires: OFF
     Fracture polygons: OFF
     Export instance names as property: Use attribute 6
```

图 3.59　导出日志文件

步骤 4：关闭日志文件。

步骤 5：现在导入同样的 GDSII 文件到 L-Edit 中，并观察 *Tutorial.tdb* 的变化。选择 **File > Import Mask Data > GDSII**，如图 3.60 所示。

Import GDSII
From file: ments\TannerEDA\TannerTools\Tutorials\Tutorial.gds　Browse...　Import　Cancel
Target library: Tutorial
Search for cells in:
Overwrite cells in the Target Library
If unknown layers are found:
Prompt
Generate new layers
Treat different GDSII data types on a layer as different layers
Check for self-intersecting polygons and wires
Database resolution:
From import file: 0.001 microns
Custom: microns
Open log in window
Log to command window

图 3.60　导入 GDSII 设置(2)

步骤 6：选择 **Import**，GDSII 文件将导入 *Tutorial.tdb*。日志文件将显示已导入设计的单元，如图 3.61 所示。

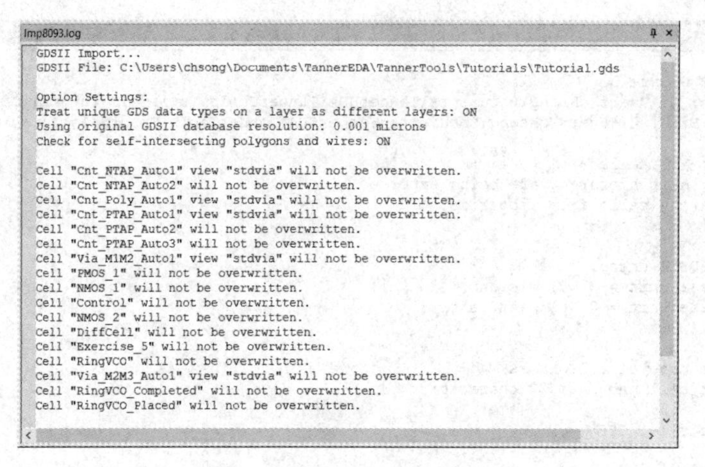

图 3.61　导入日志文件示意

步骤 7：关闭日志文件，注意某些单元是如何导入 L-Edit 设计导航器中的。

步骤 8：关闭 L-Edit，不要保存对 *Tutorial.tdb* 的更改。

3.5　MEMS 版图设计

本节介绍 L-Edit 用于 MEMS 版图设计的一些案例。

3.5.1　布尔运算

使用布尔运算，可以方便地利用一层或多层上已绘制的图形，通过逻辑关系处理生成新的图形。从菜单 **Draw > Boolean/Grow Operations** 可以调出布尔运算窗口，如图 3.62 所示。

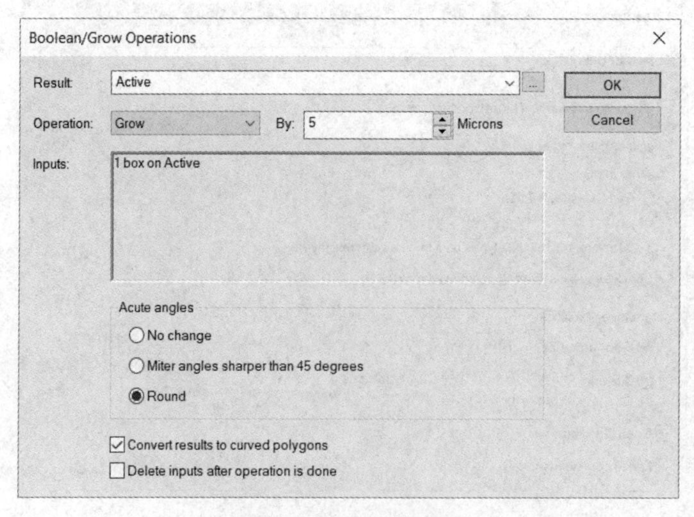

图 3.62　布尔运算窗口

要进行布尔运算，首先在版图中选择一个或多个图形，然后从菜单中选择 **Draw > Boolean/Grow Operations**(或使用快捷键 **B**)。L-Edit 中的布尔运算可以处理矩形、全角度多边形、线、圆、扇形、圆环等不常见的图形。选定逻辑关系后点击 **OK** 按钮，L-Edit 将会在指定的输出层上生成一个或多个相应的图形。

❖ **布尔运算的步骤如下：**

步骤 1：重新打开 *Tutorial\Tutorial.tdb*，并打开版图单元 *Exercise_5*。

步骤 2：将 *Metal3* 上的方框移动到 *Poly* 方框的右上角，并使它们有重合部分，如图 3.63 所示。

步骤 3：选择 *Metal3* 和 *Poly* 上的两个方框图形，可以按下 **Shift** 键用鼠标点选。

步骤 4：从菜单中选取 **Draw > Boolean/Grow Operations**(或使用快捷键 **B**)，如图 3.64 所示，布尔运算窗口将弹出。

图 3.63　移动完毕的两个方框图形

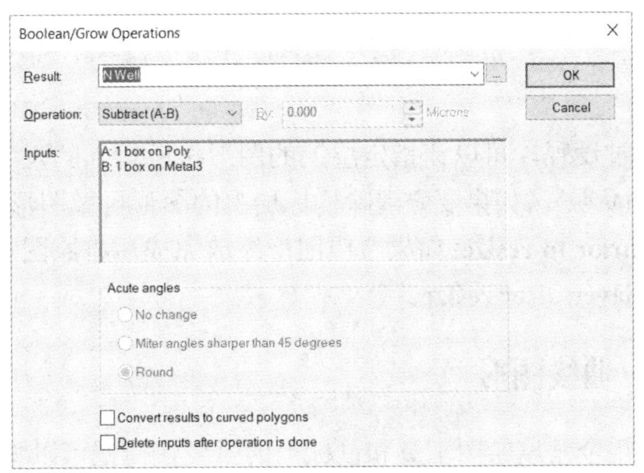

图 3.64　布尔运算设置窗口

步骤 5：设定运算输出层为 *N Well* 层，选择逻辑操作为 **Subtract(A-B)**。

步骤 6：点击 **OK** 按钮，找到在 *N Well* 层上新生成的图形，如图 3.65 所示。

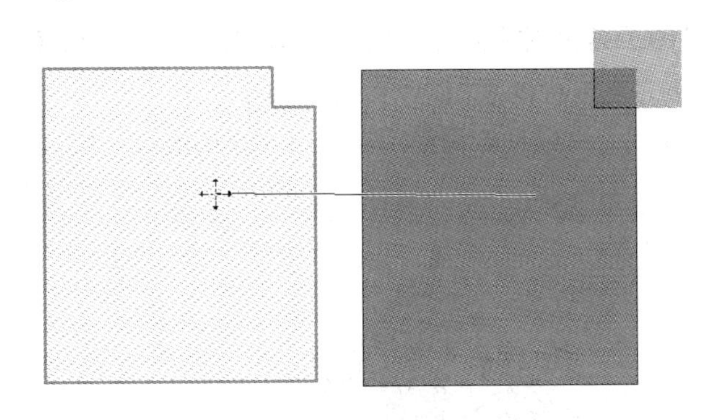

图 3.65　新生成的图形

3.5.2　图层缩放

此功能可实现基于版图层的图形扩展或收缩，即可以针对选定层上的所有图形做统一的扩展或收缩处理。此功能位于菜单 **Tools > Add-Ins> Mask Bias** 中，如图 3.66 所示。

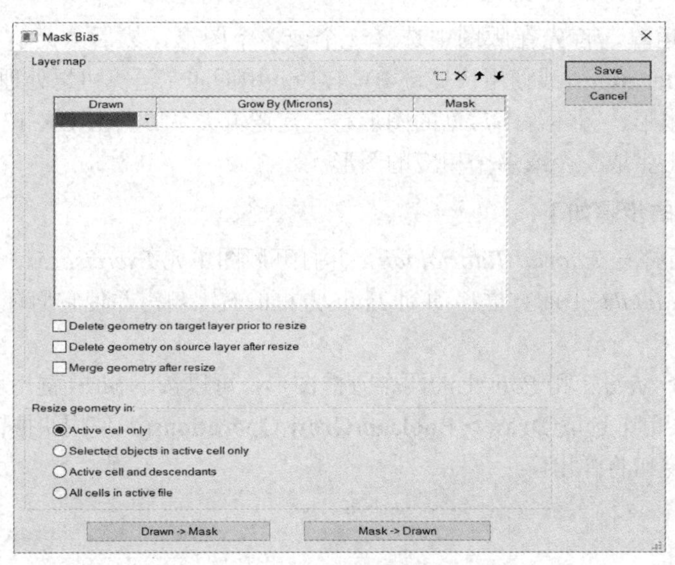

图 3.66　Mask Bias 窗口

经过设置，可以让指定层上的图形按所输入的尺寸数据进行扩展(数据为正数)或收缩(数据为负数)。如果要先清除目标层上的图形再做图形缩放，可以勾选 **Delete geometry on target prior to resize**；如果希望图形缩放完成后将原图形删除，可以勾选 **Delete geometry on source layer after resize**。

3.5.3　曲线图形

使用全角度绘图工具和鼠标上的弧线快捷键可以将多边形上的直角边、45 度边和任意角度边转换成弧线边。注意，方框图形的边不能转为弧线边。

这个操作只能在已存在的多边形上进行，工具中无法直接画出一个包含曲线边的多边形。

❖ **使用全角度绘图工具和鼠标上的弧线快捷键将多边形上的角度边转换成弧线边。**

步骤 1：打开 *Tutorial.tdb* 中的版图单元 *Exercise_5*。

步骤 2：按住 **Ctrl** 键，用鼠标右键单击蓝色三角形的短边，此边将会被单独选中，如图 3.67 所示。

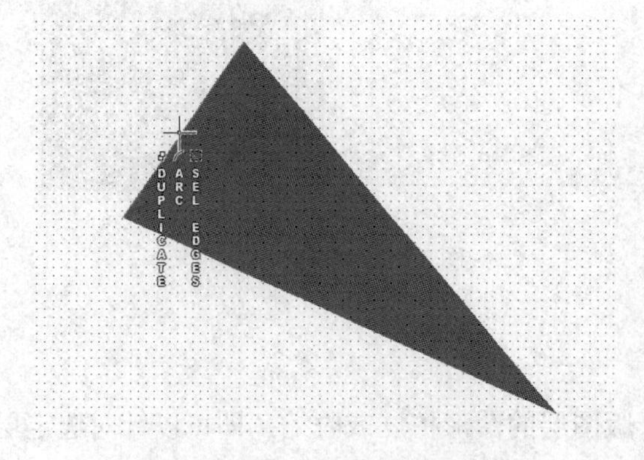

图 3.67　鼠标中键功能变为 ARC

步骤 3：继续按住 **Ctrl** 键，观察鼠标指针下的提示信息，会发现中键的功能变为 ARC 即弧线，表示当前鼠标中键可以用来绘制弧线边。

注意：使用此功能时需确认绘图模式是 All Angle & Curve 模式，可以在菜单 **Setup > Application** 中 **General** 选项卡中修改绘图模式。

步骤 4：保持按住 **Ctrl** 键，用鼠标中键点选三角形的短边并拖曳。此时，可以看到此边变为外凸或内凹的弧线边，如图 3.68 所示。

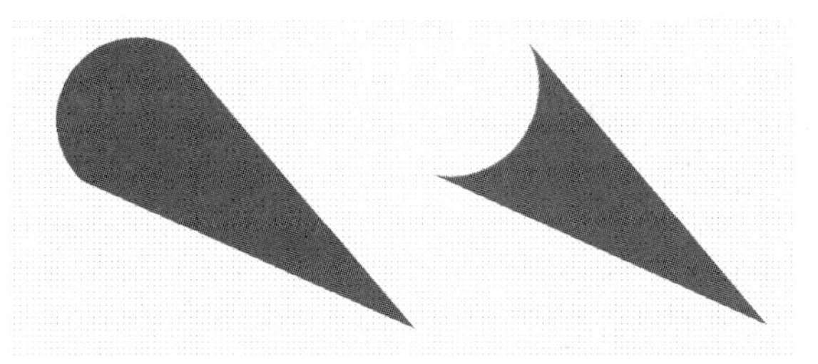

图 3.68　短边变为弧线边

倒角可以更平滑地连接两个面，如果两个相邻的面成直角夹角，那么倒角通常是对称的 45 度。同样的，圆角可以更圆滑地连接两个面，如果圆角所处位置是内角则显示为内凹的图形，如果所处位置是外角则显示为外凸的图形，如图 3.69 所示。

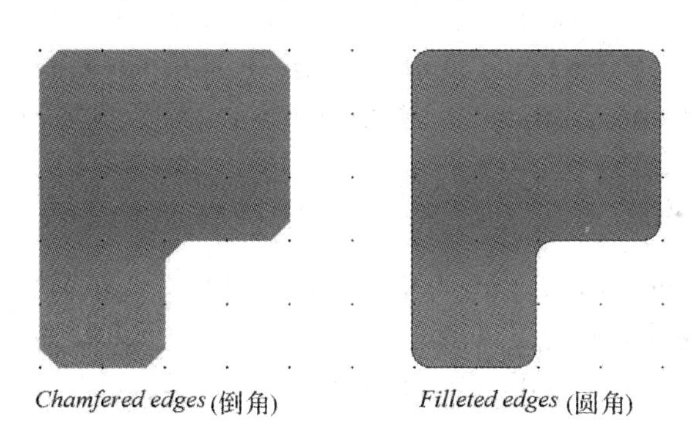

图 3.69　倒角和圆角

针对某一图形做倒角或圆角处理，首先选择该图形，再从菜单中选择 **Draw > CurveTools > Chamfer/Fillet**，会弹出如图 3.70 所示的对话框。

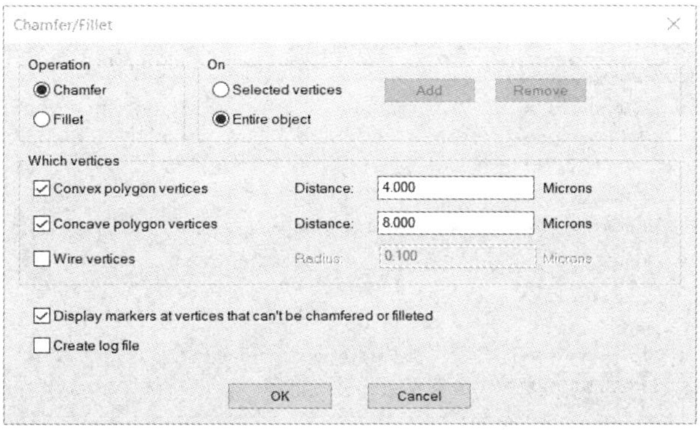

Chamfer/Fillet
Operation: Chamfer / Fillet
On: Selected vertices / Entire object　Add　Remove
Which vertices
Convex polygon vertices　Distance: 4.000　Microns
Concave polygon vertices　Distance: 8.000　Microns
Wire vertices　Radius: 0.100　Microns
Display markers at vertices that can't be chamfered or filleted
Create log file
OK　Cancel

图 3.70　倒角/圆角设置窗口

3.5.4　导出 DXF 文件

通过 **File > Export Mask Data > DXF**，L-Edit 可以导出 DXF 格式的文件，并且用“_”替换非法字符的方式为单元名、层名创建符合 DXF 格式要求的名称，如图 3.71 所示。DXF 导出设计档案中实际使用的所有层，包括那些具有特殊层名的层。当然，隐藏的层不会被导出。

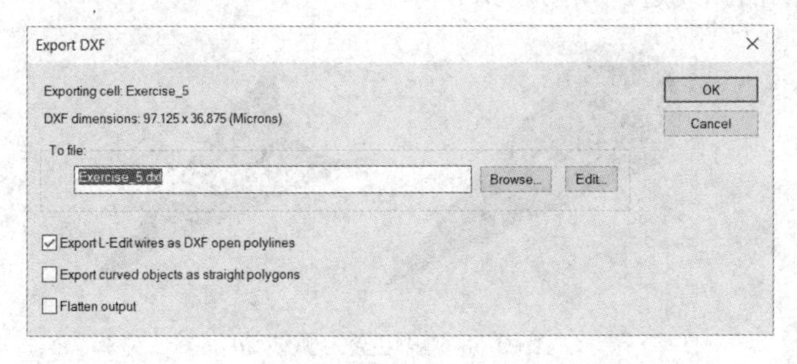

图 3.71　导出 DXF 窗口

DXF 是一种绘图交换格式，可以应用于 AutoCAD® 工具中。L-Edit 在导出 DXF 文件时，如果不勾选 **Export L-Edit wires as DXF open polylines**，将会把 L-Edit 中的线转换为 DXF 中的多边形，即一个闭合的多线段图形。这样的图形可以准确地记录 L-Edit 中原始的图形信息。如果勾选了 **Export curved objects as straight polygons** 将会把 L-Edit 中的曲线图形转换为多边形。**Flatten output** 将会把所有层次结构打散再导出为 DXF 格式文件。

3.5.5　导入 DXF 文件

通过 **File > Import Mask Data > DXF** 可以将 DXF 文件导入 L-Edit，如图 3.72 所示。DXF 中的弧将导入为零面积的曲线多边形；DXF 中的线及开口多段线将导入为零宽度的线。如果开口多段线有曲线部分，导入后的线将包含一段近似曲线部分的多段线(不超过 256 段)。

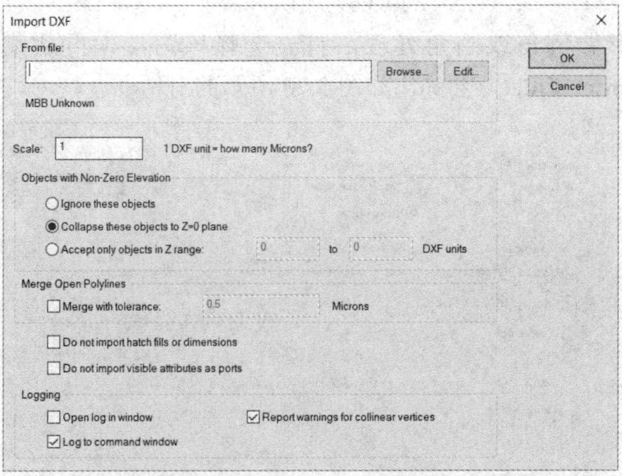

图 3.72　导入 DXF 的设置窗口

导入 DXF 时需要将 DXF 单元尺寸缩放到设计所对应的正确单元。

DXF 文件可能包含 3D 数据信息，如果要忽略这些可以在 **Objects with Non-Zero Elevation** 下选择 **Ignore these objects**，这样只有那些 Z = 0 的图形数据才会被导入。如果选择了 **Collapse these objects to Z = 0 plane**，将会忽略所有点的 Z 坐标。如果选择了 **Accept only objects in Z range**，则可以输入 Z 值范围来筛选导入的数据。这个选项有助于从 SolidWorks® 等工具导入 3D 数据。

另一个较为常用的功能是 **Merge Open Polylines**，有时图形数据会被分解成多个组成部分，通过这个选项可以将它们合并成多边形。

本章练习题

一、填空题

1. L-Edit 文件的剪切命令、复制命令、粘贴命令分别为________、________、________。

2. L-Edit 保存和打开的文件类型为________格式。

3. L-Edit 中网表导入的命令为________，文件格式为________。

4. 在绘图层中，通过________来实现所有绘图层的显示；通过________来实现除了显示当前绘图层，其余绘图层全部被隐藏。

二、简答题

1. 利用绘图工具对绘图对象进行图形编辑的操作主要包括哪些？

2. 简述绘制 CMOS 反相器的流程。

★ 参考答案

一、填空题

1. L-Edit 文件的剪切命令、复制命令、粘贴命令分别为 Ctrl + X、Ctrl + C、Ctrl + V。

2. L-Edit 保存和打开的文件类型为 .tdb 格式。

3. L-Edit 中网表导入的命令为在 SDL Navigator 工具栏中选择 Load Netlist，打开 Import Netlist 对话框，输入相关设置，导入网表，文件格式为 .sps。

4. 在绘图层中，通过右键单击任何图层并选择 Show > Show All 选项；通过右键单击图层(Layer Palette)中的当前图层，然后选中 Hide > Hide all but 选项来实现除了显示当前绘图层，其余绘图层全部被隐藏。

二、简答题

1. 利用绘图工具对绘图对象进行图形编辑的操作主要包括哪些？

以图形方式编辑，也可以移动、调整大小、重塑对象、拉伸、将顶点添加到多边形或线、旋转、切片、合并或切割对象。

2. 简述绘制 CMOS 反相器的流程。

绘制步骤如下：

(1) 绘制 N Well 图层，如图 3.73 所示。

(2) 绘制 Active 图层，如图 3.74 所示。

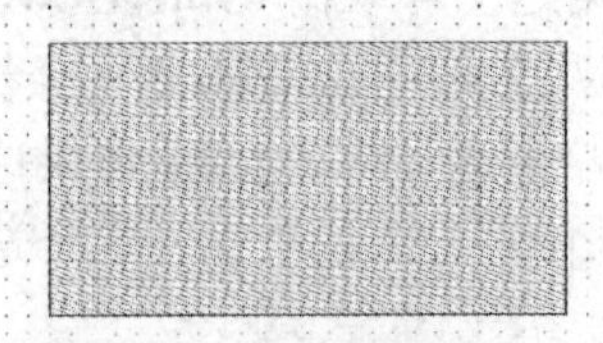

图 3.73 绘制 N Well 图层

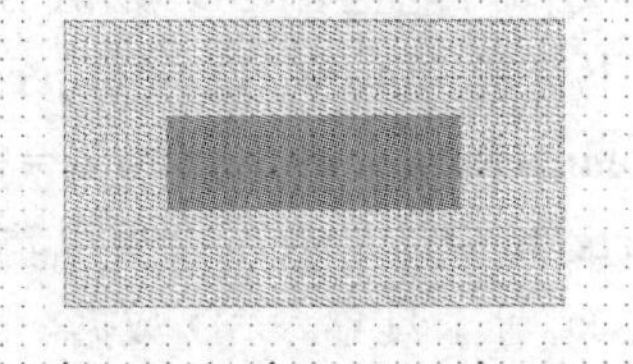

图 3.74 绘制 Active 图层

(3) 绘制 P Select 图层，如图 3.75 所示。

(4) 绘制 Poly 图层，如图 3.76 所示。

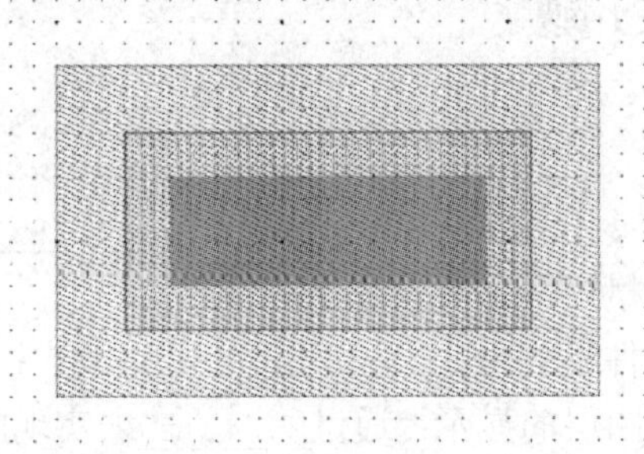

图 3.75 绘制 P Select 图层

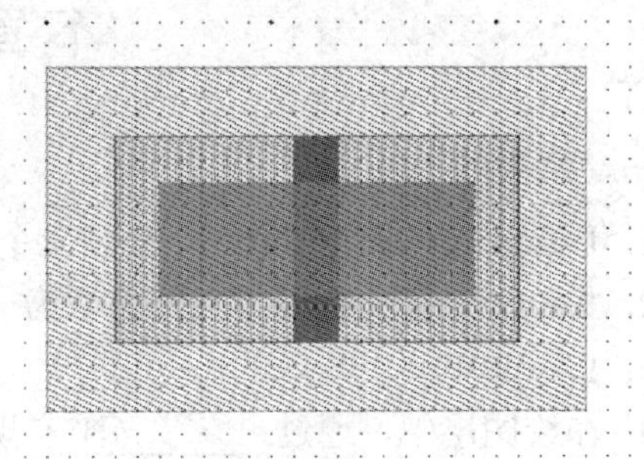

图 3.76 绘制 Poly 图层

(5) 绘制 Active Contact 图层，如图 3.77 所示。

(6) 绘制 Metal1 层，如图 3.78 所示。

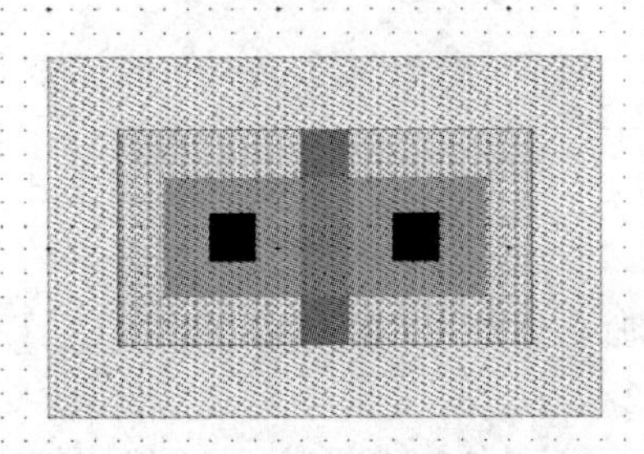

图 3.77 绘制 Active Contact 图层

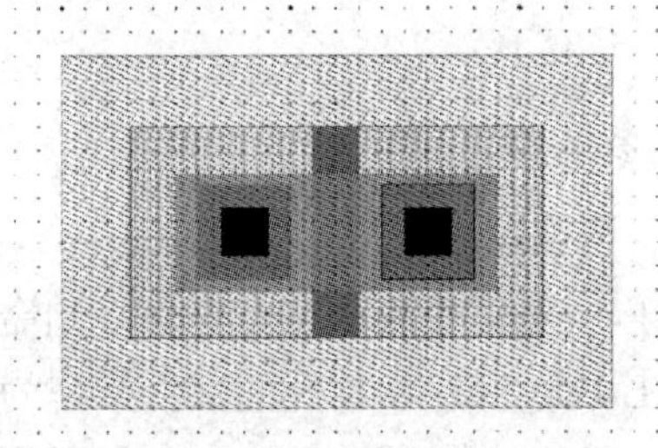

图 3.78 绘制 Metal1 层

(7) 设计检查规则 Tools-DRC 检查，若无误则进行下一步。

(8) 重新命名，将 cell0 重命名为 pmos。

(9) 新增 NMOS 组件。和 PMOS 的步骤相同，依次建立 Active 图层、N Select 图层、Poly 图层、Active Contact 图层与 Metal1 图层，结果如图 3.79 所示。

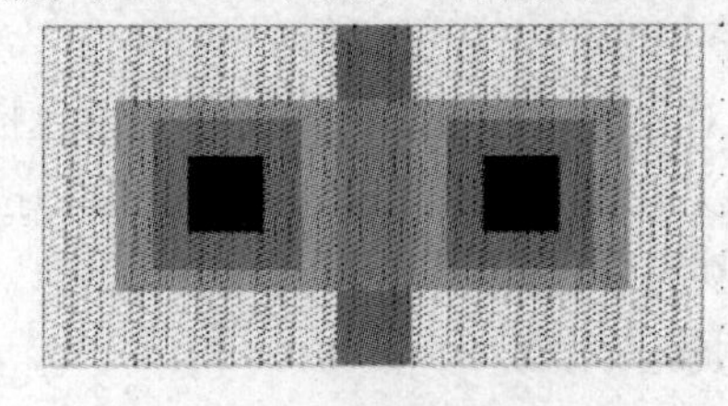

图 3.79 新增 NMOS 组件的结果

(10) 新建文件 ex11，复制 PMOS 与 NMOS 到新建文件 ex11 中。

(11) 引用 NMOS 与 PMOS 组件。选择 Cell-Instance 命令将 pmos 与 nmos 引用到 ex11 中的 cell0 中，如图 3.80 所示。

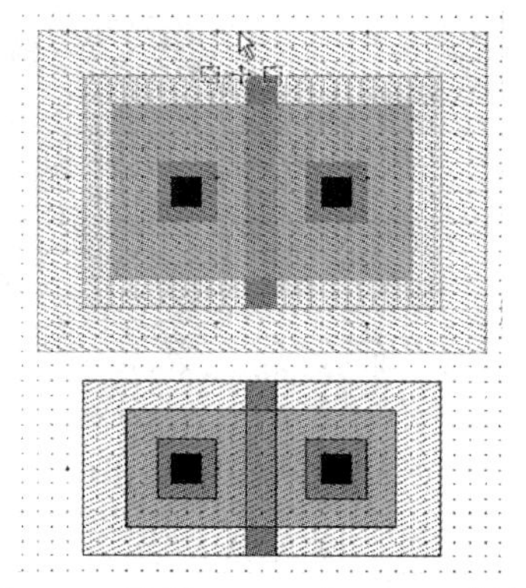

图 3.80　引用 NMOS 与 PMOS 组件

(12) 进行设计规则检查，检查通过后进行下一步，若不通过则返回修改。

(13) 创建 PMOS 基板节点组件。创建 PMOS 基板的电源节点，如图 3.81 所示。

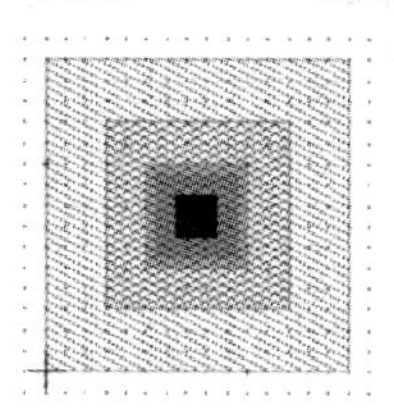

图 3.81　创建 PMOS 基板的电源节点

(14) 创建 NMOS 基板节点组件，如图 3.82 所示。

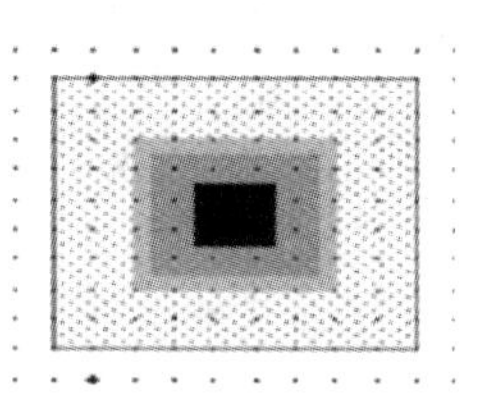

图 3.82　创建 NMOS 基板节点组件

(15) 在 ex11 中引用上面两个组件，并在 cell0 中绘制如图 3.83 所示的形式。

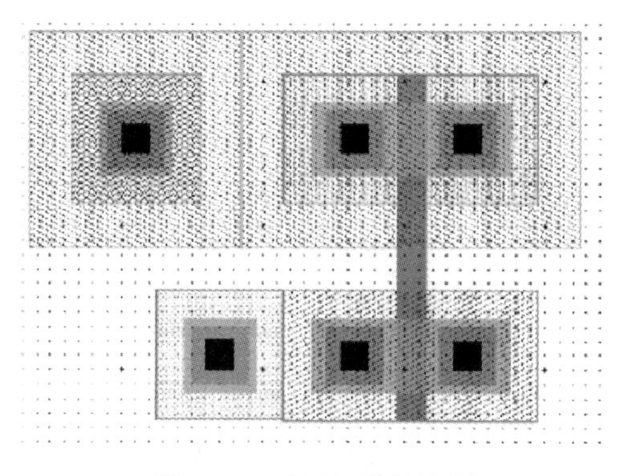

图 3.83　引用组件并绘制

(16) 连接漏极，如图 3.84 所示。

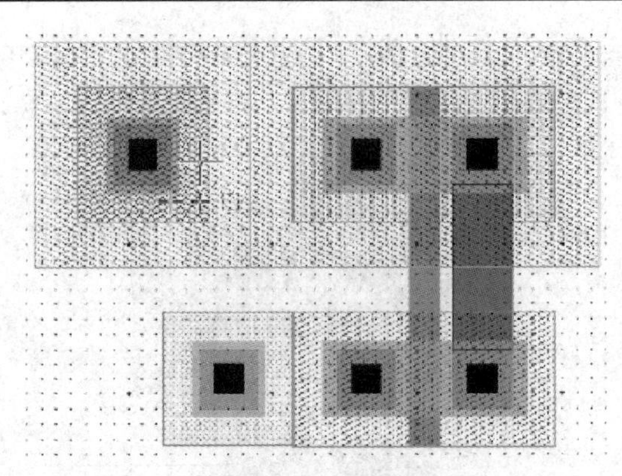

图 3.84　连接漏极

(17) 绘制电源线并连接接触点，如图 3.85 所示。

(18) 加入输入 / 输出端口，最终完成，如图 3.86 所示。

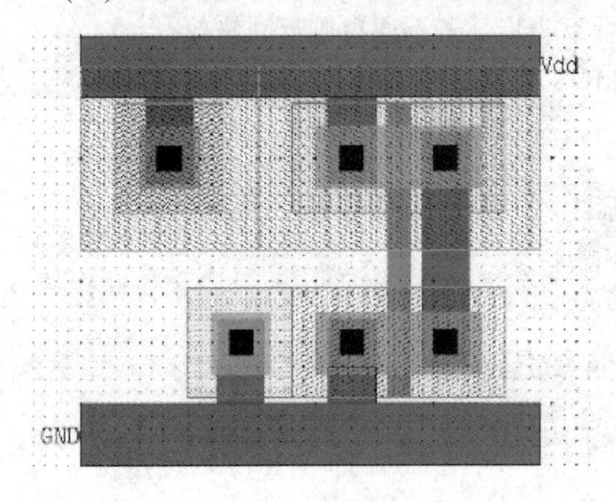

图 3.85　绘制电源线并连接接触点

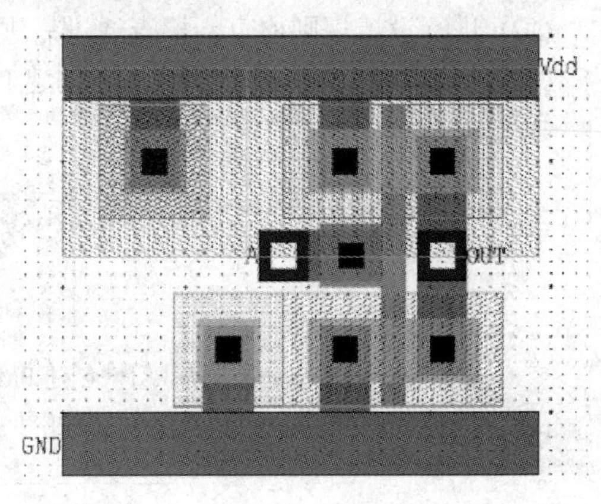

图 3.86　完成结果

第四章　Tanner Designer

Tanner Designer(T-Designer)为包含大量电路仿真的项目提供管理并且基于仿真结果生成电子表格。该工具的使用涉及 Tanner 产品的整个流程，如 Tanner Schematic Editor(S-Edit)、T-Spice、Tanner Waveform Viewer、Tanner Eldo 和 Tanner Eldo RF，都可以直接从 Tanner Designer 运行。创建和运行这样一个流程可以让设计人员组织、汇总和检查项目仿真结果，方便项目经理跟踪整个项目状态。

4.1　安装与准备

1. 安装示例文件与自学教程

用户需要通过从 S-Edit 调用 **Help > Setup Examples and Tutorial**，或者从 Windows 开始菜单调用 **Start > All Programs > Mentor Graphics > Tanner Tools > Setup Examples and Tutorial** 来安装示例文件和自学教程。

如果在首次安装 T-Designer 时安装了示例文件和自学教程，则可以在相应的位置找到本教程。本教程的默认位置是 *Documents \ TannerEDA \ TannerTools_v20XX.X \ Tutorials*。学习完本教程后，可以通过调用 **Help > Setup Examples and Tutorial** 重新安装教程文件的新副本来替换被修改的教程文件。

2. 术语解释

本章中相关术语的解释如表 4.1 所示。

表 4.1　相关术语的解释

术　语	解　　释
项目(Project)	设计集合，如 S-Edit 中的单元或 T-Spice 中的文本文件
测试(Test)	一个仿真，在 S-Edit 中等同于 Testbench
测试平台(Testbench)	一个 S-Edit 仿真
结果(Results)	仿真的用户定义状态
仿真(Simulation)	一个创建测量集合的电路仿真，例如：T-Spice .measure、ELDO、.extract
工作簿(Workbook)	由一个或多个工作表组成，是微软 Excel 的文档集合，包括*.xlsx 和 *.xlsm 等
工作表(Worksheet)	是工作簿中单独的一个表格，由列和行组成单元格

4.2　生成仿真结果

Tanner Designer 需要仿真数据才能显示并报告仿真结果，否则 Tanner Designer 中不会显示任何内容。仿真结果可以通过 Tanner 中的工具生成，也可以由用户的仿真器及运行环境生成，这一点不同于其他工具，需要从特定的仿真器及仿真环境中获取仿真结果。本节将介绍 Tanner 示例中一些设计的仿真步骤。如果已经有仿真结果，或者选择使用示例附带的仿真结果，则可以跳过本节。但是，需要更正 4.3 节中描述的 Tanner Designer 中的原理图设计路径。如果用户已完成 S-Edit 的学习，就可能已经有仿真结果。虽然本节中的配图可能与用户的仿真名称不完全一样，但数据种类和分析类型仍然一致。用户的选择总结如下：

(1) 若使用示例附带的仿真结果，则跳过这一节，修改如 4.3 节所述的原理图设计路径。

(2) 若使用自己的仿真结果，则跳过这一节。

(3) 若运行自己的仿真，则如本节所述。如果要保留原始仿真结果，可能需要重命名示例仿真结果文件夹。

4.2.1　运行环形压控振荡器仿真

本节的练习基于 S-Edit 中的 *RingVCO* 电路仿真，*RingVCO* 示例可能位于以下默认目录中：*Documents\TannerEDA\TannerTools_v20XX.X\Designs\RingVCO*。此节练习引用了 *RingVCO* 的三个单元，如表 4.2 所示。

表 4.2　环形压控振荡器的三个单元

环形压控振荡器单元	描　述
TB_RingVCO	测量环形压控振荡器的频率
TB_RingVCO_Eye	在某种工作条件下测量眼图周期
TB_RingVCO_Assert_Warnings	使用断言检查的示例(本文档中未使用)

TB_RingVCO 单元包含如表 4.3 所示的三个测试平台。

表 4.3　TB_RingVCO 单元包含的测试平台

环形压控振荡器单元测试平台	描　述
PVT	测量环振频率与晶体管模型(工艺)、电压和温度的关系
FreqVsLoad	测量不同输出负载下的环振频率
Monte Carlo	蒙特卡洛仿真显示环振频率基于模型参数的统计分布

如图 4.1 所示，上面列出的测试平台可以在 S-Edit 窗口的 **Setup SPICE Simulation** 对话框中进行选择，仿真可以直接从 S-Edit 窗口启动，也可以调用 **Tcl** 命令。例如：

design simulate -start -testbench <TestBenchName>

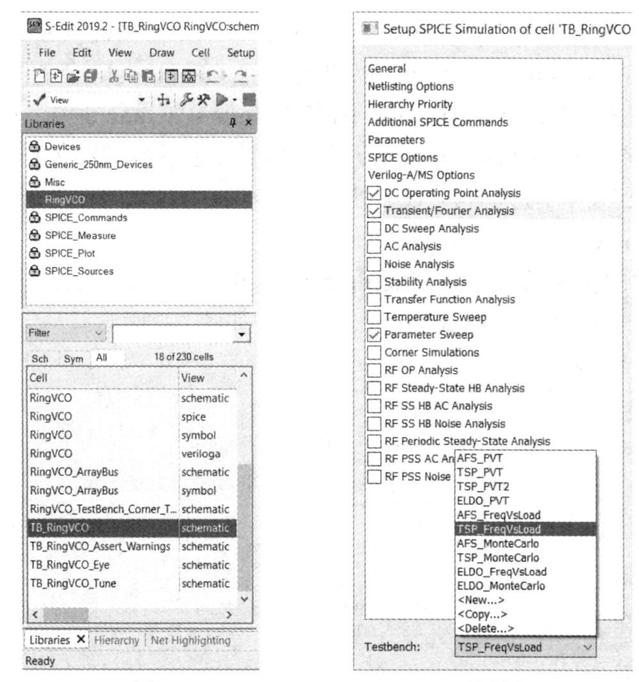

图 4.1　Setup SPICE Simulation 对话框

❖ 从 S-Edit 中运行环形压控振荡器电路仿真的步骤如下：

步骤 1：在 S-Edit 中打开 *RingVCO* 设计 *Documents\TannerEDA\TannerTools_v20XX.X\Designs\RingVCO\lib.defs*。

步骤 2：双击单元 *TB_RingVCO：schematic*，使其成为当前打开的原理图。

步骤 3：在 S-Edit 中工具栏上单击 **Setup Simulation** 按钮打开 **Setup SPICE Simulation of cell 'TB_RingVCO'** 对话框，就可以运行该单元的三个测试平台(*testbench*)仿真，如图 4.2 所示。

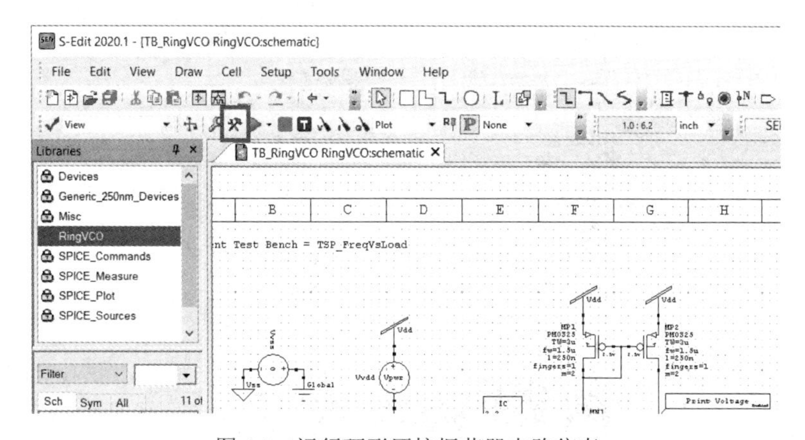

图 4.2　运行环形压控振荡器电路仿真

步骤 4：在 **Setup SPICE Simulation of cell 'TB_RingVCO'** 窗口左下角 **Testbench** 下拉菜单中选择 *TSP FreqVsLoad*。

步骤 5：单击 **Run Simulation** 按钮，等待电路仿真完成。

步骤 6：电路仿真完成后，在弹出的 **Tanner Waveform Viewer** 窗口选择保存 **Chartbook** 后关闭 **Waveform Viewer**，以便之后将 **Chartbook** 中的图像保存在 **Tanner Designer** 中。如果选择不保存 **Chartbook**，则在 **Tanner Waveform Viewer** 中看到的任何图表都不会作为图像保存在 **Tanner Designer** 中。如果想要重新保存 **Chartbook**，可以拖动 **Simulation Results** 目录下对应的仿真文件夹中的* .tsim 文件到 **Waveform Viewer** 中，然后保存生成的 **Chartbook**。

步骤 7：如前面的步骤所示，更改 **Setup SPICE Simulation of cell ‘TB_RingVCO’**对话框中的 **Testbench** 选项并运行 PVT 和 Monte Carlo，如图 4.3 所示。

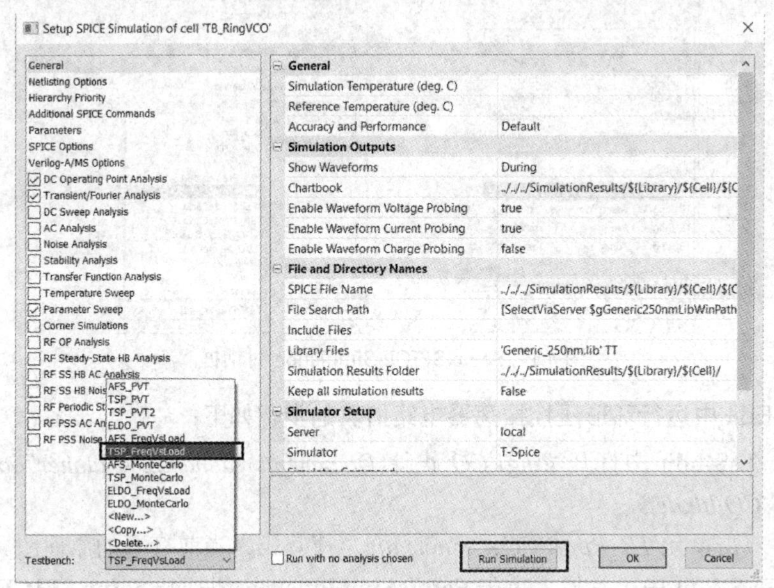

图 4.3　Setup SPICE Simulation of cell ‘TB_RingVCO’ 界面

步骤 8：双击 *TB_RingVCO_Eye RingVCO：schematic* 名称，打开原理图，如图 4.4 所示。

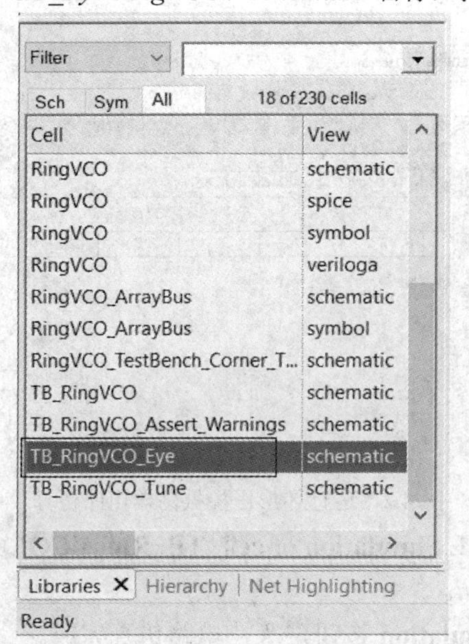

图 4.4　Ring VCO 库单元列表中的 TB_RingVCO

点击 ▶ 运行 *TB_RingVCO_Eye* 的电路仿真。因为这个单元只有一个 *testbench*，可以直接从 S-Edit 工具栏启动仿真。

步骤 9：仿真完成后，*RingVCO* 的仿真结果将出现在 *Documents\TannerEDA\Tanner Tools_v20XX.X\SimulationResults\RingVCO* 中。下面将会使用这个仿真数据。

步骤 10：关闭 *RingVCO* 设计。

4.2.2　运行 OpAmp 仿真

范例目录 *Design* 中包含了从 **S-Edit** 运行 *OpAmp* 电路仿真所需的一切文件。

❖ 运行 OpAmp 电路仿真的步骤如下：

步骤 1：在 S-Edit 中打开 *Documents\TannerEDA\TannerTools_v20XX.X\Designs\ OpAmp\lib.defs*，打开单元 *OpAmp_TestBench AC_Noise_Analysis OpAmp：schematic*。这个仿真基于 *OpAmp* 的电路特性，会生成多个测量结果。

步骤 2：由于只有一个 *testbench*，故可以通过鼠标左键单击直接从 S-Edit 运行该仿真。然后等待电路仿真完成。

步骤 3：关闭所有窗口。如果希望保存对图表所做的任何自定义操作，或者希望当前图表的图像包含在该仿真的 Excel 工作表中，应当在 **Tanner Waveform Viewer** 中保存图册。

注意: 此时，可以在目录 *Documents \ TannerEDA \ TannerTools_v20XX.X \ SimulationResults* 中找到 *RingVCO* 和 *OpAmp* 的仿真结果。之后的操作将会使用这里的仿真数据。

4.3　展示仿真结果

T-Designer 简化了从仿真结果文件夹中收集数据并以图形化方式展示仿真信息的过程。用户可以在 T-Designer 中建立工作簿，从而可以根据仿真测量结果定制报告。通过执行更新(**Update**)，测量结果的数据更新和变化会在工作簿中体现出来。本节介绍 Tanner Designer 中的工作簿生成和更新。

4.3.1　仿真状态结果的简单展示

通常进行电路仿真是为了确定电路在某些特定的工作条件下是否可以正常工作。将这个评判过程自动化的方法之一是设定一些特定的测量，然后将测量得到的数据和设计目标数据进行对比。进行了前面章节的学习本节要用到的仿真结果可能已经存在。测量结果可以表明电路在几种不同的工作条件下是否正常工作。下面的操作使用了测量命令(.measure)来测量环振频率 RingFreqIsOk 是否正常，这个测量是 *TB_RingVCO_FreqVsLoad_TSP* 仿真的一部分，并且会将测量结果显示在 T-Designer 的图形界面(GUI)上。这个例子不会生成且不需要工作簿。

❖ 将仿真状态结果在无工作簿情况下进行简单展示的步骤如下：

步骤 1：选择 **Start > All Programs > Mentor Graphics > Tanner Tools > Tanner**

Designer，启动 Tanner Designer。

步骤 2：用鼠标左键单击 **New** 按钮，创建新的数据聚合文件，如图 4.5 所示。

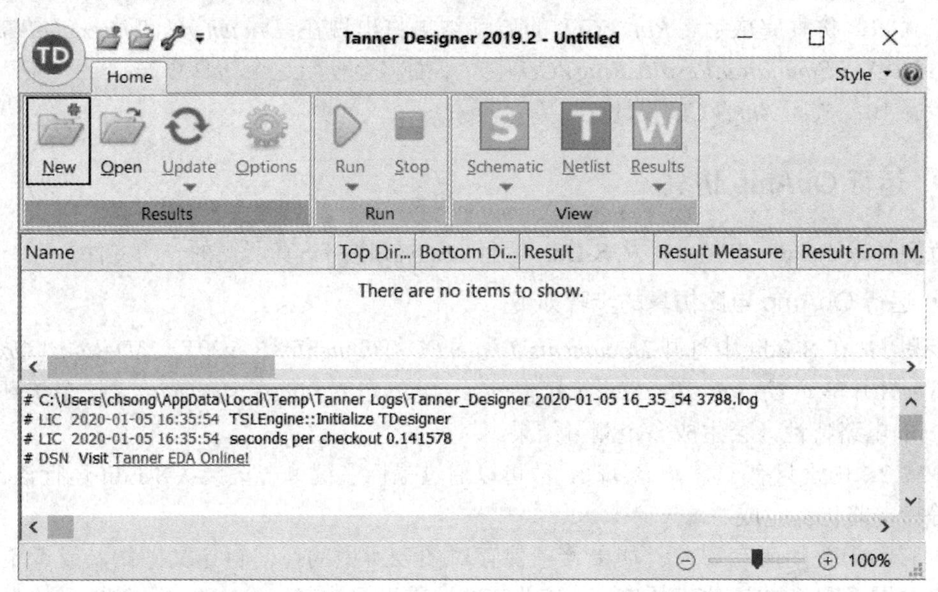

图 4.5　创建新文件项目

步骤 3：从 Windows 资源管理器中找到保存仿真结果的文件夹并拖动目录 *Documents\TannerEDA\TannerTools_v20XX.X\SimulationResults* 到 **Choose aggregation folder to open** 下的空白区域(如图 4.6 所示)，或按 ... 按钮浏览并选择文件夹位置。

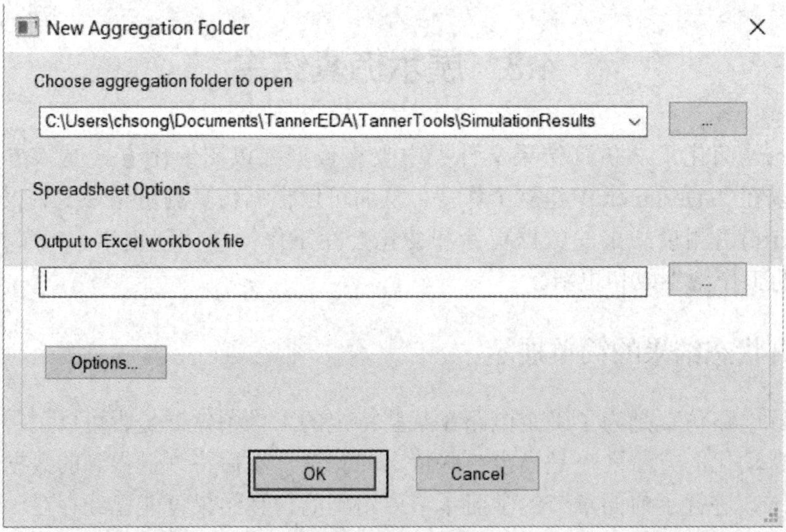

New Aggregation Folder

Choose aggregation folder to open

C:\Users\chsong\Documents\TannerEDA\TannerTools\SimulationResults

Spreadsheet Options

Output to Excel workbook file

Options...

OK　Cancel

图 4.6　设置新文件的路径

步骤 4：单击 **OK** 按钮。

步骤 5：Tanner Designer 将在仿真窗口中显示整个 *SimulationResults* 目录中包含的仿真信息，如图 4.7 所示。这也是上一步中指定的文件夹路径。

在仿真窗口用鼠标右键单击列标题可以选择显示的列，调整列的大小等。要使各列中所有信息都像 Name 和 Status 列一样完整地显示，在列标题中间分隔线处双击即可。

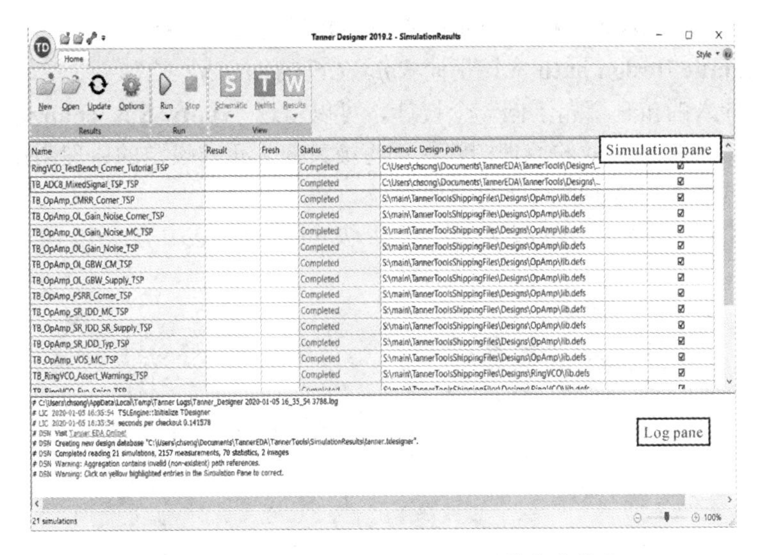

图 4.7　整个 SimulationResults 目录的仿真信息

步骤 6：如果在日志窗口中看到无效路径引用的信息提示，则需要修复此类错误才能继续进行下面的步骤。如果仿真窗口中没有黄色高亮的条目且日志窗口中没有无效路径引用的警告信息，则可以跳过此步骤。例如，日志窗口中可能出现如下警告信息：

#DSN Warning：Aggregation contains invalid (non-existent) path references.

#DSN Warning：Click on yellow highlighted entries in the Simulation Pane to correct.

如上一步中所述，在仿真窗口列标题中选择相应的列以显示黄色高亮的条目，或者只需选择 Show all columns，其下方是自动调整列宽的命令 Resize all columns。

运行仿真时，可以将设计路径和原理图根目录作为注释添加到仿真网表的开头。此信息可以帮助 Tanner Designer 识别原理图的位置，以便通过工具栏中的按钮打开仿真对应的原理图，以及重新运行仿真。要修复 Tanner Designer 中的警告报错的路径，用鼠标左键单击 **Schematic Design path** 中黄色高亮的行，将会出现 **Rename Paths** 对话框，如图 4.8 所示。

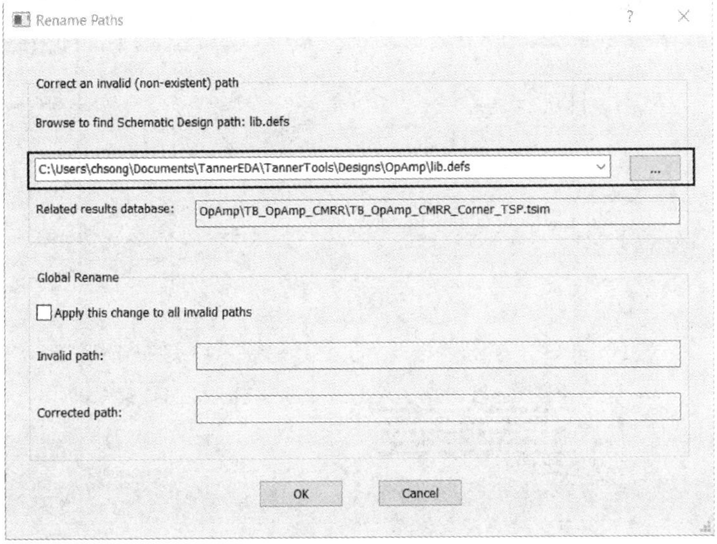

Rename Paths

Correct an invalid (non-existent) path

Browse to find Schematic Design path: lib.defs

C:\Users\chsong\Documents\TannerEDA\TannerTools\Designs\OpAmp\lib.defs

Related results database: OpAmp\TB_OpAmp_CMRR\TB_OpAmp_CMRR_Corner_TSP.tsim

Global Rename

Apply this change to all invalid paths

Invalid path:

Corrected path:

OK　Cancel

图 4.8　Rename Paths 对话框

参考 **Related results database** 显示的信息，找到对应设计档案文件夹下的 *lib.defs*。在本例中，**Schematic Design path** 应该指向 *RingVCO* 的 *lib.defs* 文件。

如果当前导入的仿真都属于同一个设计，可以勾选 **Apply this change to all invalid paths**，仿真窗口中所有无效的原理图路径都将被替换为重新设定的原理图路径。重复以上步骤修复其他黄色高亮提示的原理图错误路径。

步骤 7：用鼠标左键单击仿真窗口上的 *TB_RingVCO_FreqVsLoad_TSP* 以选择该行，如图 4.9 所示。

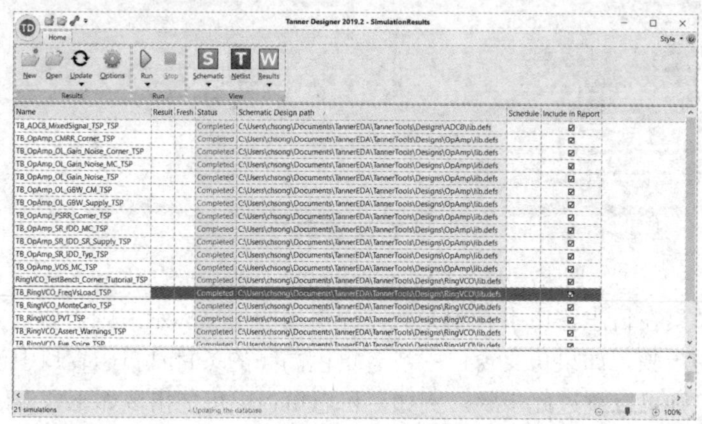

图 4.9　选择仿真窗口中的 TB_RingVCO_FreqVsLoad_TSP

步骤 8：用鼠标左键单击工具栏中的 **Schematic** 按钮 S，查看 *TB_RingVCO_FreqVsLoad_TSP* 电路原理图。

步骤 9：S-Edit 启动并自动打开了 *RingVCO* 中的 *TB_RingVCO* 原理图。原理图上已经添加了一些测量工具如 *RingFreq*，还有一些测量是通过文本方式添加在网表中的。用鼠标左键单击 **Setup Simulation** 图标 ，如图 4.10 所示。

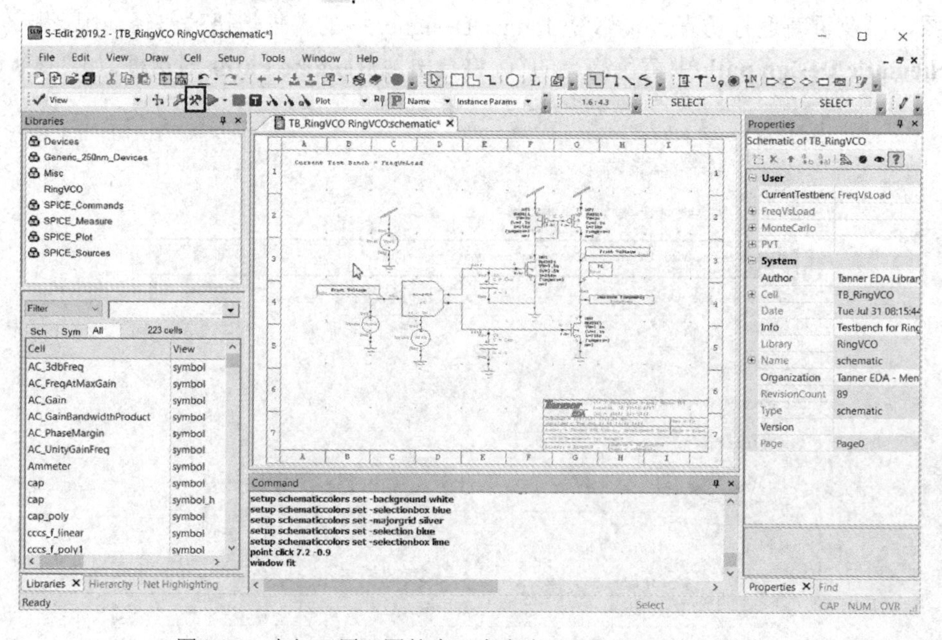

图 4.10　在打开原理图的窗口中点击 Setup simulation 图标

步骤 10：在 **Setup SPICE Simulation of cell‘TB_RingVCO’** 对话框的 **Additional SPICE Commands** 选项中定义了以 *RingFreqIsOk* 为参数的测量命令，如图 4.11 所示。频率是周期的倒数，周期是通过测量周期性波形计算得到的。如果测得的频率满足.measure 命令中定义的条件，即大于 140 MHz，则该测量值返回 1；否则，测量值返回 0。

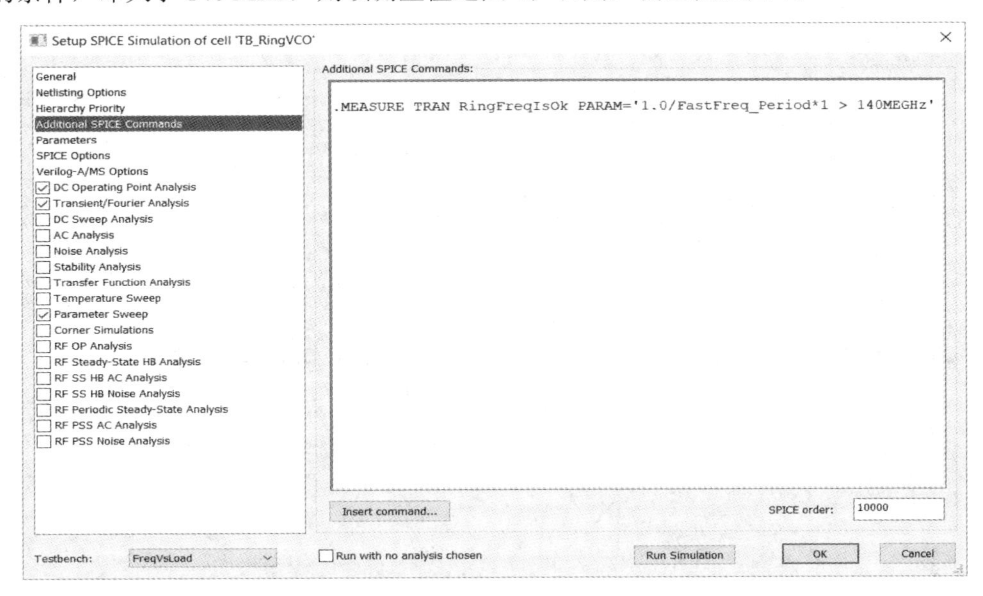

图 4.11　测量 RingFreqIsOK 的命令

步骤 11：用鼠标左键单击工具栏中的 **T-Spice Netlist** 按钮，查看仿真输入文件 *TB_RingVCO_FreqVsLoad_TSP.sp*，如图 4.12 所示。注意，测量 *RingFreqIsOk* 的.measure 命令出现在文件底部。该测量结果会在仿真结果中与 *RingFreq<Hz>*一起输出。还有另一个测量周期参数 *FastFreq_Period* 的 .measure 命令，但它被“PRINT 0”标志限制输出。

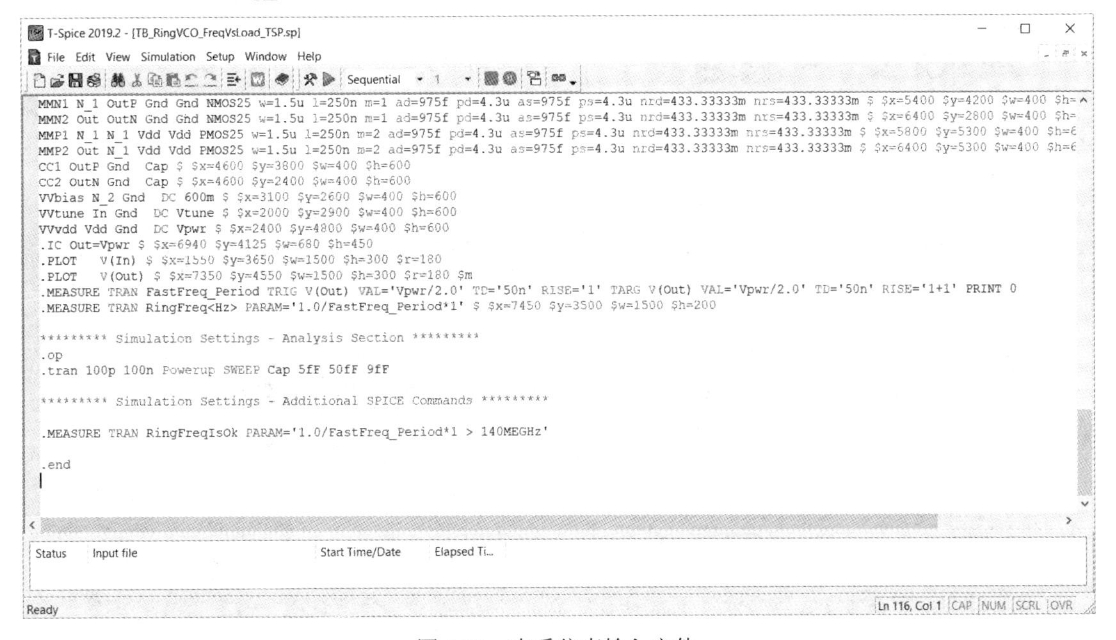

图 4.12　查看仿真输入文件

步骤 12: 在 **T-Designer** 的仿真窗口中 *TB_RingVCO_FreqVsLoad_TSP* 的 **Result Measure** 列中输入测量名称 *RingFreqIsOk*。如果 **Result Measure** 列不显示，则用鼠标右键单击列标题栏并选择 **Columns > Result Measure**，如图 4.13 所示。

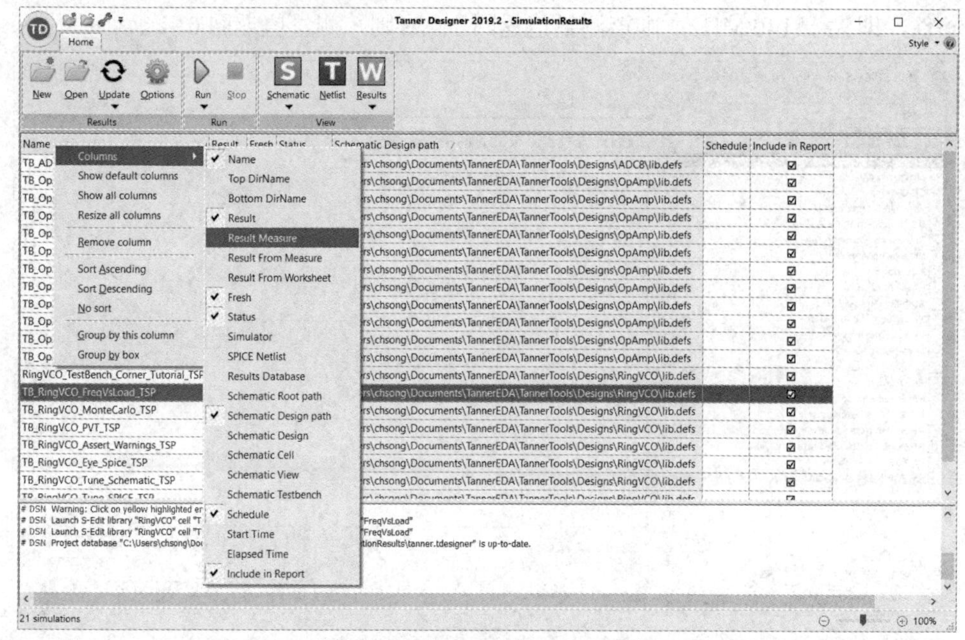

图 4.13　使 Result Measure 可见

步骤 13：在 Tanner Designer 工具栏中用鼠标左键点击 **Update**，如图 4.14 所示。仿真窗口中的 **Result** 字段将根据 **Result Measure** 中的测量值进行更新。本例仿真的结果显示此电路在所有工作条件下都返回值 1，表明它已通过该标准。如果任何 **Result Measure** 条件返回值为 0，则 **Result** 列中将显示为失败状态。

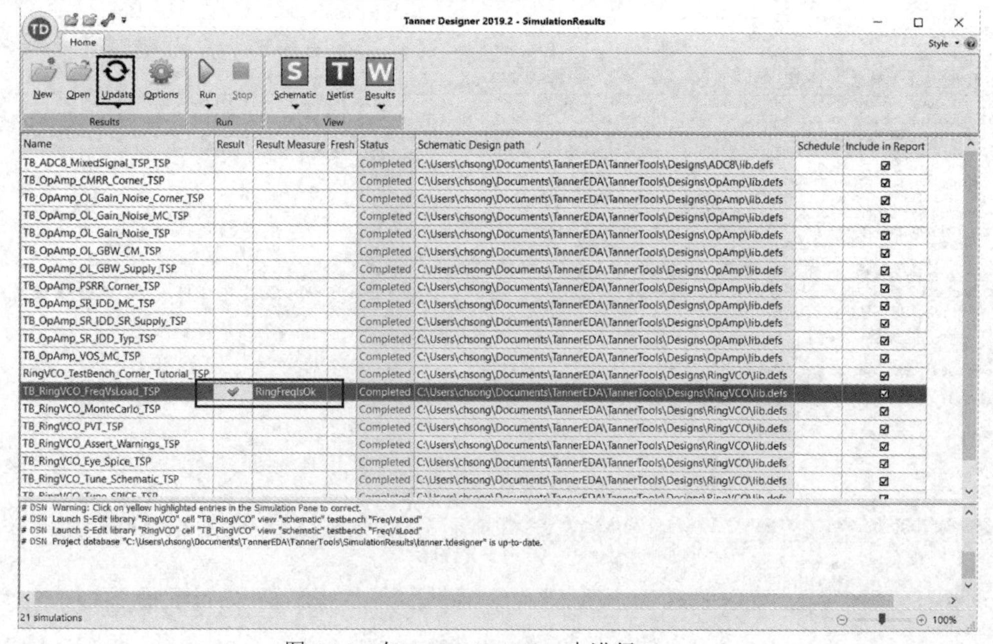

图 4.14　在 Tanner Designer 中进行 Update

4.3.2　创建仿真结果工作簿

T-Designer 生成了两种类型的工作表：一种包含仿真列表及其相应结果的“Result”工作表，以及一个或多个用于仿真测量的工作表。Result 工作表表明哪些仿真用于生成工作簿。根据 T-Designer 的 **Options** 设置，可以创建其他工作表用来保存仿真测量结果和数据库查询。

下面将介绍快速创建仿真结果工作簿的步骤，以及用户可能需要的其他自定义项。

❖ **用默认选项轻松创建仿真结果工作簿的步骤如下：**

步骤 1：通过 **Start >All Programs > Mentor Graphics> Tanner Tools> Tanner Designer** 启动 **T-Designer**。

步骤 2：用鼠标左键单击 **New** 按钮开始创建新项目，过程如图 4.15 所示。

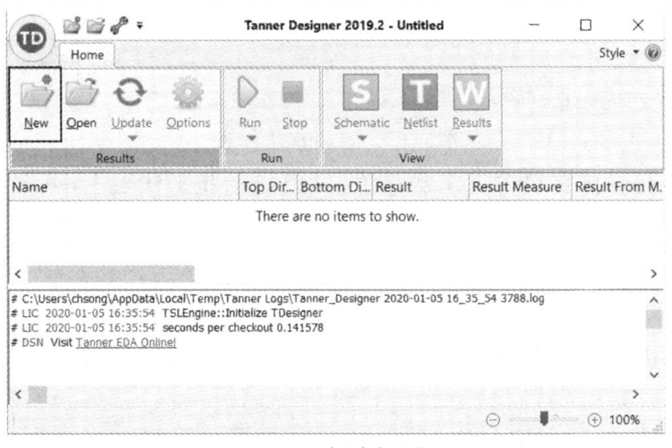

图 4.15　创建新项目

步骤 3：将目录 *Documents* \ *TannerEDA* \ *TannerTools_v20XX.X* \ *SimulationResults* 从 Windows 资源管理器拖到 **Choose aggregation folder to open** 字段。

步骤 4：输入要创建的工作簿名称，例如 *default*，如图 4.16 所示。注意，.xlsx 扩展名将自动添加到文件名中，最终的输出文件是 *default.xlsx*。

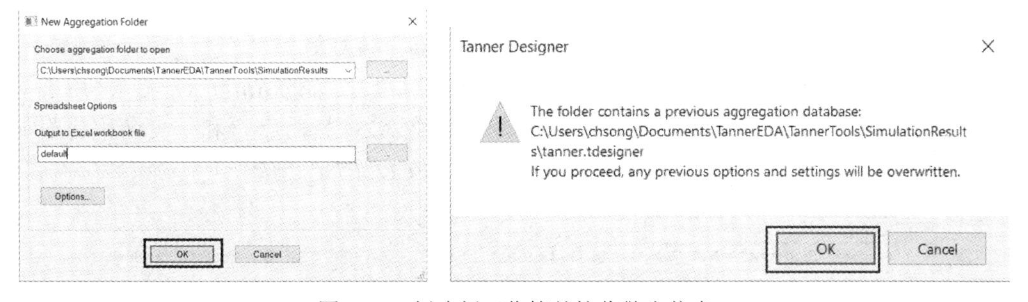

图 4.16　创建新工作簿并接收警告信息

步骤 5：用鼠标左键单击 **OK** 按钮。在弹出的图 4.16 所示的警告对话框中点击 **OK** 按钮确认覆盖 *tanner.tdesigner* 数据文件集，新的工作簿 *default.xlsx* 文件将被创建。

步骤 6：Tanner Designer 在仿真窗口中将显示整个 **SimulationResults** 目录包含的仿真信息，还将创建一个 Excel 工作簿，工作簿中除了一个名为 *Results* 的工作表外，还有与每个仿真名称相对应的工作表。

Excel 工作簿中的第一个工作表(名为 *Results*)如图 4.17 所示，其 A 列中包含每个仿真的名称，标题为 *Simulation*，B 列标题为 *Result*，由用户定义每个仿真结果为 *pass*(*yes, true, numeric non-zero*)、*fail*(*no, false, numeric zero*)或者 *maybe*。稍后将更详细地介绍 *Result* 列。

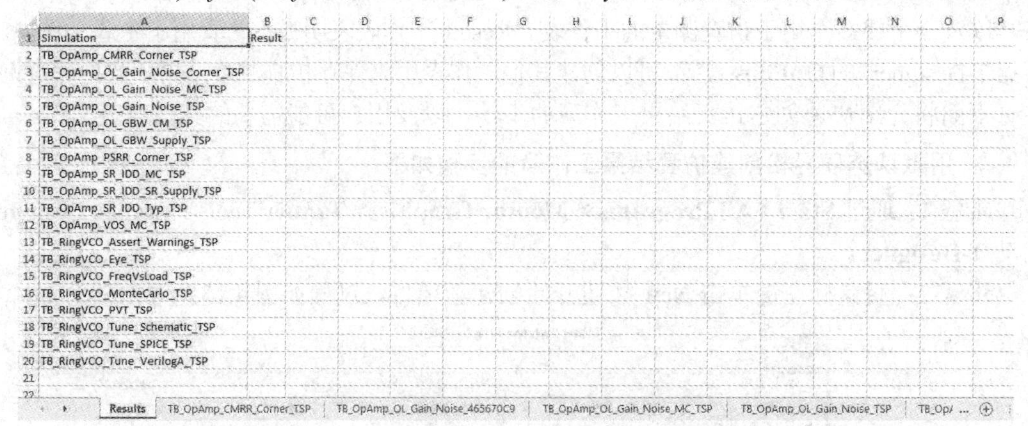

	A	B
1	Simulation	Result
2	TB_OpAmp_CMRR_Corner_TSP	
3	TB_OpAmp_OL_Gain_Noise_Corner_TSP	
4	TB_OpAmp_OL_Gain_Noise_MC_TSP	
5	TB_OpAmp_OL_Gain_Noise_TSP	
6	TB_OpAmp_OL_GBW_CM_TSP	
7	TB_OpAmp_OL_GBW_Supply_TSP	
8	TB_OpAmp_PSRR_Corner_TSP	
9	TB_OpAmp_SR_IDD_MC_TSP	
10	TB_OpAmp_SR_IDD_SR_Supply_TSP	
11	TB_OpAmp_SR_IDD_Typ_TSP	
12	TB_OpAmp_VOS_MC_TSP	
13	TB_RingVCO_Assert_Warnings_TSP	
14	TB_RingVCO_Eye_TSP	
15	TB_RingVCO_FreqVsLoad_TSP	
16	TB_RingVCO_MonteCarlo_TSP	
17	TB_RingVCO_PVT_TSP	
18	TB_RingVCO_Tune_Schematic_TSP	
19	TB_RingVCO_Tune_SPICE_TSP	
20	TB_RingVCO_Tune_VerilogA_TSP	

Results | TB_OpAmp_CMRR_Corner_TSP | TB_OpAmp_OL_Gain_Noise_465670C9 | TB_OpAmp_OL_Gain_Noise_MC_TSP | TB_OpAmp_OL_Gain_Noise_TSP | TB_Op/ ...

图 4.17　Results 工作表

其中，一个 *OpAmp* 仿真包含五个测量值，其值显示在工作表上，其名称对应于 *testbench* 名称 *TB_OpAmp_OL_Gain_Noise_TSP* _(长名称超过 31 个字符被截断，这是 Excel 工作表名称的限制)，如图 4.18 所示。A 列显示测量名称，B 列显示电路仿真中得到的测量值。工作表的第一行是特殊的，它包含一个关键字 TannerVector，用于标识哪个列(或行)显示仿真测量名称。由于其他仿真也可能包含增益的测量，因此在仿真名称列中测量名与仿真名组合在一起显示。

	A	B
1	TannerVector	
2	Gain:TB_OpAmp_OL_Gain_Noise_TSP	44.46919
3	PhaseMargin:TB_OpAmp_OL_Gain_Noise_TSP	51.27046
4	GainBandwidth:TB_OpAmp_OL_Gain_Noise_TSP	11591369
5	En_1kHz:TB_OpAmp_OL_Gain_Noise_TSP	1.64E-07
6	En_GBW:TB_OpAmp_OL_Gain_Noise_TSP	3.75E-08

... | TB_OpAmp_OL_Gain_Noise_TSP | TB_OpAmp_OL_GBW_CM_TSP | TB_OpAmp ...

图 4.18　OpAmp 仿真包含的五个测量值

TB_RingVCO_PVT_TSP 工作表中只有一个针对多参数扫描的 *RingFreq* 测量。由于多个仿真都有 *RingFreq* 测量，因此如图 4.19 所示的单元格 A2，冒号字符和仿真名称将附加到 *RingFreq* 测量名称后面，显示为 *RingFreq*：*TB_RingVCO_PVT_TSP*。

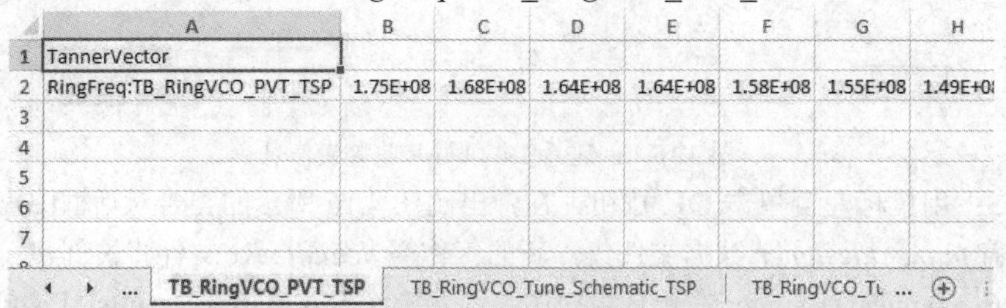

	A	B	C	D	E	F	G	H
1	TannerVector							
2	RingFreq:TB_RingVCO_PVT_TSP	1.75E+08	1.68E+08	1.64E+08	1.64E+08	1.58E+08	1.55E+08	1.49E+0

... | TB_RingVCO_PVT_TSP | TB_RingVCO_Tune_Schematic_TSP | TB_RingVCO_Tu ...

图 4.19　TB_RingVCO_PVT_TSP 工作表

TB_RingVCO_Eye_TSP 工作表包含两个测量名称和对应的测量值，如图 4.20 所示。用于 Eye-Period 仿真的测量名 *RingFreq* 以冒号加仿真名的形式显示，即 *RingFreq*：

TB_RingVCO_Eye_TSP。由于工作簿中没有其他仿真包含测量名称 *EyePeriod*，因此 *EyePeriod* 可以使用没有附加仿真名称的较短形式显示。名称显示方式可以由 Tanner Designer、Options、Insert minimal query 控制。

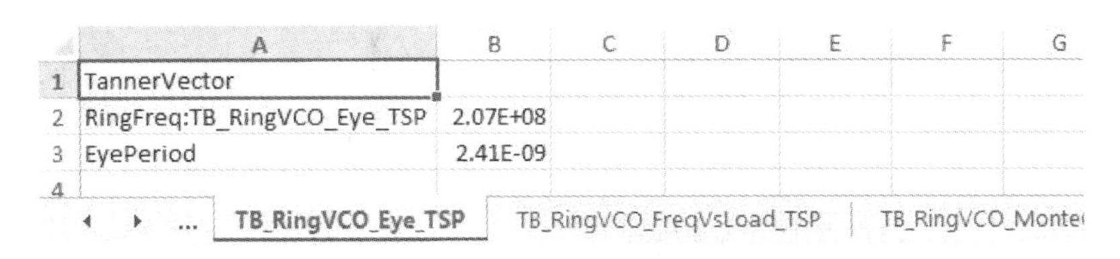

	A	B	C	D	E	F	G
1	TannerVector						
2	RingFreq:TB_RingVCO_Eye_TSP	2.07E+08					
3	EyePeriod	2.41E-09					
4							

TB_RingVCO_Eye_TSP | TB_RingVCO_FreqVsLoad_TSP | TB_RingVCO_Monte

图 4.20　TB_RingVCO_Eye_TSP 工作表

TB_RingVCO_FreqVsLoad_TSP 工作表包含扫描六个电容值的 *RingFreq* 测量，如图 4.21 所示。如前面 *RingFreqIsOk* 测量所定义，*RingFreqIsOk* 值为 1 表示六个扫描测得的结果均满足工作条件，即高于 140 MHz。例如，*SimulationResults\RingVCO\TB_RingVCO\TB_RingVCO_FreqVsLoad_TSP.cbk* 图表文件中所保存的 my_ring_freq 和 ring_avg 是两个由波形计算器定义的测量，另有两个波形图像是 **Waveform Viewer** 中查看到的视图。

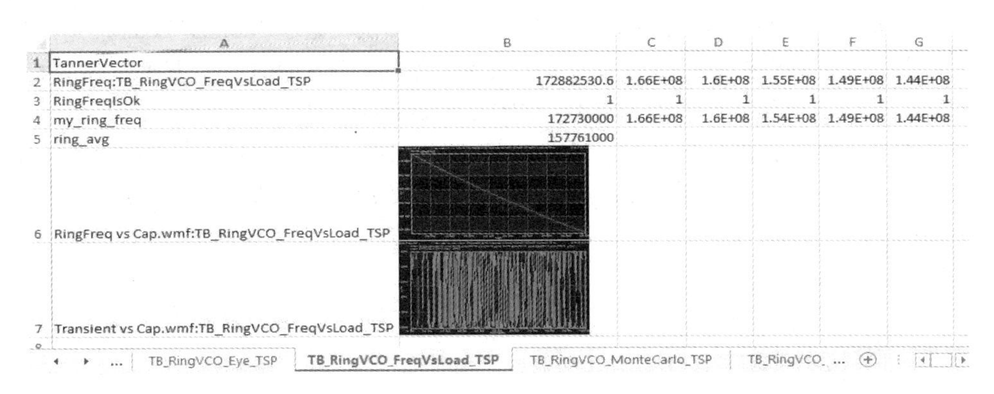

	A	B	C	D	E	F	G
1	TannerVector						
2	RingFreq:TB_RingVCO_FreqVsLoad_TSP	172882530.6	1.66E+08	1.6E+08	1.55E+08	1.49E+08	1.44E+08
3	RingFreqIsOk	1	1	1	1	1	1
4	my_ring_freq	172730000	1.66E+08	1.6E+08	1.54E+08	1.49E+08	1.44E+08
5	ring_avg	157761000					
6	RingFreq vs Cap.wmf:TB_RingVCO_FreqVsLoad_TSP						
7	Transient vs Cap.wmf:TB_RingVCO_FreqVsLoad_TSP						

TB_RingVCO_Eye_TSP | TB_RingVCO_FreqVsLoad_TSP | TB_RingVCO_MonteCarlo_TSP | TB_RingVCO_ ...

图 4.21　TB_RingVCO_FreqVsLoad_TSP 工作表

TB_RingVCO_MonteCarlo_TSP 工作表包含了用于 Monte Carlo 仿真中 *RingFreq* 的各种测量值，如图 4.22 所示。

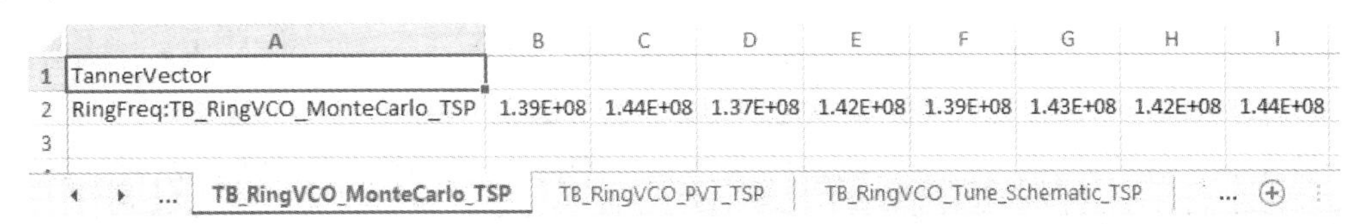

	A	B	C	D	E	F	G	H	I
1	TannerVector								
2	RingFreq:TB_RingVCO_MonteCarlo_TSP	1.39E+08	1.44E+08	1.37E+08	1.42E+08	1.39E+08	1.43E+08	1.42E+08	1.44E+08
3									

TB_RingVCO_MonteCarlo_TSP | TB_RingVCO_PVT_TSP | TB_RingVCO_Tune_Schematic_TSP | ...

图 4.22　TB_RingVCO_MonteCarlo_TSP 工作表

用户可以在 Excel 中进行自定义计算，用以生成电路仿真结果，并将结果显示在 Tanner Designer 仿真窗口的 **Result** 列中。以下步骤说明了如何使用 Excel 公式为电路仿真的某个特性定义 *PASS* 或 *FAIL*，并将工作簿中的值返回到 Tanner Designer 仿真窗口的 **Result** 列中。

Excel 小贴士：可以右击左下角的灰色区域浏览所有工作表。

步骤 7：选择 *TB_RingVCO_Eye_TSP* 工作表，如图 4.23 所示。

步骤 8：在第 2 行之前插入一个空行，以便用户可以添加自己的列标签(快捷键是 **Ctrl** + +)。

步骤 9：在 A 列之前插入一个空白列，这样就不会干扰 TannerVector 标记的列。关键字 TannerVector 定义了测量名称，其所在的列或行中任何其他文本都将导致非法查询而生成错误信息。

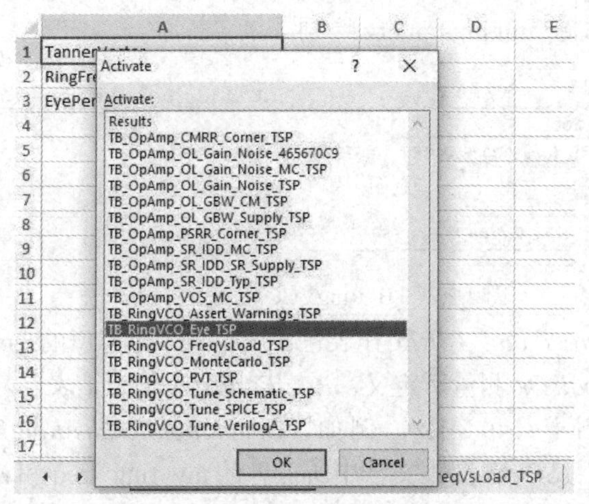

图 4.23　选择 TB_RingVCO_Eye_TSP 工作表的界面

步骤 10：保留第 1 行供 Tanner 使用。B1 中的默认关键字 TannerVector 表示 Tanner Designer 将删除 D 列中的原有值并写入新的矢量类型值。这个例子中，我们只需要 C 列中的值，无需对 D 列进行操作，因此将 B1 中的 TannerVector 更改为 Tanner。

步骤 11：在 A2 中键入 *Measure Name*；在 C2 中键入 *Sim Value*；在 D2 中键入 *Min*；在 E2 中键入 *Max*；在 F2 中键入 *Fail*；在 G2 中键入 *Status*；在 A3 中键入 *B3* 的值将被复制到 A3 中。

复制单元格 A3 到 A4 中。

步骤 12：在 D 和 E 列中输入值，如图 4.24 所示(或根据仿真要求，自定义该值)。

	A	B	C	D	E	F	G
1		Tanner					
2	Measure Name		Sim Value	Min	Max	Fail	Status
3	RingFreq:TB_RingVCO_Eye_TSP	RingFreq:TB_RingVCO_Eye_TSP	207157228.6	2.00E+08	3.00E+08	FALSE	PASS
4	EyePeriod	EyePeriod	2.41363E-09	2.00E-09	3.00E-09	FALSE	PASS
5							
6						FALSE	PASS

... TB_RingVCO_Eye_TSP | TB_RingVCO_FreqVsLoad_TSP | TB_RingVCO_MonteCar ...

图 4.24　工作表输入相应值

步骤 13：在 F3 中定义公式 =*OR(C3 <D3，C3> E3)*。

步骤 14：在 G3 中定义公式 =*IF(F3, "FAIL", "PASS")*。这个公式会将 *Fail* 列测量的逻辑值转换为字符串以提高可读性。

步骤 15：复制单元格 F3:G3 并粘贴到 F4:G4 中。副本会自动将所有引用行号从 3 更改为 4。

步骤 16：定义一个公式，将 F6 的失败条件汇总为 =*OR(F3:F5)*。这个公式表示将 F 列第 3 行到第 5 行的值做逻辑 OR。

步骤 17：复制 G4 并粘贴到 G6 中，将 *Status* 值设置为字符串 *PASS* 或 *FAIL*。

更改 *Min* 和 *Max* 列的一些值(列 D 和 E)，*Fail* 和 *Status* 列将自动更新。

如果需要，可以隐藏列 B 到列 F，以使结果显示得更清晰。

步骤 18：定义公式将 *TB_RingVCO_Eye_TSP* 状态复制到 *Results* 工作表。选择 *Results*

工作表，在 B14 中输入“=”，然后选择 *TB_RingVCO_Eye_TSP* 工作表，用鼠标左键单击 G6，再按 **Enter** 键，保存工作簿文件，如图 4.25 所示。

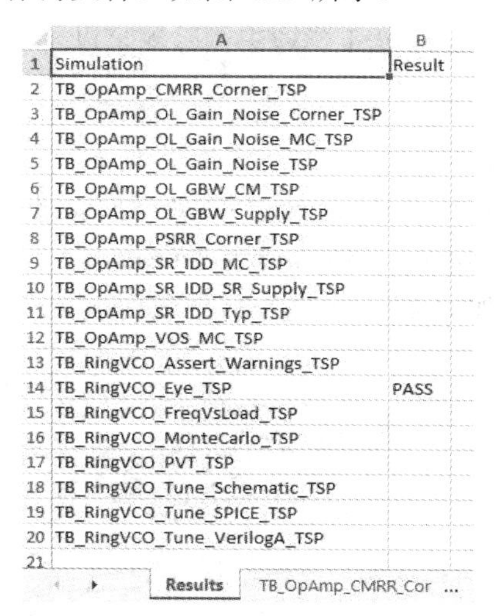

	A	B
1	Simulation	Result
2	TB_OpAmp_CMRR_Corner_TSP	
3	TB_OpAmp_OL_Gain_Noise_Corner_TSP	
4	TB_OpAmp_OL_Gain_Noise_MC_TSP	
5	TB_OpAmp_OL_Gain_Noise_TSP	
6	TB_OpAmp_OL_GBW_CM_TSP	
7	TB_OpAmp_OL_GBW_Supply_TSP	
8	TB_OpAmp_PSRR_Corner_TSP	
9	TB_OpAmp_SR_IDD_MC_TSP	
10	TB_OpAmp_SR_IDD_SR_Supply_TSP	
11	TB_OpAmp_SR_IDD_Typ_TSP	
12	TB_OpAmp_VOS_MC_TSP	
13	TB_RingVCO_Assert_Warnings_TSP	
14	TB_RingVCO_Eye_TSP	PASS
15	TB_RingVCO_FreqVsLoad_TSP	
16	TB_RingVCO_MonteCarlo_TSP	
17	TB_RingVCO_PVT_TSP	
18	TB_RingVCO_Tune_Schematic_TSP	
19	TB_RingVCO_Tune_SPICE_TSP	
20	TB_RingVCO_Tune_VerilogA_TSP	
21		

Results　TB_OpAmp_CMRR_Cor ...

图 4.25　将状态复制到 Results 工作表的界面

步骤 19：如图 4.26 所示，在 **Tanner Designer** 工具栏中点击 **Update** 。在 Excel 工作簿中定义的该仿真结果将显示在 T-Designer 仿真页面的 **Result** 列中。T-Designer 在加载或更新时会自动保存关联的 Excel 文件。

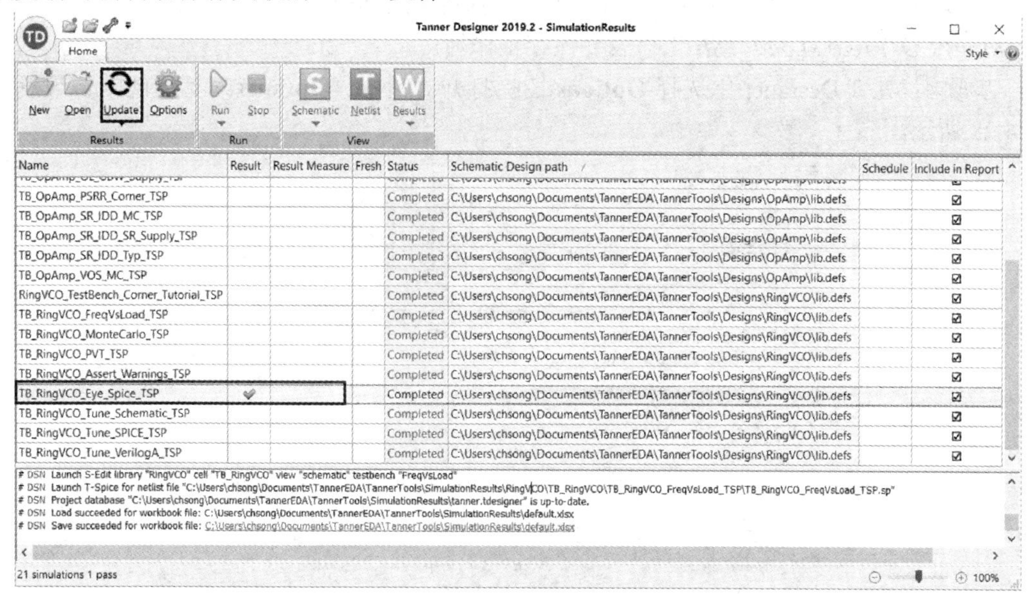

图 4.26　仿真的 Result

步骤 20：关闭 T-Designer 和 Excel。

4.3.3　更新工作簿

仿真表格和工作簿的更新很迅速。**Options** 控制更新的执行，工作簿中的任何工作表都可以被修改，在 **Tanner** 行或列中任意一处的测量或者数据库也将更新(测量可以复制或删除)。引用不存在的测量会导致在 T-Designer 日志窗口中报错，以及在测量或数据库查询相邻的值时出现错误消息。

下面的练习演示了如何安全地从工作簿中删除测量以及重新加入。

❖ **更新工作簿的步骤如下：**

步骤 1：启动 T-Designer。

步骤 2：通过点击 **Open** 图标打开上次保存的数据文件 *Documents\TannerEDA\TannerTools_ v20XX.X\SimulationResults\tanner.tdesigner*，或点击 T-Designer 左上角的图标从最近使用的列表中选择，如图 4.27 所示。

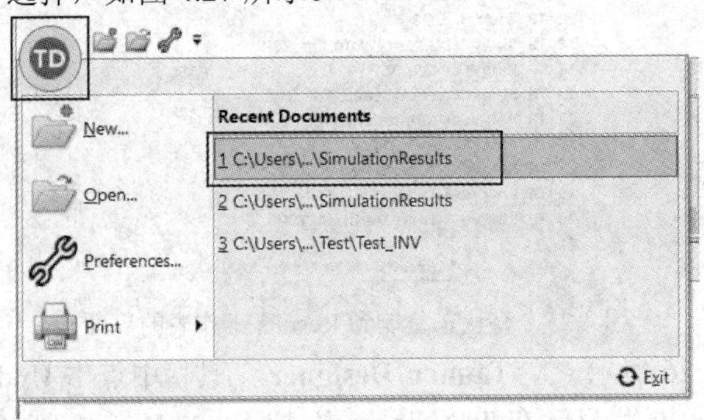

图 4.27　打开上一个文件项目

步骤 3：将工作簿中的内容根据当前仿真的测量值更新。首先从工作簿中删除 *TB_RingVCO_FreqVsLoad_TSP* 工作表并保存工作簿。

步骤 4：在 T-Designer 中选择 **Options** 图标打开对话框。**Options** 对话框的默认设置如图 4.28 所示。

Options
Excel workbook:
default.xlsx
New simulations
Create worksheets for new simulations. Worksheet name is:
Simulation name
Top parent directory name
Bottom parent directory name
Arrange new data in: Columns
Hide first row or column
New measurements
Add to worksheet: Measurements Found
Insert minimal query (<measure> instead of <measure>:<simulation>)
Pictures
Link to file
Results reporting
Get from worksheet: Results
OK　Cancel

图 4.28　Options 对话框

步骤 5：在 **Options** 对话框中的 **New Measurements** 部分勾选 **Add to worksheet**，并将名称命名为 *Measurements Found*。要查看有关此项的更多说明，可以将光标点移到在输入框中然后按 **F1** 键。

步骤 6：用鼠标左键单击工具栏中的 **Update** 按钮。工作簿会自动重建，Excel 显示的 *Results* 工作表是相同的，但是新的测量结果被添加到新创建的 *Measurements Found* 工作表中，如图 4.29 所示。

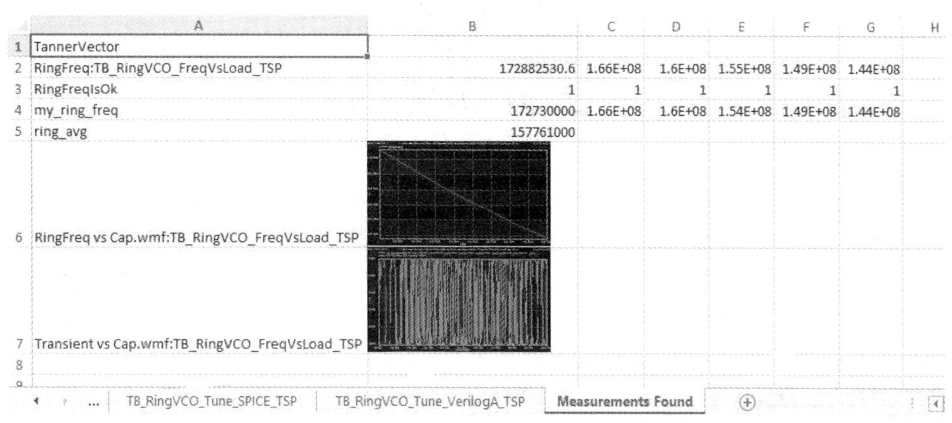

	A	B	C	D	E	F	G	H
1	TannerVector							
2	RingFreq:TB_RingVCO_FreqVsLoad_TSP	172882530.6	1.66E+08	1.6E+08	1.55E+08	1.49E+08	1.44E+08	
3	RingFreqIsOk	1	1	1	1	1	1	
4	my_ring_freq	172730000	1.66E+08	1.6E+08	1.54E+08	1.49E+08	1.44E+08	
5	ring_avg	157761000						
6	RingFreq vs Cap.wmf:TB_RingVCO_FreqVsLoad_TSP							
7	Transient vs Cap.wmf:TB_RingVCO_FreqVsLoad_TSP							
8								

... TB_RingVCO_Tune_SPICE_TSP | TB_RingVCO_Tune_VerilogA_TSP | Measurements Found

图 4.29 Measurements Found 工作表

步骤 7：从 *Results* 工作表中删除 *TB_RingVCO_FreqVsLoad_TSP* 行，并将这些更新保存到此 Excel 文件，如图 4.30 所示。未在 *Results* 工作表中显示名称的仿真将被视为新仿真，并且如果没有 *Results* 工作表，则所有仿真都被视为新仿真。最后保存工作簿文件。

步骤 8：用鼠标左键单击 T-Designer 工具栏的 **Update**，由于此仿真名称未出现在 *Results* 工作表的 A 列中，因此它将被添加在最下面，如图 4.31 所示。

	A	B	C
1	Simulation	Result	
2	TB_OpAmp_CMRR_Corner_TSP		
3	TB_OpAmp_OL_Gain_Noise_Corner_TSP		
4	TB_OpAmp_OL_Gain_Noise_MC_TSP		
5	TB_OpAmp_OL_Gain_Noise_TSP		
6	TB_OpAmp_OL_GBW_CM_TSP		
7	TB_OpAmp_OL_GBW_Supply_TSP		
8	TB_OpAmp_PSRR_Corner_TSP		
9	TB_OpAmp_SR_IDD_MC_TSP		
10	TB_OpAmp_SR_IDD_SR_Supply_TSP		
11	TB_OpAmp_SR_IDD_Typ_TSP		
12	TB_OpAmp_VOS_MC_TSP		
13	TB_RingVCO_Assert_Warnings_TSP		
14	TB_RingVCO_Eye_TSP	PASS	
15	TB_RingVCO_MonteCarlo_TSP		
16	TB_RingVCO_PVT_TSP		
17	TB_RingVCO_Tune_Schematic_TSP		
18	TB_RingVCO_Tune_SPICE_TSP		
19	TB_RingVCO_Tune_VerilogA_TSP		
20			

Results | TB_OpAmp_CMRR_Corner_TSP

图 4.30 删除并保存更新的界面

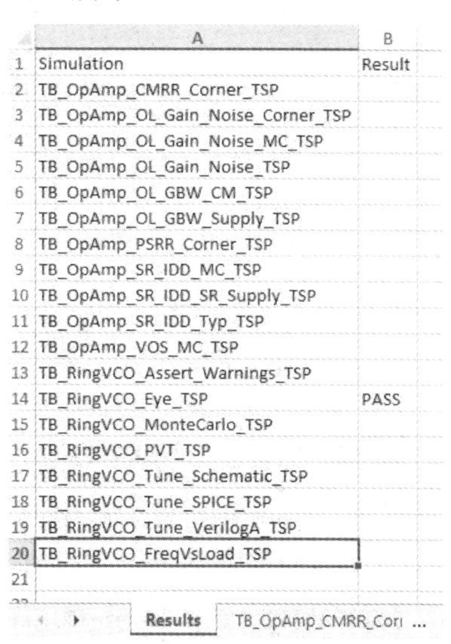

	A	B
1	Simulation	Result
2	TB_OpAmp_CMRR_Corner_TSP	
3	TB_OpAmp_OL_Gain_Noise_Corner_TSP	
4	TB_OpAmp_OL_Gain_Noise_MC_TSP	
5	TB_OpAmp_OL_Gain_Noise_TSP	
6	TB_OpAmp_OL_GBW_CM_TSP	
7	TB_OpAmp_OL_GBW_Supply_TSP	
8	TB_OpAmp_PSRR_Corner_TSP	
9	TB_OpAmp_SR_IDD_MC_TSP	
10	TB_OpAmp_SR_IDD_SR_Supply_TSP	
11	TB_OpAmp_SR_IDD_Typ_TSP	
12	TB_OpAmp_VOS_MC_TSP	
13	TB_RingVCO_Assert_Warnings_TSP	
14	TB_RingVCO_Eye_TSP	PASS
15	TB_RingVCO_MonteCarlo_TSP	
16	TB_RingVCO_PVT_TSP	
17	TB_RingVCO_Tune_Schematic_TSP	
18	TB_RingVCO_Tune_SPICE_TSP	
19	TB_RingVCO_Tune_VerilogA_TSP	
20	TB_RingVCO_FreqVsLoad_TSP	
21		

Results | TB_OpAmp_CMRR_Cor ...

图 4.31 添加回工作表的界面

步骤 9：工作簿中为此仿真测量新建了名为 *TB_RingVCO_FreqVsLoad_TSP* 的工作表(如图 4.32 所示)，表中记录了仿真测量的数据。上一次创建的 *Measurements Found* 工作表也保留在工作簿中。

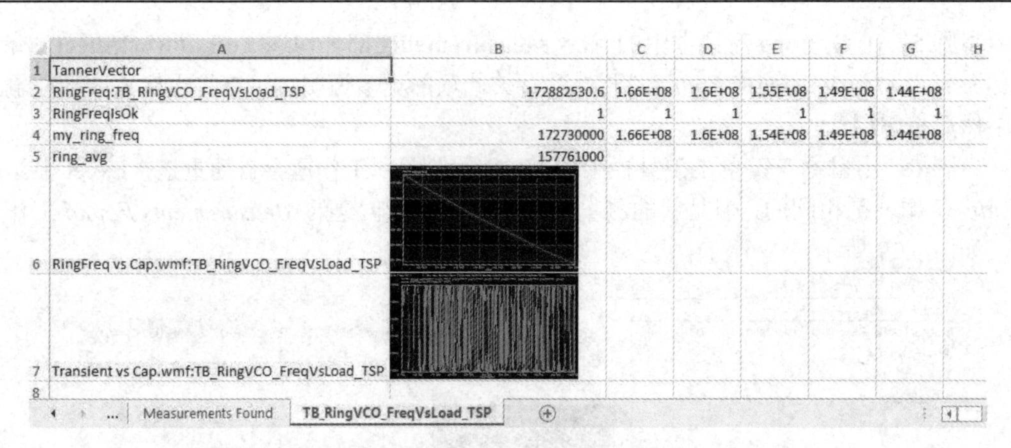

	A	B	C	D	E	F	G	H
1	TannerVector							
2	RingFreq:TB_RingVCO_FreqVsLoad_TSP	172882530.6	1.66E+08	1.6E+08	1.55E+08	1.49E+08	1.44E+08	
3	RingFreqIsOk	1	1	1	1	1	1	
4	my_ring_freq	172730000	1.66E+08	1.6E+08	1.54E+08	1.49E+08	1.44E+08	
5	ring_avg	157761000						
6	RingFreq vs Cap.wmf:TB_RingVCO_FreqVsLoad_TSP							
7	Transient vs Cap.wmf:TB_RingVCO_FreqVsLoad_TSP							
8								

... | Measurements Found | TB_RingVCO_FreqVsLoad_TSP

图 4.32　创建名为 TB_RingVCO_FreqVsLoad_TSP 的新工作表

步骤 10：删除 *Measurements Found* 工作表，然后保存工作簿文件。

步骤 11：用鼠标左键单击 T-Designer 中的 **Update** 按钮，观察重建的工作簿，其包含的工作表及表中的内容均保持不变。工作簿中也没有新建的 *Measurements Found* 工作表，因为每个仿真及其测量值都已包含在相应的工作表中了，如图 4.33 所示。

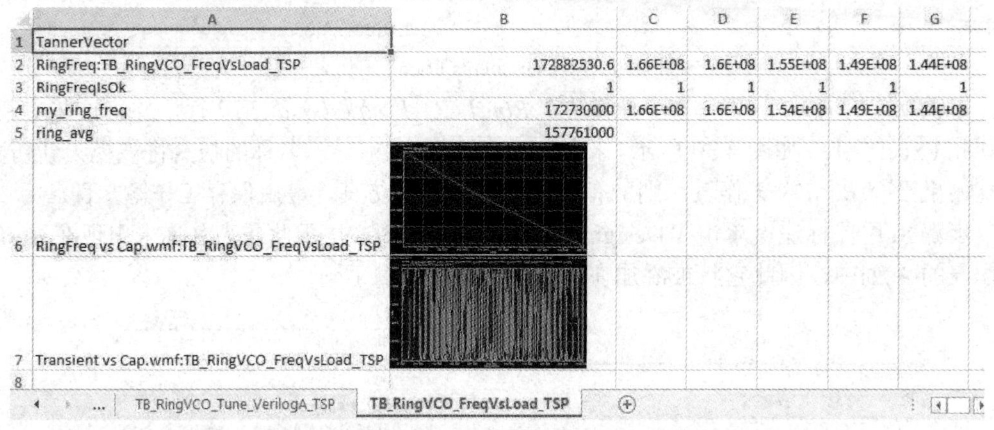

	A	B	C	D	E	F	G
1	TannerVector						
2	RingFreq:TB_RingVCO_FreqVsLoad_TSP	172882530.6	1.66E+08	1.6E+08	1.55E+08	1.49E+08	1.44E+08
3	RingFreqIsOk	1	1	1	1	1	1
4	my_ring_freq	172730000	1.66E+08	1.6E+08	1.54E+08	1.49E+08	1.44E+08
5	ring_avg	157761000					
6	RingFreq vs Cap.wmf:TB_RingVCO_FreqVsLoad_TSP						
7	Transient vs Cap.wmf:TB_RingVCO_FreqVsLoad_TSP						
8							

... | TB_RingVCO_Tune_VerilogA_TSP | TB_RingVCO_FreqVsLoad_TSP

图 4.33　未生成 Measurements Found 工作表

步骤 12：切换到 *TB_OpAmp_OL_Gain_Noise_TSP* 工作表，更改 B2 并输入 TETS，将 C3 更改为 111，D3 更改为 222。此时，工作表应与图 4.34 所示相符。最后保存工作簿文件。

	A	B	C	D
1	TannerVector			
2	Gain:TB_OpAmp_OL_Gain_Noise_TSP	TETS		
3	PhaseMargin:TB_OpAmp_OL_Gain_Noise_TSP	51.27046	111	222
4	GainBandwidth:TB_OpAmp_OL_Gain_Noise_TSP	11591369		
5	En_1kHz:TB_OpAmp_OL_Gain_Noise_TSP	1.64E-07		
6	En_GBW:TB_OpAmp_OL_Gain_Noise_TSP	3.75E-08		
7				

... | TB_OpAmp_OL_Gain_Noise_TSP | TB_OpAmp_OL_GBW_Cl ...

图 4.34　工作表作相应的更改

步骤 13：鼠标左键单击 **Update** 按钮。*TB_OpAmp_OL_Gain_Noise_TSP* 工作表将更新为新值，如图 4.35 所示。由于列 A 的第一行包含关键字 TannerVector，因此后续的数据(C/D 列中输入的数据)都将被清除。这一点很重要，因为定义工作条件的扫描数量发生变化时，

B 列以及后序列显示的测量值也会发生变化。

	A	B	C	D
1	TannerVector			
2	Gain:TB_OpAmp_OL_Gain_Noise_TSP	44.46919		
3	PhaseMargin:TB_OpAmp_OL_Gain_Noise_TSP	51.27046		
4	GainBandwidth:TB_OpAmp_OL_Gain_Noise_TSP	11591369		
5	En_1kHz:TB_OpAmp_OL_Gain_Noise_TSP	1.64E-07		
6	En_GBW:TB_OpAmp_OL_Gain_Noise_TSP	3.75E-08		
7				

TB_OpAmp_OL_Gain_Noise_TSP　TB_OpAmp_OL_GBW_C...

图 4.35　更新后的工作表

步骤 14：将 D1 更改为 *Tanner*，D2 更改为 *Gain：TB_OpAmp_OL_Gain_Noise_TSP*，E2 更改为 *VALUE*，F2 更改为 *40*，保存工作簿。此时，工作表应与图 4.36 所示相符。

	A	B	C	D	E	F	G
1	TannerVector			Tanner			
2	Gain:TB_OpAmp_OL_Gain_Noise_TSP	44.46919		Gain:TB_OpAmp_OL_Gain_Noise_TSP	VALUE	40	
3	PhaseMargin:TB_OpAmp_OL_Gain_Noise_TSP	51.27046					
4	GainBandwidth:TB_OpAmp_OL_Gain_Noise_TSP	11591369					
5	En_1kHz:TB_OpAmp_OL_Gain_Noise_TSP	1.64E-07					
6	En_GBW:TB_OpAmp_OL_Gain_Noise_TSP	3.75E-08					
7							

TB_OpAmp_OL_Gain_Noise_TSP　TB_OpAmp_OL_GBW_CM_TSP　TB_OpAmp_OL_GBW_Supply_TSP　T ...

图 4.36　工作表作相应的修改

步骤 15：用鼠标左键单击 **Update** 按钮，D1 中的 Tanner 关键字控制 Gain 的测量值出现在右侧的单元格中(E2)，如图 4.37 所示。注意，F 列上的数值 40 保持不变。关键字 Tanner 在不希望清除右侧第二列的情况下很有用。

	A	B	C	D	E	F	G
1	TannerVector			Tanner			
2	Gain:TB_OpAmp_OL_Gain_Noise_TSP	44.46919		Gain:TB_OpAmp_OL_Gain_Noise_TSP	44.46919	40	
3	PhaseMargin:TB_OpAmp_OL_Gain_Noise_TSP	51.27046					
4	GainBandwidth:TB_OpAmp_OL_Gain_Noise_TSP	11591369					
5	En_1kHz:TB_OpAmp_OL_Gain_Noise_TSP	1.64E-07					
6	En_GBW:TB_OpAmp_OL_Gain_Noise_TSP	3.75E-08					
7							

TB_OpAmp_OL_Gain_Noise_TSP　TB_OpAmp_OL_GBW_CM_TSP　TB_OpAmp_OL_GBW_Supply_TSP　1 ...

图 4.37　更新后的结果

步骤 16：关闭 T-Designer 和 Excel。

4.3.4　按目录分组仿真测量

添加新的电路仿真是典型的用户任务。**Options** 选项描述了新仿真信息的放置位置，并且可以减少工作表的数量。

❖ 按目录分组仿真的步骤如下：

步骤 1：启动 T-Designer。

步骤 2：如图 4.38 所示，在之前练习的同一文件夹中创建新项目，但使用不同的目录分组。

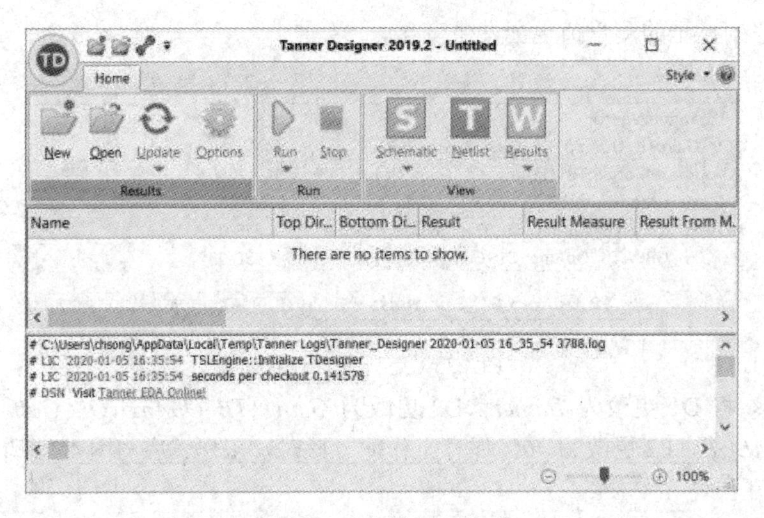

图 4.38　创建新项目

步骤 3：将 *Documents\TannerEDA\TannerTools_v20XX.X\SimulationResults* 设为指定目录。

步骤 4：输入新的工作簿名称，例如 *top.xlsx* 会自动添加到文件名中。

步骤 5：用鼠标左键单击 **Options** 按钮打开对话框，如图 4.39 所示。

步骤 6：更改 **Create worksheets for new simulations** 中的设置，选择 **Top parent directory name**，然后点击 **OK** 按钮，如图 4.40 所示。

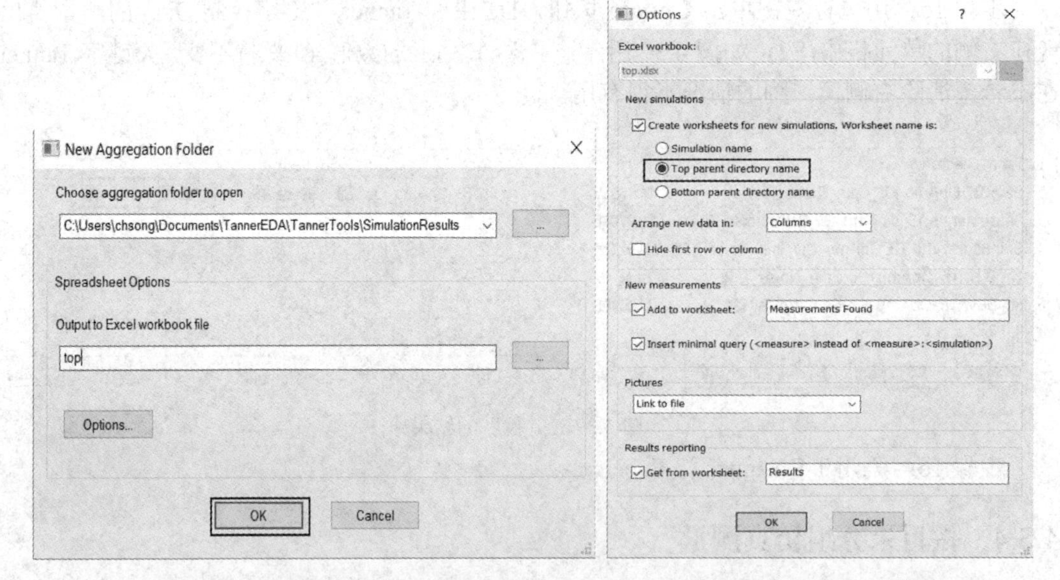

图 4.39　Options 对话框(1)　　　　图 4.40　Options 对话框(2)

步骤 7：在出现警告消息时选择 **OK** 按钮以覆盖以前的 *tanner.tdesigner* 文件，随后 *top.xlsx* 文件将被创建。

步骤 8：在新生成的 *top.xlsx* 文件中，如图 4.41 所示仿真目录 *Documents\TannerEDA\TannerTools_v20XX.X\SimulationResult* 下的每个一级目录都有一个工作表与之相对应。本例中，该目录下有三个文件夹包含仿真数据及测量信息：*ADC8*、*OpAmp* 和 *RingVCO*。

步骤 9：*Results* 工作表包含的仿真名称与之前一致。

步骤 10：*OpAmp* 目录包含许多仿真(如图 4.42 所示)，其中包括五个与开环增益(Open Loop Gain)相关的仿真，而 *RingVCO* 目录包含 5 个仿真目录。所有 *OpAmp* 和 *RingVCO* 的仿真测量都分别在对应的工作表中，如图 4.43 和图 4.44 所示。

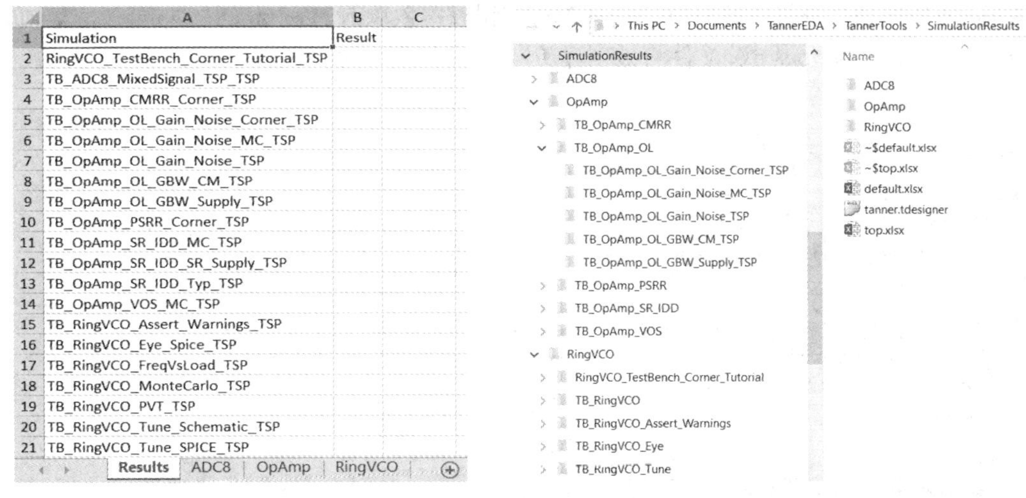

	A	B	C
1	Simulation	Result	
2	RingVCO_TestBench_Corner_Tutorial_TSP		
3	TB_ADC8_MixedSignal_TSP_TSP		
4	TB_OpAmp_CMRR_Corner_TSP		
5	TB_OpAmp_OL_Gain_Noise_Corner_TSP		
6	TB_OpAmp_OL_Gain_Noise_MC_TSP		
7	TB_OpAmp_OL_Gain_Noise_TSP		
8	TB_OpAmp_OL_GBW_CM_TSP		
9	TB_OpAmp_OL_GBW_Supply_TSP		
10	TB_OpAmp_PSRR_Corner_TSP		
11	TB_OpAmp_SR_IDD_MC_TSP		
12	TB_OpAmp_SR_IDD_SR_Supply_TSP		
13	TB_OpAmp_SR_IDD_Typ_TSP		
14	TB_OpAmp_VOS_MC_TSP		
15	TB_RingVCO_Assert_Warnings_TSP		
16	TB_RingVCO_Eye_Spice_TSP		
17	TB_RingVCO_FreqVsLoad_TSP		
18	TB_RingVCO_MonteCarlo_TSP		
19	TB_RingVCO_PVT_TSP		
20	TB_RingVCO_Tune_Schematic_TSP		
21	TB_RingVCO_Tune_SPICE_TSP		

Results | ADC8 | OpAmp | RingVCO

图 4.41　新生成的工作表　　　　图 4.42　OpAmp 文件夹目录

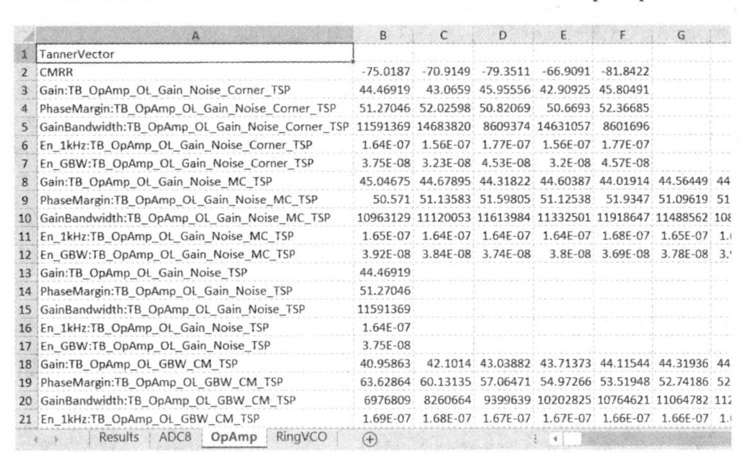

	A	B	C	D	E	F	G	H
1	TannerVector							
2	CMRR	-75.0187	-70.9149	-79.3511	-66.9091	-81.8422		
3	Gain:TB_OpAmp_OL_Gain_Noise_Corner_TSP	44.46919	43.0659	45.95556	42.90925	45.80491		
4	PhaseMargin:TB_OpAmp_OL_Gain_Noise_Corner_TSP	51.27046	52.02598	50.82069	50.6693	52.36685		
5	GainBandwidth:TB_OpAmp_OL_Gain_Noise_Corner_TSP	11591369	14683820	8609374	14631057	8601696		
6	En_1kHz:TB_OpAmp_OL_Gain_Noise_Corner_TSP	1.64E-07	1.56E-07	1.77E-07	1.56E-07	1.77E-07		
7	En_GBW:TB_OpAmp_OL_Gain_Noise_Corner_TSP	3.75E-08	3.23E-08	4.53E-08	3.2E-08	4.57E-08		
8	Gain:TB_OpAmp_OL_Gain_Noise_MC_TSP	45.04675	44.67895	44.31822	44.60387	44.01914	44.56449	44
9	PhaseMargin:TB_OpAmp_OL_Gain_Noise_MC_TSP	50.571	51.13583	51.59805	51.12538	51.9347	51.09619	51
10	GainBandwidth:TB_OpAmp_OL_Gain_Noise_MC_TSP	10963129	11120053	11613984	11332501	11918647	11488562	10
11	En_1kHz:TB_OpAmp_OL_Gain_Noise_MC_TSP	1.65E-07	1.64E-07	1.64E-07	1.64E-07	1.68E-07	1.65E-07	1.
12	En_GBW:TB_OpAmp_OL_Gain_Noise_MC_TSP	3.92E-08	3.84E-08	3.74E-08	3.8E-08	3.69E-08	3.78E-08	3.
13	Gain:TB_OpAmp_OL_Gain_Noise_TSP	44.46919						
14	PhaseMargin:TB_OpAmp_OL_Gain_Noise_TSP	51.27046						
15	GainBandwidth:TB_OpAmp_OL_Gain_Noise_TSP	11591369						
16	En_1kHz:TB_OpAmp_OL_Gain_Noise_TSP	1.64E-07						
17	En_GBW:TB_OpAmp_OL_Gain_Noise_TSP	3.75E-08						
18	Gain:TB_OpAmp_OL_GBW_CM_TSP	40.95863	42.1014	43.03882	43.71373	44.11544	44.31936	44
19	PhaseMargin:TB_OpAmp_OL_GBW_CM_TSP	63.62864	60.13135	57.06471	54.97266	53.51948	52.74186	52
20	GainBandwidth:TB_OpAmp_OL_GBW_CM_TSP	6976809	8260664	9399639	10202825	10764621	11064782	11
21	En_1kHz:TB_OpAmp_OL_GBW_CM_TSP	1.69E-07	1.68E-07	1.67E-07	1.67E-07	1.66E-07	1.66E-07	1.

Results | ADC8 | OpAmp | RingVCO

图 4.43　OpAmp 工作表

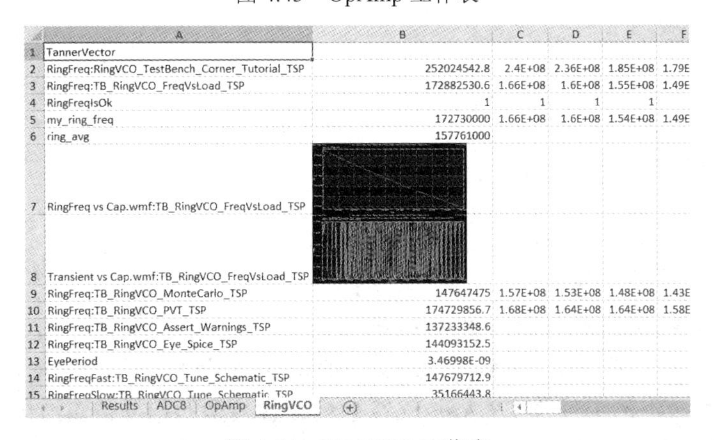

	A	B	C	D	E	F
1	TannerVector					
2	RingFreq:RingVCO_TestBench_Corner_Tutorial_TSP	252024542.8	2.4E+08	2.36E+08	1.85E+08	1.79E
3	RingFreq:TB_RingVCO_FreqVsLoad_TSP	172882530.6	1.66E+08	1.6E+08	1.55E+08	1.49E
4	RingFreqIsOk	1	1	1	1	
5	my_ring_freq	172730000	1.66E+08	1.6E+08	1.54E+08	1.49E
6	ring_avg	157761000				
7	RingFreq vs Cap.wmf:TB_RingVCO_FreqVsLoad_TSP					
8	Transient vs Cap.wmf:TB_RingVCO_FreqVsLoad_TSP					
9	RingFreq:TB_RingVCO_MonteCarlo_TSP	147647475	1.57E+08	1.53E+08	1.48E+08	1.43E
10	RingFreq:TB_RingVCO_PVT_TSP	174729856.7	1.68E+08	1.64E+08	1.64E+08	1.58E
11	RingFreq:TB_RingVCO_Assert_Warnings_TSP	137233348.6				
12	RingFreq:TB_RingVCO_Eye_Spice_TSP	144093152.5				
13	EyePeriod	3.46998E-09				
14	RingFreqFast:TB_RingVCO_Tune_Schematic_TSP	147679712.9				
15	RingFreqSlow:TB_RingVCO_Tune_Schematic_TSP	35166443.8				

Results | ADC8 | OpAmp | RingVCO

图 4.44　RingVCO 工作表

步骤 11：现在，我们将创建一个具有不同工作表分组的新工作簿。在 T-Designer 工具栏中点击 **Options** 按钮指定一个名为 *bottom.xlsx* 的新 Excel 工作簿文件，在 **Create worksheets for new simulations.Worksheet name is:** 中选择 **Bottom parent directory name**，如图 4.45 所示。

步骤 12：当出现警告消息时，选择 **Yes** 按钮以覆盖以前的 *tanner.tdesigner* 文件，如图 4.46 所示。随后 *bottom.xlsx* 文件将被创建。

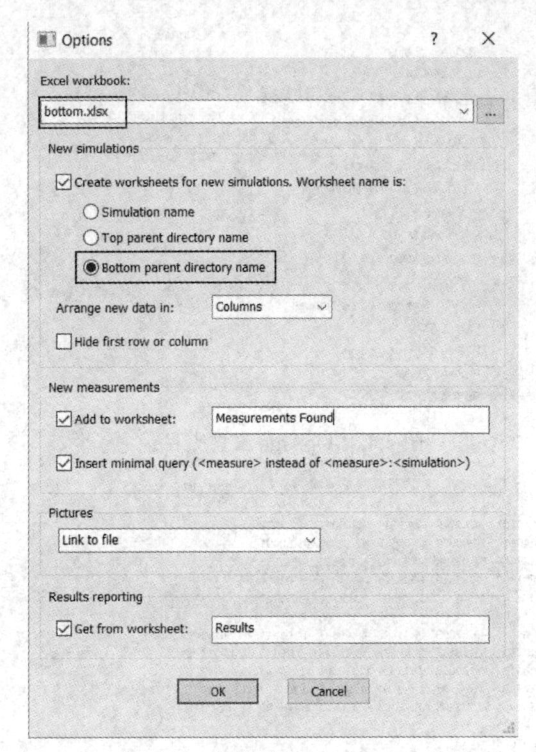

图 4.45　Options 对话框(3)

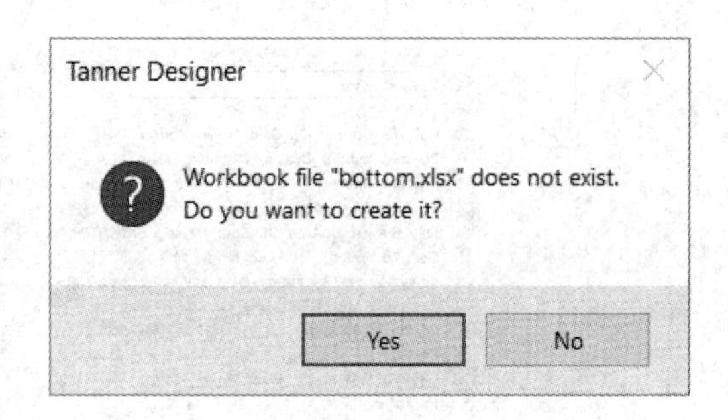

图 4.46　创建 bottom.xlsx 文件

步骤 13：点击工具栏中的 **Update** 按钮，此时，每个工作表都与仿真目录下的一个子目录相对应，*Result* 工作表包含的仿真名称与之前一致，如图 4.47 所示。

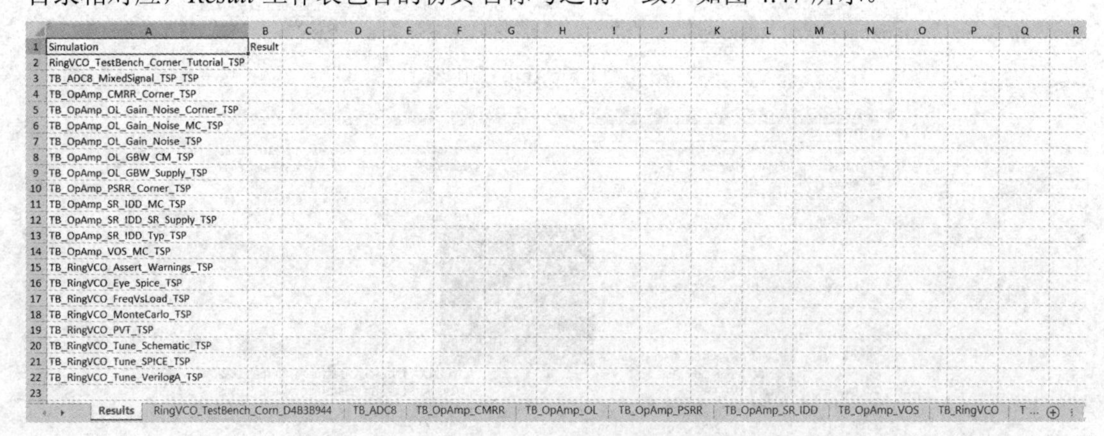

Simulation	Result
RingVCO_TestBench_Corner_Tutorial_TSP	
TB_ADC8_MixedSignal_TSP_TSP	
TB_OpAmp_CMRR_Corner_TSP	
TB_OpAmp_OL_Gain_Noise_Corner_TSP	
TB_OpAmp_OL_Gain_Noise_MC_TSP	
TB_OpAmp_OL_Gain_Noise_TSP	
TB_OpAmp_OL_GBW_CM_TSP	
TB_OpAmp_OL_GBW_Supply_TSP	
TB_OpAmp_PSRR_Corner_TSP	
TB_OpAmp_SR_IDD_MC_TSP	
TB_OpAmp_SR_IDD_SR_Supply_TSP	
TB_OpAmp_SR_IDD_Typ_TSP	
TB_OpAmp_VOS_MC_TSP	
TB_RingVCO_Assert_Warnings_TSP	
TB_RingVCO_Eye_Spice_TSP	
TB_RingVCO_FreqVsLoad_TSP	
TB_RingVCO_MonteCarlo_TSP	
TB_RingVCO_PVT_TSP	
TB_RingVCO_Tune_Schematic_TSP	
TB_RingVCO_Tune_SPICE_TSP	
TB_RingVCO_Tune_VerilogA_TSP	

图 4.47　Update 后的 Result 工作表

RingVCO 目录下的子目录 *TB_RingVCO* 包含三种类型的扫描仿真结果及测量数据，并在工作表 *TB_RingVCO* 中汇总显示了这些结果和数据，如图 4.48 所示。

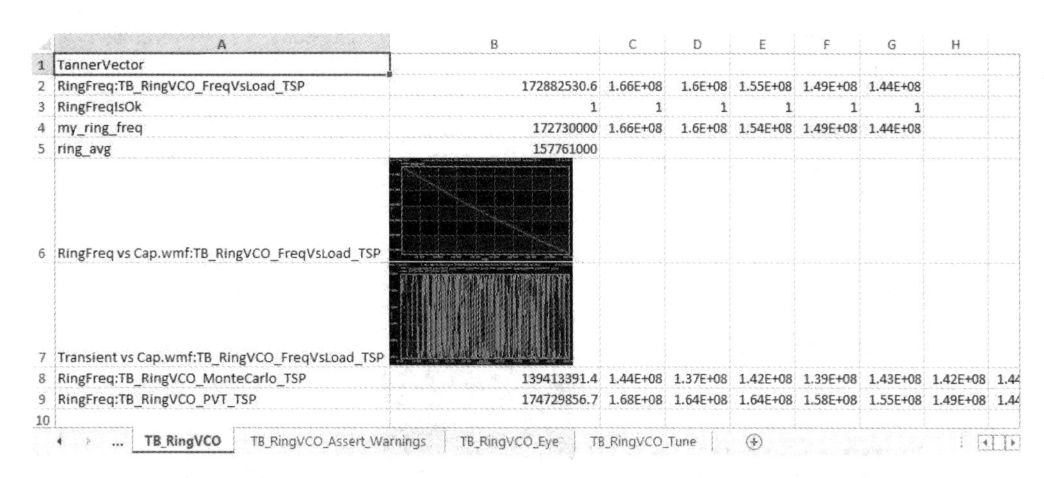

	A	B	C	D	E	F	G	H
1	TannerVector							
2	RingFreq:TB_RingVCO_FreqVsLoad_TSP	172882530.6	1.66E+08	1.6E+08	1.55E+08	1.49E+08	1.44E+08	
3	RingFreqIsOk	1	1	1	1	1	1	
4	my_ring_freq	172730000	1.66E+08	1.6E+08	1.54E+08	1.49E+08	1.44E+08	
5	ring_avg	157761000						
6	RingFreq vs Cap.wmf:TB_RingVCO_FreqVsLoad_TSP							
7	Transient vs Cap.wmf:TB_RingVCO_FreqVsLoad_TSP							
8	RingFreq:TB_RingVCO_MonteCarlo_TSP	139413391.4	1.44E+08	1.37E+08	1.42E+08	1.39E+08	1.43E+08	1.42E+08
9	RingFreq:TB_RingVCO_PVT_TSP	174729856.7	1.68E+08	1.64E+08	1.64E+08	1.58E+08	1.55E+08	1.49E+08
10								

图 4.48　包含的三种类型的扫描仿真结果

TB_RingVCO_Eye 仿真结果位于不同的子目录中，因此具有单独的工作表。由于此仿真不是扫描类型的，因此工作表中仅包含一个测量结果，如图 4.49 所示。

	A	B	C
1	TannerVector		
2	RingFreq:TB_RingVCO_Eye_TSP	2.07E+08	
3	EyePeriod	2.41E-09	
4			

… TB_RingVCO_Eye　TB_RingVCO_Tune

图 4.49　TB_RingVCO_Eye 仿真结果

步骤 14：T-Designer 中的 **Include in Report** 列允许忽略仿真测量。如图 4.50 所示，取消选择 *TB_RingVCO_FreqVsLoad_TSP* 仿真，然后用鼠标左键单击 **Update** 按钮。

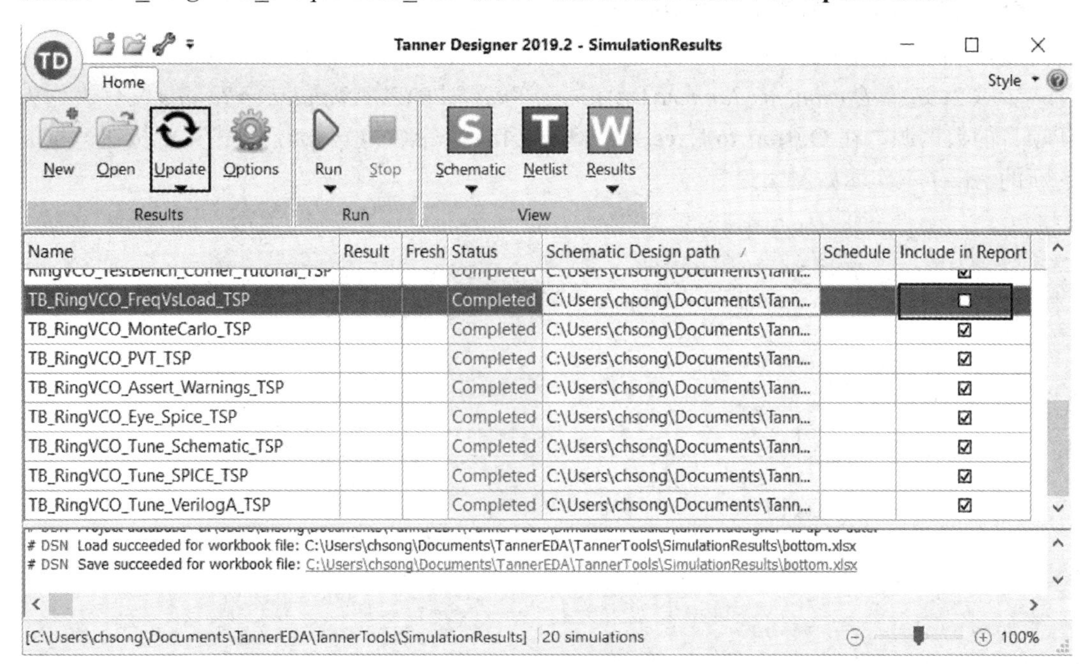

图 4.50　忽略仿真测量

某些工作表中引用的数据来自未勾选的仿真结果，因此生成的工作簿中会显示无法获得测量数据，如图 4.51 所示。

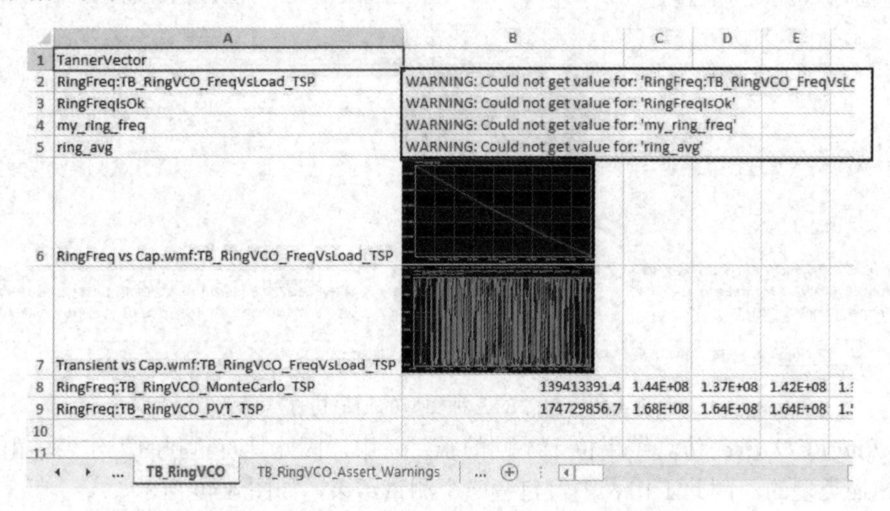

图 4.51　生成的工作簿(显示无法获得某些测量数据)

步骤 15：关闭 T-Designer 和 Excel。

4.3.5　图形化仿真扫描数据

在不同的工作条件下进行一组测量是仿真期间的常见任务。通过测量数据的分析和图表可以深入了解电路的性能，以便进行验证或性能调整。

以下操作说明了如何在 Excel 中分析和图形化扫描信息。

❖ **图形化仿真扫描数据的步骤如下：**

步骤 1：启动 T-Designer。

步骤 2：选择 *Documents\TannerEDA\TannerTools_v20XX.X\SimulationResults* 文件夹作为新项目的数据源，在 **Output to Excel workbook file** 处命名为 *graph*，点击 OK 按钮。生成的新的 Excel 工作簿如图 4.52 所示。

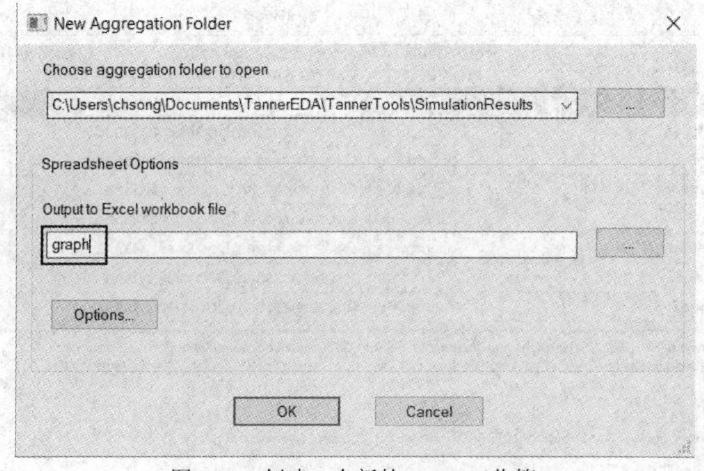

图 4.52　创建一个新的 Excel 工作簿

步骤 3：在 *TB_RingVCO_FreqVsLoad_TSP* 工作表的第 2 行上方插入一个新行。

步骤 4：在单元格 A2 中输入 *RingFreq：TB_RingVCO_FreqVsLoad_TSP VARIABLE cap*，如图 4.53 所示。该查询将返回每个 *RingFreq* 测量的电容参数值。将变量(A2)与测量数据(A3)相邻可以简化作图过程。另外，Tanner 列不区分大小写。最后保存工作簿。

	A	B	C	D	E	F	G	H
1	TannerVector							
2	RingFreq:TB_RingVCO_FreqVsLoad_TSP VARIABLE cap							
3	RingFreq:TB_RingVCO_FreqVsLoad_TSP	172882530.6	1.66E+08	1.6E+08	1.55E+08	1.49E+08	1.44E+08	
4	RingFreqIsOk	1	1	1	1	1	1	
5	my_ring_freq	172730000	1.66E+08	1.6E+08	1.54E+08	1.49E+08	1.44E+08	
6	ring_avg	157761000						

TB_RingVCO_FreqVsLoad_TSP

图 4.53　输入 RingFreq：TB_RingVCO_FreqVsLoad_TSP VARIABLE cap

步骤 5：点击 T-Designer 工具栏中的 **Update** 按钮。

步骤 6：在工作表中选择从 B2 到 G3 的单元格。选择 **Insert>Charts**，然后选择 **Scatter** 旁边的箭头下拉列表，并选择 **Scatter with Straight Lines and Markers**，如图 4.54 所示。线形散点图表会添加到 Excel 文件中，可以更改坐标轴数值域或图形格式，例如更改 Y 轴范围和数字格式。该图表与 B7 中用 **Waveform Viewer** 生成的图表 *RingFreq vs Cap.wmf* 是一样的。

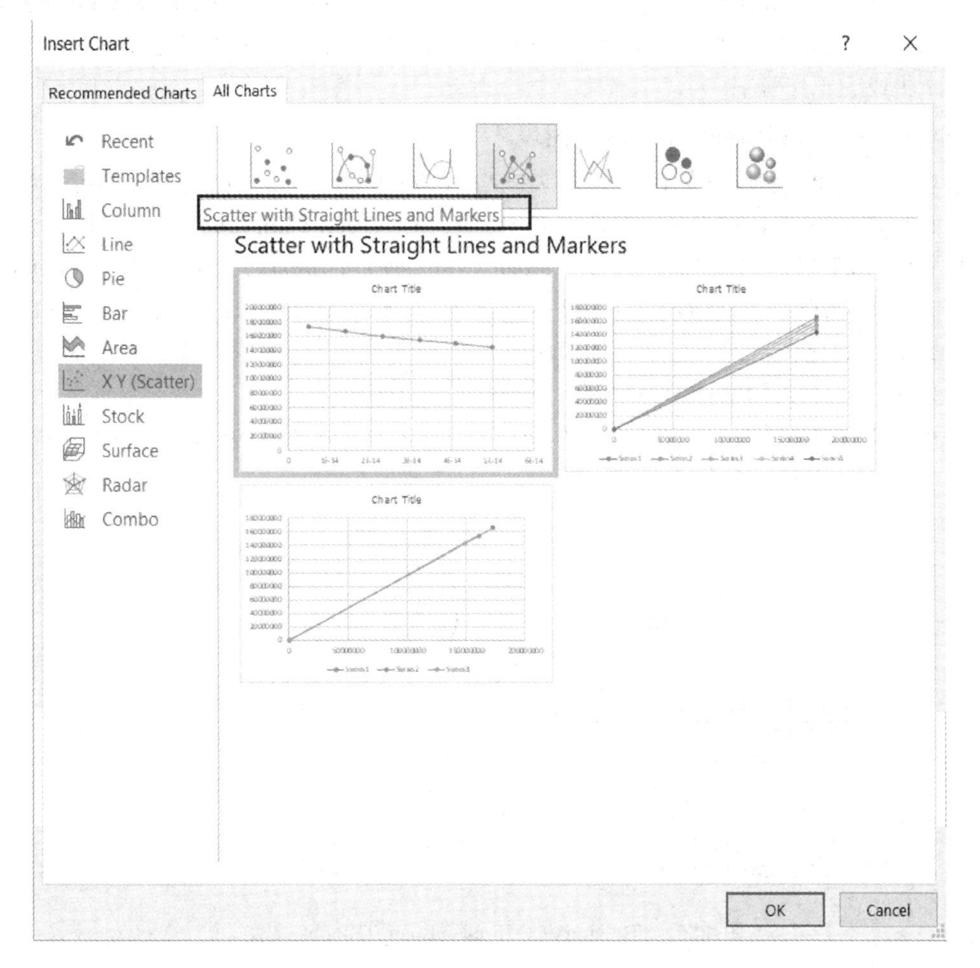

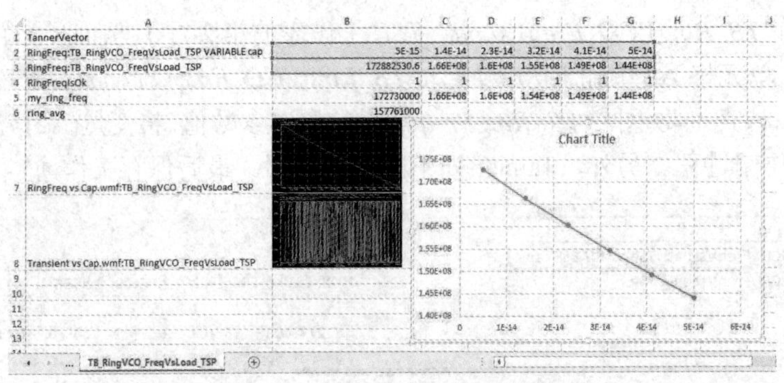

图 4.54　在工作表中插入图表

步骤 7：关闭 T-Designer 和 Excel。

4.3.6　包含波形图表和测量

与用 Excel 建立图表相比，用 **Tanner Waveform Viewer** 创建波形图表和测量数据是一种更简单的方法。从 **Waveform Viewer** 打开仿真结果中的一个*.tsim 文件可以进行仿真分析和图表生成。在默认情况下，**Waveform Viewer** 会自动生成每个图表的图片，然后 Tanner Designer 会将这些图表图片添加到工作簿中对应的仿真表格中。在 **Waveform Viewer** 中执行的测量将作为波形计算器中的存储项保存在图表文件中，同时也会出现在 Tanner Designer 生成的工作簿中。

❖ 创建和导入 Waveform Viewer 图表。

步骤 1：如果已将图表另存为文件 *TB_RingVCO_FreqVsLoad_TSP.cbk*，则可以跳过此步骤，只需在 **Waveform Viewer** 中通过 **File > Open > Open Chartbook** 打开此图表。示例文件中已经将这个图表文件保存在 *Documents\TannerEDA\TannerTools_v20XX.X\Simulation Results\RingVCO\TB_RingVCO\TB_RingVCO_FreqVsLoad_TSP.cbk* 中，并且这个文件已经包含了步骤 2 至步骤 7 所做的改动，如果使用这个文件则可以跳过步骤 2 至步骤 7。以下步骤显示如何通过运行 **Tanner Waveform Viewer** 创建默认图表。

双击...*\RingVCO\TB_RingVCO\TB_RingVCO_FreqVsLoad_TSP.cbk*，在 **Tanner Waveform Viewer** 中打开该文件，如图 4.55 所示。

Name	Date modified	Type	Size
scripts	12/16/2019 20:07	File folder	
TB_RingVCO_FreqVsLoad_TSP	12/30/2019 18:46	File folder	
TB_RingVCO_MonteCarlo_TSP	12/16/2019 20:07	File folder	
TB_RingVCO_PVT_TSP	12/16/2019 20:07	File folder	
RingVCO_stabilized.chk	12/29/2019 16:06	Recovered File Fra...	88 KB
TB_RingVCO_FreqVsLoad_TSP.cbk	6/21/2018 06:54	Tanner Chartbook	17 KB
TB_RingVCO_FreqVsLoad_TSP.sp	1/5/2020 19:55	SP File	7 KB
TB_RingVCO_FreqVsLoad_TSP.tsim	4/16/2019 12:28	TSIM File	1 KB
TB_RingVCO_MonteCarlo_TSP.sp	4/16/2019 12:28	SP File	7 KB
TB_RingVCO_MonteCarlo_TSP.tsim	4/16/2019 12:28	TSIM File	1 KB
TB_RingVCO_PVT_TSP.sp	4/16/2019 12:28	SP File	7 KB
TB_RingVCO_PVT_TSP.tsim	4/16/2019 12:28	TSIM File	1 KB

图 4.55　TB_RingVCO_FreqVsLoad_TSP.cbk 文件

步骤 2：默认情况下，在 **Waveform Viewer** 中创建了两个图表，如图 4.56 所示。点击图表 Chart2 (XY)上方的波形名 *RingFreqIsOk*，然后按 **Delete** 键将其从图表 2 中删除。剩下的图表类似于上面在 Excel 中创建的图表。

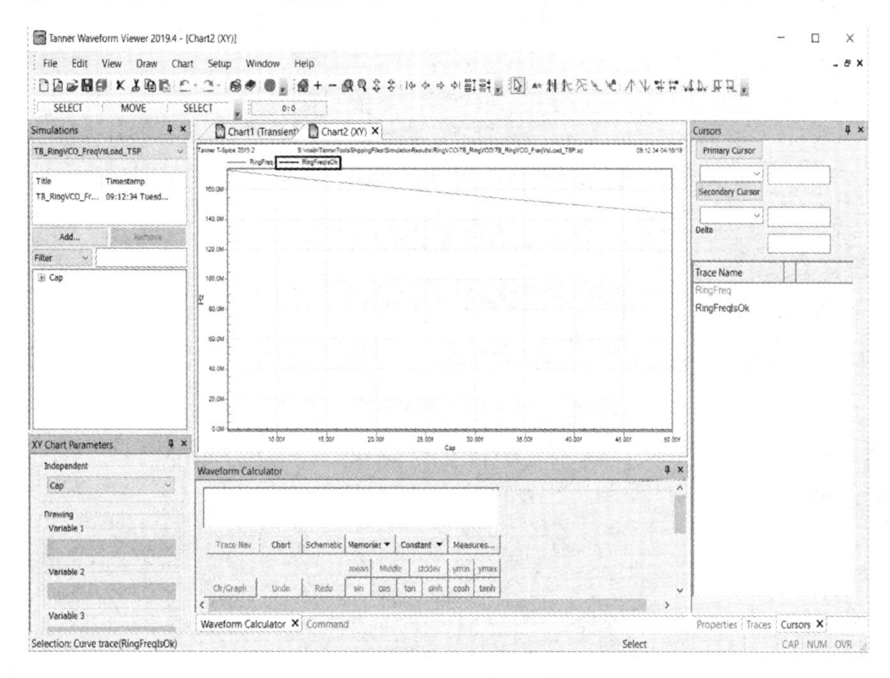

图 4.56　在 Waveform Viewer 中创建的图表

步骤 3：点击波形计算器右上角的 **Measures** 按钮，在弹出窗口中选择平均值 **average**(如图 4.57 所示)，然后输入相应的文本*[measure average -trace RingFreq]*到波形计算器中。

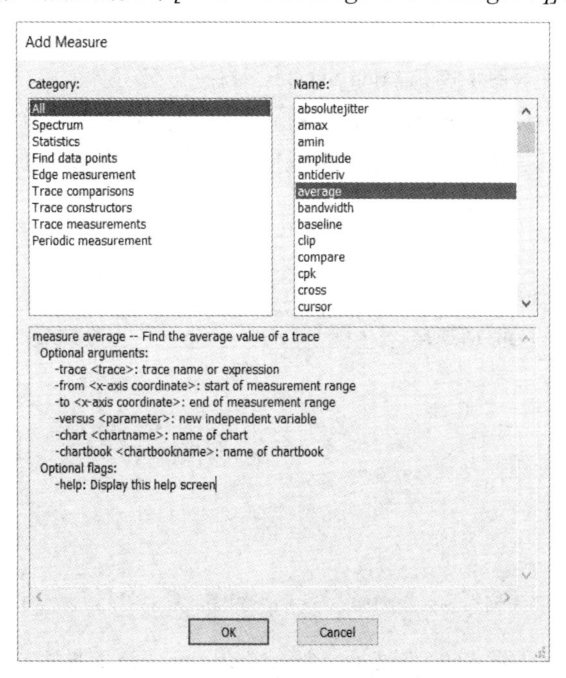

图 4.57　Add Measure 对话框

步骤 4：点击波形计算器左下角的 **Measure** 按钮进行测量，在 **Command** 窗口可以看到测量结果，如图 4.58 所示。

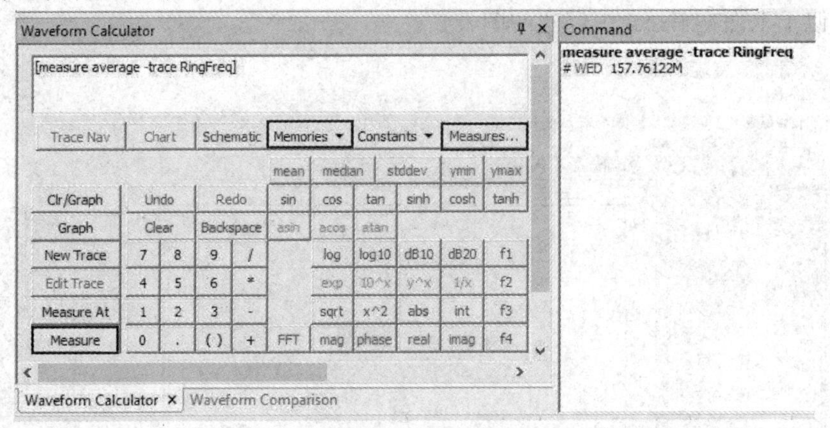

图 4.58　测量结果

步骤 5：点击波形计算器中上部的 **Memories** 按钮，选择 **Save**，在弹出窗口中以 *ring_avg* 为名称保存波形计算公式，如图 4.59 所示。

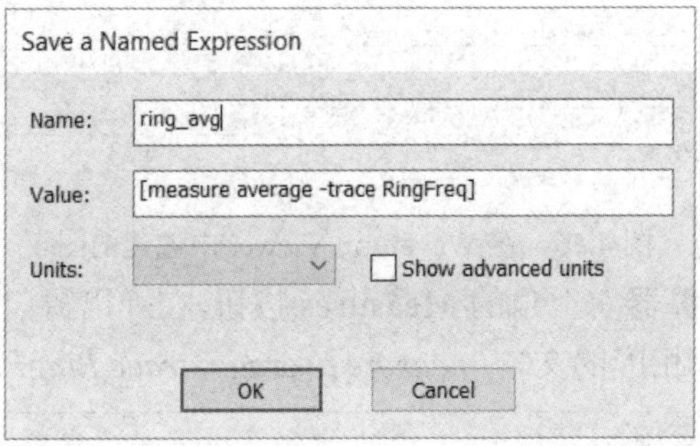

图 4.59　以 ring_avg 为名称保存波形计算公式

步骤 6：使用*[measure frequency Out：V -versus Cap]*建立另一个名为 *my_ring_freq* 的测量，如图 4.60 所示。该测量基于不同的负载电容值生成环振频率的扫描波形。

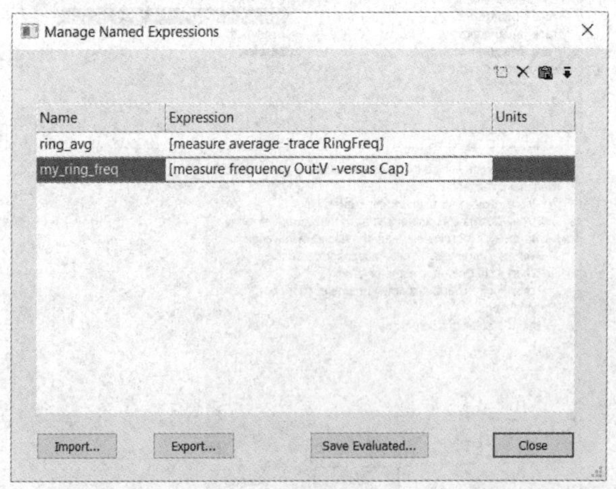

图 4.60　创建另一个名为 my_ring_freq 的测量

步骤 7：使用默认名称 *TB_RingVCO_FreqVsLoad.cbk* 来保存图表文件，如图 4.61 所示。

在关闭 **Waveform Viewer** 时，会有提示是否保存图表文件。

注意：若选择保存，则会覆盖现有的图表文件(如果存在)。

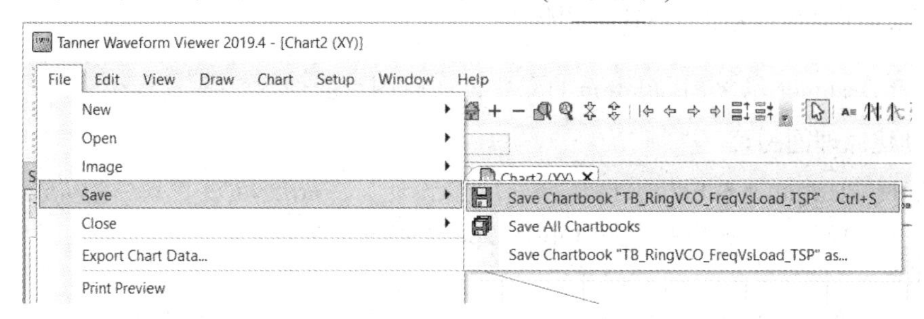

图 4.61　保存图册

步骤 8：启动 T-Designer 并创建一个新项目，输出名为 *wave.xlsx* 的 Excel 工作簿，如图 4.62 所示。

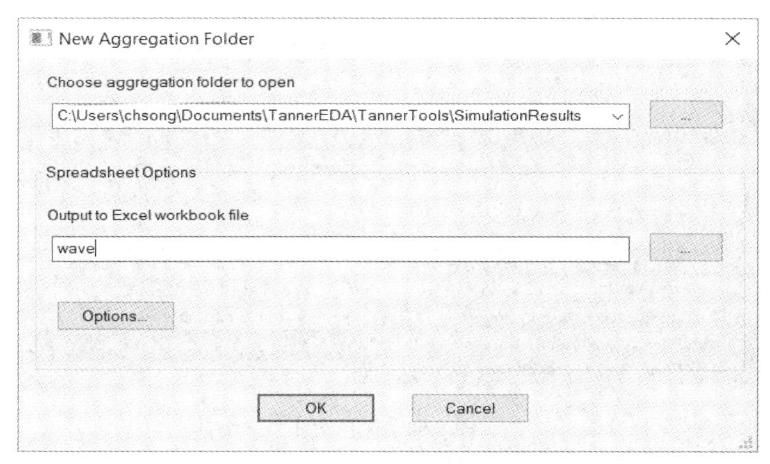

图 4.62　创建新项目并输出名为 wave.xlsx 的 Excel 工作簿

步骤 9：切换到 *TB_RingVCO_FreqVsLoad_TSP* 工作表，如图 4.63 所示，注意新的测量 *ring_avg* 和 *my_ring_freq*。*my_ring_freq* 的数据类似于 SPICE(*RingFreq*：*TB_RingVCO_FreqVsLoad_TSP*)的测量结果。

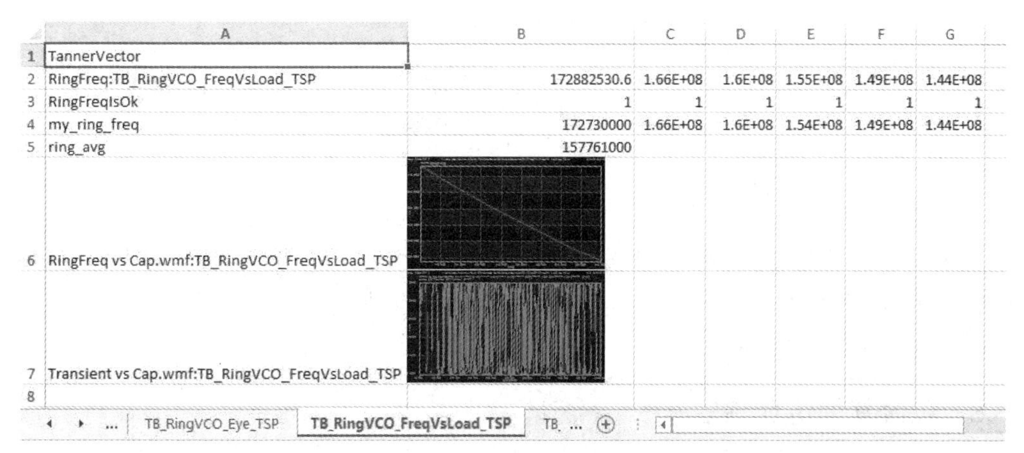

	A	B	C	D	E	F	G
1	TannerVector						
2	RingFreq:TB_RingVCO_FreqVsLoad_TSP	172882530.6	1.66E+08	1.6E+08	1.55E+08	1.49E+08	1.44E+08
3	RingFreqIsOk	1	1	1	1	1	1
4	my_ring_freq	172730000	1.66E+08	1.6E+08	1.54E+08	1.49E+08	1.44E+08
5	ring_avg	157761000					
6	RingFreq vs Cap.wmf:TB_RingVCO_FreqVsLoad_TSP						
7	Transient vs Cap.wmf:TB_RingVCO_FreqVsLoad_TSP						
8							

图 4.63　TB_RingVCO_FreqVsLoad_TSP 工作表

步骤 10：关闭 T-Designer 和 Excel。

4.3.7　包括原理图编辑器和其他图片

Tanner Designer 包含 Simulation 目录中的所有图片文件。

❖ 创建原理图图片。

步骤 1：在 Tanner S-Edit 中打开 *RingVCO* 设计。将 *RingVCO* 目录中的 *lib.defs* 文件拖到 S-Edit 中，或者从 S-Edit 中选择 **File > Open > Open Design**。

步骤 2：打开 *TB_RingVCO* 原理图。

步骤 3：通过菜单 **File > Image > Save To File** 将当前原理图生成 *TB_RingVCO.wmf* 文件，并保存在 *SimulationResults/RingVCO* /目录中，如图 4.64 所示。

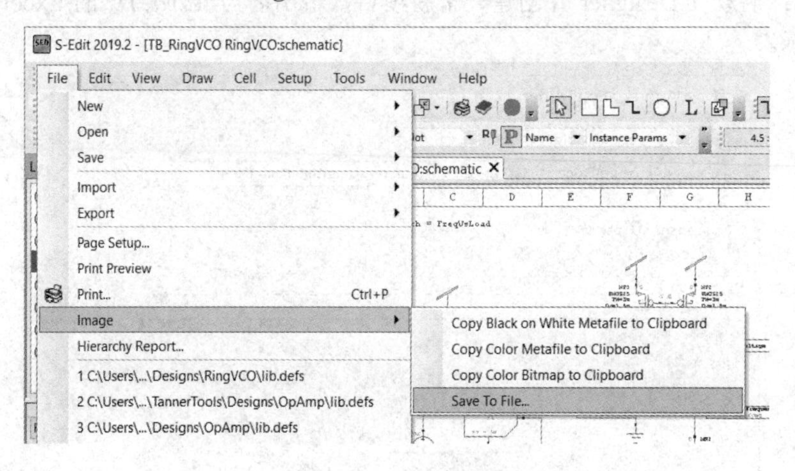

图 4.64　保存文件

步骤 4：由于没有与此目录关联的特定仿真，图片将放置在 *Measurement Found* 工作表中，如图 4.65 所示。如果将图片放入 T-Spice 仿真结果目录，该图片就会显示在该仿真对应的工作表中。

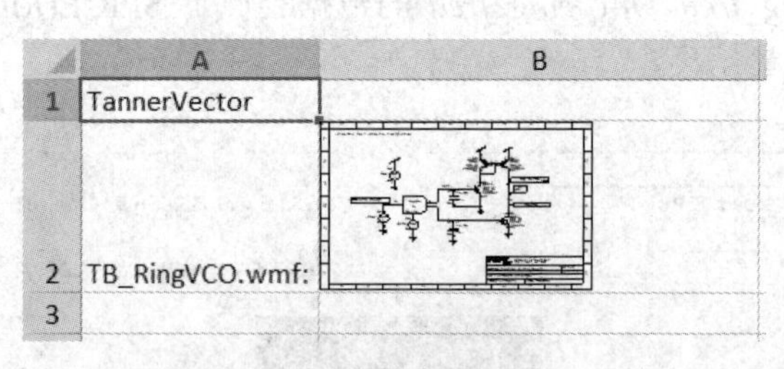

图 4.65　Measurement Found 工作表

使用工作簿名称 *schematic*，并在 T-Designer 中启动新文件项目。切换到 *Measurements Found* 工作表，可以看到导出的原理图图片，如图 4.65 所示。

步骤 5：关闭 T-Designer 和 Excel。

4.3.8　包含其他仿真测量

Tanner Designer 不仅支持 S-Edit 到 T-Spice 的 Tanner 仿真流程，还可以读取其他仿真

器的仿真结果，比如 SPICE 仿真中**.measure** 语句的测量结果，如表 4.4 所示。

表 4.4 Tanner Designer 可以读取的仿真测量

文件扩展名	测量来源
.mt#	瞬态仿真器(基于时间)
.mc#	频率仿真
.ms#	DC 仿真

以下操作显示了如何将 Eldo 或 Hspice 仿真产生的 *.mt0 测量结果加载到 T-Designer 中。

❖ **从 .mt# 文件中读取瞬态测量值。**

步骤 1：从之前操作中的 *SimulationResults* 目录开始，找到 *RingVCO* 的仿真目录 *RingVCO\TB_RingVCO*。将其中的仿真文件 *TB_RingVCO_FreqVsLoad_TSP.sp* 复制并重命名为 *TB_RingVCO_FreqVsLoad_TSP_hspice.sp*。

步骤 2：使用 Hspice 仿真 *TB_RingVCO_FreqVsLoad_TSP_hspice.sp*：

%hspice -o TB_RingVCO_FreqVsLoad_TSP_hspice.hlog TB_RingVCO_FreqVsLoad_TSP_hspice.sp。

仿真结束后将会生成以下文件：

TB_RingVCO_FreqVsLoad_TSP_hspice.mt0。

使用 Eldo 仿真会生成类似的文件：

%eldo -compat TB_RingVCO_FreqVsLoad_TSP_hspice.sp -out TB_RingVCO_FreqVsLoad_TSP_hspice.elog。

步骤 3：启动 Tanner Designer。

步骤 4：导入包含此 Hspice 仿真结果的 *SimulationResults* 文件夹并生成新的工作簿。将输出的 Excel 工作簿命名为“*external*”，如图 4.66 所示。

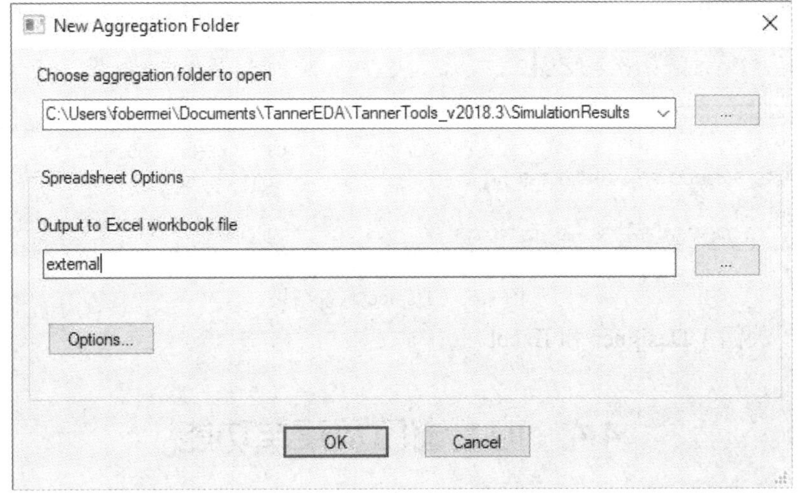

图 4.66 生成新工作簿命名为“external”

步骤 5：Tanner Designer 的仿真窗口将显示 *TB_RingVCO_FreqVsLoad_TSP_hspice.*，如图 4.67 所示。

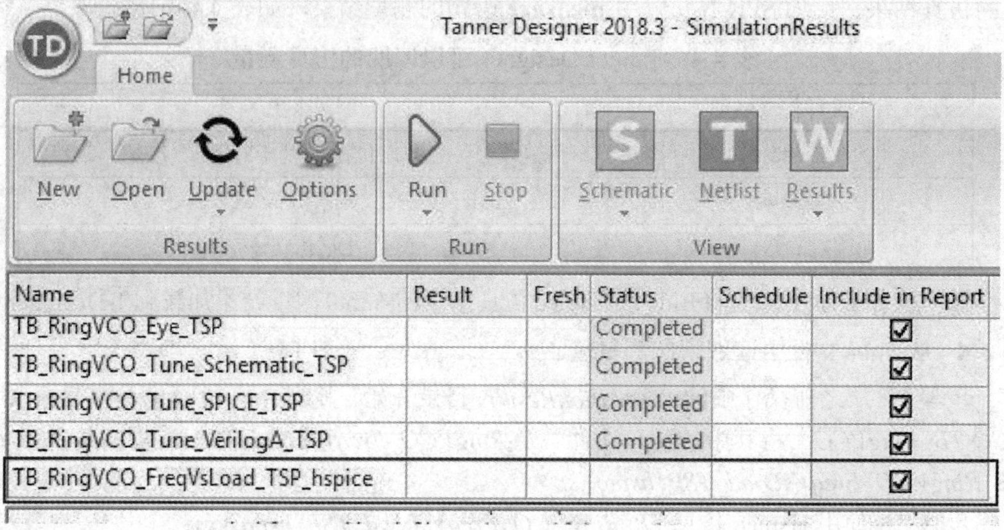

Tanner Designer 2018.3 - SimulationResults

Name	Result	Fresh	Status	Schedule	Include in Report
TB_RingVCO_Eye_TSP			Completed		☑
TB_RingVCO_Tune_Schematic_TSP			Completed		☑
TB_RingVCO_Tune_SPICE_TSP			Completed		☑
TB_RingVCO_Tune_VerilogA_TSP			Completed		☑
TB_RingVCO_FreqVsLoad_TSP_hspice					☑

图 4.67　仿真窗口中的 TB_RingVCO_FreqVsLoad_TSP_hspice

步骤 6：新生成的工作簿中将包含名为 *TB_RingVCO_FreqVsLoad_TSP_hspice* 的工作表，其中的信息数据与 T-Spice 仿真工作表中的信息数据类似。由于 T-Spice 仿真的网表中定义了 PRINT 0 将测量 *fastfreq_period* 的数据设为不显示，而 Hspice 没有这样的功能，因此在 Hspice 仿真工作表中显示了 *fastfreq_period* 的测量结果。在这种情况下，*fastfreq_period* 在所有 *SimulationResults* 包含的仿真中是唯一的，因此测量名称中省略了冒号/仿真文件名的部分。T-Spice 网表中的测量语句中还包括了单位“<Hz>”，通常在结果报告中测量名称不包含单位。Hspice 工作表中的测量名称中包含了此单位，这使得在 *SimulationResults* 包含的仿真中此测量结果的名称是唯一的。最后，*ringfreqisok* 这个测量同时出现在 T-spice 和 Hspice 测量结果中，因此在 Hspice 测量数据表中 *ringfreqisok* 后面附加冒号及仿真文件名以示区别，如图 4.68 所示。

	A	B	C	D	E	F	G
1	TannerVector						
2	fastfreq_period	5.76E-09	5.99E-09	6.23E-09	6.47E-09	6.69E-09	6.91E-09
3	"ringfreq<hz>"	1.74E+08	1.67E+08	1.6E+08	1.55E+08	1.5E+08	1.45E+08
4	ringfreqisok:TB_RingVCO_FreqVsLoad_TSP_hspice	1	1	1	1	1	1

图 4.68　Hspice 测量结果

步骤 7：关闭 T-Designer 和 Excel。

4.4　仿真窗口及菜单功能

Tanner Designer 用图形界面的方式简化了收集文件夹内仿真结果并展示相关信息的繁琐操作。本节主要介绍 Tanner Designer 的以下功能：重新运行仿真、启动其他 Tanner 工具以及验证仿真状态。

仿真窗口中包括以下信息列：**Name**、**Result** 和 **Fresh** 等。每个仿真在仿真窗口中都会显示为一行。下面的操作将展示这些功能，包括运行、编辑以及报告仿真状态。

❖ **仿真窗口及菜单功能的操作：**

步骤 1：启动 T-Designer。

步骤 2：不使用工作簿创建一个新的集合，如图 4.69 所示。

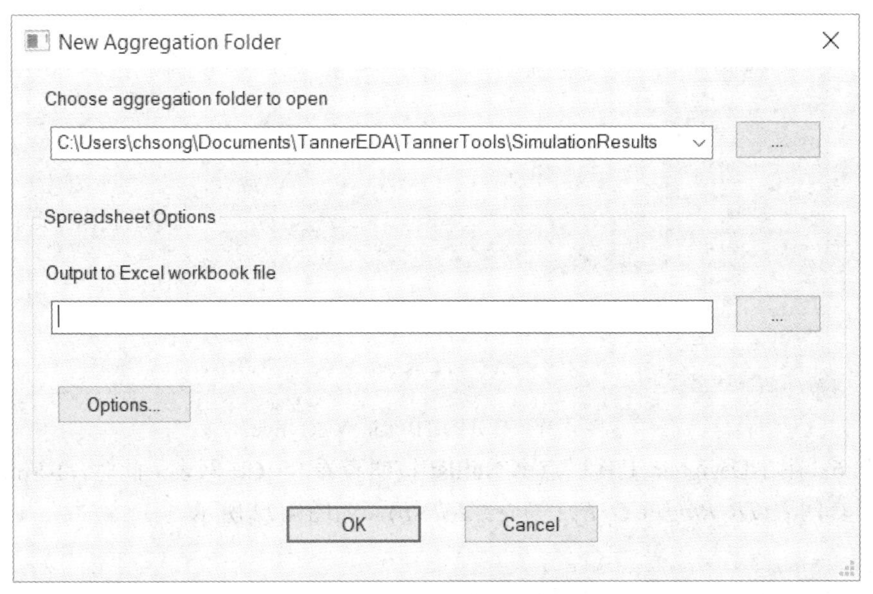

图 4.69　创建一个新的集合

步骤 3：点击 **OK** 按钮来接受覆盖已有文件的警告信息。

步骤 4：如图 4.70 所示，在仿真窗口中选择 *TB_RingVCO_Eye_Spice_TSP*。

Tanner Designer 2019.2 - SimulationResults

Home　Style

New　Open　Update　Options　Run　Stop　Schematic　Netlist　Results

Results　Run　View

Name	Result	Fresh	Status	Schedule	Include in Report
TB_RingVCO_FreqVsLoad_TSP			Completed		☑
TB_RingVCO_MonteCarlo_TSP			Completed		☑
TB_RingVCO_PVT_TSP			Completed		☑
TB_RingVCO_Assert_Warnings_TSP			Completed		☑
TB_RingVCO_Eye_Spice_TSP			Completed		☑
TB_RingVCO_Tune_Schematic_TSP			Completed		☑
TB_RingVCO_Tune_SPICE_TSP			Completed		☑
TB_RingVCO_Tune_VerilogA_TSP			Completed		☑

[C:\Users\chsong\Documents\TannerEDA\TannerTools\SimulationResults]　21 simulations　100%

图 4.70　仿真窗口

步骤 5：点击工具栏中的 **Schematic** 图标 S，使用 S-Edit 打开设计(*TB_RingVCO_Eye*)，如图 4.71 所示。如果 **Schematic** 图标不可点击，则需要修正仿真的原理图路径(**Schematic Design path** 列)。

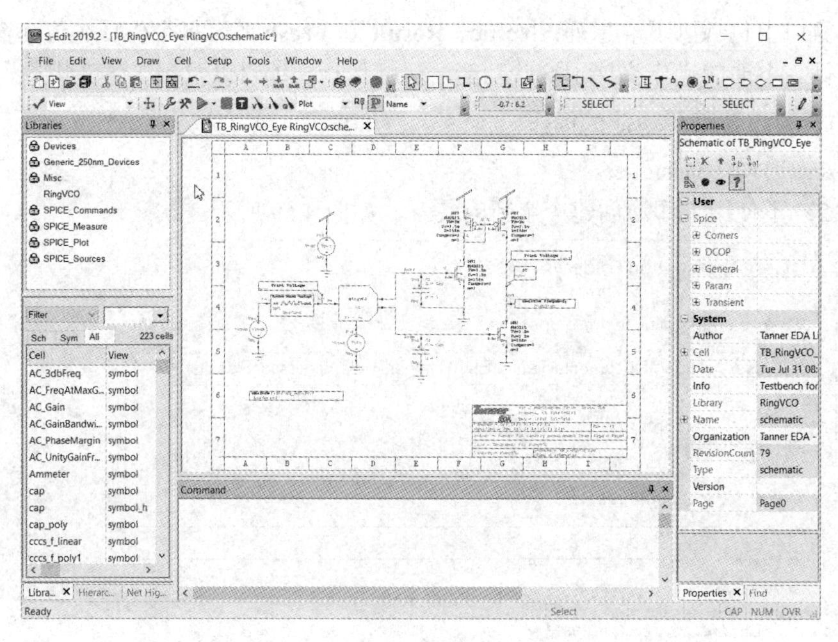

图 4.71　打开的 TB_RingVCO_Eye

步骤 6：在 T-Designer 工具栏点击 **Netlist** 按钮查看 SPICE 网表。此时，T-Spice 会打开选中的仿真网表(*TB_RingVCO_Eye_Spice_TSP.sp*)，如图 4.72 所示。

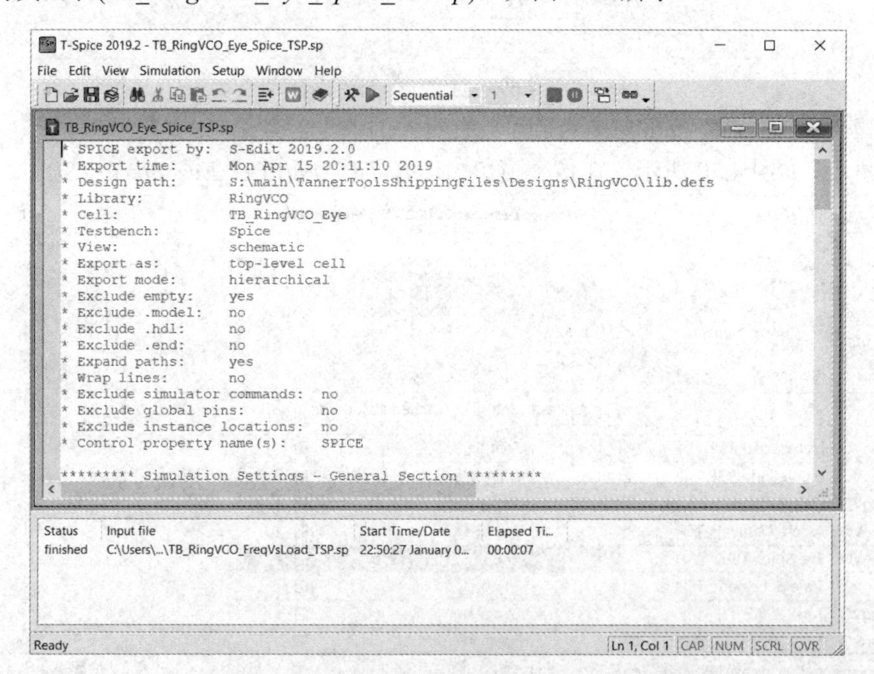

图 4.72　TB_RingVCO_Eye_Spice_TSP.sp 的仿真网表

步骤 7：在 T-Designer 中，将 *TB_RingVCO_FreqVsLoad_TSP* 的 **Schedule** 列改为 **hourly**(小时级)，将 *TB_RingVCO_Eye_Spice_TSP* 的 **Schedule** 列改为自定义值(即 every99 months)。如果日期和时间合适，就会出现如下结果：小时级的仿真 **Fresh** 列显示为 **stale**，而自定义的仿真 **Fresh** 列保持为 **fresh**。这表明在过去一小时中 *TB_RingVCO_FreqVsLoad_TSP* 还没

被运行(**stale**)，但是在最近的 99 个月中 *TB_RingVCO_Eye_ Spice_TSP* 是运行过的(**fresh**)，如图 4.73 所示。

Name	Result	Fresh	Status	Schedule	Include in Report
TB_OpAmp_VOS_MC_TSP			Completed		☑
RingVCO_TestBench_Corner_Tutorial_TSP			Completed		☑
TB_RingVCO_FreqVsLoad_TSP		stale	Completed	hourly	☑
TB_RingVCO_MonteCarlo_TSP			Completed		☑
TB_RingVCO_PVT_TSP			Completed		☑
TB_RingVCO_Assert_Warnings_TSP			Completed		☑
TB_RingVCO_Eye_Spice_TSP		fresh	Completed	every 99 months	☑
TB_RingVCO_Tune_Schematic_TSP			Completed		☑

图 4.73　Stale 和 Fresh 状态

步骤 8：在 T-Designer 工具栏中点击 **Run** > **Run Stale**，等待电路仿真完成，如图 4.74 所示。

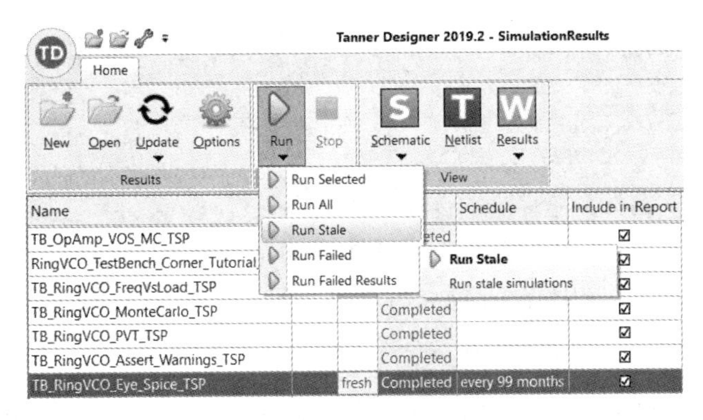

图 4.74　Run Stale

在电路仿真完成后，原本标记为 **stale** 的 **Fresh** 列会被更新为 **fresh**，如图 4.75 所示。

Name	Result	Fresh	Status	Schedule	Include in Report
TB_RingVCO_Eye_Spice_TSP		fresh	Completed	every 99 months	☑
TB_RingVCO_Assert_Warnings_TSP			Completed		☑
TB_RingVCO_Tune_Schematic_TSP			Completed		☑
TB_RingVCO_Tune_SPICE_TSP			Completed		☑
TB_RingVCO_Tune_VerilogA_TSP			Completed		☑
TB_RingVCO_MonteCarlo_TSP			Completed		☑
TB_RingVCO_PVT_TSP			Completed		☑
TB_RingVCO_FreqVsLoad_TSP		fresh	Completed	hourly	☑

图 4.75　电路在仿真完成后状态更新为 fresh

步骤 9：仿真窗口的列可以按设定值进行分组。鼠标右键单击 **Schedule** 列标题，然后选择 **Group by This Column**，如图 4.76 所示。

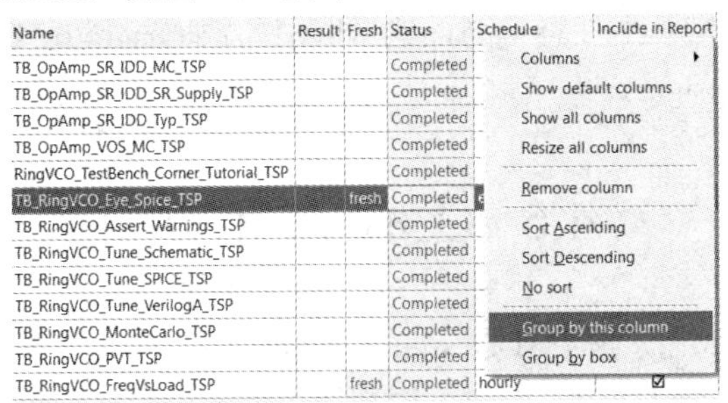

图 4.76　将仿真按值分组

T-Designer 的仿真窗口会将每个仿真按其 **Schedule** 列定义的值来分组，如图 4.77 所示。

由于例子中定义了三个值：未定义、小时的、自定义的，因此根据定义创建了三个组。分组可以帮助区分哪些仿真拥有公共属性，并可以更进一步地组织和管理这些仿真。当管理上百个仿真并且希望在某个组上做一些统一操作时，分组会非常有用，例如重新运行仿真。

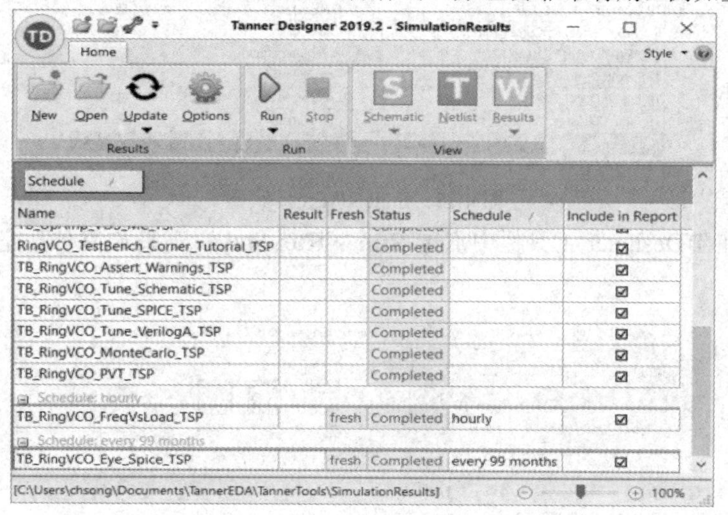

图 4.77　将仿真按照 Schedule 值来分组

步骤 10：在仿真面板上用鼠标左键点击并拖曳 **Schedule** 框来取消分组，如图 4.78 所示。

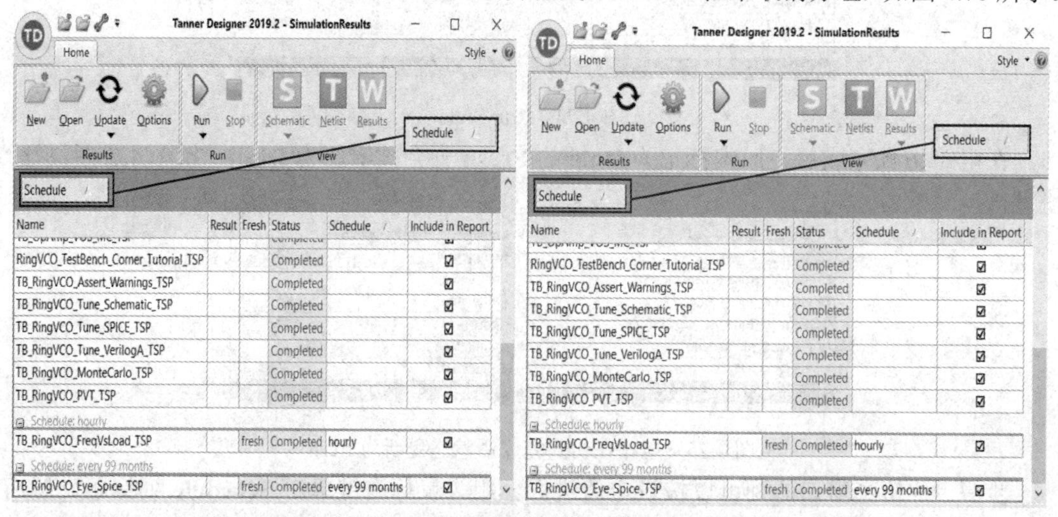

图 4.78　取消分组

步骤 11：用鼠标右键单击任意一列，然后取消勾选 **Group by box**。

步骤 12：关闭 T-Designer。

4.5　工作簿示例

通过前面的介绍，我们了解到 T-Designer 通过查询测量结果或更复杂的数据库来更新工作簿中 Tanner 行或列的对应值。用户可以利用扩展的分析、图表和报告等功能来完成更广泛的任务。本节将介绍 TannerDesignerExample.xlsx 文件中更多类型的示例工作表，该文件已安装在 Examples 文件中。

在默认配置下运行 T-Designer，首先会创建 TannerDesignerExample.xlsx 文件，然后可以重命名工作簿文件，复制测量结果，增加 Excel 表达式，添加规则，依据单元数据来设定其背景色等。每个微小的改变都可以通过 **Update** 来测试，从而可以快速地观察到改变是否生效。

4.5.1　在工作簿示例中更新数据(可选的)

TannerDesignerExample.xlsx 文件包含了一些示例工作表来说明 T-Designer 和 Excel 的功能。下面的操作介绍了如何基于仿真结果在 TannerDesignerExample.xlsx 中更新数值。

❖ 在 TannerDesignerExample.xlsx 中更新数值的操作：

步骤 1：将 *Documents\TannerEDA\TannerTools_v20XX.X\Features By Tool\TannerDesigner\TannerDesignerExample.xlsx* 文件复制到 *Documents\TannerEDA\TannerTools_v20XX.X\ SimulationResults* 文件夹中。

步骤 2：运行 T-Designer。

步骤 3：单击 **New** 功能键，导入之前练习使用的文件夹目录。

步骤 4：单击 **OK** 按钮将会创建一个新的数据集合(不需要生成 Excel 文件)，再次点击 **OK** 按钮确认出现的文件覆盖提示信息。

步骤 5：在 Tanner Designer 工具栏中点击 **Options** 按钮。

步骤 6：在选项 **Options** 对话框上方的 **Excel workbook** 输入栏中，找到 *SimulationResults* 文件夹中的 *TannerDesignerExample.xlsx* 文件，如图 4.79 所示，设定 **Options** 对话框中的其余选项。**New simulations** 中禁用 **Create worksheets for new simulations** 选项，所以新增加的仿真不会产生新的工作表。类似地，**New Measurements** 中禁用 **Add to worksheet** 选项，可以忽略新的测量。此操作的目的是更新现有的测量值，而不是创建新的工作表或测量项。最后点击 **OK** 按钮继续。

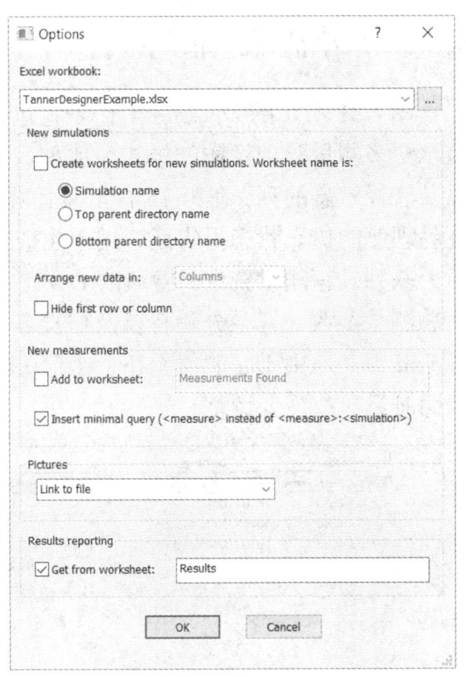

图 4.79　Options 对话框

步骤 7：点击 **Update** 来刷新仿真窗口并打开工作簿。该工作簿包含许多示例，其数据使用了最新的仿真结果。

步骤 8：保持 T-Designer 和 Excel 处于打开状态，从而可以在下一节中通览整个工作簿中的选项和测量结果。

4.5.2　简单的最小值/最大值分析

如图 4.80 所示，第一个工作表(*Measure.RingVCO*)展示了一个典型的由用户定义最小值及最大值来检验单个数值仿真结果的检查。G 列使用布尔值 *TRUE* 或 *FALSE* 来表明一个测量结果是否通过了最小值/最大值检验，H 列使用 *PASS* 或者 *FAIL* 文本以及依条件变化的底色来表明结果。由于 Excel 的函数具有整合多个值作逻辑判断来表示若干个测量的总体逻辑 *TRUE*/*FALSE* 结果，因此使用布尔值非常方便，如 G11 单元格所示。G11 或者 H11 单元格可以被用在 *Results* 工作簿选项上，把总体状态传递回 T-Designer 的仿真窗口中的 **Results** 列。

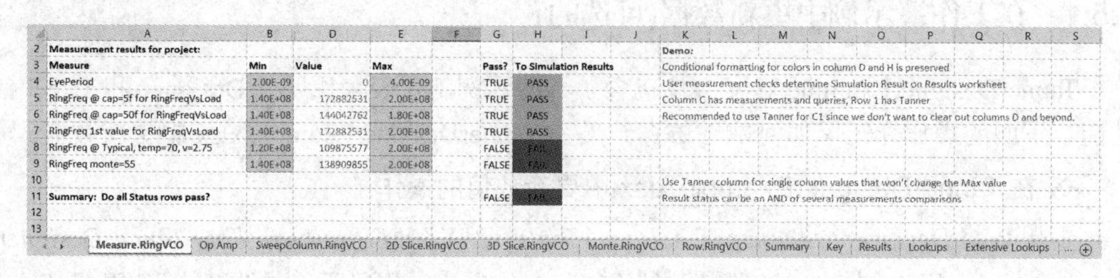

	A	B	D	E	F	G	H	I	J	K
2	Measurement results for project:									Demo:
3	Measure	Min	Value	Max		Pass?	To Simulation Results			Conditional formatting for colors in column D and H is preserved
4	EyePeriod	2.00E-09	0	4.00E-09		TRUE	PASS			User measurement checks determine Simulation Result on Results worksheet
5	RingFreq @ cap=5f for RingFreqVsLoad	1.40E+08	172882531	2.00E+08		TRUE	PASS			Column C has measurements and queries, Row 1 has Tanner
6	RingFreq @ cap=50f for RingFreqVsLoad	1.40E+08	144042762	1.80E+08		TRUE	PASS			Recommended to use Tanner for C1 since we don't want to clear out columns D and beyond.
7	RingFreq 1st value for RingFreqVsLoad	1.40E+08	172882531	2.00E+08		TRUE	PASS			
8	RingFreq @ Typical, temp=70, v=2.75	1.20E+08	109875577	2.00E+08		FALSE	FAIL			
9	RingFreq monte=55	1.40E+08	138909855	2.00E+08		FALSE	FAIL			
10										Use Tanner column for single column values that won't change the Max value
11	Summary: Do all Status rows pass?					FALSE	FAIL			Result status can be an AND of several measurements comparisons
12										
13										

Measure.RingVCO | Op Amp | SweepColumn.RingVCO | 2D Slice.RingVCO | 3D Slice.RingVCO | Monte.RingVCO | Row.RingVCO | Summary | Key | Results | Lookups | Extensive Lookups | ...

图 4.80　Measure.RingVCO 工作表

视图中隐藏了包含 Tanner 列信息的第 1 行，此行在 Excel 中的宽度是 0。另外，包含测量名称的 C 列也被隐藏了。A 列显示了 C 列中相关测量的更直观描述。在这个工作表中，最小值/最大值是用来检验合格条件的，换句话说，用户可以用匹配值/容限(MatchValue/Tolerance)来检验合格条件。

4.5.3　最小值/最大值的报告

图 4.81 所示的 *Op Amp* 工作表也包含一个类似的最小值/最大值检验，并且展示了可以显示更多测量验证意图的样式。比如，工作表中包含了用户定义测量序号、额外测量信息以及注释信息的列。在第 15 行汇总计算了全部的测量状态，这类汇总输出便于生成设计者更易理解的仿真状态报告或者用于生成数据表。隐藏的第一行中包含 Tanner 关键字，定义了哪些列具有测量查询。隐藏的 D 列包含了对应测量参数的仿真名称。而隐藏的 F 列通过汇总测量参数、冒号分隔符以及仿真名称来构建一个测量项。表中可以看到一个测量结果有 Fail 值，是由于它的值不在最小值/最大值范围内，因此，整体测量结果是失败的，注释表明测量参数需要调整。

	A	B	C	E	G	H	I	J	K	L	M
2	Validation:			OpAmp							
3	No.	Test Name	Test ID	Parameter	Simulation Result	Min Value	Max Value	Unit	Test Result	Fail Count	Comment
4	1	Basic	T0100	Gain	44.469	40	50		Pass	0	
5	2	Basic	T0100	PhaseMargin	51.270	45	60	degree	Pass	0	
6	3	Basic	T0100	GainBandwidth	1.159E+07	5.00E+08	6.00E+08	Hz	Fail	1	Adjust test parameters
7	4	Basic	T0100	En_1kHz	1.642E-07	1.00E-07	2.00E-07	V/vHz	Pass	0	
8	5	Basic	T0100	En_GBW	3.750E-08	3.00E-08	4.00E-08	V/vHz	Pass	0	
9	6										
10	7										
11	8										
12	9										
13	10										
14											
15									Fail	1	Total Fail Count
16											
17											
18											

Measure.RingVCO | Op Amp | SweepColumn.RingVCO | 2D Slice.RingVCO | 3D Slice.RingVCO | Monte.RingVCO | Row.RingV(...

图 4.81　Op Amp 工作表

4.5.4 数据扫描图表

如图 4.82 所示，在 *SweepColumn.RingVCO* 工作表(数据扫描图表)中展示了 *TB_RingVCO_FreqVsLoad_TSP* 仿真在不同负载电容值下测量的环振频率。这个仿真使用了 6 个不同的电容值，如 G4 到 L4 单元格中的电容值。这些值来自于仿真测量，基于隐藏的 F 列中的测量项。测量得到的环振频率显示在 G5 到 L5 单元格中。T-Designer 基于隐藏在 D 列中的测量查询，将仿真中电容值的计数放在 E 列。如果在电路仿真过程中更改了电容值的数量，则更多或更少的测量值将从 G 列开始显示，并且计数将在 E 列中更新。平均值和标准差使用 Excel 函数计算并分别显示在 B 列和 C 列中。这些函数利用数据有效位和数值在 B 列和 C 列中做出正确的计算。需要注意的是，某些 Excel 函数将空的单元格按数据 0 处理，也就是说，如果指定了错误的单元格数目，数值结果也会出错。

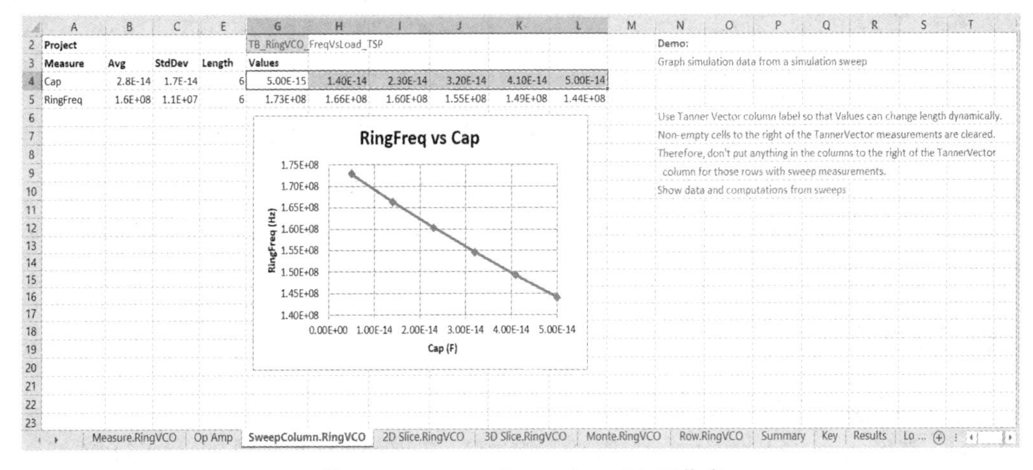

图 4.82 SweepColumn.RingVCO 工作表

在 Excel 中，最简单的生成图表的方法是把 x 和 y 值配对放在相邻的行中，如图 4.82 所示的第 4 行和第 5 行。图表清晰地显示了环振频率随着电路负载电容值增加而降低。

同样，包含 Tanner 关键字列信息的第 1 行被隐藏了，包含了控制信息和测量项的行与列也被隐藏，这是为了让生成的工作表简洁明了，只包含用户希望看到的信息。如果希望看到隐藏的信息，则选择该行/列并选择不要隐藏。

4.5.5 绘制扫描信息的子集

如图 4.83 所示，*2D Slice.RingVCO*(绘制扫描信息的子集)工作表展示了 *TB_RingVCO_PVT_TSP* 仿真中选定的数据子集和相应的 2D 图表。第 5 行到第 7 行表明仿真中有 3 个变量，即 5 个 .alter 值、6 个温度(temp)值以及 3 个 Vpwr 电压值。因此一共有 $5 \times 6 \times 3 = 90$ 个不同的输入组合和测量的环振频率值。第 16 行到第 18 行分别定义了第 5 行到第 7 行 3 个变量的特定数据子集，以及对应的环振频率(RingFreq)的测量值。在特定的工作条件(晶体管模型)以及电压(Vpwr)下，6 个不同温度子集的环振频率显示在第 19 行中。从下面的环振频率与温度的关系图表中可以看出，在选定的工作条件和电压下，随着温度的升高，环振频率会下降。注意，在其他的工作条件或电压下，图表结果可能会有所不同。

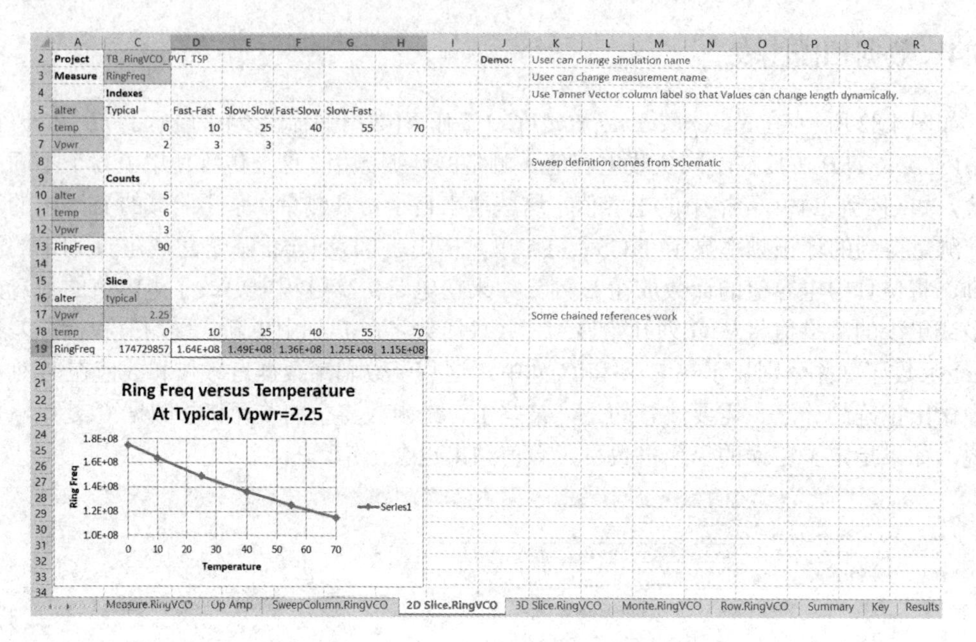

图 4.83　2D Slice.RingVCO 工作表

B 列包含了测量查询，并且是隐藏的。工作簿中的第 1 行包含了 Tanner 关键字，因此也是隐藏的。

4.5.6　3D 图形

如图 4.84 所示，*3D Slice.RingVCO*(3D 图形)工作表展示了 *TB_RingVCO_PVT_TSP* 仿真中扫描.alter、温度(temp)和电压(Vpwr)后得到的测量值。T-Designer 根据第 11 行(C11 到 H11)中的不同温度和 A 列中 A13 到 A15 单元格的不同电压，在 C13 到 H15 之间的单元格中记录了对应的环振频率。这个单元格范围中的值在 Excel 中可以很容易做成右侧的图表。

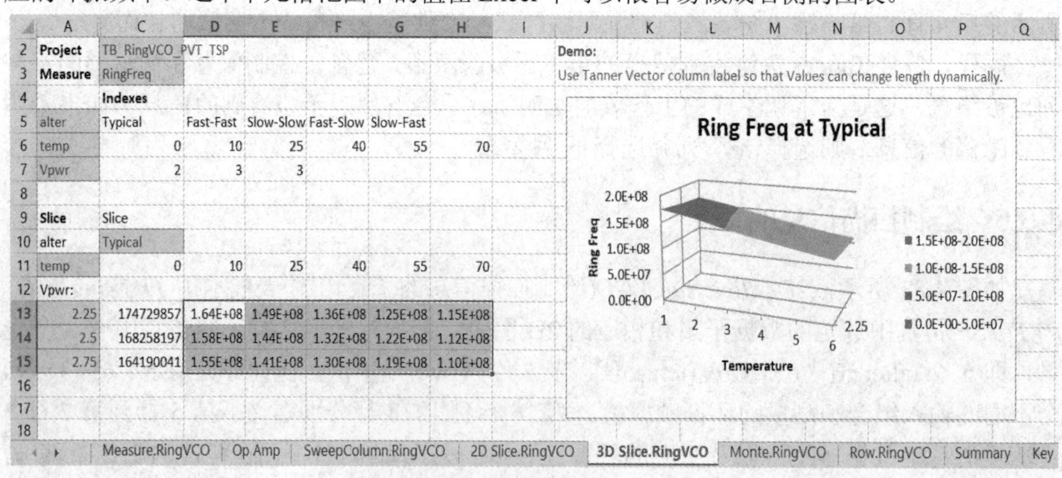

图 4.84　3D Slice.RingVCO 工作表

第 1 行被隐藏是因为在 B1 中包含了 Tanner 关键字，包含了测量查询的 B 列也同样被隐藏。

4.5.7 蒙特卡洛分析

如图 4.85 所示，*Monte.RingVCO*(蒙特卡洛分析)工作表在第 6 行展示了 *TB_RingVCO_MonteCarlo_TSP* 仿真的测量值，如 C5 单元格共有 100 个值。在 C8 和 C9 单元格中列出的最小值和最大值，是 Excel 通过对第 6 行的数据进行计算得到的。每个环振频率值会被放到对应频率范围的统计容器(bins)中，这样可以在 F 列计算每个容器(bin)中的数量，D 列和 F 列中的值随后被绘制成图表。从图表中观察这些值的分布可能会比较困难，因为仿真的数量是 100，容器(bins)的数量只有 10 个。如果增加容器和仿真的数量，数据点就会增多，在图表中会得到一个更平滑的分布，然而这也需要更多的仿真时间。

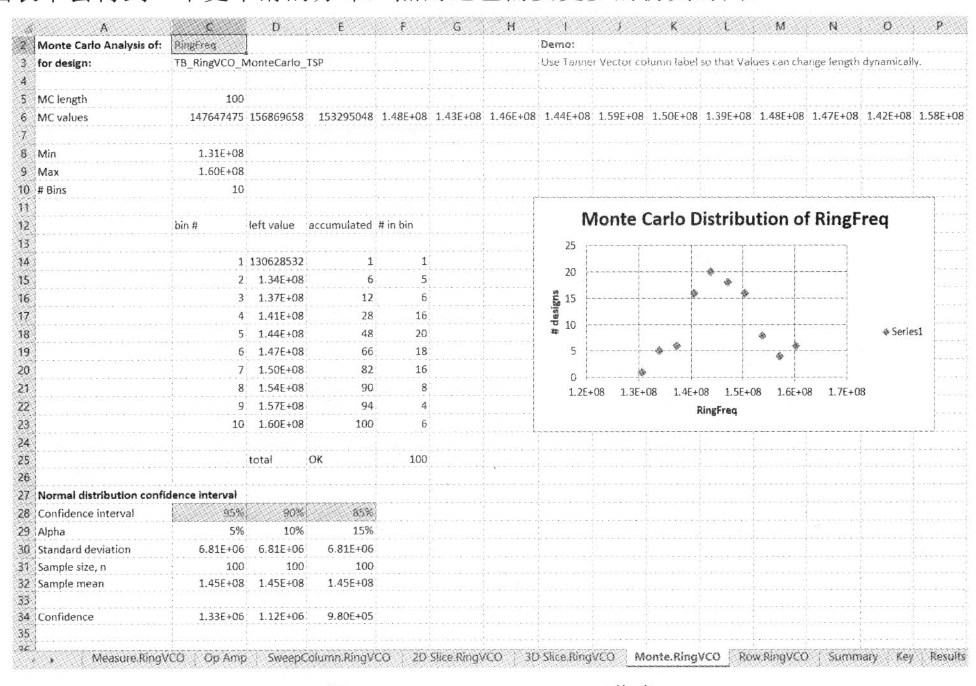

	A	C	D	E	F	G	H	I	J	K	L	M	N	O	P
2	**Monte Carlo Analysis of:**	RingFreq						Demo:							
3	**for design:**	TB_RingVCO_MonteCarlo_TSP						Use Tanner Vector column label so that Values can change length dynamically.							
4															
5	MC length	100													
6	MC values	147647475	156869658	153295048	1.48E+08	1.43E+08	1.46E+08	1.44E+08	1.59E+08	1.50E+08	1.39E+08	1.48E+08	1.47E+08	1.42E+08	1.58E+08
7															
8	Min	1.31E+08													
9	Max	1.60E+08													
10	# Bins	10													
11															
12		bin #	left value	accumulated	# in bin										
13															
14		1	130628532	1	1										
15		2	1.34E+08	6	5										
16		3	1.37E+08	12	6										
17		4	1.41E+08	28	16										
18		5	1.44E+08	48	20										
19		6	1.47E+08	66	18										
20		7	1.50E+08	82	16										
21		8	1.54E+08	90	8										
22		9	1.57E+08	94	4										
23		10	1.60E+08	100	6										
24															
25			total	OK	100										
26															
27	**Normal distribution confidence interval**														
28	Confidence interval	95%	90%	85%											
29	Alpha	5%	10%	15%											
30	Standard deviation	6.81E+06	6.81E+06	6.81E+06											
31	Sample size, n	100	100	100											
32	Sample mean	1.45E+08	1.45E+08	1.45E+08											
33															
34	Confidence	1.33E+06	1.12E+06	9.80E+05											

图 4.85 Monte.RingVCO 工作表

在工作表中使用的容器技术(binning technique)可能会丢掉恰好在最小值/最大值处的数据。第 25 行进行了一个计算来检查这些容器中值的数量是否匹配仿真数据的数量。用 **Waveform Viewer** 很容易为这个示例生成分布图表。在 T-Designer 工具栏中点击 **Waveform Viewer** 图标，并参考结果。第 28 行到第 34 行为第 28 行中给出的预期百分比，计算了置信区间的平均值和宽度。

4.5.8 基于行的工作表

在 T-Designer 的 **Option** 对话框里有一个设置，可以选择以行或列的方式来排列新数据，如图 4.86 所示。目前，大多数的示例都是按照 Tanner 列来定义列显示的方式。如果选择了 **Row** 选项，测量就会以行的方式而不是列的方式被加入。如果是一个新的工作表，第 1 行会被使用。如果是一个已经存在的工作表，那么新的测量项就会被添加到从第 1 行开始向下找到的第一个有 Tanner 关键字的行中。在图 4.87 所示的 *Row.RingVCO* 工作表(基于行的工作表)中，第 2 行是第一个含有 Tanner 关键字的行，因此在这一行的右侧列出了仿真所包含的测量项。

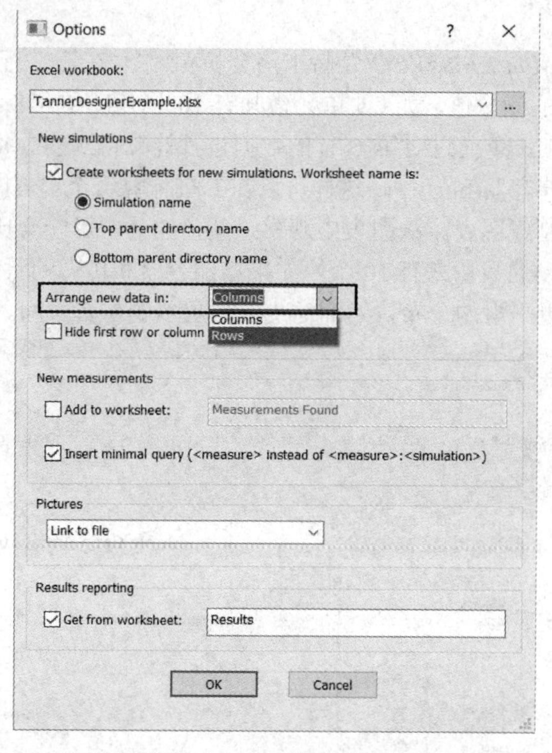

图 4.86　设置以行或列的方式来排列新数据

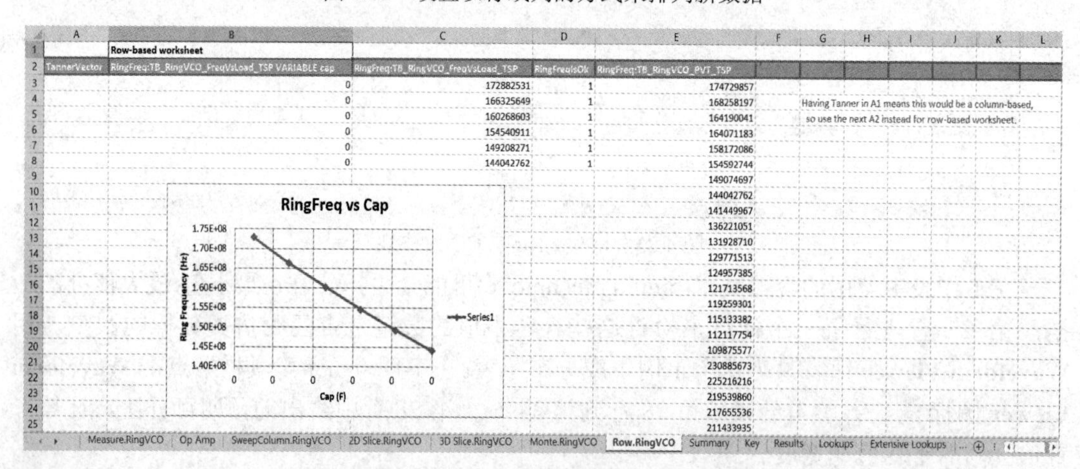

图 4.87　Row.RingVCO 工作表

第 2 行中指定了测量项，测量值出现在每个测量项下方。Tanner 关键字所在行已经被高亮成灰色，一般来讲可以隐藏 Tanner 行，但让其显示是为了可以方便看到测量项的定义。工作表中使用基于行的数据创建了一个电容值与环振频率比对的图表。

工作簿中的其他工作表都是基于列构建的，表中每个测量项或数据查询都出现在单独的列中，测量结果被列在右侧。一般来说，Excel 支持的行数要远远多于列数(在 Excel 2016-2013 中，分别是 1 048 576 行及 16 384 列)。所以，如果需要在一行中写入的数据数量达到了上限，则可能需要使用基于行的配置，以便数据可以向下扩展到更多的行中。

4.5.9　仿真总结报告

如图 4.88 所示，*Summary*(仿真总结报告)工作表展示了 T-Designer 的一些仿真信息是如何被数据库查询访问的。查询信息位于隐藏的 B、D、F、H、L、O、R、T 和 V 列中，并在 T-Designer 的仿真窗口中自动生成，工作表可从 T-Designer 中读取这些信息。隐藏的第 1 行包含了 Tanner 关键字。

	A	C	E	G	I	J	K	M	N	P	Q	S	U	W
2	Summary for project:			Current Time/Date:										
3				Friday, October 26, 2018										
5	Test	Sim Status	Simulator	Run Date	Schedule	Monte	Alter	#	Temp	#	Sweep	#	Sweeps	RunTime
6	TB_RingVCO_FreqVsLoad_T	Completed	Tanner T-Spice	Friday, October 26, 2018 15:20:20	hours						Cap	6	6	05
7	TB_RingVCO_PVT_TSP	Completed	Tanner T-Spice	Monday, July 30, 2018 18:58:34			.lib	5	.temp	6	Vpwr	3	90	01:29:40
8	TB_RingVCO_Eye_TSP	Completed	Tanner T-Spice	Monday, July 30, 2018 18:58:36	months								1	01:26:11
9	TB_RingVCO_MonteCarlo_T	Completed	Tanner T-Spice	Monday, July 30, 2018 18:58:34		.lib							100	01:28:24

Monte.RingVCO | Row.RingVCO | **Summary** | Key | Results | Lookups | Extensive Lookups | Images | TB_RingVC(...

图 4.88　Summary 工作表

4.5.10　描述性的工作表

如图 4.89 所示，*Key* 工作表描述了在工作表中使用的每种颜色的含义，默认用于输入的配色显示在单元格 A5 中。

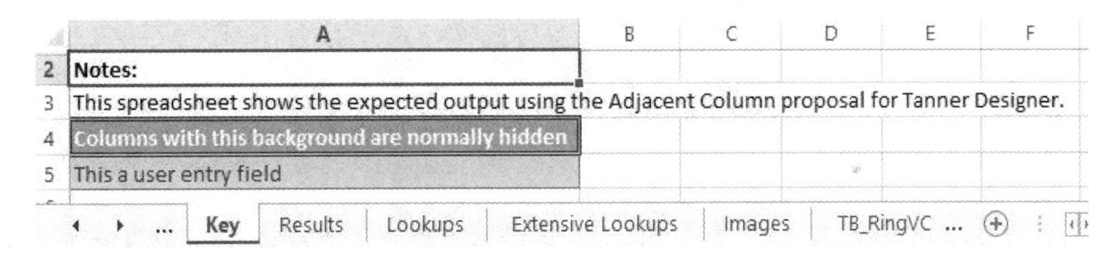

	A	B	C	D	E	F
2	Notes:					
3	This spreadsheet shows the expected output using the Adjacent Column proposal for Tanner Designer.					
4	Columns with this background are normally hidden					
5	This a user entry field					

Key | Results | Lookups | Extensive Lookups | Images | TB_RingVC ...

图 4.89　Key 工作表

4.5.11　结果工作表

如图 4.90 所示，*Results* 工作表(结果工作表)展示了一些可以在工作簿中计算并显示在 T-Designer 仿真窗口的值。A 列定义了仿真名称，和 T-Designer 仿真窗口中的仿真名称一致。一般来说，A 列是 T-Designer 在工作簿创建时最初放置的。当然，用户也可以从第 2 行开始随意排序，空行会被忽略。

	A	B	C	D
1	Name	Result	User1	User2
2	TB_RingVCO_FreqVsLoad_TSP	TRUE	high	small
3	TB_RingVCO_Corner_TSP	FALSE	middle	big
4	TB_RingVCO_Eye_TSP	PASS	middle	medium
5	TB_RingVCO_Assert_Warnings_TSP	1	low	small
6	TB_RingVCO_MonteCarlo_TSP			
7	TB_OpAmp_CMRR_Corner_TSP			

Summary | Key | **Results** | Lookups | Extensive Lookups | Images

图 4.90　Results 工作表

工作簿 B 列(**Result**)中显示的布尔值和 T-Designer 中定义的结果评判(*Result Measure*)

做与(AND)运算，其结果用来设置仿真窗口中的 *Result* 列。

用户可以通过在第 1 行/第 C 列及之后的列中添加其他列标题以便加入更多自定义信息。本示例添加了两个新的自定义列，名字为 User1 和 User2。用户可以选择在仿真窗口中显示或隐藏这些列。每次更新时，工作簿这些列中的数据会显示到仿真面板中。

4.5.12　查找工作表中的典型测量查询

Lookups 工作表如图 4.91 所示。

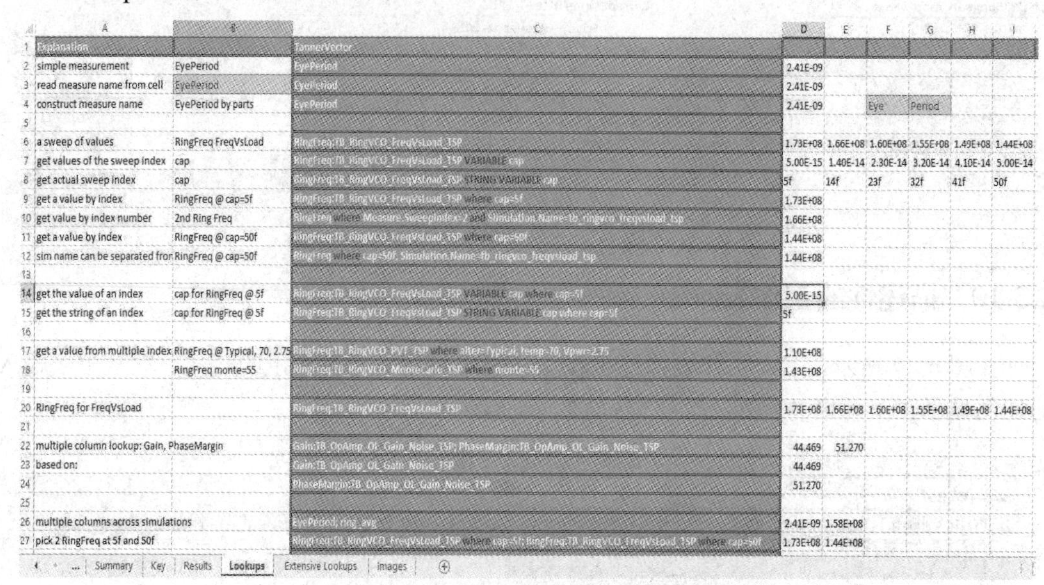

	A	B	C	D	E	F	G	H	I
1	Explanation		TannerVector						
2	simple measurement	EyePeriod	EyePeriod	2.41E-09					
3	read measure name from cell	EyePeriod	EyePeriod	2.41E-09					
4	construct measure name	EyePeriod by parts	EyePeriod	2.41E-09		Eye	Period		
5									
6	a sweep of values	RingFreq FreqVsLoad	RingFreq:TB_RingVCO_FreqVsLoad_TSP	1.73E+08	1.66E+08	1.60E+08	1.55E+08	1.49E+08	1.44E+08
7	get values of the sweep index	cap	RingFreq:TB_RingVCO_FreqVsLoad_TSP VARIABLE cap	5.00E-15	1.40E-14	2.30E-14	3.20E-14	4.10E-14	5.00E-14
8	get actual sweep index	cap	RingFreq:TB_RingVCO_FreqVsLoad_TSP STRING VARIABLE cap	5f	14f	23f	32f	41f	50f
9	get a value by index	RingFreq @ cap=5f	RingFreq:TB_RingVCO_FreqVsLoad_TSP where cap=5f	1.73E+08					
10	get value by index number	2nd Ring Freq	RingFreq where Measure.SweepIndex=2 and Simulation.Name=tb_ringvco_freqvsload_tsp	1.66E+08					
11	get a value by index	RingFreq @ cap=50f	RingFreq:TB_RingVCO_FreqVsLoad_TSP where cap=50f	1.44E+08					
12	sim name can be separated fror	RingFreq @ cap=50f	RingFreq where cap=50f, Simulation.Name=tb_ringvco_freqvsload_tsp	1.44E+08					
13									
14	get the value of an index	cap for RingFreq @ 5f	RingFreq:TB_RingVCO_FreqVsLoad_TSP VARIABLE cap where cap=5f	5.00E-15					
15	get the string of an index	cap for RingFreq @ 5f	RingFreq:TB_RingVCO_FreqVsLoad_TSP STRING VARIABLE cap where cap=5f	5f					
16									
17	get a value from multiple index	RingFreq @ Typical, 70, 2.75	RingFreq:TB_RingVCO_PVT_TSP where alter=Typical, temp=70, Vpwr=2.75	1.10E+08					
18		RingFreq monte=55	RingFreq:TB_RingVCO_MonteCarlo_TSP where monte=55	1.43E+08					
19									
20	RingFreq for FreqVsLoad		RingFreq:TB_RingVCO_FreqVsLoad_TSP	1.73E+08	1.66E+08	1.60E+08	1.55E+08	1.49E+08	1.44E+08
21									
22	multiple column lookup: Gain, PhaseMargin		Gain:TB_OpAmp_OL_Gain_Noise_TSP; PhaseMargin:TB_OpAmp_OL_Gain_Noise_TSP	44.469	51.270				
23	based on:		Gain:TB_OpAmp_OL_Gain_Noise_TSP	44.469					
24			PhaseMargin:TB_OpAmp_OL_Gain_Noise_TSP	51.270					
25									
26	multiple columns across simulations		EyePeriod; ring_avg	2.41E-09	1.58E+08				
27	pick 2 RingFreq at 5f and 50f		RingFreq:TB_RingVCO_FreqVsLoad_TSP where cap=5f; RingFreq:TB_RingVCO_FreqVsLoad_TSP where cap=50f	1.73E+08	1.44E+08				

图 4.91　Lookups 工作表

(1) *Lookups*(查找工作表中的典型测量查询)工作表包含了 *RingVCO* 和 *OpAmp* 仿真数据测量查询的典型示例。因为 C1 中的关键词是 TannerVector，所以查询被写在 C 列。此时，C 列已经被填充为灰色，更清晰地表明这是一个 Tanner 列。SQL 关键词用红色高亮显示。TannerVector 关键词表明一个或者多个测量值可以被放置在该列右侧。当工作簿被更新(**Updated**)时，值就会被写到 D 列及之后的列。最后写入值右侧的非空单元格都会被清空。这种做法使得变量值的数目变化非常明显，并且遗留的旧值会被清空。

(2) 只有在第 1 行或列中包含了关键词(Tanner)的单元格会被检查。因此，T-Designer 会忽略在 A1 中的值，因为它不包含关键词 Tanner。一般来说，用户应该避免将自定义的文本和 Tanner 列混到一起，以免值中可能包含字符串 Tanner。

(3) 第 2 行到第 4 行表明测量名可以以文本方式给出或者用 Excel 函数生成。

(4) 第 6 行展示了一个包含 6 个测量值的向量。

(5) 第 7 行表示 cap 对应的电容浮点变量值。针对这个电容值 Excel 需要用浮点数来做计算。

(6) 第 8 行展示了利用字符串变量将变量 cap 的原始文本提取返回。如果想要访问一个特定值，例如当 cap 是 5f 时的 *RingFreq*，则这个字符串文本值就是必需的，如第 9 行所示。这个 cap 值并不是 5e-15，这只是它使用了浮点数的表达方式。

(7) 第 10 行展示了一种基于索引值得到指定测量值的方法。索引值从 1 开始，所以 Measure.SweepIndex=2 是第二个仿真测量值。

(8) 第 11 行返回当 cap 为 50f 时的环振频率。注意，这个值要匹配单元格 I6 里面的环振频率值。

(9) 第 12 行展示了另一种方法来得到和第 11 行相同的值。仿真名被单独指定，而不是像第 11 行中测量名加仿真名共同定义的方法。

(10) 第 14 行展示了仿真中的 cap 变量值 5f 被转换为可用于 Excel 计算的浮点值 5e-15。

(11) 第 15 行展示了 cap 变量值的字符串版本：5f。

(12) 第 17 行展示了如何在工艺角仿真中提取到由 3 个参数指定的环振频率。参数值显示为 3 组以逗号分隔的“变量 = 值”，3 个变量/值的顺序不重要。

(13) 第 18 行展示了在蒙特卡洛仿真中依据某个仿真条件，利用特定的蒙特变量提取环振频率值。

(14) 第 22 行展示了通过分号隔开多个测量项，而将其对应的测量值放在同一行中。

(15) 第 23 行和第 24 行中分别展示了在第 22 行中的测量项及其测量值。

(16) 第 26 行显示了从不同的仿真中提取多个测量。如图 4.91 所示，*EyePeriod* 是从 TB_RingVCO_Eye_TSP 仿真中获得的，而 *ring_avg* 是从 *TB_RingVCO_FreqVsLoad_TSP* 仿真中获得的。

(17) 第 27 行显示，即使是选择同一仿真不同参数值的测量查询，也可以被合并在同一行中。示例中两个独立的值都是从相同的仿真 RingFreq 中选择的，不同的是它们基于不同的 cap 值。

Excel 小贴士：在 *Results* 工作表中，可以给单元格添加超链接(如图 4.92 所示)，使其能够轻松地用快捷键 **Ctrl + K** 打开工作表。

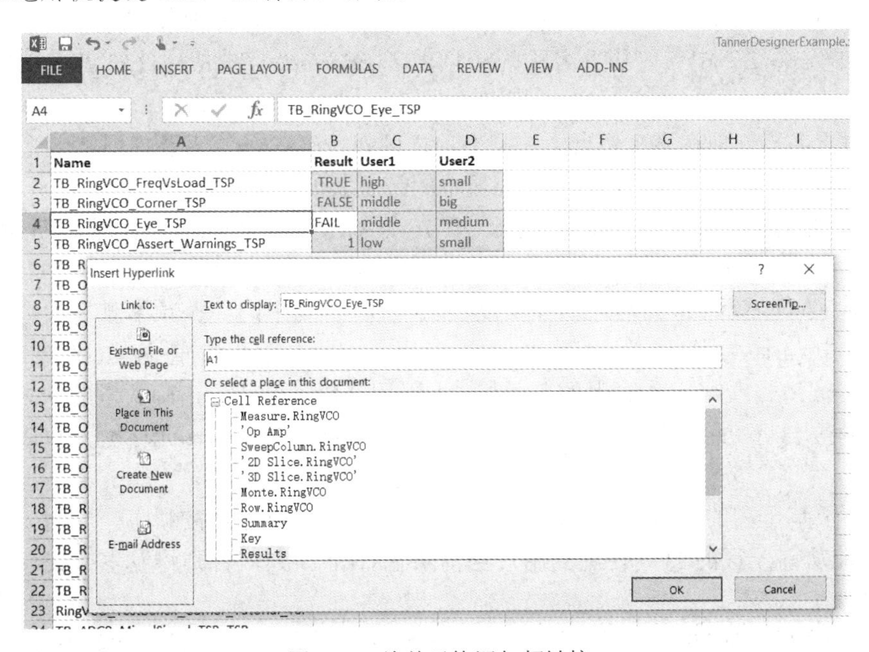

图 4.92　给单元格添加超链接

4.5.13　扩展查询工作表中更复杂的测量和数据库查询

扩展 *Lookups* 工作表第 1～38 行，如图 4.93 所示。

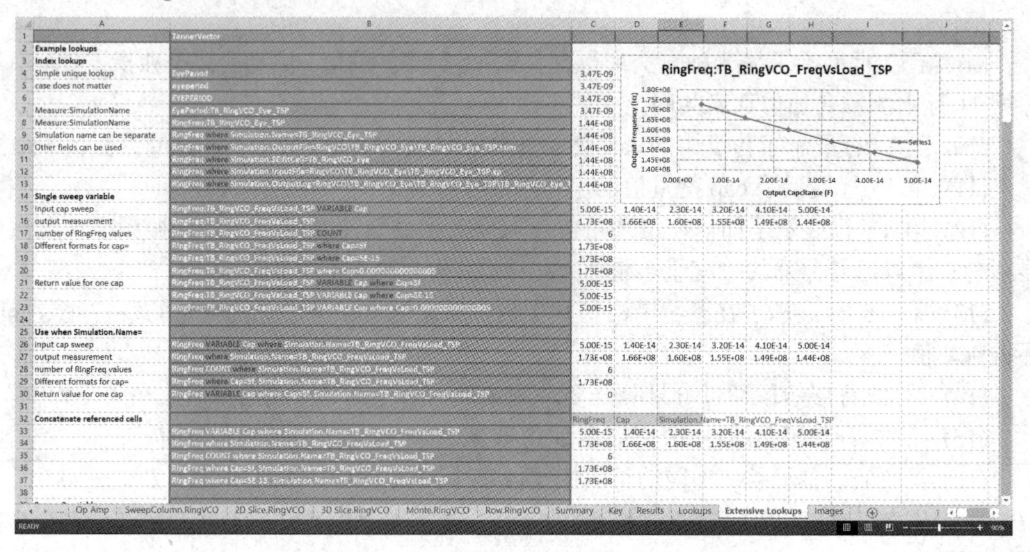

图 4.93　扩展 Lookups 工作表第 1～38 行

更长的 *Extensive Lookups* 工作表包含了更多更复杂的测量和数据库查询介绍，借此可以实现更丰富的功能。

(1) 第 4 行显示 *EyePeriod* 的测量，它使用了和 *TB_RingVCO_Eye_TSP* 仿真中完全相同的大小写和文本。

(2) 第 5 行和第 6 行显示文本中字符的大小写对于测量查询无关紧要。

(3) 对于名称仅出现在一个仿真中的测量项，单元格 B4 中较短的名称(*EyePeriod*)产生的值与单元格 B7 中带有仿真名称的测量项(*EyePeriod：TB_RingVCO_Eye_TSP*)产生的值相同。

(4) 对于名称出现在多个仿真中的测量项，例如 *RingFreq*，需要使用第 8 行中带有仿真名称的测量名称或第 9 行到第 13 行中显示的带有其他限定符的测量名称。

(5) 第 15 行显示 cap 的 6 个变化值，第 16 行显示了每个 cap 值对应的 *RingFreq* 值。将 X 和 Y 两组数字向量放在一起可以更容易地生成图表。

(6) 第 17 行显示 *TB_RingVCO_RreqvsLoad_TSP* 仿真中的环振频率测量次数。计数对于 Excel 中与计数值有关的函数都很有用，比如求平均值函数 AVERAGE()。*SweepColumn.RingVCO* 工作表上的单元格 E4 显示计数器捕获了正确数量的 cap 数值。某些 Excel 函数会将空单元格视为 0。这意味着如果指定了错误的单元格数，数值结果将不正确。

(7) 对于基于列的查询(如 C 列中的查询)，每个后续行都是按顺序计算的。这意味着数据值只能从前一行的 D 列使用到用户当前所在行的 D 列，否则将发生错误。这将在稍后解释。

(8) 第 18 行到第 20 行显示，对于涉及 cap 参数的测量查询，字符串和数值定义均可行。

(9) 第 21 行到第 23 行表明，无论测量查询的 cap 值的格式如何定义，都将返回相同的数值参数。

(10) 第 25 行到第 30 行显示，可以将仿真名作为附加的变量/值来定义，而不必与测量名称一起定义。

(11) 第 32 行到第 37 行执行类似的查询，尽管查询是使用 Excel 文本函数 CONCATENATE 和带背景色的输入单元格(C32 至 E32)来建立的，但查询单元格的值需要在查询之前定义。

扩展 *Lookups* 工作表第 39～72 行如图 4.94 所示。

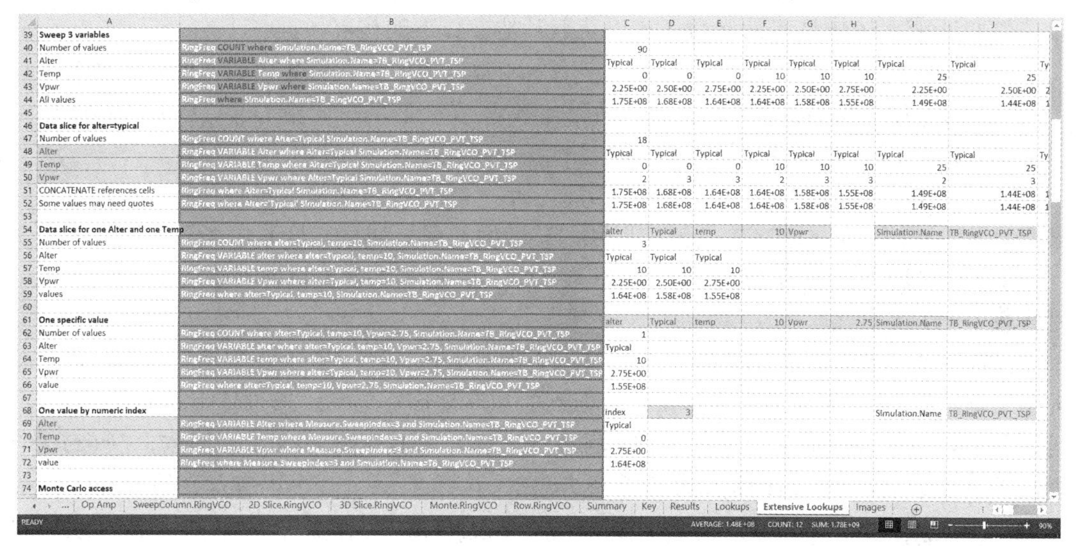

图 4.94　扩展 Lookups 工作表第 39～72 行

Excel 小贴士：当进入包含公式的单元格时，Excel 会突出显示那些以不同颜色显示的单元格。如果要在工作表的所有单元格中显示所有公式，请在 **FORMULAS** 选项卡中激活 **Show Formula**。

(12) 第 39 行到第 44 行显示了 90 组(单元 C40)输入参数组合以及对应于每个输入参数组合的环振频率测量值。

如果 Tanner 列或行包含 Excel 表达式，则该 Excel 表达式引用的所有单元格都需要在求值之前定义。例如，单元格 C33 引用的单元格中的值是在更新之前就已经定义好的，所以查询字符串可以正常建立。如果查询字符串引用另一个查询的值，那么测量查询的执行顺序就变得很重要。不管这些值的位置在哪里，工作簿根据实际的单元格相关性进行计算排序。T-Designer 不做这些操作，而是从左到右逐个查询工作表，对基于列的工作表执行从左到右逐列查询，再从上到下逐行查询。

这意味着在完全查询了整个低位 Tanner 列之后，才会查询高位 Tanner 列。因此，查询不应引用后续行或后续的查询，因为这些值还没有被定义。单元格 B47 的查询正确引用了单元格 B41 查询的值。单元格 C41 中的值在计算单元格 B47 的查询前已经被定义。将第 47 行移动到第 41 行之前会产生问题，因为单元格上的数值在使用之前是不会被定义的。基于行的工作表按行向下执行，然后按列向右执行。

(13) 第 46 行到第 52 行展示了如何在大的表格中查找特定子集。在本例中，我们使用来自单元格 C41 的 *Alter* 值进行查找，这就是为什么单元格 C41 被突出显示的原因。因为 *Alter* 值(*Typical*)不包含空格，单元格 B51 中的查询可以正常进行，如果查询到的值是包含空格的则最好使用单引号或双引号，如单元格 B52 所示。三维数据绘制的图形显示在右侧。

(14) 第 54 行到第 59 行展示了从三个变量的数据集中提取一个子集的方法。查询的参数名称在单元格 C54 和 E54 中定义，而它们的值在相邻的 D54 和 F54 单元格中定义。由此可以看出，提取其他参数的仿真数据就像更改 D54 或 F54 单元中的值一样简单，当然还可以更改 C54 或 E54 中选择的参数名称以获取其他参数下的仿真数据。

(15) 第 61 行到第 66 行展示了从三个变量的数值集中提取特定值的方法。参数名称在单元格 C61、E61 和 G61 中给出，而它们的值分别在相邻的单元格 D61、F61 和 H61 中给出。单元格 I61 和 J61 指定了要从中提取测量值的仿真。

(16) 第 68 行到第 72 行显示如何使用索引编号检索特定的输入参数和相应的测量值。索引号从 1 开始，以 COUNT 关键字返回的整数做结尾，如单元格 C40 所示。在这种情况下，由 3 个参数名指定到特殊的一列去获取数据，单元格 A69 到 A71 中的描述性文本就分别代表不同的参数名。

(17) 如图 4.95 所示，第 74～77 行显示蒙特卡洛仿真进行了 100 次迭代运算。例如单元格 C75，第 76 行中列出了 100 次仿真得到的 100 个环振频率。通过使用 *monte* 关键字，可以基于索引获取特定的 Monte Carlo 测量值。索引从 1 开始，以单元格 C75 中 COUNT 返回的整数结束。图中右侧是 100 个蒙特卡洛值的简单图表。一个更有意义的 Monte Carlo 图表应该是包含数据汇总组合的，如 *Monte.RingVCO* 工作表中所示的图表，或通过 **Waveform Viewer** 打开 *TB_RingVCO_Monte Carlo* 仿真结果看到的波形。

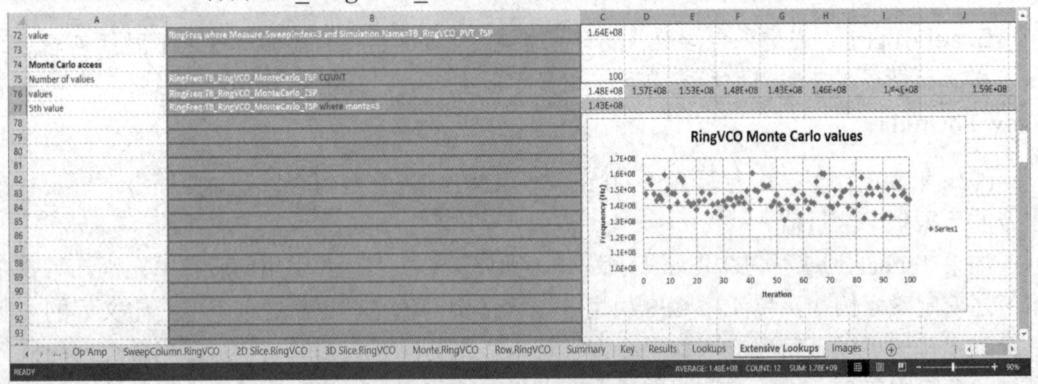

图 4.95　扩展 Lookups 工作表第 74～77 行

Excel 小贴士：要获取在冒号字符“:”之前的测量名称，可以使用诸如 =LEFT(C6, Find(" : ", C6)-1)的公式。

4.5.14　图片

如图 4.96 所示，**Image**(图片)工作表包含了 3 个测量值和 2 个 **Waveform Viewer** 中的波形图表，它们来自文件 *TB_RingVCO_FreqVsLoad_TSP.cbk*，而这个文件是从 S-Edit 仿真 *TB_RingVCO_FreqVsLoad* 后通过 **Waveform Viewer** 保存的。

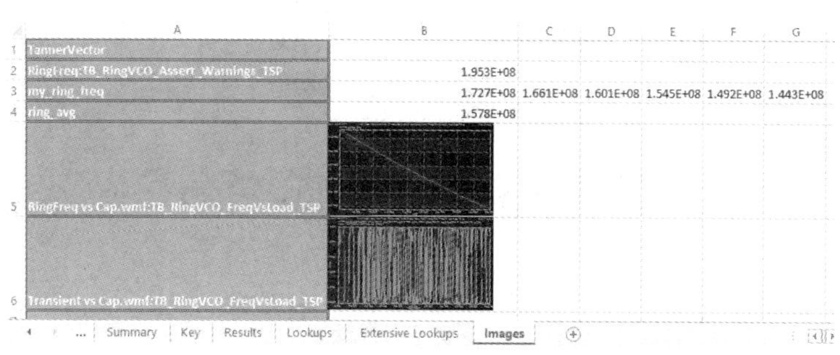

图 4.96　Image 工作表

本章练习题

一、简答题

如果将某个工作表或结果工作表中的某行删除，会对仿真造成什么样的影响？如何重新在工作簿中添加被删除的仿真数据或将仿真数据更新？

二、选择题

1. 针对用户定义的最小值和最大值的单个仿真数值结果的检查，G 列可以使用(　　　)的综合值结合在一起来表示多个测量的总体 TRUE/FALSE 结果。

A. 布尔代数　　B. 集合代数　　C. 笛卡尔积　　D. 序代数

2. 按照 T-Designer 的缺省值设置，如果仿真数量为 100，则仿真器的容量为(　　　)。增加仿真容器的数量，仿真将会生成一个更平滑的分布，然而也需要更多的仿真时间。

A. 100　　B. 1000　　C. 10　　D. 1

★ 参考答案

一、简答题

如果将某个工作表或结果工作表中的某行删除，会对仿真造成什么样的影响？如何重新在工作簿中添加被删除的仿真数据或将仿真数据更新？

无影响；Options 对话框中，New Measurements 部分选中 Add to worksheet，并将名称指示为 Measurements Found。单击 Update 按钮，重新创建工作簿，新的测量结果就被添加到新创建的 Measurements Found 工作表中。Results 工作表中删除的行也会在更新后重新放到底部。具体操作见 4.3.3 节。

二、选择题

1. 针对用户定义的最小值和最大值的单个仿真数值结果的检查，G 列可以使用(　　　)来综合值结合在一起来表示多个测量的总体 TRUE/FALSE 结果。

A。见 4.5.2 简单的最小值/最大值分析。

2. 按照 T-Designer 的缺省值设置，如果仿真数量为 100，则仿真器的容量为(　　　)。增加仿真容器的数量，仿真将会生成一个更平滑的分布，然而也需要更多的仿真时间。

C。见 4.5.7 蒙特卡洛分析。

第五章　MEMS Pro

5.1　MEMS Pro 简介

在本章中，以 MEMS 谐振器为例学习使用该软件。本章的补充部分包括使用 L-Edit/Extract 和 LVS 学习版图的提取与网表的比较以及优化。读者将学习使用 MEMS Pro 工具 S-Edit、T-Spice、W-Edit 和 L-Edit 来创建原理图、分析系统行为并生成器件版图。读者将手动或自动绘制掩模板，并在 L-Edit 中生成和查看 3D 模型和截面。本章中提到的所有文件都位于*{MEMS Pro v10.0 安装目录}\MEMS_Tutorials\Resonator*。

本章中所用到的设计实例是一个横向梳状静电谐振器。该谐振器是一种 MEMS 换能器，其谐振频率对各种物理参数具有高灵敏度，因此可以用作传感器。谐振器将使用 MEMS Pro 库组件进行设计，包括梳状驱动器、面板和折叠弹簧。

5.1.1　创建原理图

在本节中，读者将学习如何使用 S-Edit 浏览原理图并进行简单操作设计。

1. 启动 S-Edit

单击开始菜单启动 S-Edit。

注意: 通过鼠标右键单击 **S-Edit > Run as administrator** 确保以管理员身份运行 S-Edit。

2. 打开文件

通过本章将学会如何放置一个横向梳状静电谐振器的各个组件并连接这些组件，以及如何对设计进行 AC 分析。

这些元件的原理图每一个连接端都拥有两个引脚：一个为电信号，用前缀 V 表示，如 VAnchor；另一个为机械信号，没有前缀，如 Anchor。其他端口是根据在组件上的位置来命名的(在名称后面附加一个后缀)。例如，Dis_b 是位于板底部代表位移的引脚。其他后缀，如_t 表示顶部，_l 表示左侧，_r 表示右侧。

将这些符号组合成谐振器设计，并对系统进行频扫(AC 分析)，以确定谐振频率和位移大小。通过将力学行为转换为电信号进行仿真，从而对组件的机电行为进行建模。这些模型可用于求解系统的电学和机械学特性。

(1) 完整的设计参考文件 *reson.tanner* 位于*{MEMS Pro v10.0 安装目录} \MEMS_Tutorials\ Resonator\reson*下。

(2) 选择 **File > Open > Open Design** 打开文件，当前文件、单元、页面和模式名称在标题栏顶部。谐振器的原理图如图 5.1 所示。

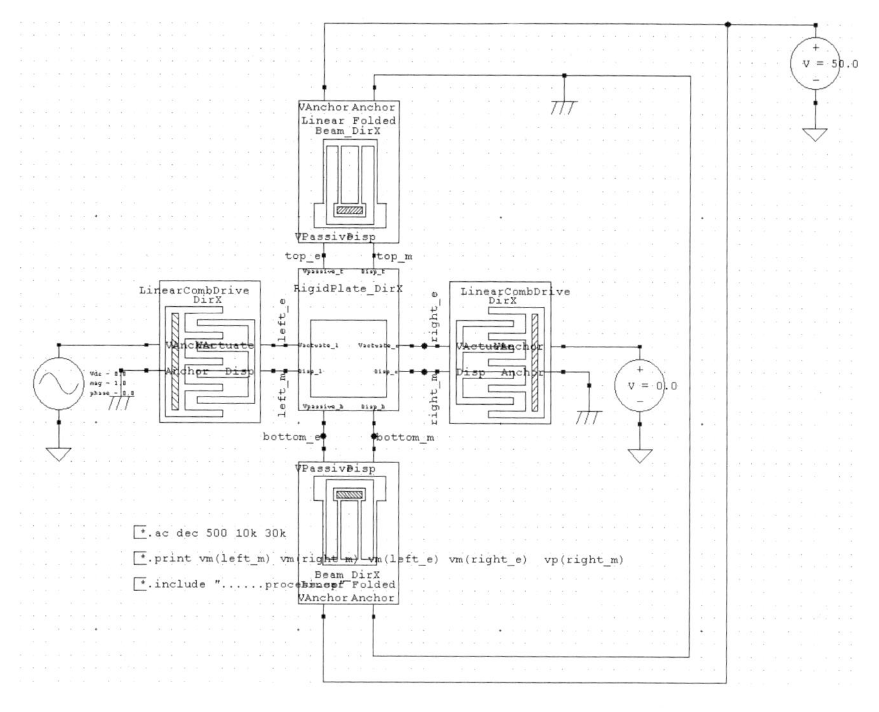

图 5.1 完整谐振器的原理图

3. 创建一个新的原理图视图

要开始新的谐振器设计，必须首先创建一个新的原理图视图(新的单元)。

(1) 选择 **Cell > New View** 创建一个新的原理图视图。在 **Cell** 编辑区域输入 *MyResonator*，**Design** 选择 *reson*，**view type** 选择 *schematic*，单击 **OK** 按钮。选择 **File > Save > Save Design "reson"**。

(2) 使用 **Cell > Open View** 命令并选择 **Resonator** 作为参考，可以随时将设计与参考设计进行比较。再次使用 **Cell > Open View** 返回设计，选择 **MyResonator** 作为要打开的单元。

4. 实例化元件

1) 实例化一个面板

(1) 选择 **Cell > Instance**。**Instance Cell** 对话窗口如图 5.2 所示。在 **Design** 中选择 *reson*，在 **Cell name** 中选择 *RigidPlate_DirX*。移动光标至原理图页面，*RigidPlate_DirX* 符号将会位于光标的顶端，单击示意图页面放置 *RigidPlate_DirX*。

(2) 按下 **Esc** 键结束操作。如果发现实例多余，可以用鼠标右键选择，按下 **Delete** 键删除。当一个对象在 S-Edit 中被选中时，它会变成另一种颜色，例如黄色。通过选择 **View > Fit** 或按 **Home** 键返回主视图。面板的视图将被调整大小，以便面板填充整个窗口。

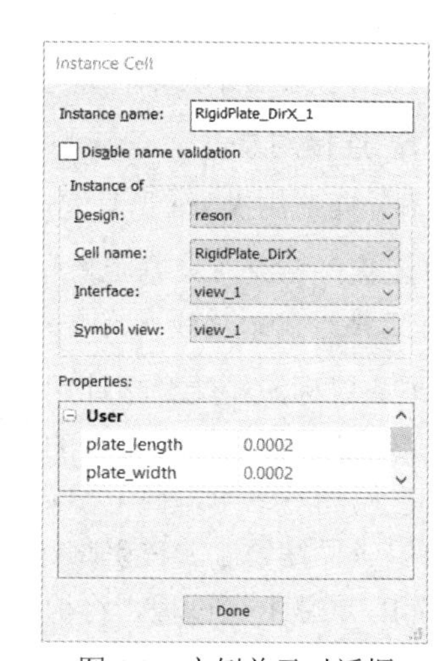

图 5.2 实例单元对话框

2) 实例化梳状结构

(1) 如果 **Instance Cell** 对话框仍然打开，则在 **Cell name** 里选择 *LinearCombDrive_DirX*；如果该对话框关闭，则选择 **Cell > Instance** 打开。放置两个 *LinearCombDrive_DirX* 单元在原理图界面，一个位于先前实例化面板的右侧，另一个位于先前实例化面板的左侧。可以在放置实例时使用方向键进行平移，按 **Esc** 键可停止放置。

(2) 选中左侧的 *LinearCombDrive_DirX* 单元，选择 **Draw > Flip > Flip Horizontal** 水平翻转。移动梳状驱动器，使它们的连接引脚(用圆圈表示)与板上的引脚对齐如图 5.3 所示。

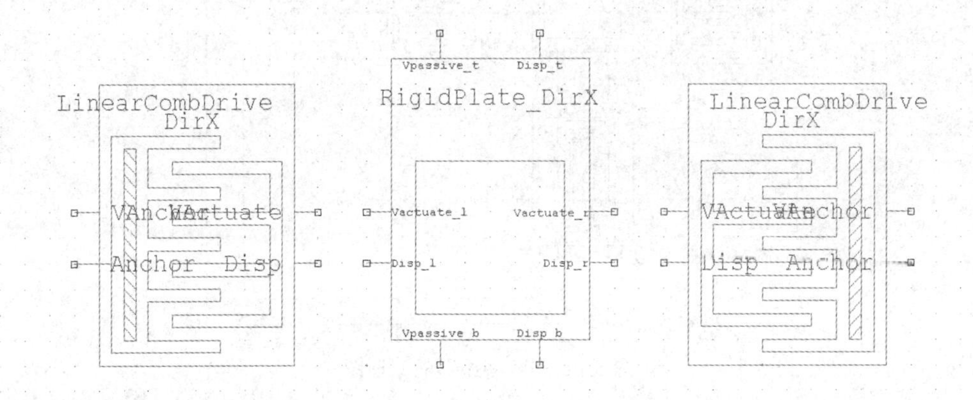

图 5.3　将梳状驱动器对齐到板上

注意:

① S-Edit 中的对象可以通过按住 **Alt** 键并单击左键移动，或者按住鼠标中键移动。

② 要确保梳状部分的 Vactuate 引脚与面板的 Vactuate 引脚相对。

3) 实例化折叠弹簧

放置两个 *LinearFoldedSpring_DirX* 单元在原理图界面，分别在实例化面板的上面和下面，需要使用向上和向下方向键来移动。选中面板之下的 *LinearFoldedSpring_DirX* 单元，选择 **Draw > Flip > Flip Vertical** 使其垂直翻转。

注意：确保弹簧维持原来的引脚，并和面板的 VPassive 引脚相对，皆为 VPassive。

5. 连接对象

(1) 连线用 **Wire** 工具完成。

注意：普通的线条是用于图形化的表示组件，它们是非电子对象，用于注释原理图。Wire 工具绘制的连线具有电气属性，用于连接对象。

(2) 鼠标滚轮配合指针用来放大或缩小指向的区域，方向键用来平移视图的位置。

(3) 选择原理图工具中的 **Wire**，在板上的 Dis_b 引脚处单击鼠标左键绘制导线。上述引脚在板的右下角端口上显示为一个打开的圆。将光标向下移动，右键单击底部弹簧上 Disp 引脚完成导线绘制。该引脚在底部弹簧的右上端口为一个打开的圆。

(4) 重复上述过程，将板与其他组件连接起来(如图 5.4 所示)。通过按 **Home** 键将视图移到主界面。

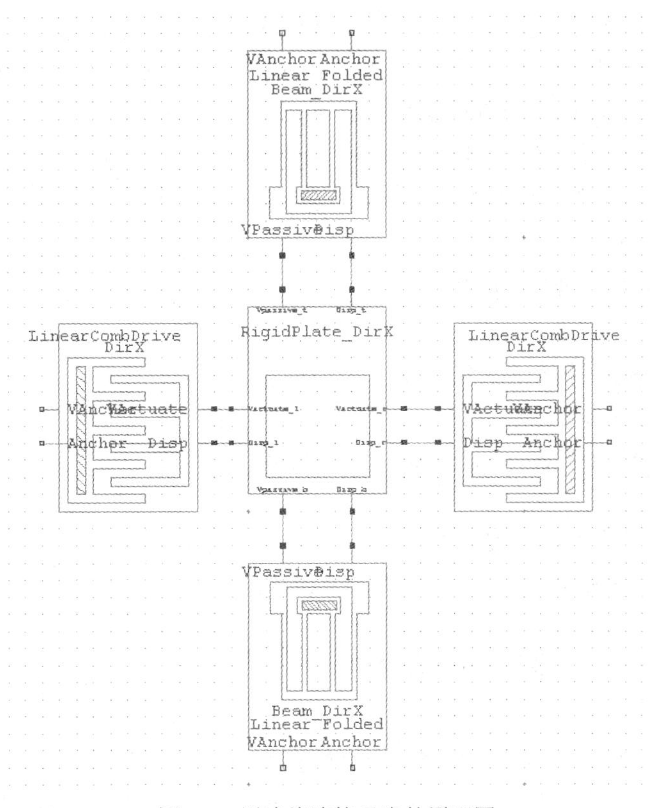

图 5.4　用连线连接元素的原理图

6. 实例化电压源

(1) 选中选择工具 退出连线。

(2) 实例化 *Source_v_ac* 单元，将其放置在左梳状部分的左侧；实例化 *Source_v_dc* 单元，将其放置在右梳状部分的右侧。选中 *Source_v_dc* 单元，并选择 **Edit** > **Copy**，**Edit** > **Paste**，放置在顶上弹簧的右侧。

(3) 将交流电源的上端口连接到左梳状部分的 VAnchor 引脚，直流电源的正端口连接到右梳状部分的 VAnchor 引脚，并连接上侧弹簧。本例中的正端口位于电压源的顶部。

(4) 将设计与图 5.1 中的完整设计进行比较，检查是否正确地放置了电压源。

7. 实例化地和锚节点

实例化地和锚节点包括放置三个接地单元与放置三个锚节点。

(1) 放置三个接地单元。

在 **Libraries** 窗口中选择列表中的 *Gnd* 单元。单击单元格列表下面的 *Instance*，弹出 **Instance Cell** 对话框。**Cell name** 选择 *Gnd*，将光标移到原理图页面，*Gnd* 符号会位于光标的顶端。单击页面放置三个 *Gnd* 单元，将三个接地符号移动到示意图中靠近每个电压源的位置，然后将三个电压源的负极端连接到接地符号上。

(2) 放置三个锚节点。

▪ 在 **Libraries** 窗口中的单元列表中选择 *anchor*。单击单元格列表下面的 *Instance*，弹出对话框。**Cell name** 选择 *anchor*，单击页面放置三个 *anchor* 单元，将两个锚节点移动到两个梳状驱动器附近的位置，将第三个移动至靠近顶部弹簧的位置。

▪ 用一个 anchor 将顶部弹簧和两个梳状驱动器的 Anchor 连接起来。此时，三个 anchor 符号应连接到顶部弹簧和两个梳状驱动器的 Anchor。底部弹簧的 VAnchor 和 Anchor 是唯一未连接的引脚，将它们分别连接到顶部弹簧的 VAnchor 和 Anchor 引脚上。

▪ 将设计与图 5.1 所示的完整设计进行比较，确保谐振器已正确连接。

8. 编辑对象属性

(1) 使用选择工具 编辑其中一个电压源的属性用来仿真。

(2) 用鼠标左键单击选中左梳状部分旁边的电压源，在原理图窗口的右侧编辑属性。

(3) 输入 mag 值为 1，phase 值为 0，Vdc 值为 0，如图 5.5 所示。

(4) 选择右梳状驱动器旁边的电压源，在 V 字段中输入 0，使得右侧梳状驱动器的电压源直流值为 0 V。

(5) 将折叠弹簧的电压源直流值设为 50 V。

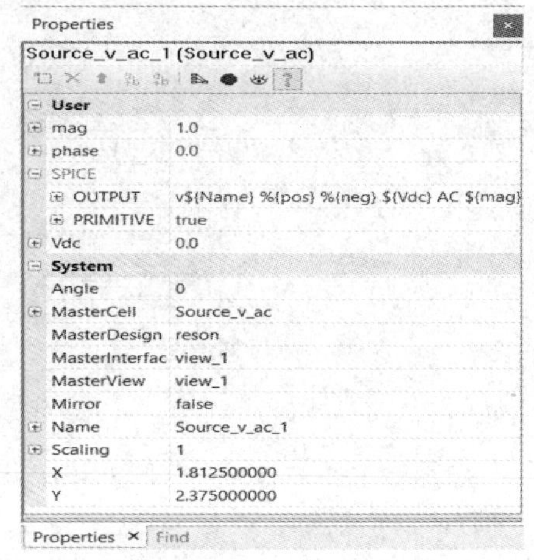

图 5.5　单元 Source_v_ac 的属性窗口

9. 命名节点

在 S-Edit 中，电路连接是根据节点定义的。节点是原理图的一个点，一个或多个引脚或导线连接至该点。节点由它们的名称定义，如果一个节点名在一个模块中出现两次，那么这两个名称都指向同一个连接点。如果相同的节点名出现在两个不同的模块中，则节点可能指向完全不同的连接点。S-Edit 自动为每个节点分配一个名称，也可以手动为节点命名。用户指定的节点标签有助于注释 S-Edit 原理图，生成更具可读性的网表。

(1) 选择 **Net Label** 工具，单击面板上的 Disp_r 引脚和右梳状部分的 Disp 引脚之间连线的中间点。在 **Net Label Settings** 对话框中的 **Name** 字段中输入 *right_m*，单击 **OK** 按钮。同样，在 VActuate 和 Vactuate_r 引脚之间放置节点标签 *right_e*。

(2) 更改节点标签的位置：选择节点标签。在 **Properties** 窗口中，**Horizontal** 选择 *Center*，**Vertical Text Justification** 选择 *Middle*。编辑节点标签的方向，使其看起来与图 5.6 中的布局类似。

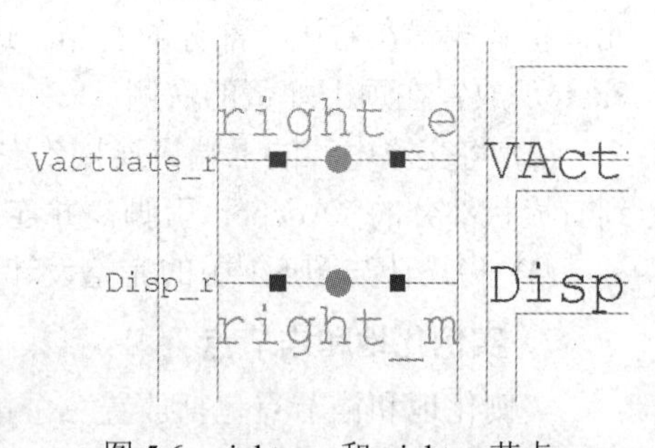

图 5.6　right_m 和 right_e 节点

5.1.2　波形抓取

1. 设定谐振器的抓取信息

设定谐振器的抓取信息。

(1) 选择 **Setup > SPICE Simulation**，出现 **Setup SPICE Simulation of cell 'Resonator'** 设置对话框，如图 5.7 所示。

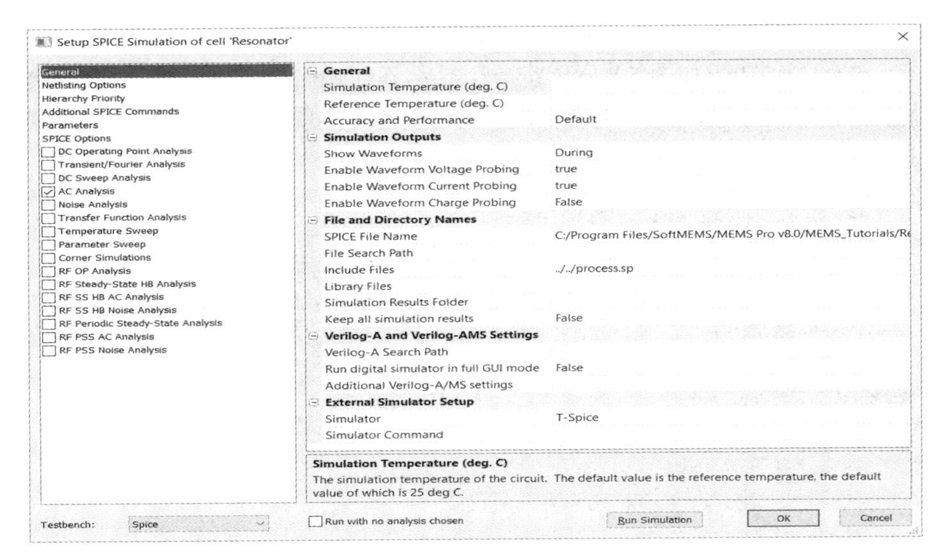

图 5.7　波形抓取设置对话框

(2) 选择窗口左侧的 **General** 字段，在窗口右侧的 **Simulation Outputs** 中将 **Enable Waveform Voltage Probing** 设置为 *true*，将 **Enable Waveform Current Probing** 设置为 *true*。

(3) 在窗口右侧的 **SPICE File Name** 中，输入以下内容：

{MEMS Pro v10.0　安装目录}/MEMS_Tutorials/Resonator/reson/MyResonator。

网表将保存在名称为 *MyResonator* 的文件夹下。

(4) 将 Show Waveforms 改为 Don't show。

(5) 在 **Include Files** 字段中，单击 **Browse** 按钮，选择 *process.sp* 文件，单击 **Open** 按钮打开。

(6) 选中 **AC Analysis** 并单击打开，选择 *dec* 作为 **Sweep Type**，设置 **Number of Frequencies** 为 *500*，**Start Frequency** 为 *10 k*，**Stop Frequency** 为 *100 k*。

(7) 单击 **Run Simulation** 进行电路仿真。

2. 波形抓取

波形抓取用来检查 S-Edit 设计和指定节点的电路仿真结果。当探测到一个节点时，S-Edit 调用 **Waveform Viewer**，自动显示该节点仿真结果对应的波形。通过 T-Spice 菜单中选取 **View > Show Waveform Viewer** 或单击 T-Spice 工具栏中的 **Waveform Viewer** 按钮启动。

警告：确保已经使用 S-Edit 中的 **Setup > SPICE Simulation** 设置了抓取信息。

(1) 单击包含谐振器 S-Edit 原理图窗口中的任何位置，重新激活 S-Edit。

(2) 根据 SPICE Simulation 窗口中激活的探针，从位于 **Schematic** 工具栏上的 **Probe** 工具中选择电压探针。使用 **Probe** 工具左键单击 *right_m* 节点，这是一个机械节点。但是由于映射规则，将位移映射为电压，将力映射为电流，所以使用了电压探针。

在波形抓取过程中，启动 **Waveform Viewer**，图形化显示 T-Spice 仿真结果。**Waveform Viewer** 窗口应该显示执行的 AC 分析节点 *right_m* 的幅值和相位。

3. 图表设置

Waveform Viewer 允许将具有多个曲线的图表扩展为单独的图表，每个图表包含一个曲线。折叠图表会在一个图标内显示所有可见的曲线。

现在应该有两个图表(如图 5.8 所示)，一个显示节点 *right_m* 的幅度信息(vm(right_m))，另一个显示相位角(vp(right_m))，两者都以频谱图的方式展现。如图 5.8 所示，幅度的峰值在 17 kHz 左右。

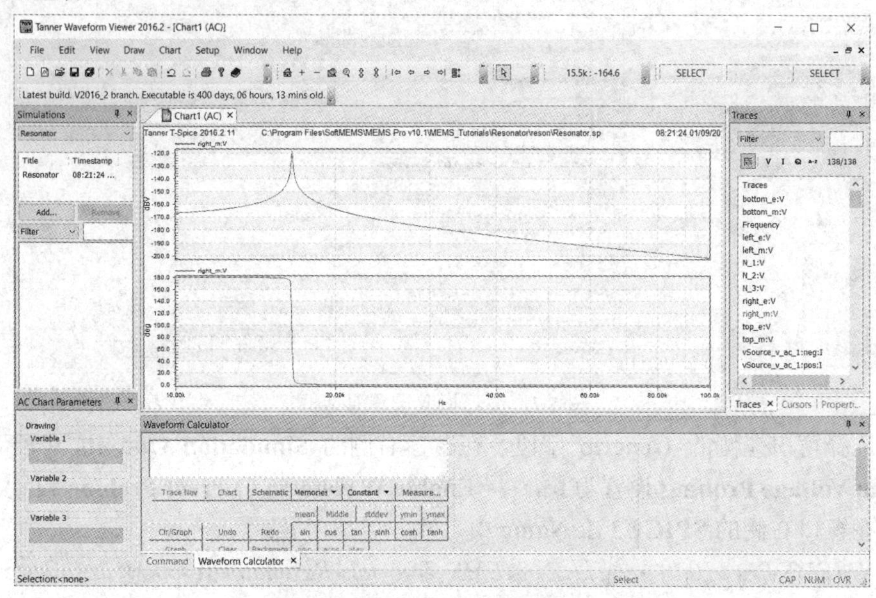

图 5.8　表示幅度和相位角的图表

4. 波形处理

有时为了简化波形窗口，可能需要隐藏曲线。可以在 **Waveform Viewer** 的右侧找到 **Traces** 窗口，如图 5.9 所示。从 **Traces** 曲线窗口中选择 *right_m*：*V_phase*，用鼠标右键单击从菜单中选择 **Remove from Active Chart** 并将其从图表中移除。

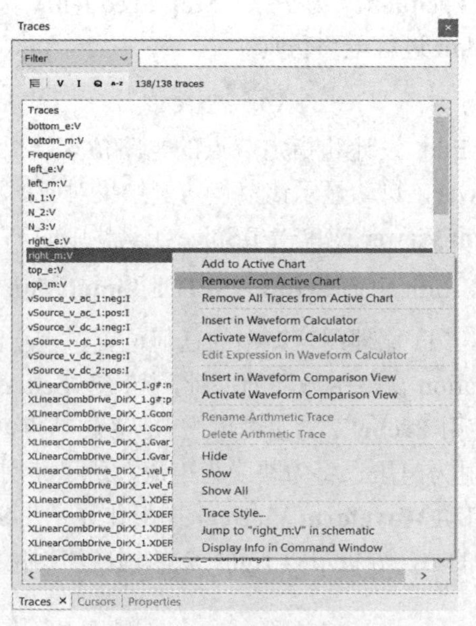

图 5.9　波形列表处理

5.1.3　计算谐振频率

本节将计算谐振器测试电路的谐振频率。

$$\text{Fres} = \frac{1}{2\pi} \times \sqrt{\frac{\text{Ktotal}}{\text{Mass of Rigid Plate}}} \tag{5.1}$$

$$\text{Ktotal} = 2 \times \text{Kspring} \tag{5.2}$$

$$\text{Kspring} = \text{E} \times \frac{\text{Thickness} \times \text{Width}^3}{\text{Length}^3} \tag{5.3}$$

其中，E(Youngis Modulus) = 150e9，Thickness = Tpoly1 = (2e−6) m，Width = (3e−6) m，Length = 0.0002 m。

将上述值代入式(5.3)，得到式(5.4)：

$$\text{Kspring} = \frac{150\text{e}9 \times (2\text{e}-6) \times (3\text{e}-6)^3}{0.0002^3} = 1.0125\ \text{N/m} \tag{5.4}$$

$$\text{Ktotal} = 2 \times 1.0125 = 2.025\ \text{N/m} \tag{5.5}$$

$$\text{Mass of Rigid Plate} = \rho \times \text{Volume of Rigid Plate} \tag{5.6}$$

$$\text{Volume of Rigid Plate} = \text{Length} \times \text{Width} \times \text{Thickness} \tag{5.7}$$

Length = 0.0002 m，Width = 0.0002 m，Thickness = Tpoly1 = (2e−6) m，ρ = 2.33e3 kg/m

将上述值代入式(5.6)和式(5.7)，得到式(5.8)：

$$\text{Mass of Rigid Plate} = 2.33\text{e}3 \times 0.0002 \times 0.0002 \times (2\text{e}-6) = (186.4\text{e}-12)\ \text{kg} \tag{5.8}$$

将上述值代入式(5.5)、式(5.8)和式(5.1)，得到式(5.9)：

$$\text{Fres} = \frac{1}{2\pi} \times \sqrt{\frac{2.025}{186.4\text{e}-12}} = 16.588\ \text{kHz} \tag{5.9}$$

5.1.4　生成版图

学习如何使用 MEMS 版图器件库(面板、梳状驱动器和弹簧)创建横向梳状谐振器的版图。

1. 启动 L-Edit

双击启动 L-Edit，默认文件名为 Layout1。用户界面在外观上类似于 S-Edit，除了菜单、调色板和状态栏之外，还有快捷栏(包含最常用的工具按钮)。与 S-Edit 一样，L-Edit 文件是由单元模块组合而成的，这些单元可以被编辑和实例化。当前文件和单元在应用程序窗口顶部可以看到命名。

2. 打开文件

选择 **File** > **Open**，打开位于 *MEMS_Tutorials\Resonator\Resonator* 下的 *reson.tdb* 文件。Resonator 谐振器单元显示为当前单元。使用 *reson.tdb* 文件的 Resonator 单元视图作为本节的参考。选择 **File** > **New**，并在打开对话框中单击 **OK** 按钮以创建一个新版图。

3. 创建组件

MEMS 组件的版图可以通过 **MEMS Pro** 工具栏的 **Libraries** 使用 **Library Palette** 来创建。其包含 Active Elements(有源元件)、Passive Elements(无源元件)、Test Elements(测试元件)、Thermal Elements(热学元件)、Optical Elements(光学元件)、Fluidic Elements(流体元件)和 Resonator Elements(谐振器元件)。谐振器元件包含创建谐振器所需的所有组件。所有这些部分都可以使用 **MEMS Pro** 中的绘图工具手动创建，但这项任务是很复杂和费时的。

注意：检查 **MEMS Pro Toolbar** 是否自动出现在 L-Edit 窗口中。如果启动时没有自动加载，则需要手动添加。在工具栏中选择 **Tools > Macro**，在*{MEMS Pro v10.0 安装目录}/MEMSLibs* 下，选择 MEMSPhysical.dll。

4. 使用 MEMS Library Palette

MEMS Library Palette 对话框的左侧选项中包含 7 个图标：有源元件、无源元件、热元件、光学元件、测试元件、谐振器元件和流体元件，如图 5.10 所示。在本章中使用谐振器元件。

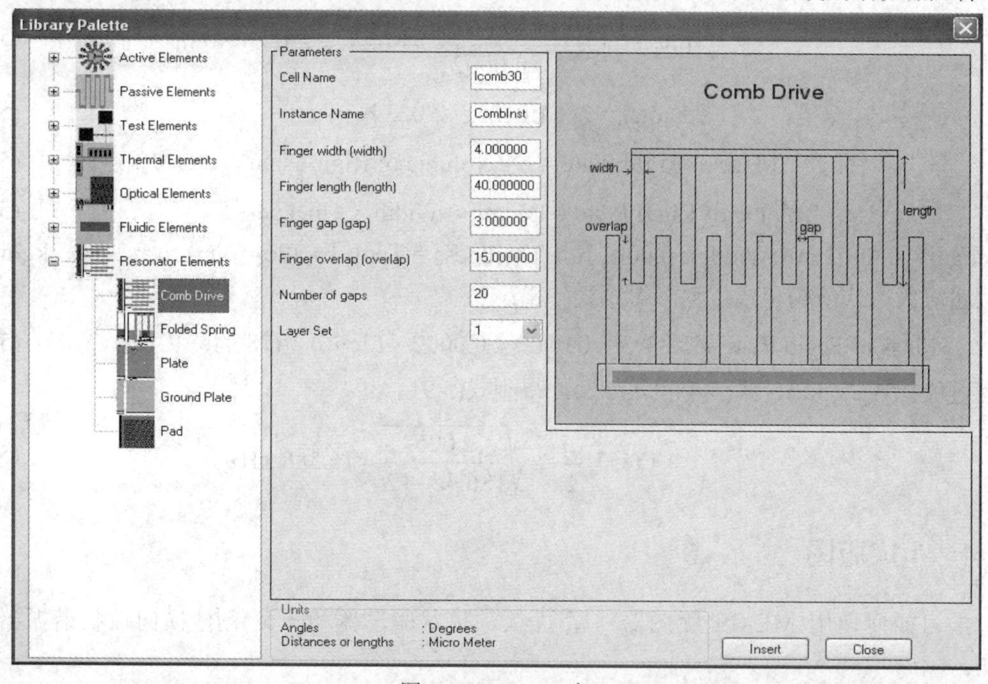

图 5.10　MEMS 库

选择 Resonator Elements 谐振器元件。

5. 生成面板

单击 **Plate** 图标 调用面板生成界面，如图 5.11 所示，出现 **Parameters** 选项，设置面板的参数。输入 100 作为 **Width**，然后单击 **Insert** 按钮，其他参数设为默认值。

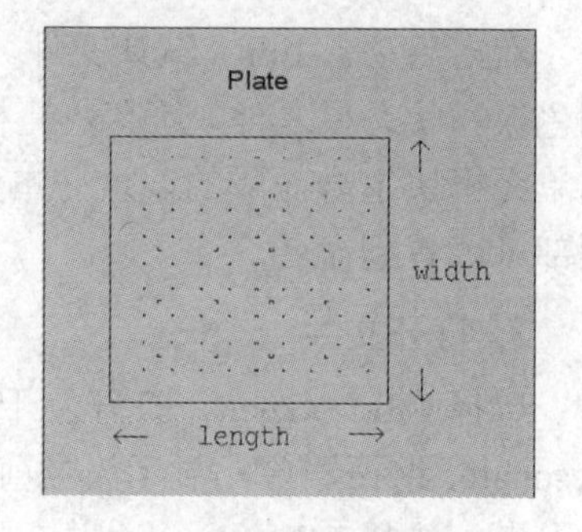

图 5.11　面板

选择 **View > Home** 或按 **Home** 键查看整个面板的主视图。当前窗口中显示的面板是新创建的单元名为 *Plate10* 的实例。

6. 生成梳状驱动器

单击 **comb-drive** 图标创建横向梳状驱动器，将 **Instance Name** 更改为 *CombRight* 并单击 **Insert** 按钮。按减号键或选择 **View > Zoom Out** 可进行缩小操作。

7. 编辑已生成的组件

(1) 选择梳状驱动器。选择 **Library > Edit Component**，出现如图 5.12 所示的对话框。

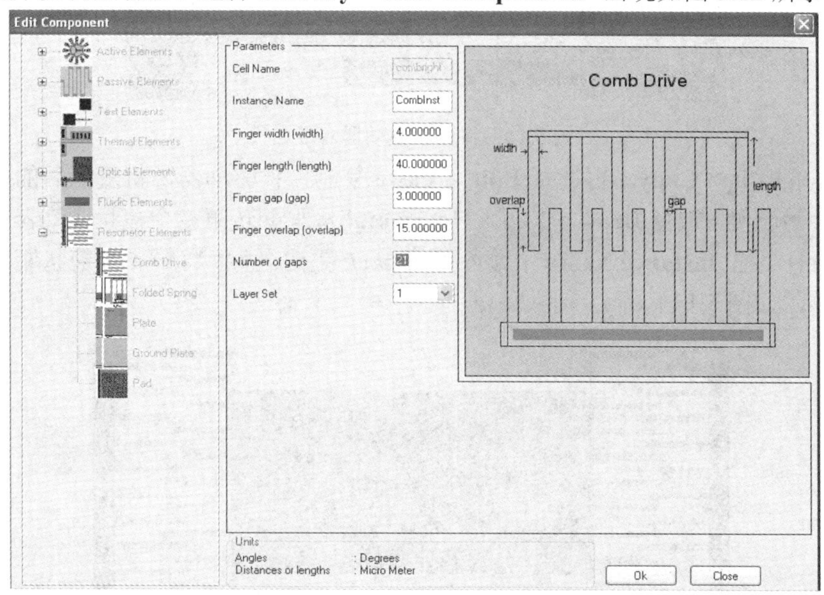

图 5.12　编辑组件对话框

(2) 将 **Number of gaps** 设置为 *21*，单击 **OK** 按钮。修改后的梳状驱动器如图 5.13 所示。

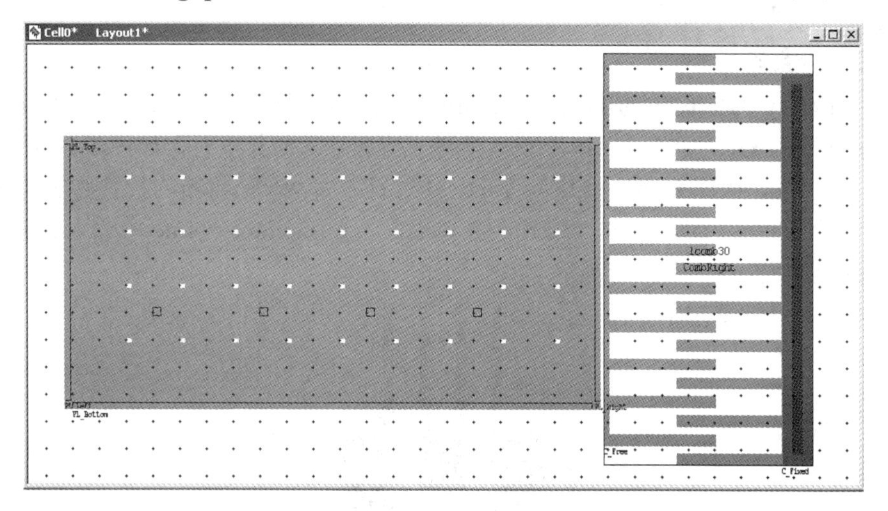

图 5.13　查看修改后的梳状驱动器

8. 附加组件

(1) 将梳状驱动器拖动到面板的右侧，使两个对象重叠。单击对象移动到所需位置，用加号键放大，使用方向键将视图平移到梳状驱动器与面板重叠的位置。重新对齐 CombDrive 梳状驱动器，使其呈现如图 5.14 所示的版图。

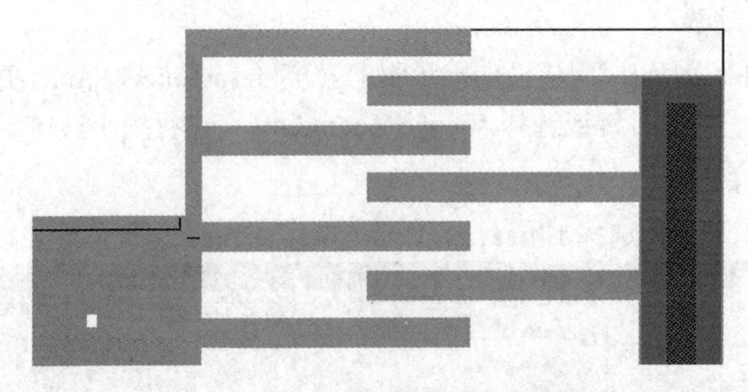

图 5.14　将梳状驱动器对准面板

(2) 选择 **Edit > Copy**，再选择 **Edit > Paste** 复制梳状驱动器，将复制后的梳状驱动器移到版图的另一侧。选择 **Draw > Flip > Horizontal** 水平翻转第二个梳状驱动器。选择 **Edit > Edit Object** 并在 **Instance Name** 中输入 *CombLeft* 更改名称。将第二个梳状驱动器连接到面板的左侧，如图 5.15 所示。

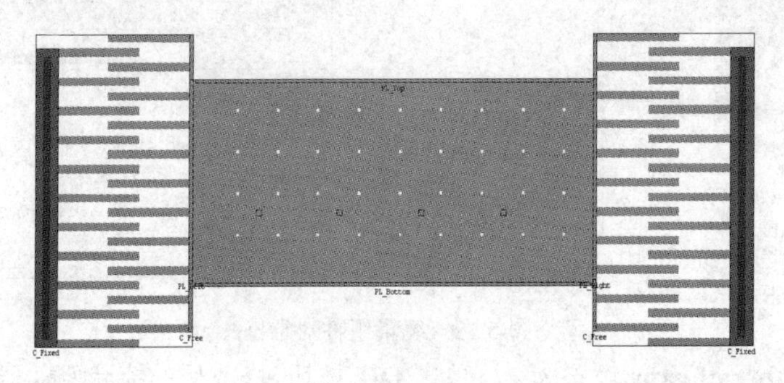

图 5.15　当前设计视图

9. 生成折叠弹簧

单击 **Library Palette** 中的 **Folded Spring** 创建折叠弹簧。将 **Instance Name** 更改为 *SpringTop* 并单击 **OK** 按钮，将其置于面板的中心上方，使其重叠，如图 5.16 所示。复制并粘贴 *SpringTop*，选择 **Draw > Flip > Vertical** 进行垂直翻转。将新的折叠弹簧置于面板下方，使其与面板重叠。选择 **Edit > Edit Object**，并在 **Instance Name** 中输入 *SpringBottom* 作为新的单元名称。

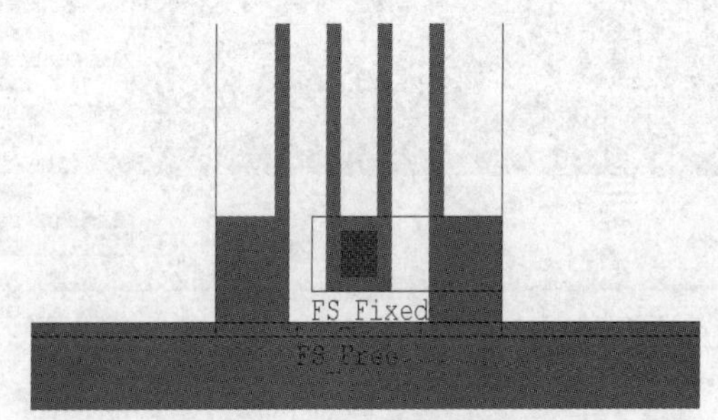

图 5.16　折叠弹簧的位置

10. 生成底面板

(1) 单击 **Library Palette** 中的 **Ground Plate** 创建底面板，所有参数选择默认值并单

击 **Insert** 按钮。

(2) 移动底面板使其覆盖谐振器的所有可移动部分。

11. 生成 Pad

(1) 单击 **Pad** 图标 ■ 创建 Pad，所有参数默认并单击 **OK** 按钮。

(2) 将 Pad 置于右梳状驱动器的右侧(如图 5.17 所示)。

(3) 现在需要在两个组件之间绘制一个 *Poly0* 层上的矩形，以便将 Pad 和梳状驱动器连接起来。

(4) 单击 **Box** 工具 □ 选择 **Layers Palette** 中的 *Poly0*。当鼠标移动到 *Poly0* 按钮上时，会显示图层的名称。

(5) 单击鼠标左键定位左上角，并按住向下拖动到右下角然后松开左键。

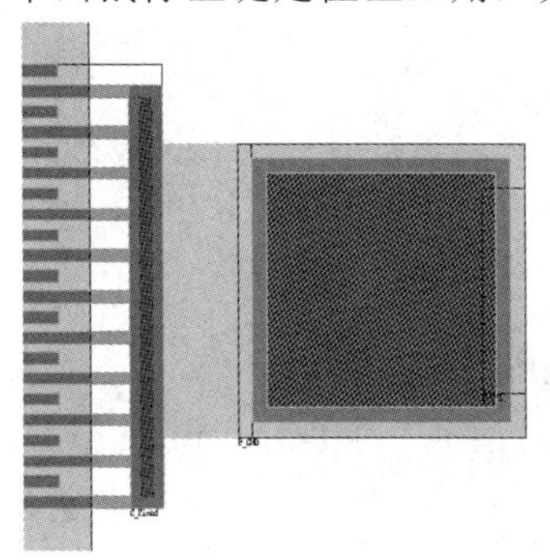

图 5.17 连接第一个 Pad

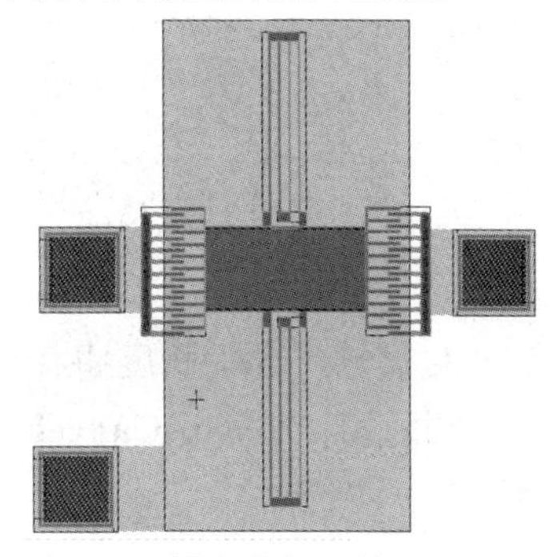

图 5.18 横向谐振器的最终视图

(6) 复制 Pad 并将其放在左梳状驱动器的左侧，选择 **Draw > Flip > Horizontal** 进行水平翻转。

(7) 在梳状驱动器和 Pad 之间的区域用 *Poly0* 层绘制一个矩形，将 Pad 连接到梳状驱动器上。

(8) 复制刚刚摆放的 Pad，并将其放在底面板的左下角。

(9) 在 *Poly0* 上画一个矩形，将 Pad 与底面板连接在一起。

(10) 选择 **Cell > Rename** 并输入 *MyResonator*，将当前单元的名称改为 *MyResonator*。

(11) 选择 **File > Save** 保存文件，输入 *myreson.tdb* 作为文件名并单击 **OK** 按钮。

横向谐振器的最终视图如图 5.18 所示。

12. 视图属性

L-Edit 的任何对象都具有属性，包括矩形、多边形、连线、圆、端口等。属性包含关于对象的必要信息，比如在 3D 建模时它将呈现什么颜色、由什么材料构成等。

MEMS Pro 库组件有一个名为 **Extract Properties** 的属性，提供了设计版图的网表描述。可通过 **Cell Info** 或 **Edit Instance** 对话框进行访问。

(1) 选择 *Plate* 实例，在工具栏中选择 **Edit > Edit Object(s)**。单击 **Properties** 按钮，该实例没有附加任何 *Extract Properties*。如果实例没有 *Extract Properties*，将跟踪层次结构寻找父单元格的 *Extract Properties*。

(2) 从 **Parent** 列表框中选择 **Cell**，单击 **View Parent** 按钮查看面板单元的属性。单击 EXTRACT 文件夹旁的 + 号查看，显示如图 5.19 所示的属性。

图 5.19　Properties 对话框

(3) 单击 **L** 属性，面板长度将在对话框右侧的 **Value** 中显示。

(4) 要返回版图，先单击 **Cancel** 按钮退出附属性对话框，再单击 **Cancel** 按钮退出 **Edit Object** 对话框。

5.1.5　查看 3D 模型

3D 模型查看器可以在版图及定义版图如何制作生产的工艺流程基础上生成 3D 模型。

1. 启动 L-Edit 并打开文件

启动确认版图设计 *reson.tdb* 文件，如图 5.20 所示。

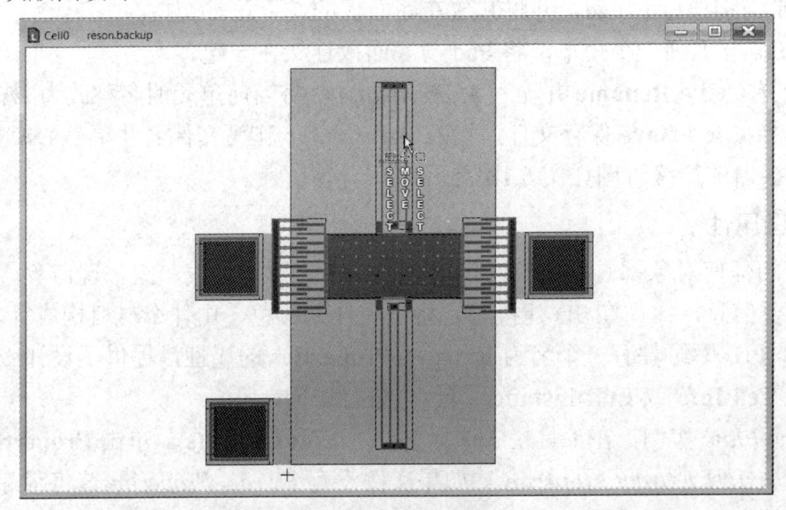

图 5.20　谐振器的版图

2. 工艺定义

除了版图或掩模数据之外，还需要工艺描述来生成 3D 模型。此信息可能已经保存在设计文件中，如果没有，则必须将其导入设计文件中。下面的设置过程将工艺信息加载到了设计文件中，当文件被重新打开时，不需要重新导入。

在 **MEMS Pro Toolbar** 中选择 **3D Tools > Edit Process Definition**，显示 **Technology Manager** 对话框。在 **3D Process Steps** 选项卡中单击 **Import** 按钮，选择位于 *{MEMS Pro v10.0 安装目录}\DesignKits\MEMSCAP\polymumps* 目录下的 *polymumps.mpd*，再单击 **Open** 按钮。将描述 MEMSCAP PolyMUMPs 的工艺信息导入对话框中，如图 5.21 所示。这些信息与版图一起用于构建 3D 模型。

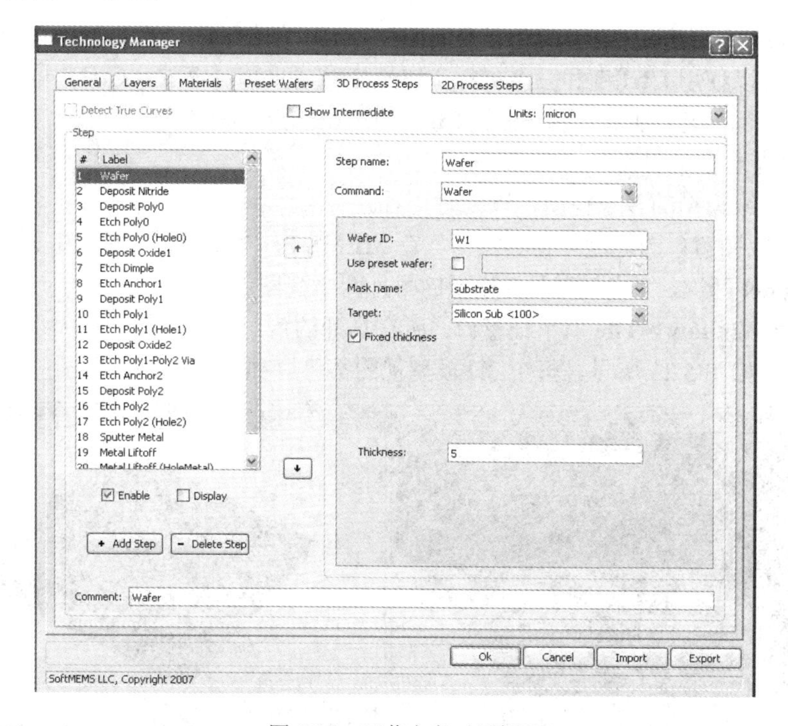

图 5.21　工艺定义对话框

对话框的顶部包含用于工艺定义的标识信息，对话框的左侧包含工艺步骤列表，对话框的下方和旁边是用于添加、删除、移动和启用的控件，对话框的右侧包含工艺步骤列表中所选步骤的参数。要将 PolyMUMPs 工艺信息附加到设计数据库，则单击 **OK** 按钮关闭 **Process Definition** 对话框。

3. 生成三维模型

单击谐振器版图窗口标题栏上的任何位置，使其激活。在 **MEMS Pro Toolbar** 工具栏中选择 **3D Tools > View 3D Model**，将出现生成 3D 模型进度的对话框。完成后，单击 **OK** 按钮查看 3D 模型。在 **Log Dialog** 窗口中单击 **Save Log File** 保存日志文件，3D 模型将出现在新的 L-Edit 窗口中。当 **3D Model View** 窗口处于激活状态时，菜单栏将发生更改，**3D Model View** 工具栏按钮将启用，如图 5.22 所示。

图 5.22　操作 2D/3D 模型视图

4. 操作 3D 模型视图

1) 旋转

选择 **View > Orbit** 或单击 **Orbit** 按钮，然后单击并拖动 3D 模型，使模型以任意角度旋转便于查看各个角度。

2) 平移

选择 **View > Pan** 或单击 **Pan** 工具栏按钮，然后单击并拖动 3D 模型观察其平移效果。

3) 放大

选择 **View > Zoom > Box** 或单击 **Window Zoom** 按钮，然后单击并拖动指针放大该区域。也可以使用 **Ctrl** 键和三个鼠标按钮来旋转、平移和缩放：**Ctrl** + 鼠标左键实现旋转；**Ctrl** + 鼠标右键实现放大和缩小；**Ctrl** + 鼠标滚轮实现平移。

4) 同时查看多个视图

生成的三维模型的多个视图可以同时查看。

- 单击版图窗口的标题栏使其激活。在 **MEMS Pro Toolbar** 工具栏中选择 **3D Tools > View 3D Model** 两次，以创建该 3D 模型的另外两个视图。
- 选择 **Window > Tile** 以平铺窗口。所有打开的窗口都将重新调整大小，使其大小合适而不重叠，如图 5.23 所示。每个 3D 模型视图都可以独立操作。

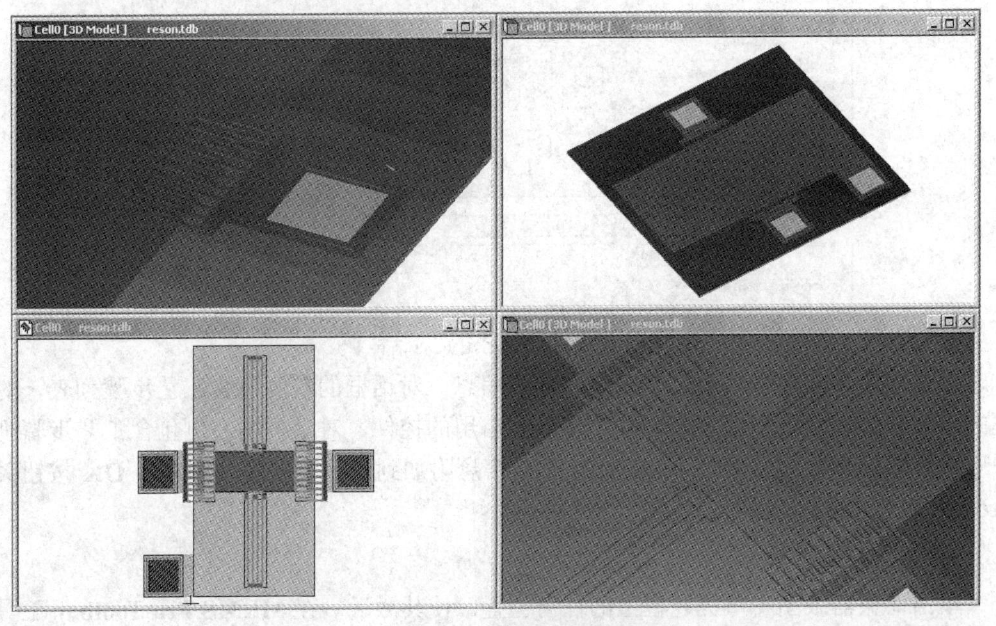

图 5.23　平铺显示 3D 生成步骤的窗口

5. 查看 3D 模型

不需要重新生成来再次查看 3D 模型，3D 模型与设计信息一起保存在 Tanner 数据库 *.tdb* 文件中。在 **MEMS Pro Toolbar** 工具栏中选择 **3D Tools > View 3D Model**，3D 模型将在不重新生成的情况下重新打开。

6. 2D/3D 截面

可以使用 **Cross-section** 工具在三维模型中获取截面。

(1) 单击版图窗口的标题栏使其激活。在 **MEMS Pro Toolbar** 工具栏中选择 **3D Tools > View 3D Model**，创建 3D 模型视图。单击 **Cross-section** ，出现 **Generate 3D Model Cross Section** 对话框，如图 5.24 所示。**3D Model View** 窗口将显示为顶视图，并在模型顶部显示一条表示截面的线。截面总是垂直于晶圆表面的。选择 **Window > Tile**，可以同时查看所有打开的窗口。使用鼠标左键移动截面线的端点，将截面线调整到所需位置，截面窗口将在每次调整后更新。平铺显示各种截面步骤的窗口如图 5.25 所示。

(2) 要退出截面模式，需单击工具栏按钮或选择所需功能对应的菜单项。

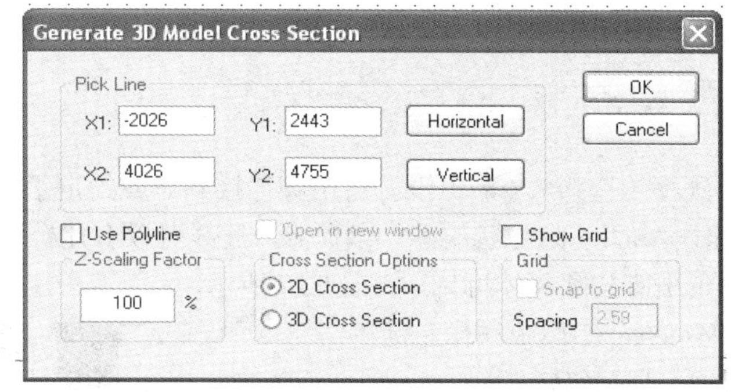

图 5.24　生成三维模型截面对话框

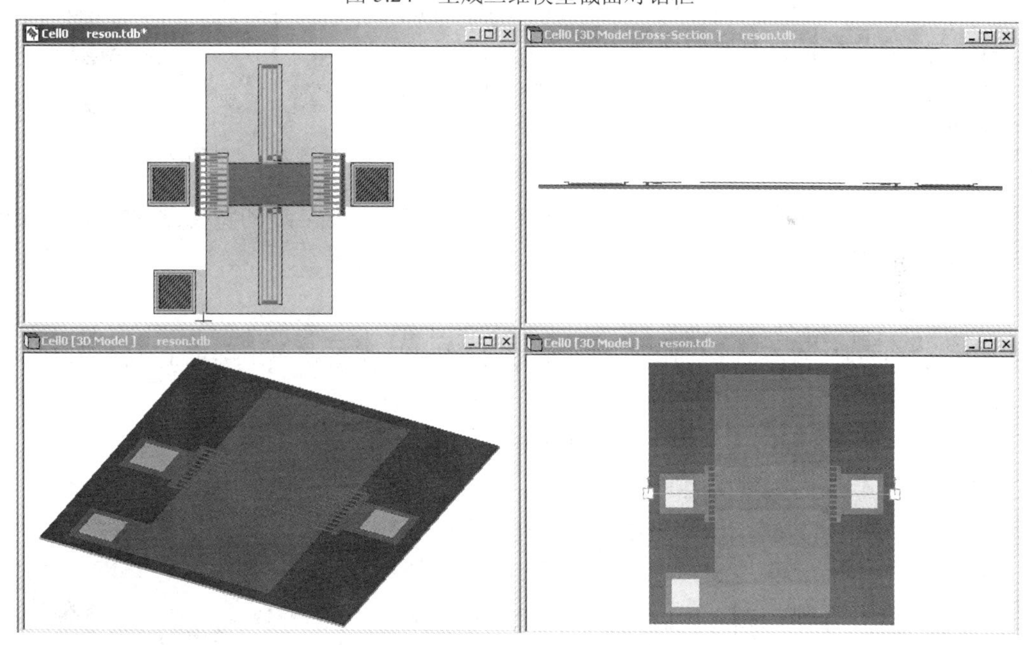

图 5.25　平铺显示各种截面步骤的窗口

5.1.6　绘图工具

在这一部分中，将学习 **MEMS Pro** 中可用的绘图工具。**MEMS Pro** 所支持的对象包括多边形、弧、圆环、圆、曲线、曲线多边形、任意曲线生成器等。本节将用其中的一些功能完成扶轮侧向驱动电动机。

启动 L-Edit，打开位于 *MEMS_Tutorials\motor* 目录下的 *motor.tdb* 文件，如图 5.26 所示。

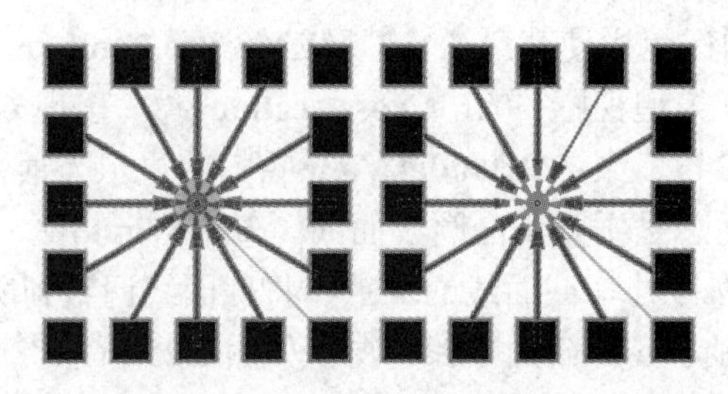

图 5.26　查看 motor.tdb 文件

在打开的版图中，有完成的版图(左)和另一个未完成的扶轮侧向驱动电动机(右)。本节将指导完成该设计。

1. 画线

在未完成的电机设计中，*Poly1* 层上没有将引脚连接到对应的定子上，必须用线把引脚和它的定子连接起来。Anchor 是导线的第一个顶点，连线可以有几个顶点。

(1) 放大视图，使引脚和圆环体可见，如图 5.27 所示。选 **View > Zoom > Mouse**，然后用鼠标左键单击左上角，按住鼠标左键拖动到右下角释放。

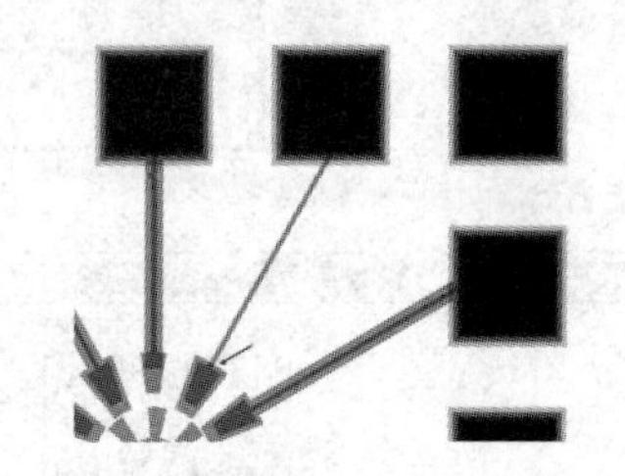

图 5.27　将接线板连接到定子

(2) 单击 **Drawing** 绘图工具栏中的 **All Angle Wire** 按钮 ，在 **Layer Palette** 中选择 *Poly1* 图层。单击定子对应的引脚开始画线，连续单击将产生连接的中间点，右键单击引脚将结束连接。注意，*Poly1* 线需要接触到环面和 Pad 的 *Poly1* 层。

(3) 当绘制完成时，绘制的线仍然是选中的，现在需要改变导线的宽度。选择 **Edit > Edit Object(s)**，将 Wire Width 更改为 15 u，然后单击 **OK** 按钮.。

2. 画圆环

当绘制环面时，鼠标左键的第一次单击将设置中心，第二次单击确定了环面的内半径，第三次单击确定了外部半径和扫描角。

(1) 从 **Drawing** 绘图工具栏中选择 **Torus** 圆环工具。

注意：要显示 L-Edit 工具栏中的所有按钮，则需用鼠标右键单击绘图工具栏，从弹出菜单中选择“所有角度和曲线”。

(2) 用鼠标左键单击未完成电机的中心开始绘制圆环，左键再次单击内半径点，右键单击外半径点完成圆环(内半径点和外半径点如图 5.28 所示)。

图 5.28　创建一个圆环

3. 画曲线多边形

创建一个曲线多边形，须首先绘制直边多边形。使用 **Ctrl** + 右键选择指定的边将其拖曳，使用鼠标中间按钮创建所需的曲线，从而将直线边转换为曲线边。

(1) 选择 Window Zoom 窗口缩放工具来操作视图，使最左边的定子可见(如图 5.29 所示)。从 **Drawing** 中选择 **All Angle Polygon** 。用鼠标左键单击可设置多边形的第一个顶点(如图 5.29 中的顶点 1)，继续设置顶点 2 和 3，然后右键单击以确定第 4 个顶点，完成多边形(如图 5.29 所示)。

(2) 用 **Ctrl** + 右键单击选择最右边的边。一旦选中，边缘将突出显示。按住 **Ctrl** 键，单击鼠标中键并拖动(**Alt** + 左键代替鼠标中间的按钮)到左边，将直线边缘转换为曲线边缘，如图 5.30 所示，释放鼠标按钮以完成此操作。

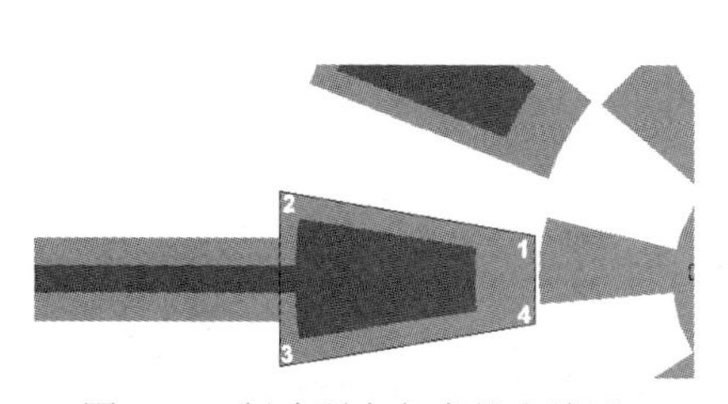

图 5.29　创建所有角度的多边形

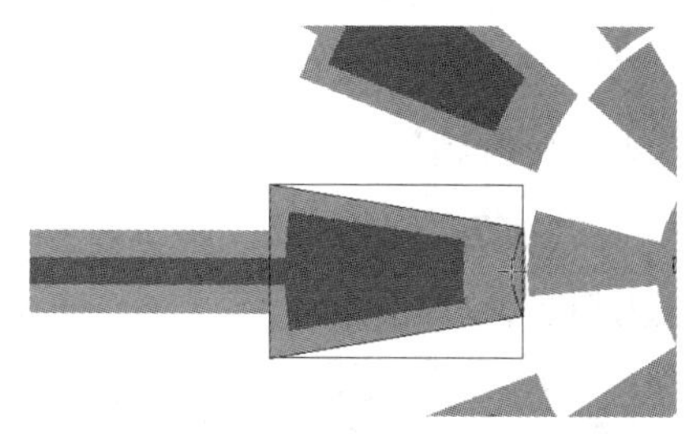

图 5.30　弯曲多边形的最右边缘

注意：保持选中多边形绘制命令，同时按照上面的步骤将两条直线绘制成曲线。

(3) 类似地，将左侧直角边同样转换为曲线边。

4. 画圆

选择 **Circle** 工具，再选择 *Poly0* 层。用鼠标左键单击选定圆的中心，拖动鼠标设置圆的半径，使其与目标设计相符。

5. 画矩形

在转子中心周围有三个间隔为 90° 的 *dimple* 层。第四个必须放在 *dimple* 层来完成设计。

(1) 选择 **Box** 工具，再选择 *dimple* 图层。用鼠标左键单击以选定矩形的左上角，拖动光标确定矩形的右下角后释放。用鼠标左键单击选择新绘制的矩形，用鼠标中键(**Alt** + 左键)将 *dimple* 层图形移动到中心的右侧(如图 5.31 所示)。

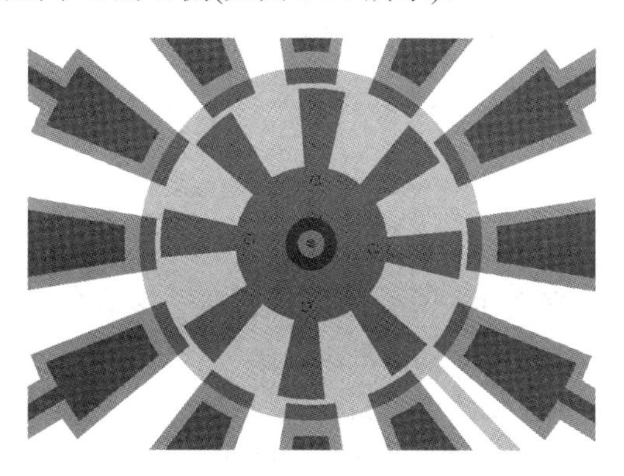

图 5.31 创建一个浅槽

5.2　光学库简介

本节将演示高斯光学库集成多领域元件的功能。在学习本节前需要熟悉上一节谐振器的生成。

5.2.1　原理

开关的工作原理是通过移动一个镜子将开关的状态从“Cross”状态更改为“Through”状态。为了区分这两个输入信号，需要设置不同的功率大小(第一个输入功率为 2 mW，第二个输入功率为 1 mW)。

1. 交叉状态

光束被反射到光纤接收器，如图 5.32 所示。

2. 通过状态

反射镜由梳状驱动器移动，光束穿过而不反射，如图 5.33 所示。

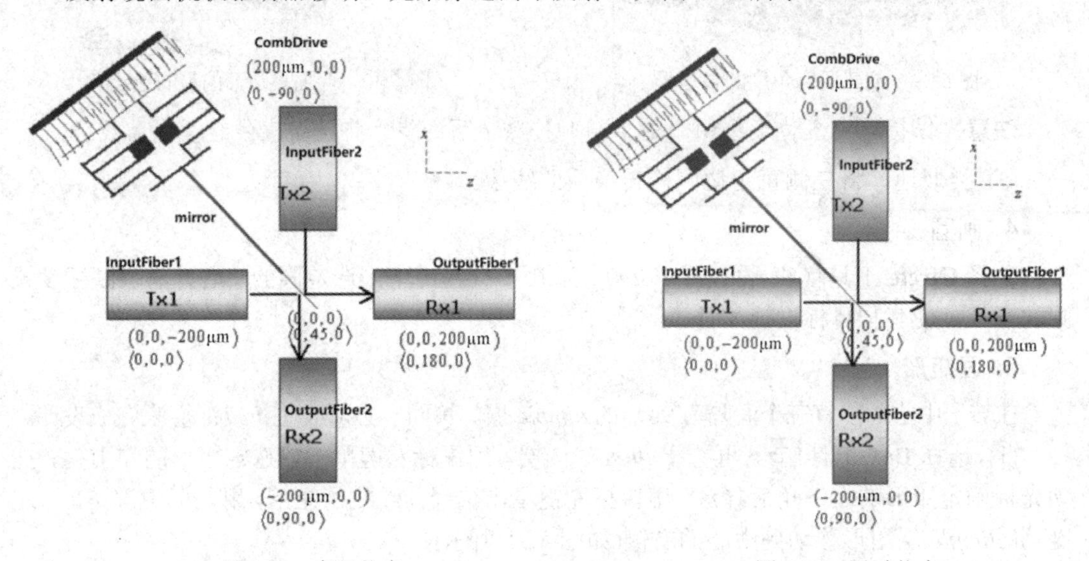

图 5.32　交叉状态　　　　图 5.33　通过状态

5.2.2　生成原理图

1. 原理图编辑

(1) 从开始菜单启动 S-Edit，单击 **File > Open > Open Design** 打开设计并选择文件：*{MEMS Pro 安装目录}\MEMS_Tutorials\Optical\Switch\Switch. tanner*。

(2) 单击 **Cell > New View** 创建一个新视图。显示的 **New View** 对话框如图 5.34 所示，可在其中添加新视图，如输入 *MySwitch*。

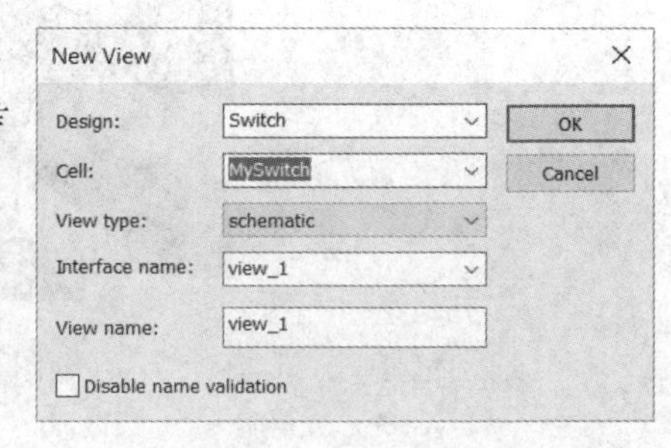

图 5.34　新视图对话框

2. 放置光学元件

(1) 在原理图页面左侧的 **Libraries** 对话框中选择 **LensedFiberEmitterGs**，单击 **Instance** 将该实例放入原理图页面中。执行相同的步骤，得到以下组件(如图 5.35 所示)：

LensedFiberEmitterGs(2 个)；

PlaneMir rorFiniteThick_Gs(1 个)；

LensedFiberReceiverGsTwoMode(2 个)。

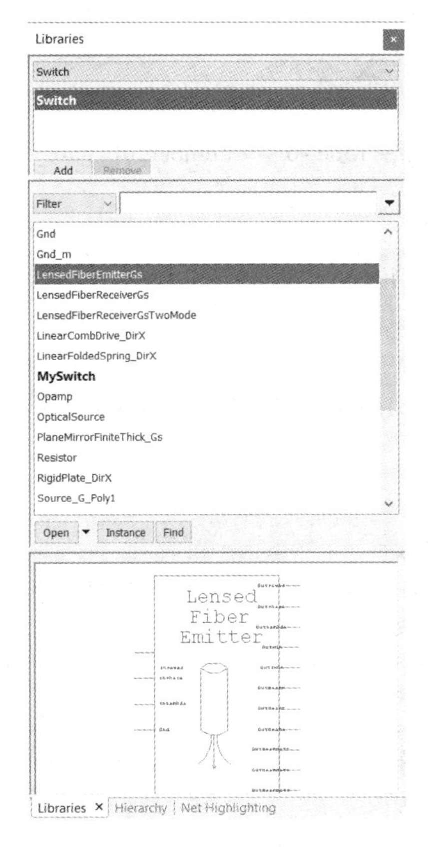

图 5.35　Libraries 库窗口

Properties

LensedFiberEmitterGs_1 (LensedFiberE...

User	
fib_rotx	0
fib_roty	0
fib_rotz	0
fib_x0	0
fib_y0	0
fib_z0	-0.0002
SPICE	
OUTPUT	xLensed_Fiber_Emitter_Gauss${Na
PRIMITIVE	true
w0	1e-005
working_distar	0.0004
System	
Angle	0
MasterCell	LensedFiberEmitterGs
MasterDesign	Switch
MasterInterfac	view_1
MasterView	view_1
Mirror	false
Name	LensedFiberEmitterGs_1
Scaling	1
X	-4.656250000
Y	2.406250000

Properties　Find

图 5.36　Properties 属性对话框

(2) 通过选择实例编辑属性。**Properties** 对话框位于原理图页面右侧，如图 5.36 所示。按如下设置编辑属性的值：

☑ LensedFiberEmitterGs (1)放在 PlaneMirrorFiniteThick_Gs 左侧：

Fib_z0=-200e-6

☑ LensedFiberEmitterGs (2)放在 PlaneMirrorFiniteThick_Gs 顶部：

Fib_x0=200e-6　　Fib_roty=-90

☑ PlaneMirrorFiniteThick_Gs：

Mir_roty=45　Refl1= 0.95　Refl2=0.95　Thickness=2e-6　Width=50e-6　Height=0.0002

☑ LensedFiberReceiverGsTwoMode (1)放在 PlaneMirrorFiniteThick_Gs 下方：

Fib_roty = 90　Fib_x0 = -200e-6　working_distance = 400e-6

☑ LensedFiberReceiverGsTwoModeî (2)放在 PlaneMirrorFiniteThick_Gs 右侧：

Fib_roty = 180　Fib_z0 = 200e-6　working_distance = 400e-6

☑ 放置两个实例化的光源模块：

Power1 = 2e-3　Power2 = 1e-3

3. 放置机械元件

从 **Libraries** 对话框中选择 **Instance**。在原理图页面中放置以下组件的实例：

☑ LinearFoldedSpring_DirX(2 个)：

flexure_length = 400e-6 flexure_width = 2e−6

☑ LinearCombDrive_DirX：

finger_length = 300e−6 finger_overlap = 150e−6　　number_of_ gaps = 150

tStruct = 20e−6

☑ RigidPlate_DirX：

plate_length = 200e−6　plate_width = 40e−6　　tSacrif=0.5e−6

☑ VCVS：　K=−1

☑ Source_V_Pulse：

delay = 100e−6　　falltime = 1e−6　　　　period = 2e−3 risetime = 1e−6

vhigh = 15　　　　width = 1e−3

4. 连接机械元件

如图 5.37 所示，连接机械元件部分。

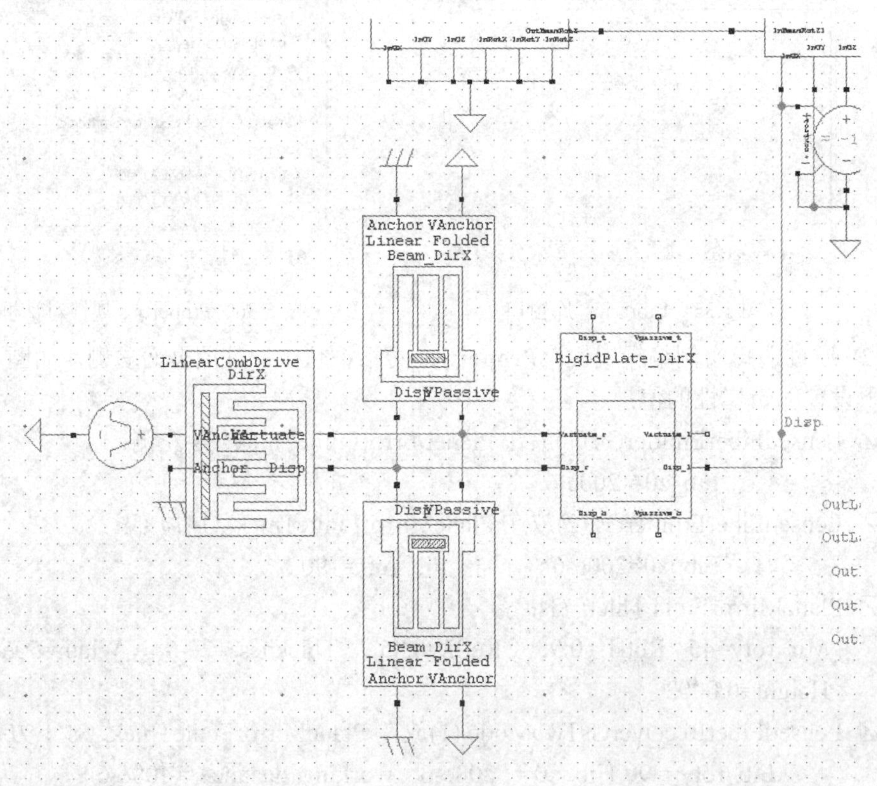

图 5.37　连接机械元件

5. 连接光学元件

(1) 透镜光纤发射器通过其输入连接到输出功率为 2e−3 瓦(W)的光电源，其输出连接到双面镜，如图 5.38 所示。

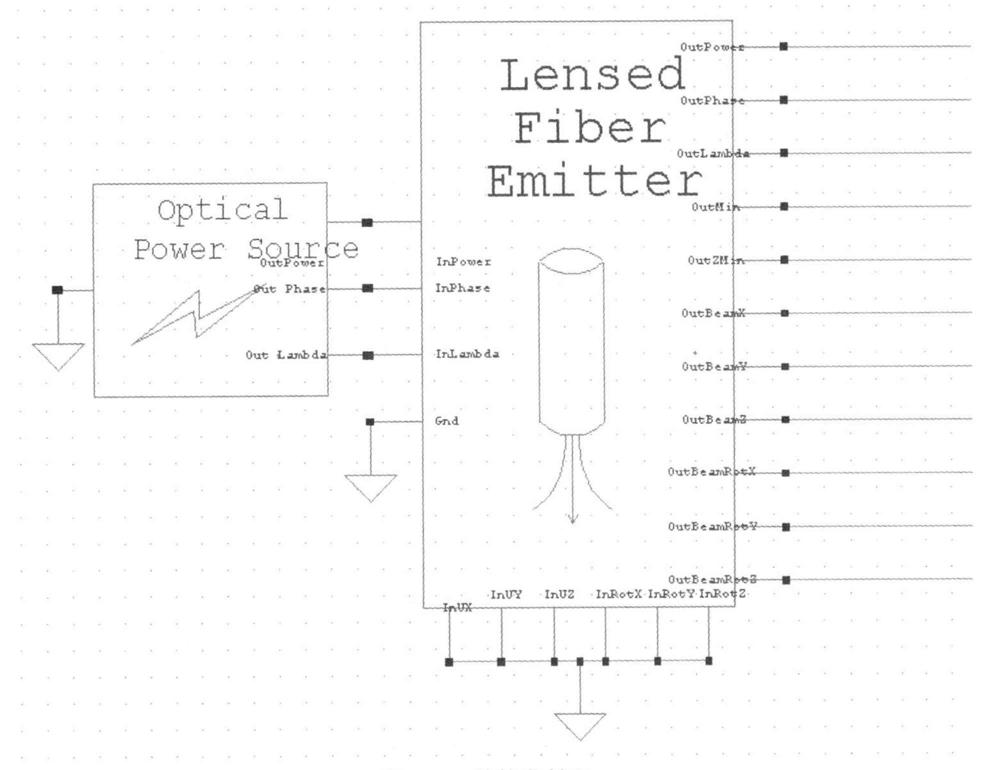

图 5.38　连接发射器

(2) 发射器中的每个输出引脚都连接到镜中相应输入引脚。当连接接收器时，请注意镜子的每个端口的输出都连接到两个接收器，如图 5.39 所示。

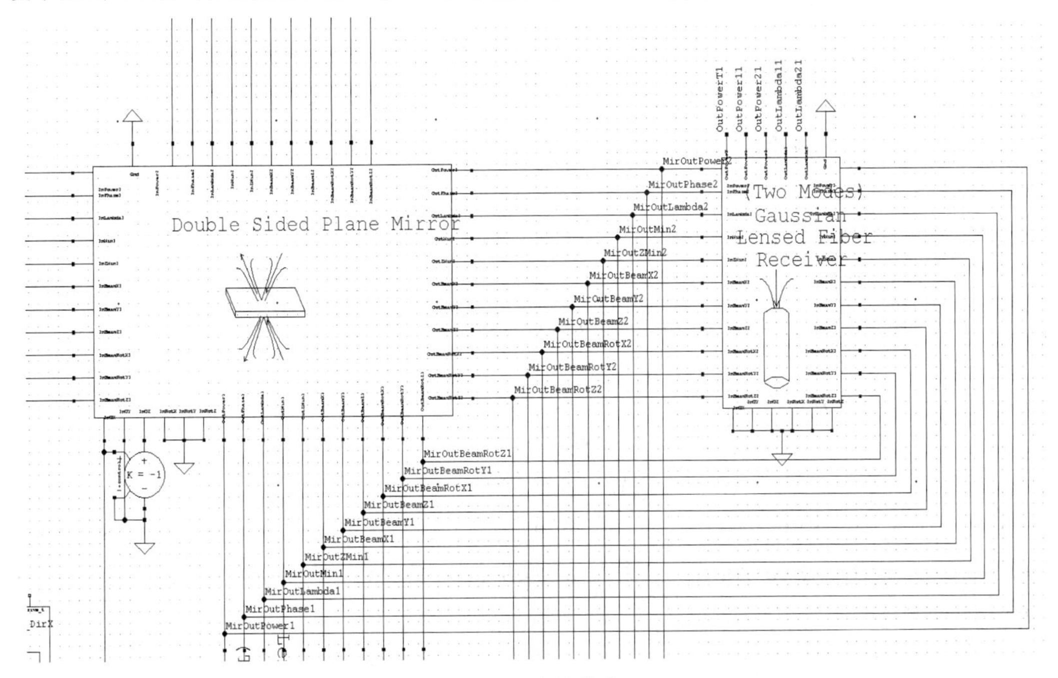

图 5.39　连接接收器

6. 耦合

连接 VCVS，如图 5.40 所示。有关完整的连接示意图可参考本设计案例中的 *TC_Switch* 单元。

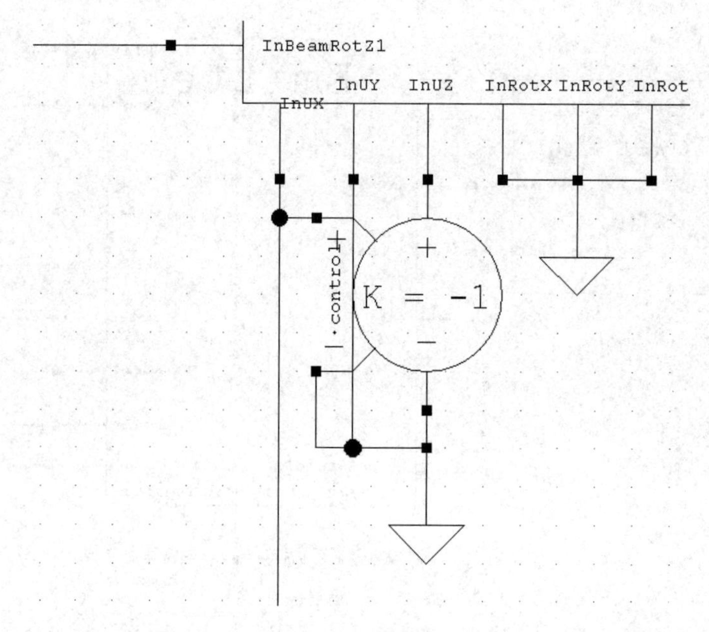

图 5.40　机械耦合

5.2.3　编写仿真命令

1. 添加 spice 命令

(1) 选择 **Libraries** 库对话框里的“TSpiceCommand”。

(2) 单击原理图页面的“TSpiceCommand”。在 **Properties** 属性对话框的 **SPICE OUTPUT** 输出字段中输入以下命令：*include "..\..\..\process.sp"*。

2. 重复添加 spice 命令

(1) 仿真命令及选项：

.tran 8u 4m

.options abstol=1e-11 numnt=100 method=gear maxord=1

(2) 输出所需波形：

.print tran V(OutPowerT2) V(OutPowerT1)

.print tran Displacement<M>='v(Disp)'

可以使用“.print”打印任意其他节点的波形。

最后一步是确保 SPICE 输出文件将在正确的目录路径中创建，须在 **SETUP > SPICE Simulation > SPICE File Name** 中输入*{MEMS Pro 安装目录} \MEMS_Tutorials\Optical\Switch\ Myswitch*。

最终视图如图 5.41 所示。

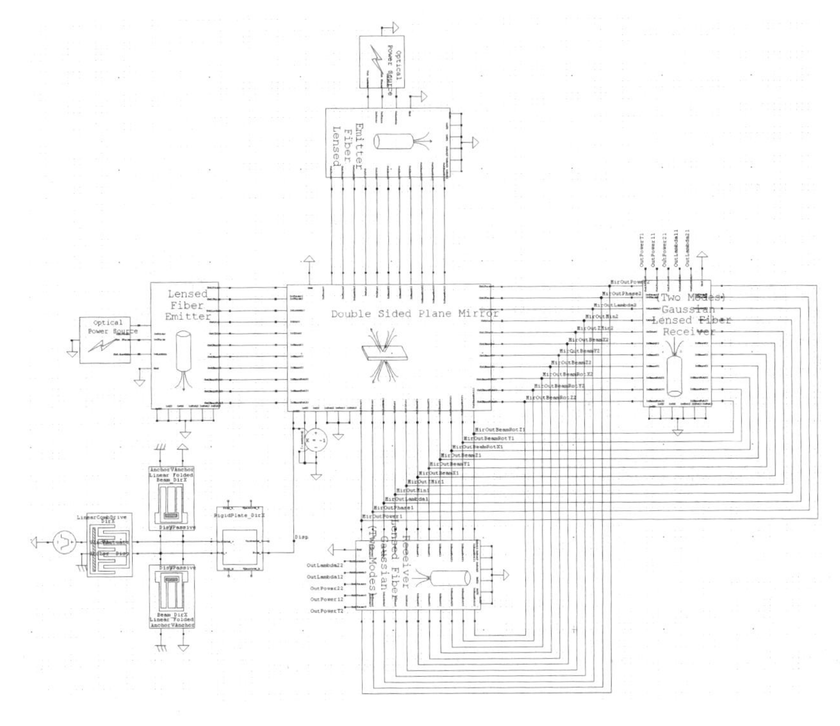

图 5.41　连接元件后的最终视图

5.2.4　运行仿真和查看结果

(1) 打开文件*{MEMS Pro 安装目录}\MEMS_Tutorials\Optical\Switch.tanner*，并打开单元 *TC_switch*，单击 T 创建网表。

(2) 单击生成网表后打开的 T-Spice 窗口工具栏中的 **Run Simulation** ▶按钮运行瞬态仿真。图 5.42 所示为第一接收机输出波形、第二接收机输出波形和梳状位移波形。

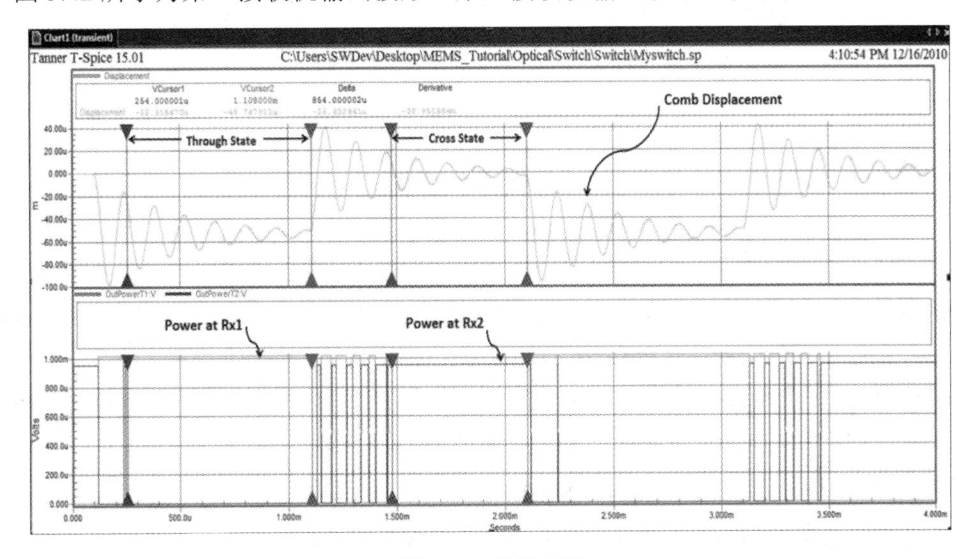

图 5.42　仿真结果

5.3 统 计 分 析

本节我们要处理以下问题：

- 基于工艺/掩模变量的统计分析。
- 将代工厂(指工艺加工生产厂)的统计数据合并到 Spice 模型中。

本节用到的统计分析可用于下列用途：

- 为仿真开发工艺角。
- 设计中心(指电路设计公司或者设计工程师)：选择产量最大、鲁棒性强的掩模/工艺设计。
- 灵敏度计算：计算参数对设计目标变化的贡献。
- 产量分析。

5.3.1 工艺参数

工艺参数可以从 MEMSCAP 获得。例如，MUMPS Run #68 中的薄膜属性如图 5.43 所示。

Run #68 150mm wafers					
	Thickness (A)	Standard Deviation (A)	Sheet Resistance (ohm/sq)	Resistivity (ohm-cm)	Stress (MPa)
Nitride	6,008	292			95 T
Poly0	4,999	51	35.6	1.78E-03	16.33 C
Oxide1	19,810	316			
Poly1	19,922	220	13.9	2.77E-03	6.33 C
Oxide2	7,582	72			
Poly2	14,605	240	28	4.09E-03	6.00 C
Metal	5,245		0.048	2.52E-06	17.13 T

图 5.43　工艺参数

5.3.2 谐振器

本节将研究工艺参数变化对谐振器频率的影响。其中，弯曲应力宽度的变化是一个随机高斯分布，标准值为 3 u，标准偏差为 0.25 u。

(1) 创建一个新文件夹*(C:\MonteCarlo)*并复制*{MEMS Pro 安装目录}\MEMS_tutorials\Resonator* 下的 *reson* 和 *process.sp* 文件。

(2) 打开 *reson.tanner*。选择顶层弯曲实例，然后转到原理图页面右侧的 **Properties** 属性对话框，将 flexure_width 的值从常量更改为参数名(如 wf_monte)。

注意：参数名称应该在引号之间编写。

(3) 重复前面的步骤完成底部弯曲实例。

(4) 选择 **Setup > SPICE Simulation**，如图 5.44 所示。

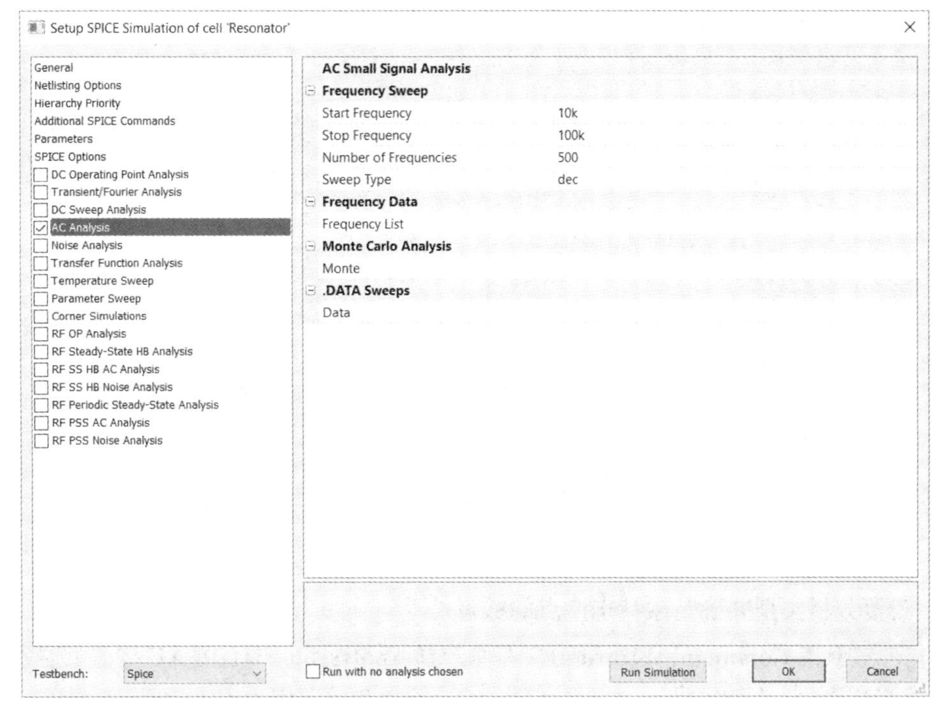

图 5.44 设置 SPICE 仿真

(5) 选择 Include Files 下的 *process.sp*，在 **SPICE File Name** 文件名中输入 *C:\MonteCarlo\reson\MyResonator*。

(6) 设置 Enable Waveform Voltage Probing 为 true。

(7) 检查交流分析 AC Analysis。双击 **AC Analysis**，设置 AC Analysis 的值：**Start Frequency** 为 *10 k*，**Stop Frequency** 为 *100 k*，**Number of Frequencies** 为 *500*， **Sweep Type** 为 *dec*。

接下来设置 wf_monte 的参数类型、标准值和标准差。

5.3.3 交流分析

1. 交流分析过程

(1) 在 **Setup SPICE Simulation** 窗口左侧选择 **Additional SPICE Commands**，单击 **Insert command** 按钮。

(2) 在 **SPICE Command Wizard** 窗口左侧选择 **Settings**，单击右侧的 **Parameters** 按钮，如图 5.45 所示。然后：

☑ 从 **Parameter type** 下拉列表中选择 *Monte Carlo*。

☑ 在 **Parameter name** 中输入 *wf_monte*。

☑ 从 **Probability distribution type** 下拉列表中选择 *Gaussian (absolute variation)*。

☑ 在 **Nominal value** 字段中输入 *3e-6*。

☑ 在 **Absolute variation** 字段中输入 *0.25e-6*。

☑ 在 **Sigma Level** 字段中输入 *1*。

(3) 单击 **Add** 按钮把 1 添加到 List of 区域列表中，再单击 **Insert Command** 按钮。

(4) 插入的命令应显示为 *wf_monte = agauss (3e-6，0.25e-6，1)*。

SPICE Command Wizard
Analysis: AC, DC operating point, DC transfer sweep, Fourier, Noise, Transient, Transfer function, Parametric sweep
Current source
Files
Initialization
Output
Settings: Bus definition, Global nodes, Parameters, Simulation options, Temperature
Voltage source
Optimization
Parameter type: Monte Carlo
Parameter name: wf_monte
Probability distribution type: Gaussian (absolute variation)
Nominal value: 3e-6
Absolute variation: 0.25e-6
Sigma level: 1
Multiplier (default is 1):
Add　Delete　Clear
List of parameters:
wf_monte=agauss(3e-6,0.25e-6,1)
Insert Command　Close

图 5.45　T-Spice 命令工具

2. 设置分析类型并确定蒙特卡洛点的数量

(1) 在 **SPICE Command Wizard** 窗口左侧选择 **Analysis**。单击右侧 **AC** 按钮，选择 *decade* 作为频率采样类型，将频率设置为每 10 倍程 500，设置频率范围为 10～100 kHz。单击 **Sweep** 按钮，设置 **Sweep** 为 *Monte Carlo*，设置 **Number of Monte Carlo analysis runs** 为 30。

(2) 单击 **Accept**，然后单击 **Insert Command** 按钮。插入的命令应显示为 *ac dec 500 10k 100k sweep monte=30*。

(3) 关闭命令工具。

5.3.4　开始仿真

选择 Probe Voltage 工具，单击 left_m 节点，结果如图 5.46 所示。结果表明，由于光束宽度的变化导致谐振器的谐振频率变化较大。

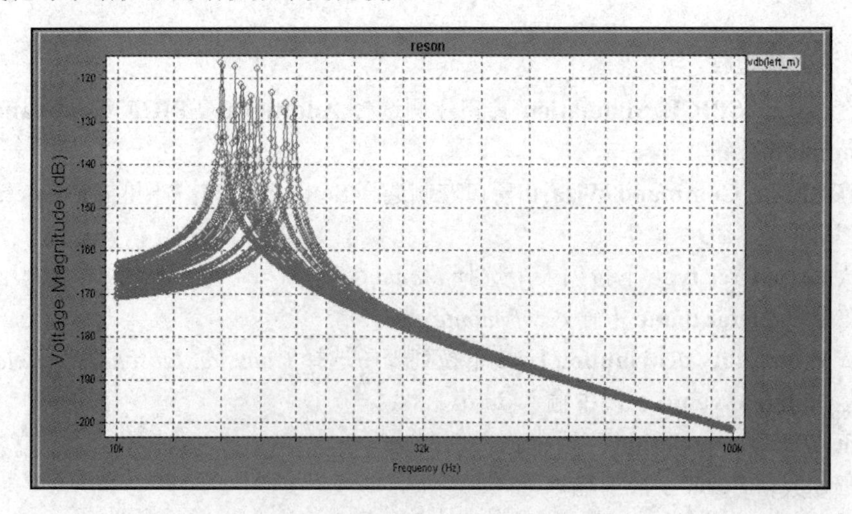

图 5.46　仿真结果

5.4　设计规则检查

设计规则检查(DRC)可以方便地检查版图和实际制造之间的兼容性。版图设计由于受实际因素限制，有几何规则约束，因此需要由代工厂提供特定工艺确定的设计规则。首先必须定义规则，然后运行 DRC 检查版图是否违反规则。通过 DRC 可以定义 MEMS 和 IC 混合设计规则集，支持任意 MEMS 设计中任意角度曲线的检查，同时可以针对芯片全部版图或局部版图进行设计规则检查。

5.4.1　DRC 设置

在 L-Edit 菜单中选择 Tools 来访问 DRC 命令。

(1) 选择 **Tools > DRC Setup**，设置设计规则。

(2) 选择 **Tools > DRC**，在整个版图上运行 DRC。

(3) 选择 **Tools > DRC Box**，在选定的(矩形)区域上运行 DRC。

(4) 选择 **Tools > Clear Error Layer**，删除之前 DRC 生成的错误标志。

(5) 选择 **Tools > DRC Setup**，显示 **Setup DRC** 对话框，可以创建一个新的设计规则集或者从文本文件中加载设计规则，然后导入 Dracula 或 Calibre 文件，如图 5.47 所示。

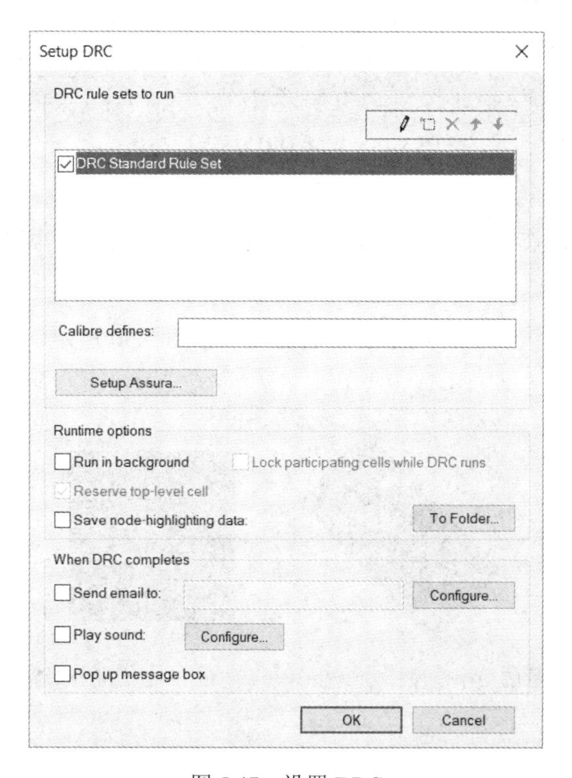

图 5.47　设置 DRC

5.4.2　设计规则类型

设计规则的类型如图 5.48 所示，具体包括最小宽度规则、准确宽度规则、重叠规则、间距规则、环绕规则、扩展规则、不存在规则和密度规则。

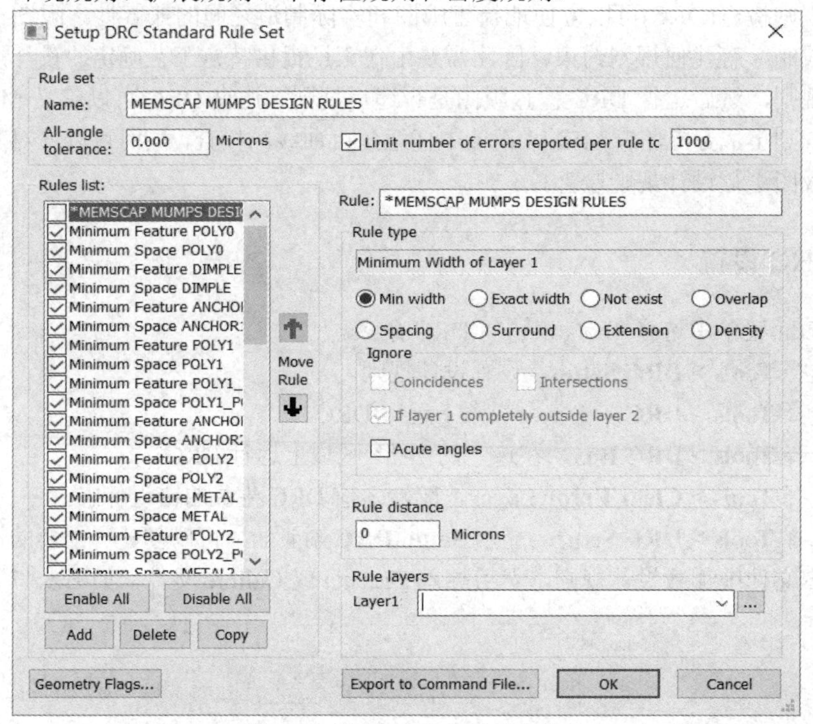

图 5.48　设置 DRC 标准规则集

1. 最小宽度规则

最小宽度规则是指在指定层上绘制的图形在任意方向上的最小宽度，如图 5.49 所示。

2. 准确宽度规则

准确宽度规则是指该层所有对象的准确宽度，如图 5.50 所示。八边形的宽度是两个平行边之间的距离。

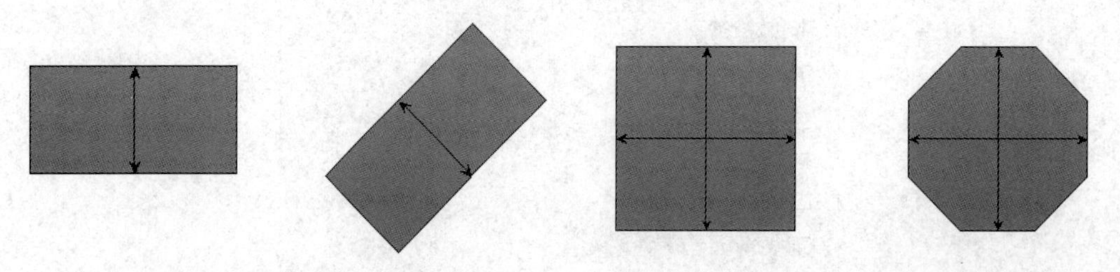

图 5.49　对象的最小宽度　　　　图 5.50　对象的准确宽度

3. 重叠规则

重叠规则是指一个层上的物体必须与另一个层上的物体交叠的最小尺寸，如图 5.51 所示。边缘重合的物体是不违反重叠规则的。

4. 间距规则

间距规则是指在同一层或两个不同层上对象的最小距离，如图 5.52 所示。

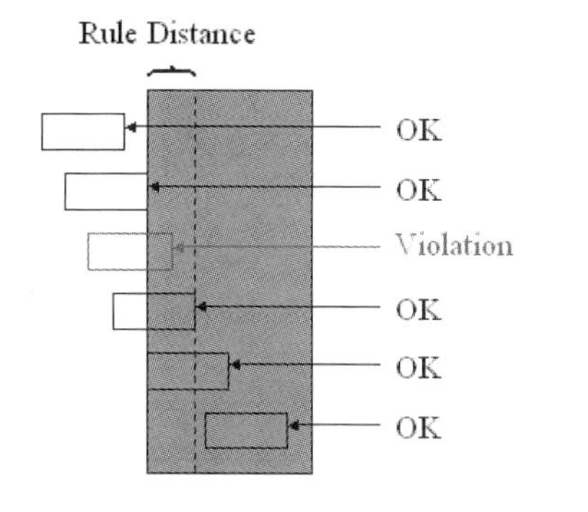

图 5.51　对象的重叠规则

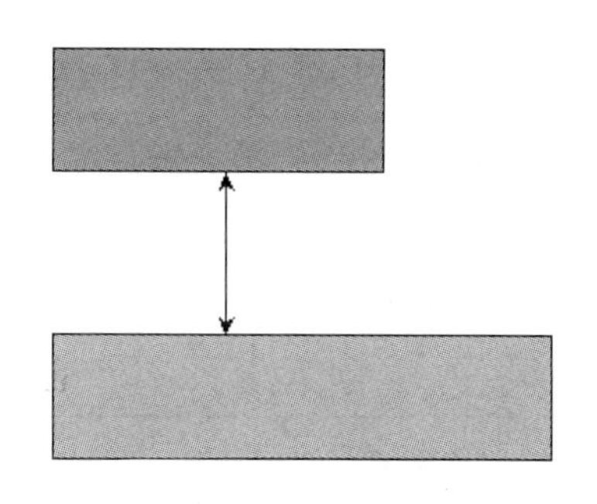

图 5.52　对象的间距规则

5. 环绕规则

环绕规则指定一个层上的对象必须被另一个层上的对象完全包围，包围距离必须大于指定的距离，如图 5.53 所示。

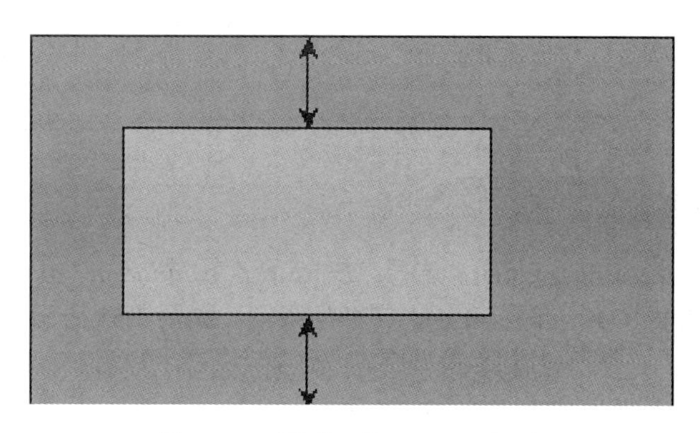

图 5.53　对象的环绕(Surrond)规则

6. 扩展规则

扩展规则指一个层上的物体必须超过另一个层上的物体边界的最小尺寸，如图 5.54 所示。

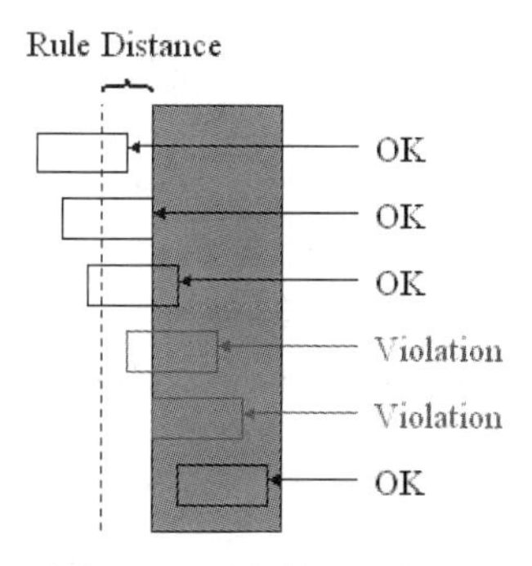

图 5.54　对象的扩展规则

以下情况不被视为违反该规则：

(1) 有一边重合，但其他部分在覆盖对象的外部。

(2) 当被完全包围的时候。

7. 其他规则

(1) 不存在(Not Exist)规则：指定层上不存在任何对象，这是不含距离的规则。

(2) 密度(Density)规则：检查对象在某一层上的面积覆盖率。

8. 忽略选项

忽略选项如表 5.1 所示。

表 5.1　忽 略 选 项

忽略选项	描　述	应用规则
重合	如果对象有重合的边，则忽略规则	环绕
交集	如果对象有交集，则忽略规则	环绕
图层 1 完全在图层 2 外	如果一个对象在一个图层中且完全在另一个图层外，则忽略规则	间距
锐角	如果部分对象包含锐角，则忽略规则	最小宽度 间距 环绕

5.4.3 DRC 介绍

启动 **L-Edit**，单击 **File > Open**，选择*{MEMS Pro Installation Folder}\ MEMS_Tutorials\ DRC\DRC.tdb*，再单击 **OK** 按钮打开压力传感器版图，如图 5.55 所示。

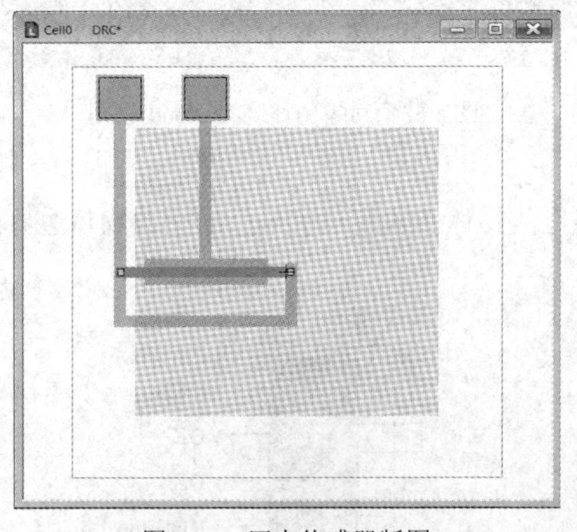

图 5.55　压力传感器版图

5.4.4 设置设计规则

(1) 从 L-Edit 菜单中单击 **Tools > DRC Setup**，显示 **Setup DRC** 对话框。

(2) 选择规则集并单击铅笔按钮打开 **Setup DRC** 规则集对话框，如图 5.56 所示。

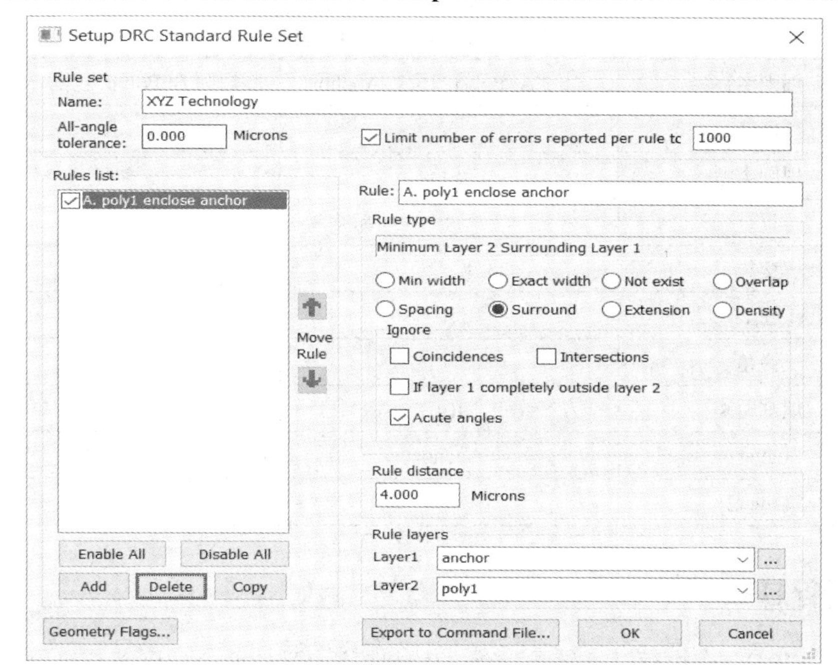

图 5.56　设置 DRC 标准规则集窗口

□ 规则 A：*Poly1* 层环绕 *Anchor* 层。

初始设置只包含一个 DRC 规则：*Poly1* 层环绕 *Anchor* 层。 *Anchor* 层必须被至少 4 um 的 *Poly1* 层完全包围，如图 5.57 所示。这是为了确保 *Poly1* 层上的结构可以被正确地锚定，即使这些层没有对齐。

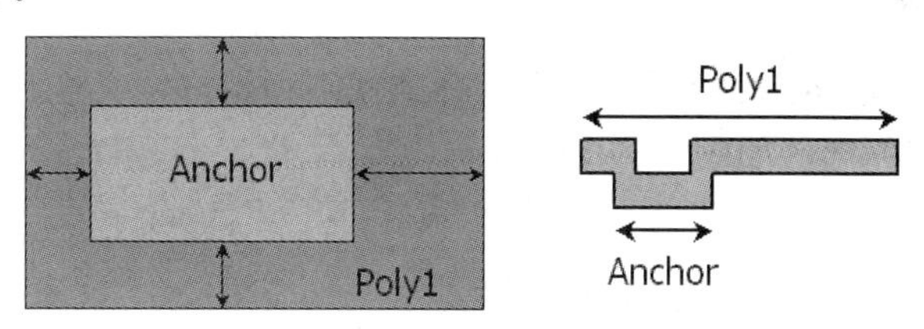

图 5.57　Anchor 层被 Poly1 层包围

如果 *Anchor* 层上图形完全在 *Poly1* 层以外，则这个规则将被忽略。

5.4.5　添加设计规则

□ 规则 B：*Poly0* 层包围 *Metal* 层。*Metal* 层必须被至少 6 u 的 *Poly0* 层完全包围，以确保接触引脚不延伸到 *Poly0* 之外。在锐角图形中，这条规则被忽略了。

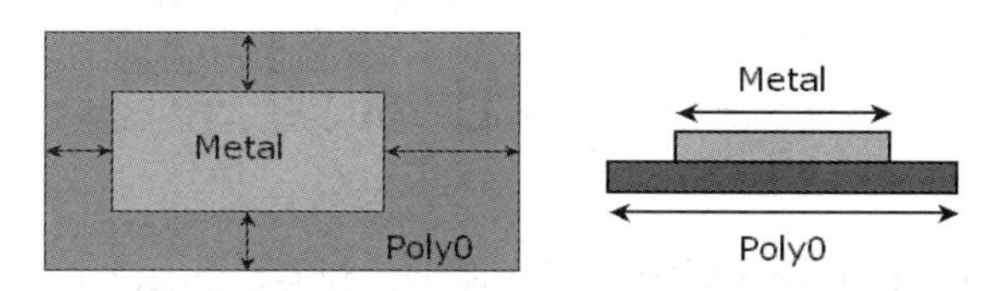

图 5.58　由 Poly0 层包围 Metal 层

设计规则A、B的定义如表5.2所示。

表5.2　设计规则A、B的定义

规则名称	规则A: Poly1 环绕 Anchor	规则B: Poly0 包围 Metal
使能	X	X
规则类型	环绕	环绕
重合		
交集		
Layer1 在 layer2 外	X	
锐角		X
规则距离	4(u)	6(u)
Layer1	Anchor	Metal
Layer2	Poly1	Poly0

5.4.6　运行DRC

要运行DRC，应执行以下步骤：首先确认刚刚定义的两个规则都被启用，然后单击**Setup DRC**窗口**OK**按钮退出DRC设置。从L-Edit菜单中打开**Tools > DRC**，DRC运行的进度对话框将很快闪过。

如果对DRC运行的结果报告感兴趣，可以从菜单中**Tools > Verification Error Navigator > Actions > Open DRC Summary Report**打开汇总报。

1. DRC导航器

Verification Navigator对话框显示所有标准规则和用户定义规则下的错误。错误的类型与发生的次数一起列出，如图5.59所示。

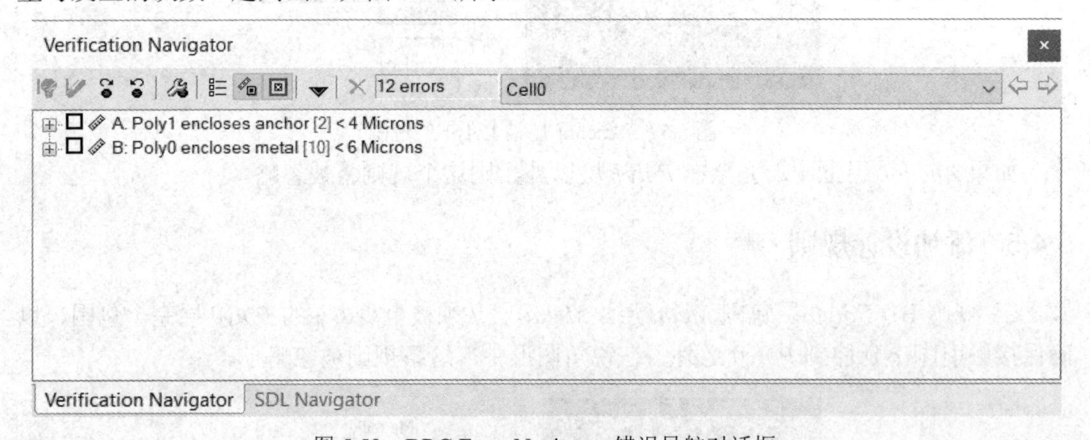

图5.59　DRC Error Navigator错误导航对话框

2. 错误导航器

在**Verification Navigator**对话框中展开列表定位错误，如图5.60所示。在规则A中的错误会一直扩展到错误1和错误2。

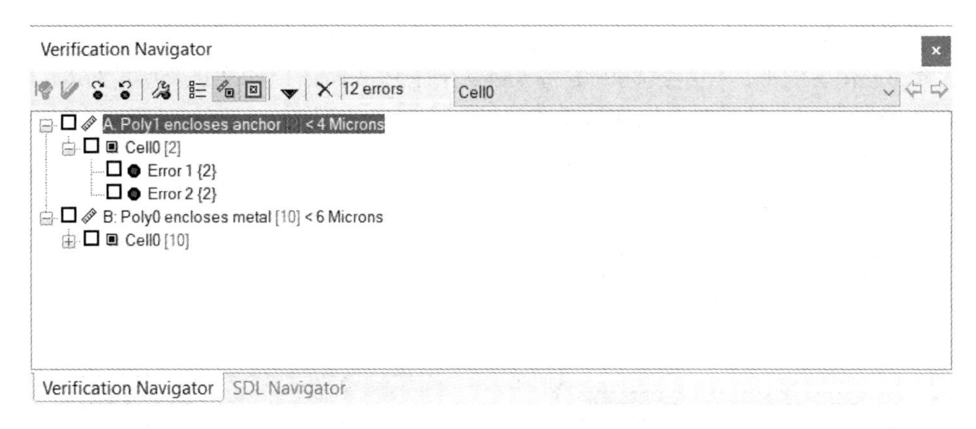

图 5.60　在错误导航器中展开列表

3. 定位错误 A

- 规则 A：*Anchor* 层需要由 *Poly1* 包围超过 4 u。
- *Poly1*：红色。
- *Anchor*：浅蓝色。
- 双击错误 1：将屏幕放大至错误处，如图 5.61 所示。
- *Anchor* 层距 *Poly1* 太近，当前距离为 2 u，规则距离应大于 4 u。

4. 修复错误 A

选择 *Anchor* 层图形，使用鼠标中键将 *Anchor* 层边线向左移动 2 u，远离 *Poly1* 层的边线，如图 5.62 所示。最后的距离应该是 4 u。

对第二个错误的处理重复上述步骤即可。

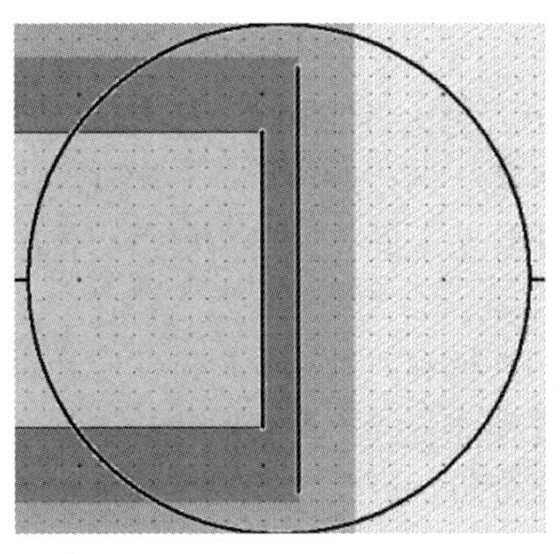

图 5.61　定位错误

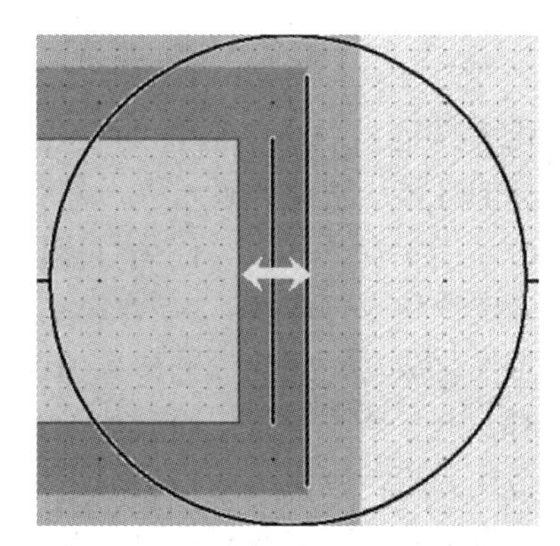

图 5.62　修复错误

5. 定位错误 B

- 展开 Verification Navigator 对话框中的规则 B 错误。
- 规则 B：*Metal* 层需要用超过 6 u 的 *Poly0* 包围。
- *Poly0*：橙色。
- *Metal*：灰色。
- 双击错误 1：将屏幕缩放至错误处，如图 5.63 所示。*Metal* 层离 *Poly0* 层太近，当前距离为 4 u，规则距离应大于 6 u。

6. 修复错误 B

选择 *Metal* 层图形，使用鼠标中键将 *Metal* 层上边线向下拖动 2 u，远离 *Poly0* 层的边线，如图 5.64 所示。最后的距离应该是 6 u。

对其他 B 类错误的处理重复上述步骤即可。

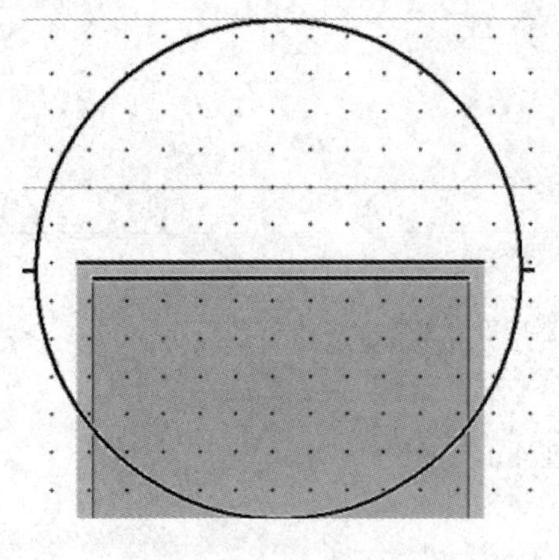

图 5.63　定位错误 B

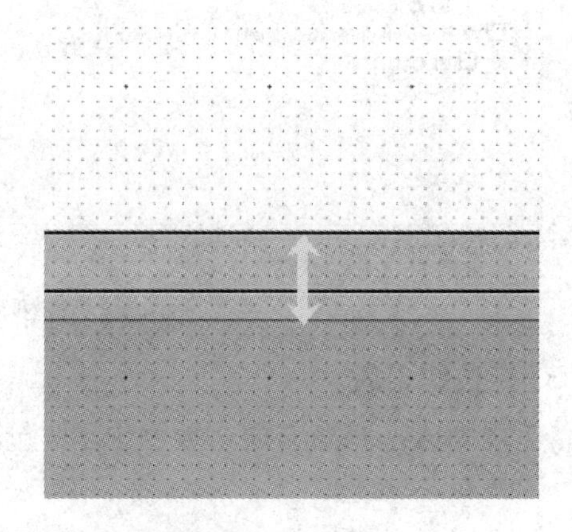

图 5.64　修复 B 错误

7. 重新运行 DRC

纠正错误之后，需要重新运行 DRC。从 L-Edit 菜单中单击 **Tools > DRC**。DRC 应该不会返回错误。

5.5 优化过程

优化工具是 MEMS 工程师的重要工具。MEMS Pro 优化引擎可以调整系统的参数值以获得最佳的性能。优化是通过在一组受约束的选定参数上运行迭代仿真来实现的。运行优化时，必须指定参数列表、优化目标以及分析和优化算法。此外，还需要决定使用哪些测量值来确定优化是否成功。

一旦优化成功，优化后的参数值就可以用于对相同模型的后续分析。同时允许增量优化，即对一些参数进行优化而其他参数保持不变，并在此基础上对其他参数进行优化。如果需要多次分析，则先进行直流分析，然后进行交流分析，最后进行瞬态分析。相同类型的多个分析按它们在输入文件中出现的顺序执行。

5.5.1 Tanner 设置优化

Tanner 设置优化过程如下：

(1) 启动 **S-Edit**。

(2) 选择 **File > Open > Open Design**，选择 *resonator.tanner*。该文件安装在：*{MEMS Pro v10.0 安装目录}\ MEMS_Tutorials\ Optimize\ Resonator\ Resonator.tanner*。

谐振器的示意图显示在 S-Edit 窗口中(如图 5.65 所示)。

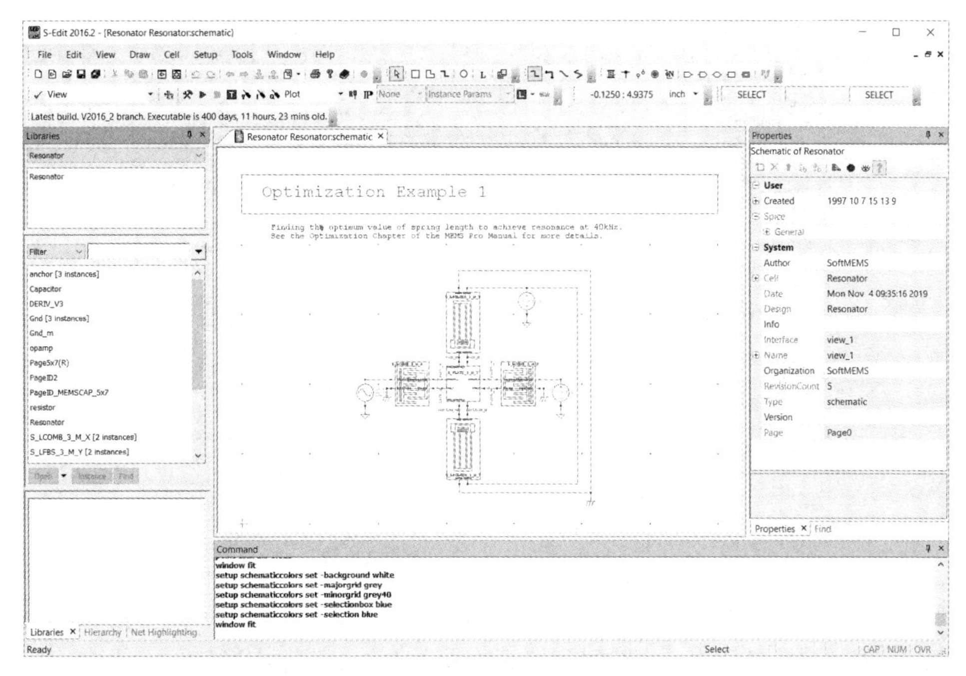

图 5.65　在 S-Edit 中查看谐振器

(3) 确认在 **Setup > SPICE Simulation** 下 **SPICE File Name** 中写入了正确的路径：*{MEMS Pro v10.0 安装目录}\MEMS_Tutorials\Optimize\Resonator\TC_Reson_optimize*。

(4) 单击 **T-Spice** 图标创建与谐振器对应的网表，如图 5.66 所示。

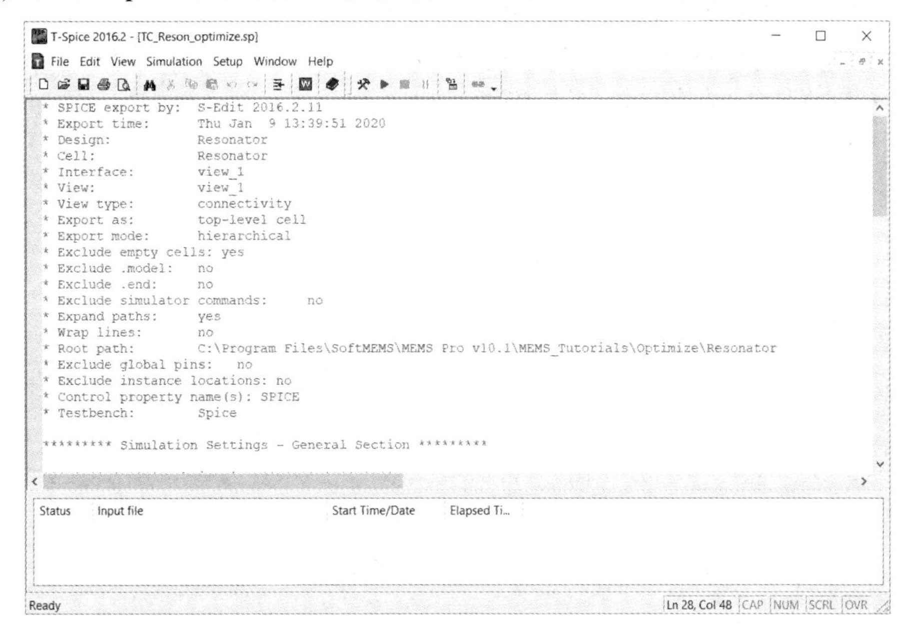

图 5.66　查看生成的网表

现在需要将工艺和材料属性关联到网表。

(5) 选择 **Edit > Insert Command** 调用 **Edit > SPICE Command Wizard** 对话框，如图 5.67 所示。

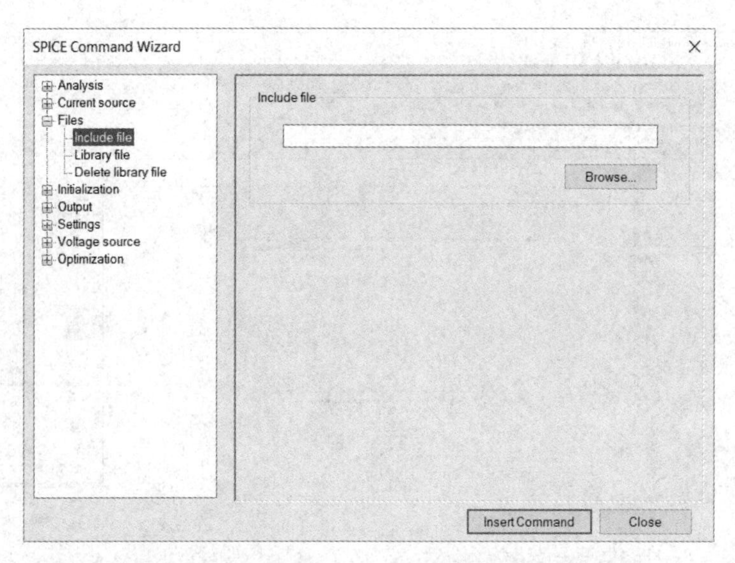

图 5.67　T-Spice Command Tool 命令工具对话框

注意：在插入命令之前，请确保光标位于网表的末尾。

(6) 在左边的目录树中，选择 **Files > Include file**，*process.sp* 文件位于*{MEMS Pro v10.0 安装目录}*并单击 **Insert** 按钮。单击 **Close** 按钮关闭 **Insert Command** 对话框，按 **Enter** 键添加新行。

注意：必须指定用于优化引擎的分析工具，以确定是否达到了优化目标。

(7) 再次选择 **Insert Command** 命令图标。在左边的目录树中，选择 **Analysis > AC**，**Frequency sampling type** 选择 *decade*，**Frequencies per decade** 设置为 *500*，**Frequency range From** 为 *10k*，**Frequency Range To** 为 *100k*，如图 5.68 所示。单击 **Insert Command** 按钮，再单击 **Close** 按钮关闭对话框。

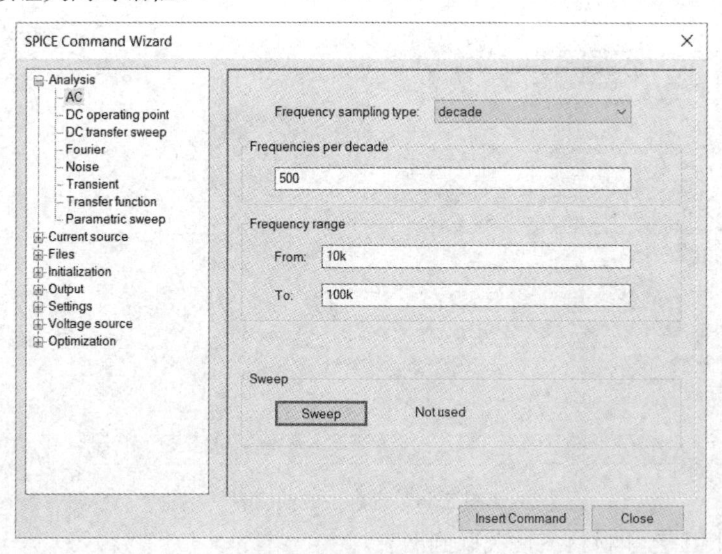

图 5.68　定制 AC 分析

(8) 接下来需要指定模型中感兴趣的参数，如图 5.69 所示。

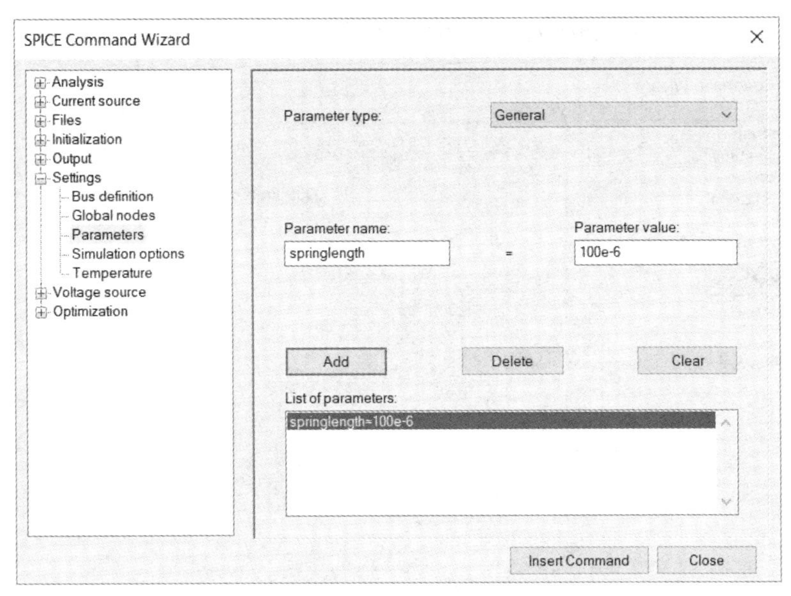

图 5.69 自定义设置参数

再次调用 **SPICE Command Wizard** 对话框。在左边的目录树中，双击 **Settings** > **Parameters**，将 **Parameter Type** 字段设置为 *General*，**Parameter name** 设置为 *springlength*，**Parameter value** 设置为 *100e-6*，单击 **Add** 按钮，再单击 **Insert Command** 按钮插入命令。

(9) 现在，定义在仿真期间测量的数量，如图 5.70 所示。

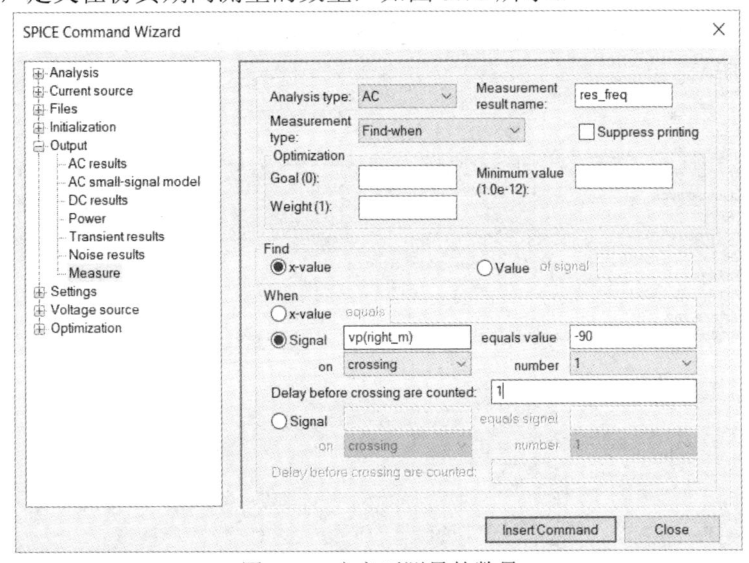

图 5.70 定义要测量的数量

(10) 在左边的目录树中，双击 **Output** 再双击 **Measure**，设置 **Analysis type** 为 *AC*，**Measurement type** 为 *Find-when*，**Measurement result name** 字段中输入 *res_freq*。在 **When** 下选择 **Signal**，在 **Find** 下选择 **x-value**。再次在 **When** 下 **Signal** 空白处输入 *vp(right_m)*，设置 **equals value** 为*-90*，从旁边的下拉菜单中选择 *crossing*(交叉)，**number** 选择 *1* 并单击 **Insert Command** 按钮。

(11) 现在准备好设置优化。

在左边的树中双击 **Optimization**，如图 5.71 所示。

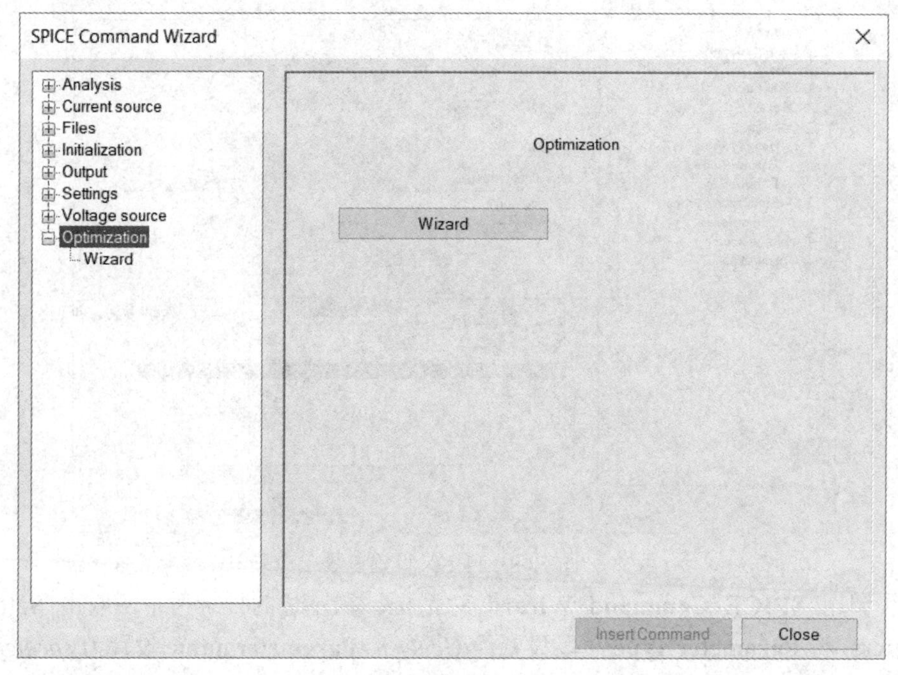

图 5.71　自定义优化

(12) 单击左边树中的 **Wizard** 或右边的 **Wizard** 按钮，弹出 **Optimization setup** 对话框。在 **Optimization name** 字段中输入 *opt1*，选择 *First AC Analysis* 作为 **Analysis name** 分析名称，如图 5.72 所示。

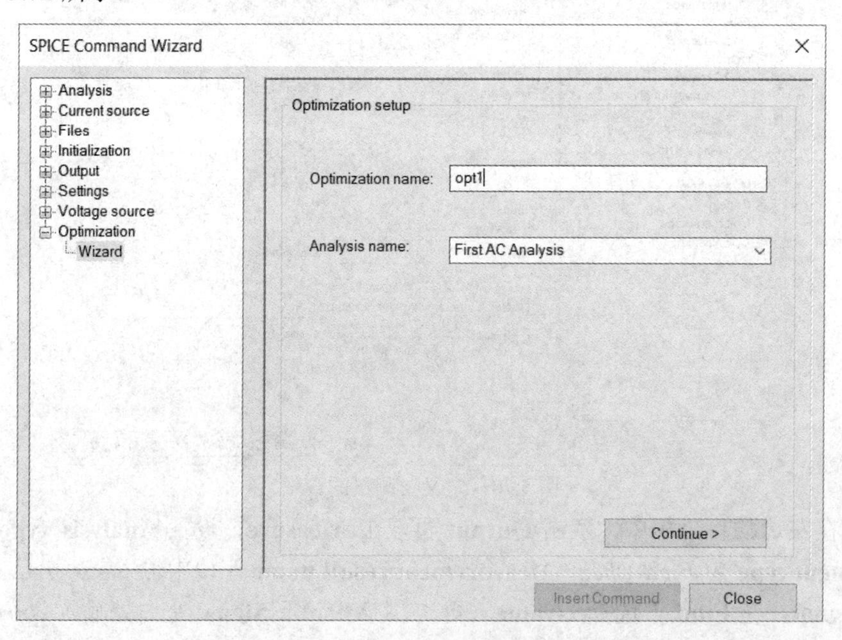

图 5.72　自定义优化设置

(13) 单击 **Continue** 按钮访问下一个对话框，**Set optimization goals** 设置优化目标。将 **Measurement** 设置为 *res_freq*，Target value 设置为 *40e3*，单击 **Add** 按钮将这些值添加到

List optimization goals 列表优化目标中，如图 5.73 所示。

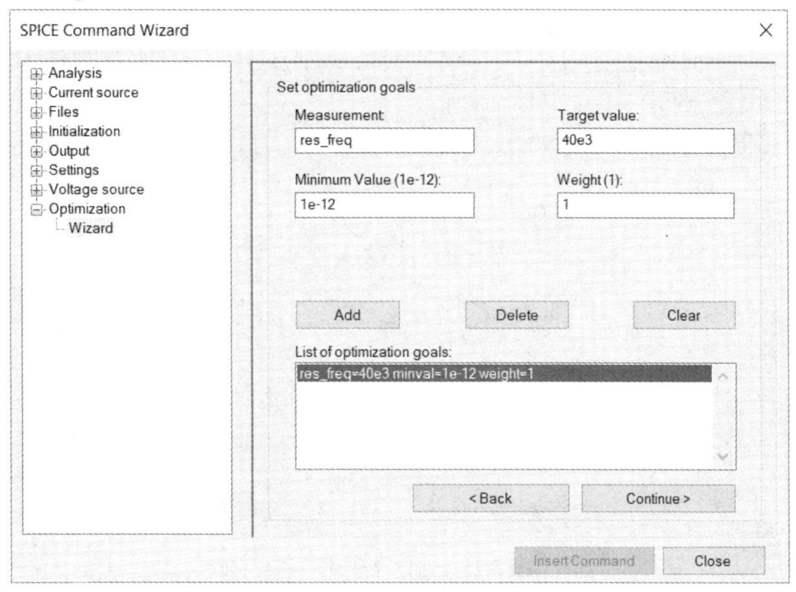

图 5.73　自定义优化目标

注意：这个目标值将覆盖前面在测量设置期间设置的目标值。

(14) 单击 **Continue** 按钮访问下一个对话框，**Set parameter limits** 设置参数限制。将 **Parameter name** 设置为 *springlength*，**Minimum value** 设置为 *10e-6*，**Maximum value** 设置为 *200e-6*，**Delta(Optional)**设置为 *0.25e-6*，**Guess value (Optional)**设置为 *100e-6* (如图 5.74 所示)，单击 **Add** 按钮将值添加到 **List of parameters** 参数列表中。

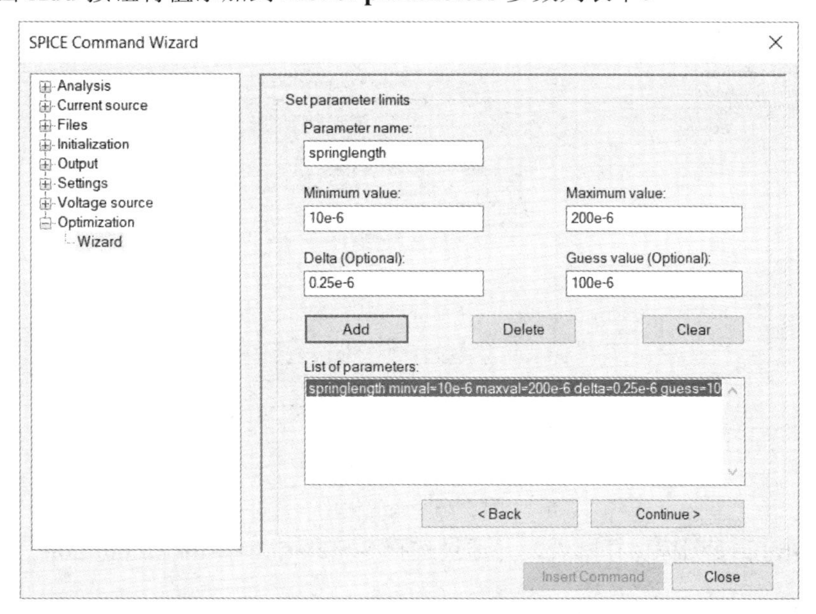

图 5.74　自定义参数限制

(15) 单击 **Continue** 按钮进入下一个对话框，**Set optimization algorithm** 设置优化算法，在 **Name** 字段中输入 *optmod*，其他参数值默认，如图 5.75 所示。

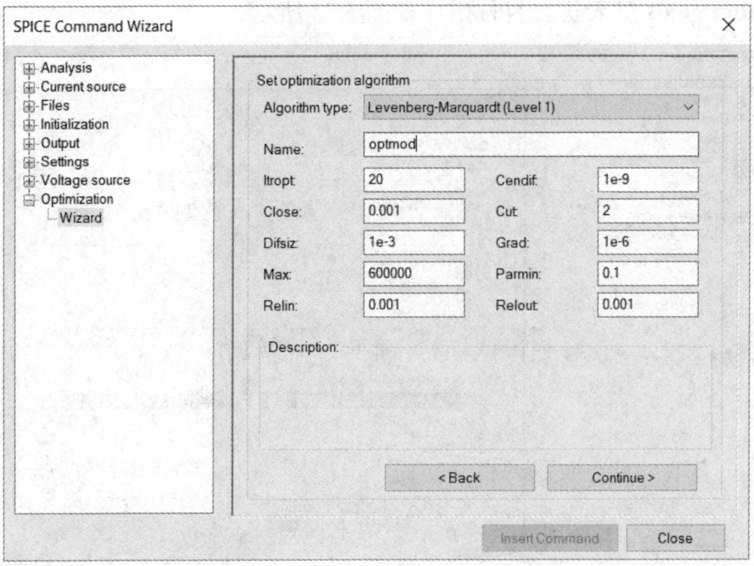

图 5.75　自定义优化算法

(16) 单击 **Continue** 按钮进入下一个对话框，再单击 **Insert command** 插入命令。

设定的优化命令将显示在对话框中，确保每项是正确的，如图 5.76 所示。如果需要更改，则单击 **Back** 按钮进行更改。如果命令正确，则单击 **Insert Command** 命令，然后单击 **Cancel** 按钮以关闭对话框并按 **Enter** 键。

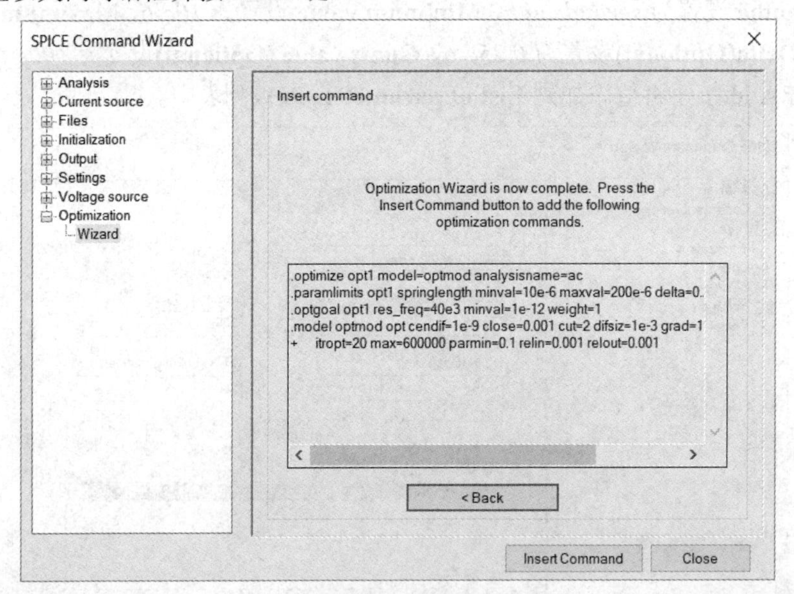

图 5.76　完成优化

(17) 单击 **Save** 图标保存网表，并通过选择 **Simulation> Run Simulation** 运行优化。

5.5.2　检查输出

优化输出文件包含每个仿真迭代的结果。每个优化参数的值(针对每一次运行)后是目标函数在该参数值处的梯度。在本例中只有一个参数 springlength，下一行即输出测量值与目标之间的差值。采用 Levenberg-Marquardt 算法进行优化，Marquardt 值是该算法的一个人工设定值，一旦优化引擎生成的结果在设置的公差范围内就会停止。最终的参数估计：

Optimized parameter values：springlength = 7.425e-005

Measurement result summary-OPTIMIZE=opt1 res_freq = 3.9906e+004 会出现在输出文件中。优化输出文件如下(因版本不同输出数据及格式可能有所变化)：

```
Optimization parameters:
springlength = 0.0001 derivative = 2.42866
Optimization initialization:   resid=0.36174 grad=2.42866 Marquardt=0.001
Optimization parameters:
springlength = 6.65e-005 derivative = -2.20566
Optimization iteration 1:   resid=0.17744 grad=2.20566 Marquardt=0.0005
Optimization parameters:
springlength = 7.425e-005 derivative = 0.0498307
Optimization iteration 2:   resid=0.00235139 grad=0.0498307
Marquardt=0.00025
Optimization iteration 3:   resid=0.00235139 grad=0.0498307 Marquardt=0.001
Optimization iteration 4:   resid=0.00235139 grad=0.0498307 Marquardt=0.004
Optimization parameters:
springlength = 7.425e-005 derivative = 0.0498307
Optimization iteration 5:   resid=0.00235139 grad=0.0498307 Marquardt=0.002
Optimized parameter values:
springlength = 7.4250e-005
Measurement result summary - OPTIMIZE=opt1
res_freq = 3.9906e+004
Parsing 1.64 seconds
Setup 0.01 seconds
.AC Sweep 0.87 seconds
----------------------------------------
Total 2.52 seconds
```

5.6 验证过程

本章介绍了版图提取的过程和使用 LVS 来验证一个混合工艺版图。验证过程是 5.1 节的延续。

5.6.1 添加连接端口

通过使用在 5.1 节中完成的设计来学习本节的内容。

首先，打开 L-Edit，选择 **File > Open** 来载入 5.1 节中创建的设计，名字为 *myreson.tdb*。

只要在同一层的几何图形相互接触或者重叠，它们就会被连接起来。为了让 SPICE 网表提取正常，这些连接必须被声明，并被叫作端口。端口定义了单元的连接。

端口允许 **L-editis Extract** 命令在模块或电路级别识别连接。本案例中，自动生成的单元(plate、comb-drive、folded spring、ground plate 和 bonding pad)已经正确地绘制了端口。本例中可以通过 **Edit > Find** 来查找类型为端口的对象来检查示例谐振器中的端口连接。

每个布局单元中端口的位置如图 5.77 所示。

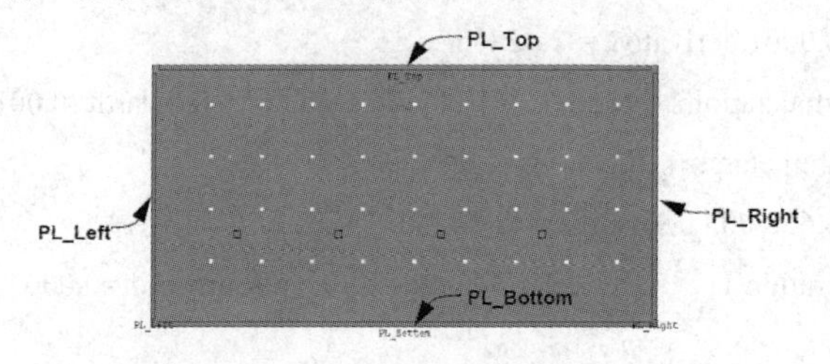

图 5.77　plate 元素的端口

• plate 有四个端口(PL_Left、PL_Right、PL_Top 和 PL_Bottom)。它们看起来像一个长方形(两个单位厚)分布在面板的四边。

• comb-drive 有两个端口(C_Free 和 C_Fixed)。它们看起来像是个长方形(两个单位厚)布满器件的左右两侧。

• foldedspring 有两个端口(FS_Free 和 FS_Fixed)。FS_Free 是分布在器件底部的长方形；FS_Fixed 是一个附加在器件右侧，与锚点位重合的长方形。

• ground plate 有一个端口(GP_GND)。它是一个覆盖整个底部平面的长方形。

• bonding pad 有两个端口(P_GND 和 P_MTL)。P_GND 是一个分布在焊盘 Pad 左侧的长方形(两个单位厚)；P_MTL 是一个分布在焊盘 Pad 右侧的长方形。

首先将 plate 的 PL_Left 和 PL_Right 端口连接到两个 combe-drive 的 C_Free 端口上。

(1) 选择 **Box** 工具 ，然后通过单击 LayerPalett 选择 *Poly1* 层，画一个覆盖面板的 PL_Right 端口和右侧 comb 的 C_Free 端口的矩形。单击一次以设置左下角，并按住鼠标左键拖动到对角，然后释放。

(2) 选择 Port 工具 ，然后单击上一步中画的矩形中的任意地方。在出现的编辑窗口中，在 **Layer** 的下拉栏中选择 *Poly1* 层，在 **Terminal Name** 中输入 *Right*，然后单击 **OK** 按钮。

(3) 选择 **Box** 绘制工具并在 **Layer Palette** 中选择 *Poly1* 层，绘制另一个框，覆盖 PL_Left 端口和左侧 comb 的 C_Free 端口。单击一次以设置左下角，并按住鼠标左键拖动到框的对角，然后释放。

(4) 使用 **Port** 工具，在上一步画的矩形的 *Poly1* 层的任意地方摆放一个端口。在 **TerminalName** 字段中输入 *Left* 并单击 **OK** 按钮。

现在，需要把 plate 的 PL_Top 和 PL_Bottom 端口连接到两个 springs 的 FS_Free 端口。

(5) 通过在 *Poly1* 上绘制一个覆盖弹簧的 FS_Free 端口和面板的 PL_Top 端口的矩形，将顶部折叠弹簧连接到板上。在矩形的 *Poly1* 层的任意位置摆放一个端口，命名为 Top。

(6) 通过在 *Poly1* 上绘制一个覆盖弹簧的 FS_Free 端口和面板的 PL_Bottom 端口的矩形，将底部折叠弹簧连接到板上。在矩形的 *Poly1* 层的任意位置摆放一个端口，命名为 Bottom。

(7) 把两个弹簧的 FS_Fixed 端口连接到 ground 平面的 GP_GND 端口。

(8) 通过在 *Poly0* 层上绘制一个矩形，将两个折叠弹簧的 FS_Fixed 端口连接到接地板，覆盖每个弹簧的 FS_Fixed 端口和接地板的 GP_GND 端口。在 *Poly0* 图层上的新绘制矩形的任何位置放置一个端口，并将其命名为 SpringAnchor。

最后，把节点放在梳状驱动器的固定端口上。

(9) 在连接右侧梳状物和右侧 Pad 的 *Poly0* 层上任意位置放置一个端口，命名为 Rfixed。

(10) 在连接左侧梳状物和左侧 Pad 的 *Poly0* 层上任意位置放置一个端口，命名为 Lfixed。现在，L-Edit / Extract 将正确识别所有连接。

5.6.2 提取版图

版图提取会产生一个 SPICE 网表，该网表包括用于比较版图与原理图(LVS)或 SPICE 仿真的设备和连接信息。设计规则检查(DRC)确保布局符合制造规则限制，但它不验证版图是否实现预期功能，也不会确定系统是否按设计规格运行。

将 MEMS 设计提取可以使用 MEMSPro 的子电路提取功能来进行操作。子电路提取包括将子电路单元提取为具有连接端口和单元属性的“黑盒子”。

(1) 运行 Extract 之前必须首先载入和选择待提取的文件。

① 选择 **Tools> Extract Setup** 来打开 **Setup Extract** 对话框。必须载入一个 *extract definition file*，用来保证设计的工艺信息。单击 **Browse** 按钮并使用 Windows 浏览器从 *MEMS_Tutorials\Resonator* 目录中选择 **polymumps.ext**，并输入 *MyResonator.spc* 作为输出文件名，如图 5.78 所示。

② 单击 **Options** 选项卡，如图 5.79 所示。

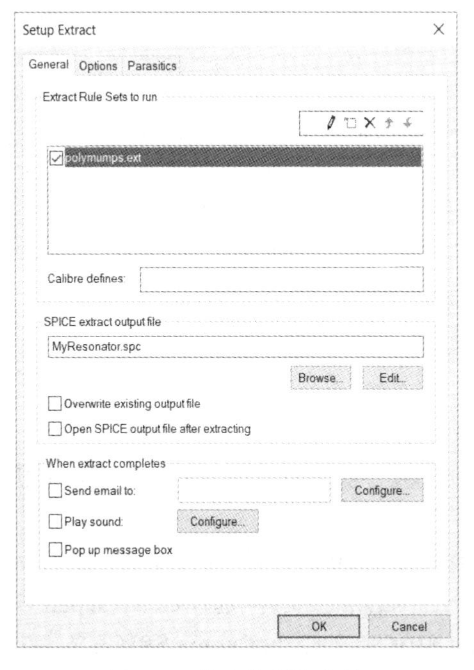

图 5.78　选择待提取文件

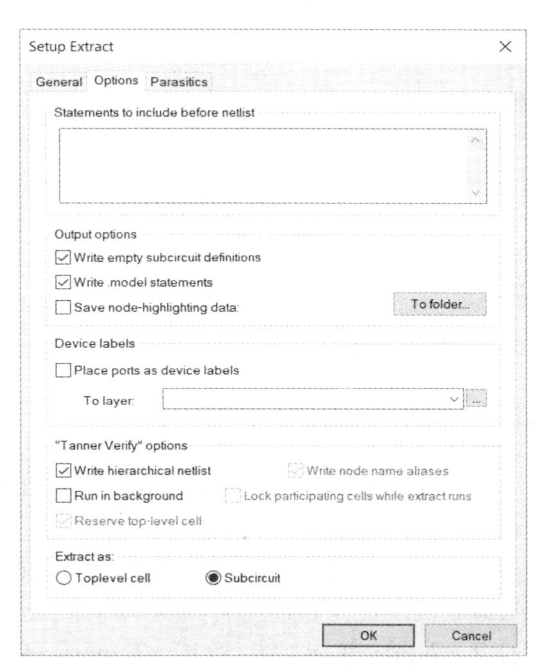

图 5.79　Extract 对话框的 Options 选择卡

(2) 可能需要查看属性来更改每个子电路的提取属性(型号名称和引脚顺序)，以使其与 S-Edit 兼容。

① 在 Extract as 中选择 Subcircuit，单击 **OK** 按钮。选择 **Tool > Extract** 开始版图提取。

② 选择 Extract 后，将创建一个名为 *MyResonator.spc* 的网表文件。这是 SPICE 格式的文本文件，包含提取的器件、它们的连接性和器件的图形参数信息。这个网表文件可用于运行 T-Spice 仿真或执行版图与原理图比对验证(LVS)。

③ 如果弹出 **L-Edit Warning** 对话框，则单击 **IgnoreAll** 按钮。

④ 选择 **File> Open** 打开 *MyResonator.spc* 文件。在 **Open** 对话框中，将 **File Type** 更改为 Spice Files(*.sp，*.spc)，从文件列表中选择 *MyResonator.spc*，然后单击 **OK** 按钮。此时，在 L-Edit 中打开了一个包含电路网表的文本文件，使用文本窗口上的滚动条可检查提取的文件，如图 5.80 所示。

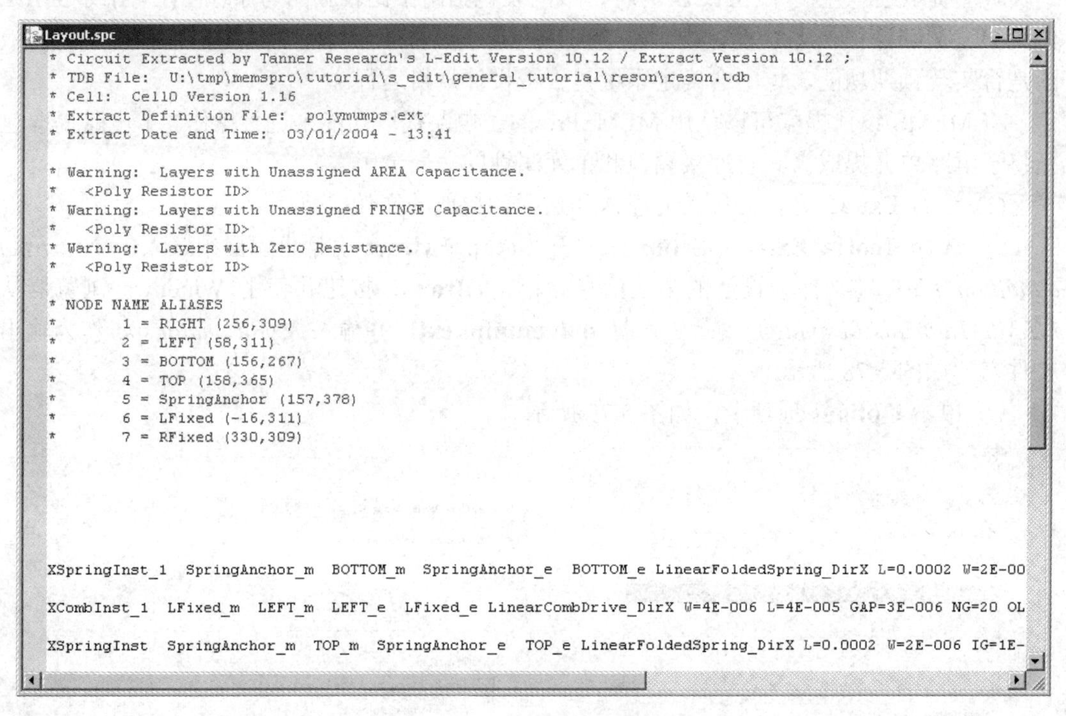

图 5.80　查看提取的文件

⑤ 选择 **File > Exit**，退出 L-Edit。

5.6.3　提取 LVS 的原理图

要导出用于 LVS 的原理图网表，则原理图必须仅包含器件组件，而不含激励和仿真命令，如图 5.81 所示。

(1) 打开 Tanner S-Edit，选择 **File > Open > Open Design** 来打开 *{MEMS Proinstallation directory}\MEMS Tutorials\Resonator\reson* 目录下的 *reson.tanner* 文件。选择 **Cell > Open view** 来打开 *schemlvs* 单元，选择 **File > Export > Export SPICE** 来打开 **Export SPICE** 对话框，如图 5.82 所示。

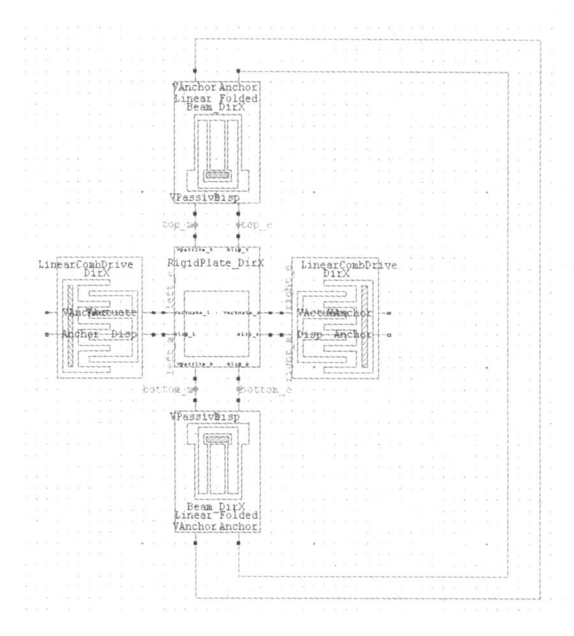

图 5.81　谐振器的原理图

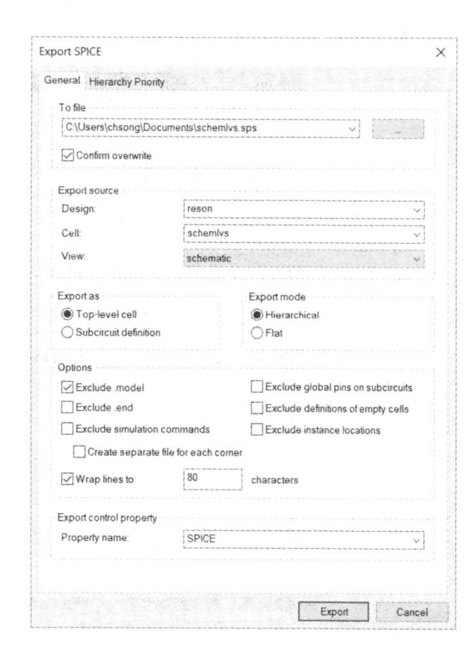

图 5.82　Export SPICE 对话框

单击 **Export** 按钮将保存设置信息，运行提取并创建预先加载模块名称的网表文件。在这种情况下，文件名将为 schemlvs.sp。SPICE 格式的文本文件包含器件描述、连接和几个参数信息。网表文件可用于执行版图与原理图验证(LVS)。

5.6.4　网表比较

MEMS 设计过程中的一个重要步骤是比较版图和原理图确保它们描述相同的设计，即比较两个网表，一个来自版图，一个来自原理图。

(1) 双击 **LVS** 图标 启动 LVS，选择 **File > Open** 打开 *MEMS_Tutorials \ Resonator* 目录下的 *reson.vdb* 文件。该文件包含预定义参数，用于比较创建的 SPICE 文件，如图 5.83 所示。

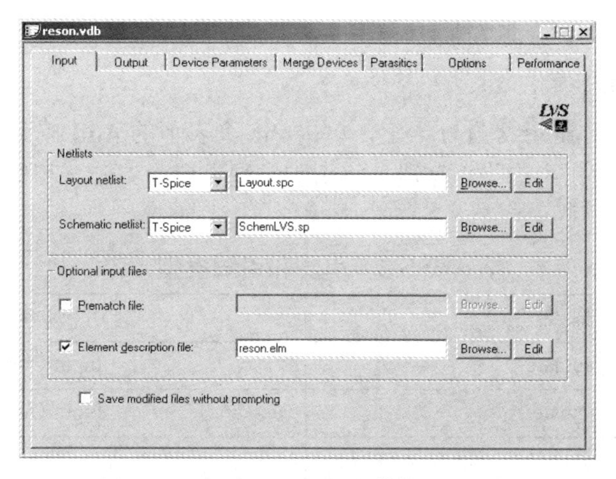

图 5.83　查看 reson.vdb 文件的预设参数

(2) 单击工具栏中的 **Run** 按钮 开始比较。验证窗口如图 5.84 所示。

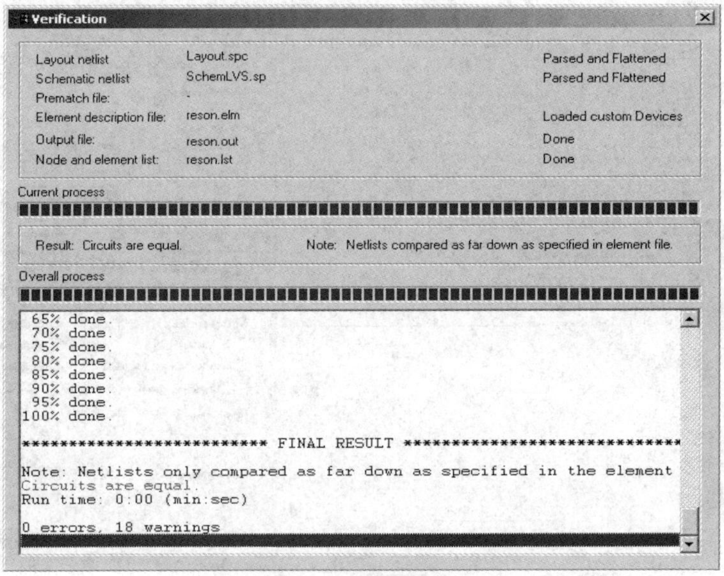

图 5.84　验证窗口

从原理图生成的网表和从版图生成的网表是相同的。

(3) 选择 **File > Exit** 退出 LVS。

5.7　外部模型生成器

本节的目的是创建和仿真使用 **External Model Generator** 工具生成的 comb 驱动执行器的模型。通过选择 **Start > All Programs > MEMS Prov10.0 > External Model Generator** 打开外部模型生成器。可以输入模型信息或者从*{MEMS Pro v10.0 Installation Dirtectory}\MEMS_Tutorials\ModelGen\resonEMG\combDrive.emg* 载入模型信息，然后查看本节内容。

5.7.1　创建模型

创建模型的过程如下：

(1) 在 **Pins / Parameters** 选项卡上，单击 **Pin** 列表下的 **Add** 按钮，然后输入第一个引脚 anchor 的名称。双击引脚类型字段，将引脚类型设置为 Gnd。相似地，添加表 5.3 所示的引脚。

表 5.3　引脚和引脚类型

引 脚 名 称	引 脚 类 型
vactuate	Input/Output
actuate	Input/Output
vanchor	Gnd
anchor	Gnd

(2) 在 **Parameter** 列表下单击 **Add** 按钮，然后按照它们的参数类型和默认值添加表 5.4 所示的参数。

表 5.4　参数、参数类型及其默认值

参 数 名 称	参 数 类 型	默 认 值
combFingers	Integer	20
fingerGap	Double	3E-06
fingerThickness	Double	2E-06
fingerOverlap	Double	3E-05

(3) 单击 **EquationEditor** 选项卡开始输入控制方程式。

在上一步中输入的引脚和参数应列在相应的列表中，如图 5.85 所示。

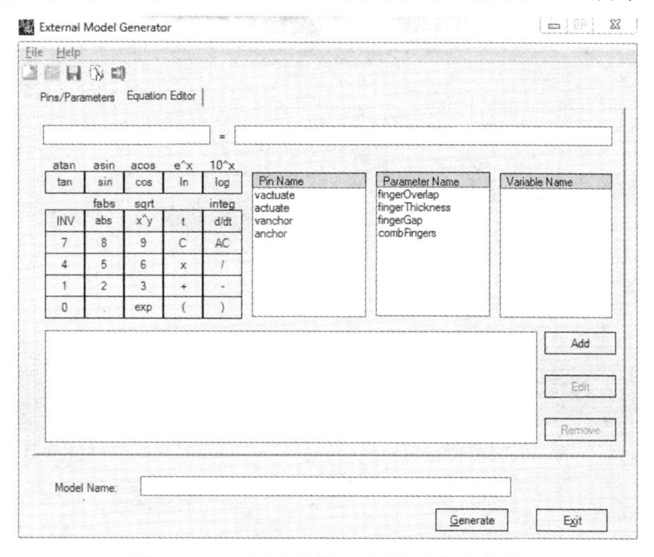

图 5.85　方程式编辑器中的引脚和参数

从计算两个相对 fingers 之间的初始电容开始：c0 = fingerThickness * 8.854e-12/fingerGap。

① 首先输入等式左边的变量“c0”。

② 从参数列表中双击 **finger Thickness**。该参数将自动放置在等式的右侧。

③ 输入表达式“* 8.854e-12 /”或单击相应的符号。

④ 双击参数列表中的 **finger Gap** 参数，将其添加到等式的右侧。

⑤ 单击 **Add** 按钮将方程式添加到方程式列表中。

⑥ 出现一条确认消息，表示已将新变量添加到等式的左侧。单击确认，将方程式插入列表中。

现在需要计算 comb 可动部分的位移：disp = Voltage(actuate)−Voltage(anchor)。

① 首先输入方程式左边的变量“disp”。

② 用鼠标右键单击参数列表中的 **actuate** 参数会弹出一个菜单，选择 **Voltage** 会弹出另一个菜单，选择 **RHS**。表达式 **Voltage**(actuate)将会出现在方程式右侧。单击减号“−”。

③ 同样添加 Voltage(anchor)表达式。

④ 单击 **Add** 按钮，将方程式添加到等式列表中。

相似地，也需要添加图 5.86 所示的方程式。

① 计算可动部分和 comb 的固定部分之间的电压。

vact = Voltage(vactuate) - Voltage(vanchor)

② 计算可动部分和 comb 的固定部分之间的静电力。

Current(actuate) = -0.5*c0*combFingers*pow(vact,2)

Current(anchor) = -Current(actuate)

③ 计算通过 comb 的电流。

Current(vactuate)=combFingers*((fingerOverlap-disp)*c0*diff(vact)-c0*diff(disp)*vact)

Current(vanchor) = -Current(vactuate)

在 **ModelName** 框中输入 combDrive。Diff()函数用来计算关于时间的微分(d/dt)。

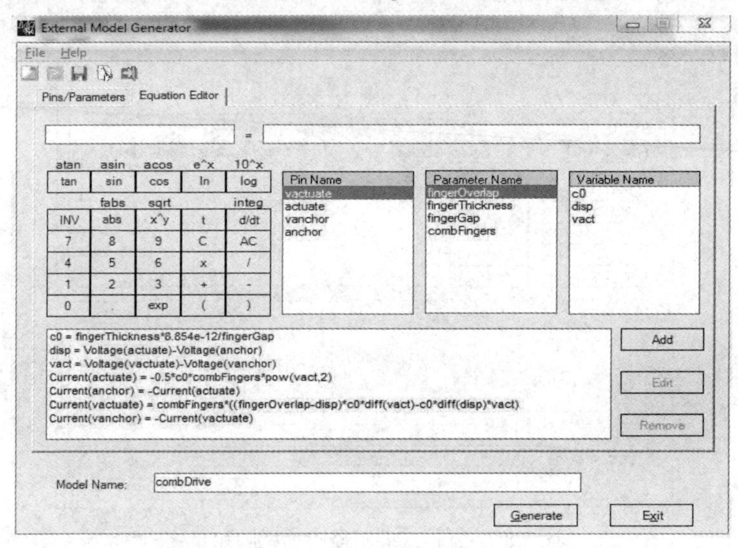

图 5.86　添加完所有的 comb 驱动方程之后的等式编辑器

5.7.2　生成模型

生成模型的过程如下：

(1) 单击 **Generate** 按钮，另存为对话框将会出现，模块的名字为默认的值。

(2) 单击 **OK** 按钮，将会出现如图 5.87 所示的信息。

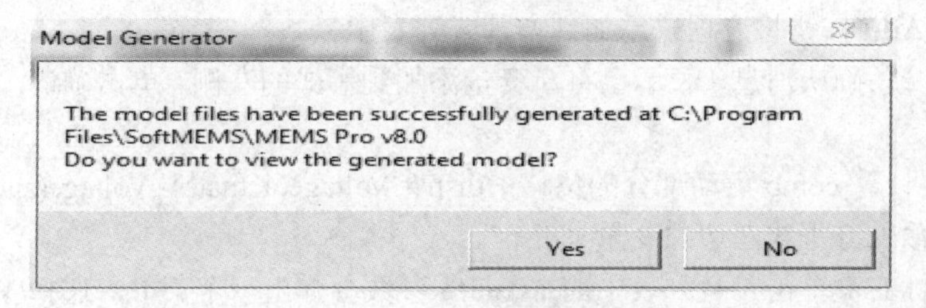

图 5.87　C-模型正确生成

(3) 单击 **Yes** 按钮，模型将会在文本编辑器中显示。

5.7.3　在原理图中例化模型

从 Tanner S-Edit 打开原理图文件*{MEMS Pro v10.0 安装目录} \MEMS_Tutorial\ModelGen\resonEMG\resonEMG.tanner*。resonEMG.tanner 文件包含谐振器的原理图。谐振器由两个弹簧、一个板和两个梳状驱动器组成。原理图中缺少梳状驱动器，它们将被创建并实例化。

要创建梳状驱动器的符号，首先需要创建一个新的单元。

(1) 从菜单中选择 **Cell > New View**，然后单元名字中键入 *CombDrive*，在 **ViewType** 中选择 *Symbol*，然后单击 **OK** 按钮。

(2) 在左侧的面板中，选择 **Box** 工具画一个长方形。选择 **BidrectionalPort** 工具，然后单击长方形的右侧放好它，将端口命名为 VActaute。类似地，添加剩下的 3 个端口(Actuate、VAnchor 和 Anchor)，如图 5.88 所示。

(3) 使用 **Path** 工具将端口连接到矩形上。选择 **Text Label** 工具，然后单击矩形的中心，将会出现一个文本标签设置窗口，将其命名为 LinearCombDrive。

(4) 添加符号的属性。单击属性工具，然后单击梳状驱动符号，将会出现一个属性表格，输入如图 5.89 所示的值。

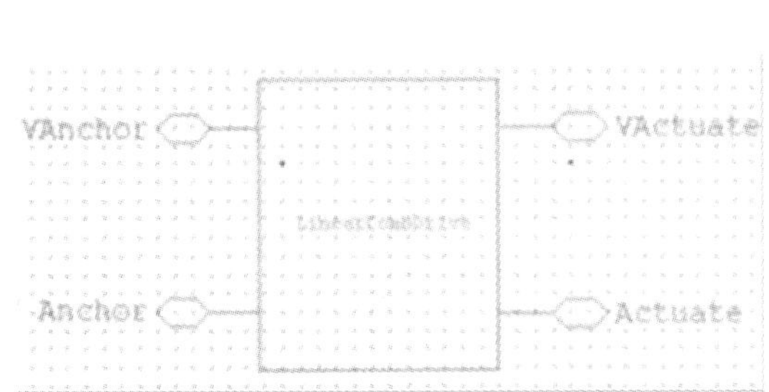

图 5.88　comb 驱动的符号表示

图 5.89　创建属性

(5) 类似地，添加表 5.5 所示的属性。

表 5.5　添 加 属 性

Name	Value	Font Size	Type	Display	When not evaluated
finger_gap	3.0E-006	5	Double	Hidden	Hidden
finger_overlap	3.0E-005	5	Double	Hidden	Hidden
comb_fingers	20	5	Ingeger	Hidden	Hidden
finger_thickness	3.0E-006	5	Double	Hidden	Hidden
SPICE.OUTPUT	下文介绍	5	String	Hidden	Hidden

(6) SPICE.OUTPUT 的属性应该是：

xcombEMG${Name}%{VActuate}%{Actuate}%{VAnchor}%{Anchor}
combDrivefingerGap=${finger_gap}

fingerOverlap=${finger_overlap}

fingerThickness=${finger_thickness}

combFingers=${comb_fingers}

SPICE.OUTPUT 的属性值应该写在一行中，%和$前后都没有空格。SPICE.OUTPUT 属性表示 Spice 文件中用于实例化此模型实例的命令。属性由以下部分组成：

- 实例的名称以“${Name}”结尾。
- 端口列表。引脚的顺序应与用于在外部模型生成器中创建行为模型的顺序相同。
- 模型“combDrive”的名称。
- 模型参数列表及其默认值。

5.7.4 电路中例化模型

电路中例化模型的过程如下：

(1) 单击 **Cell > Open View** 打开谐振器电路，然后选择 **Resonator**，将 **ViewType** 选择为 **Schematic**。在 **Libraries** 窗口中选择 **combDrive**，然后单击 **Instance**。

(2) 将第一个梳状驱动放在金属板 Plate 的右边，然后将引脚连接；将另一个梳状驱动放到金属板 Plate 的左边，如图 5.90 所示。

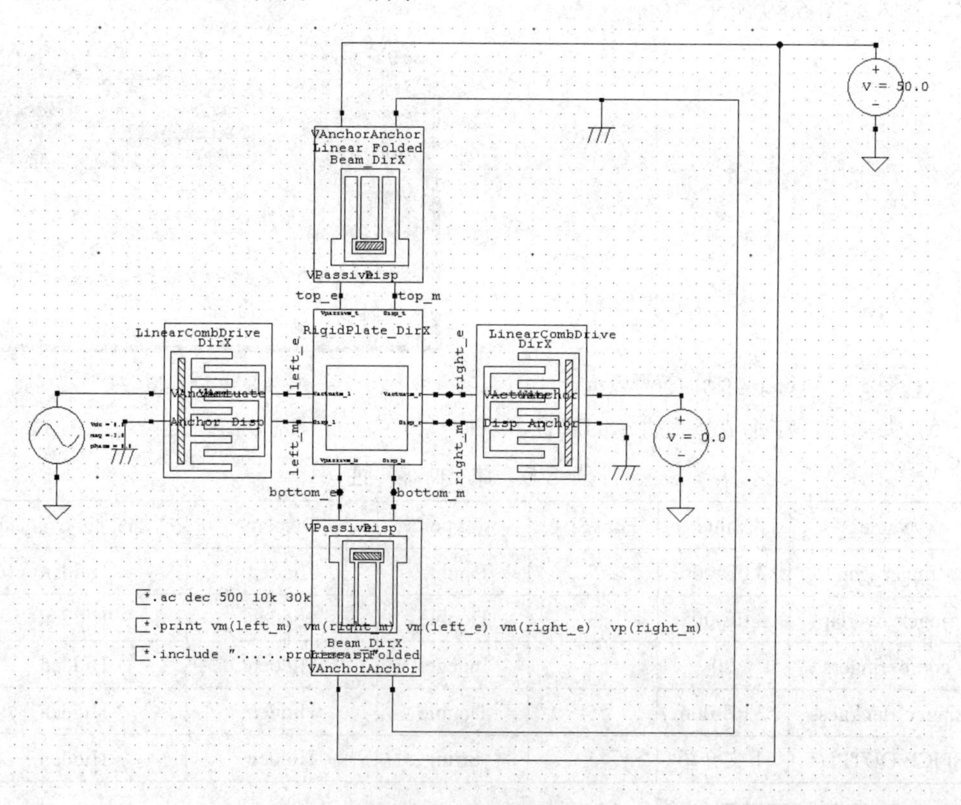

图 5.90　谐振器电路

(3) 将两个梳状驱动器的 finger_thickness 值修改为 TPOLY1。现在可为仿真添加一些 Spice 命令。

5.7.5 仿真电路

仿真电路过程如下：

(1) 在库窗口中选择 **Tspice command** 并单击 **Instance** 来添加 Spice 命令。

(2) 单击 **Tspice command**，然后进入 **Properties** 窗口来编辑命令。

(3) 在 OUTPUT 栏输入 *.model combDrive external winfile =　“combDrive.c”*。

(4) 电路图中应该出现下列命令：

.model combDrive external winfile="combDrive.c"

此命令指定包含 comb 驱动器行为模型的 C 文件的名称。

(5) 类似地，添加下列命令：

.include process.sp

process.sp 文件包含电路中使用的一些参数的值(例如，TPOLY1 的值用来明确 comb 驱动器 fingers 的厚度)。

- .ac dec 500 10k 50k
- print ac left_m left_e

(6) 在 **Setup > SPICE Simulation** 中确定输入的 SPICE 仿真路径是正确的。

(7) 在 S-Edit 工具栏中单击 **T-Spice** 按钮来启动仿真。

(8) T-Spice 启动后会打开当前原理图生成的网表，单击 **RunSimulation** 按钮，仿真器将开始仿真并显示结果波形，如图 5.91 所示。谐振频率约为 16.5 kHz。

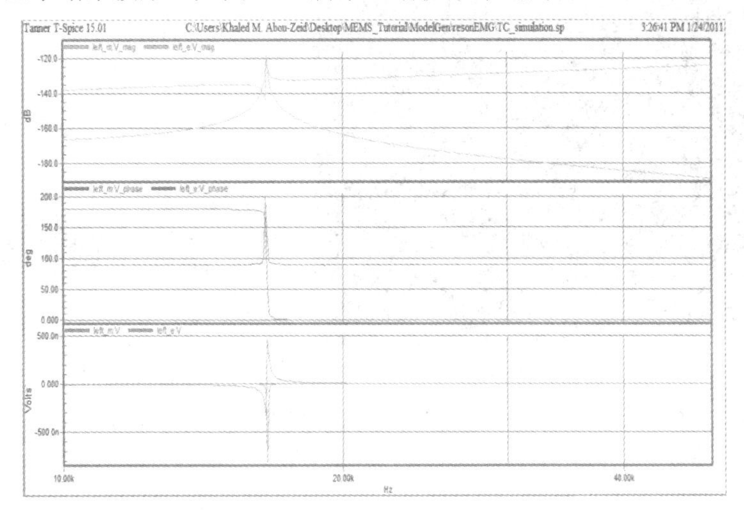

图 5.91　结果波形图

5.8 MEMS 建模过程

在本节中，将会研究如何建立可调滤波器的模型，要建立的模型如图 5.92 所示。

在可调谐滤波器中，两个反射镜之间的距离决定了可通过的频率范围。该距离由静电驱动控制。在本节中，将使用 FEA 研究可调谐滤波器的静电行为。

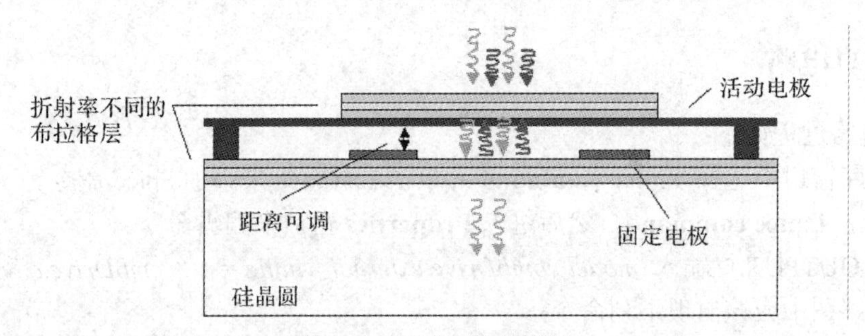

图 5.92　可调滤波器模型

MEMS 建模过程运行的 PC 特性如下：Intel Core2 Duo CPU E8400 @ 3.00GHz；RAM 为 4.00 GB；操作系统为 Windows 7 Ultimate 32-bit。

运行时间大约为 11 分钟。

5.8.1　可调滤波器

完整的可调滤波器如图 5.93 所示。

模型分为对称的三部分，FEA 模型仅包括一个含有支撑臂的顶部电极和一个气室，从而减小了有限元模型的尺寸，如图 5.94 所示。

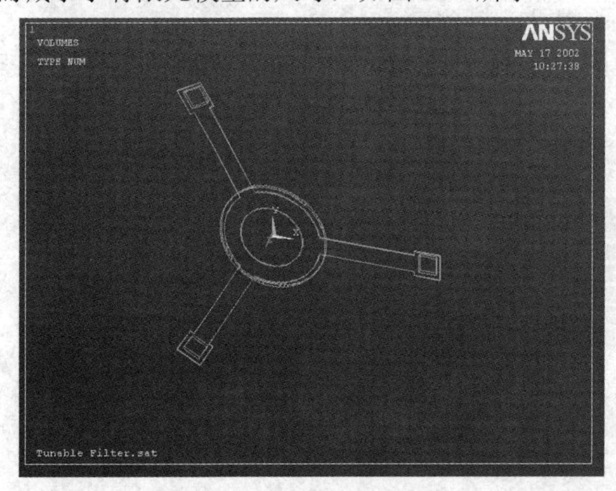

图 5.93　完整的可调滤波器(1)

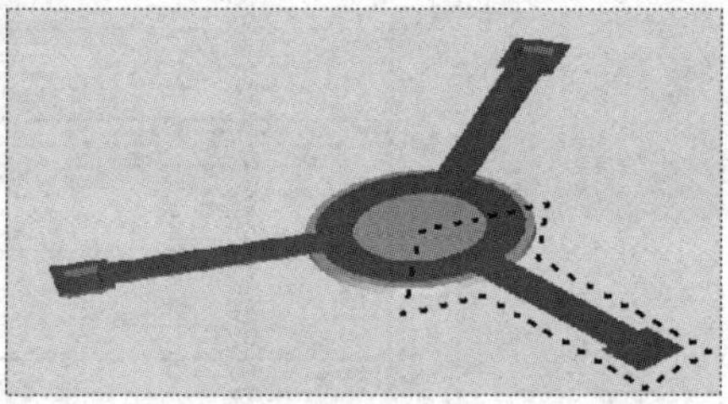

图 5.94　完整的可调滤波器(2)

首先将 3D 模型载入 ANSYS 中，然后网格化模型，最后运行 MemsModeler。

建模过程包含下列主要步骤：

- 生成 3D 模型；
- ANSYS 设置；
- 载入 3D 模型；
- 载入宏单元；
- MemsModeler 设置。

5.8.2　生成 3D 模型

生成 3D 模型的过程如下：

(1) 单击 **Start > All Programs > MEMS Pro v10.0 > MEMS Pro Launcher** 打开 **MEMSPro**。

(2) 在 **ToolsSelection** 窗口单击 **LayoutEditor**，选择文件*{MEMS Pro v10.0 Installation Directory}\MEMS_Tutorials\MemsModeler\ layout\filter.tdb*。

(3) 单击 **Add** 按钮将文件添加到 **LayoutFiles** 列表中。在列表中选择文件，然后单击 **Run** 按钮来运行 L-Edit。

L-Edit 将会打开可调滤波器，如图 5.95 所示。

(4) 单击 **3DTools > View 3D Model** 来生成 3D 模型。

生成的 3D 模型如图 5.96 所示。

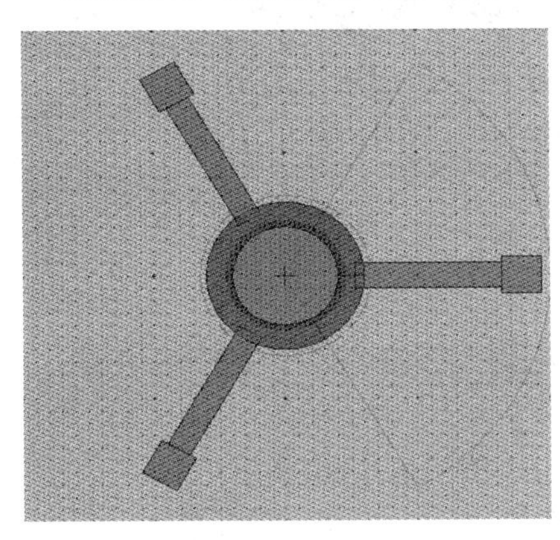

图 5.95　可调滤波器

图 5.96　3D 模型

(5) 单击 **BC** 按钮来查看 3D 模型的边界条件。此时将会展示气室组件和区域组件。

气室组件包括 Air volume 风量和 Metal electrode 金属电极，如图 5.97 所示。

区域组件包括 ANCHOR 金属支撑臂的固定件、AIR_BOTTOM 气室底板和 SYMMETRY 对称面，如图 5.98 所示。

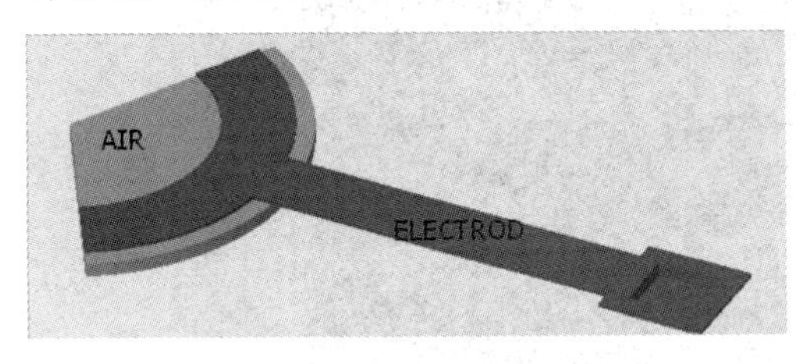

图 5.97　气室组件

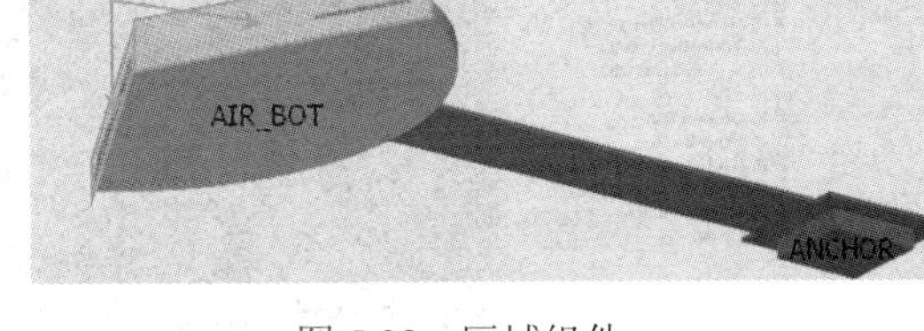

图 5.98　区域组件

(6) 选择 **3D Tools > Export 3D Model** 激活导出模型对话框，如图 5.99 所示，导出模型到 ANSYS。

(7) 将文件名设置为*{MEMS Pro v10.0 Installation Directory}\MEMS_Tutorials\MemsModeler\Reduction\Filter.mac*。

(8) 选择 **Glue** 选项来粘合相邻的气室，以此实现正确的网格化。

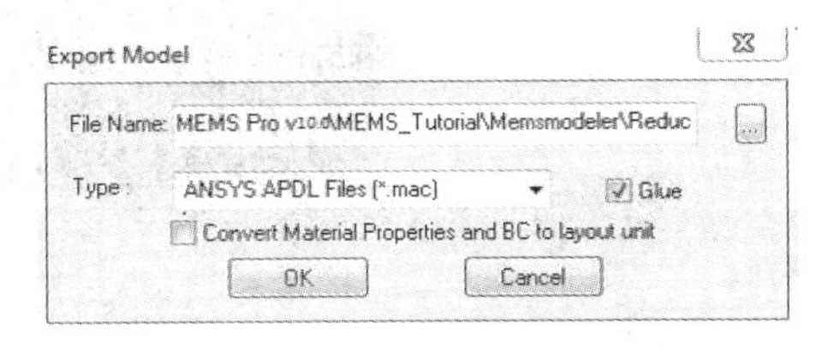

图 5.99　Export Model 对话框

5.8.3 ANSYS 设置

ANSYS 设置如下：

(1) 通过单击 **Start > All Programs > MEMS Pro v10.0 > MEMS Pro Launcher** 来打开 **MEMSPro**。在 Tools Selection 窗口单击 **ANSYS**。信息选项卡与 ANSYS 设置相关，如图 5.100 所示。工作空间和数据库都有默认值。

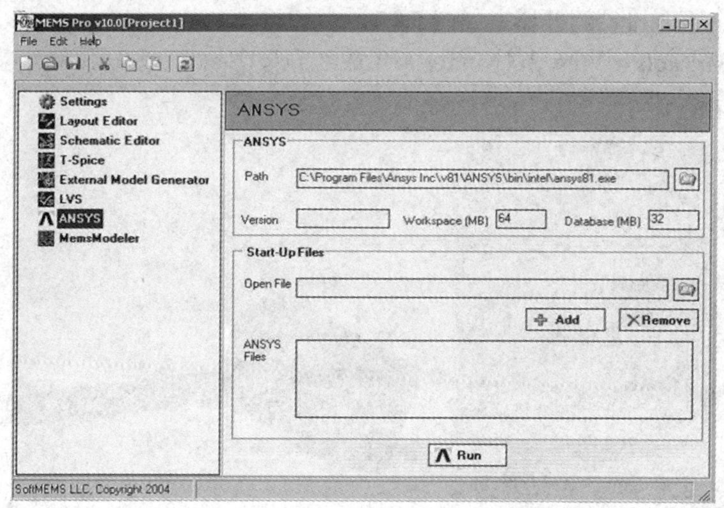

图 5.100　ANSYS 设置(1)

(2) 单击 **Run** 按钮运行 ANSYS，出现 ANSYS 图形界面，如图 5.101 所示。

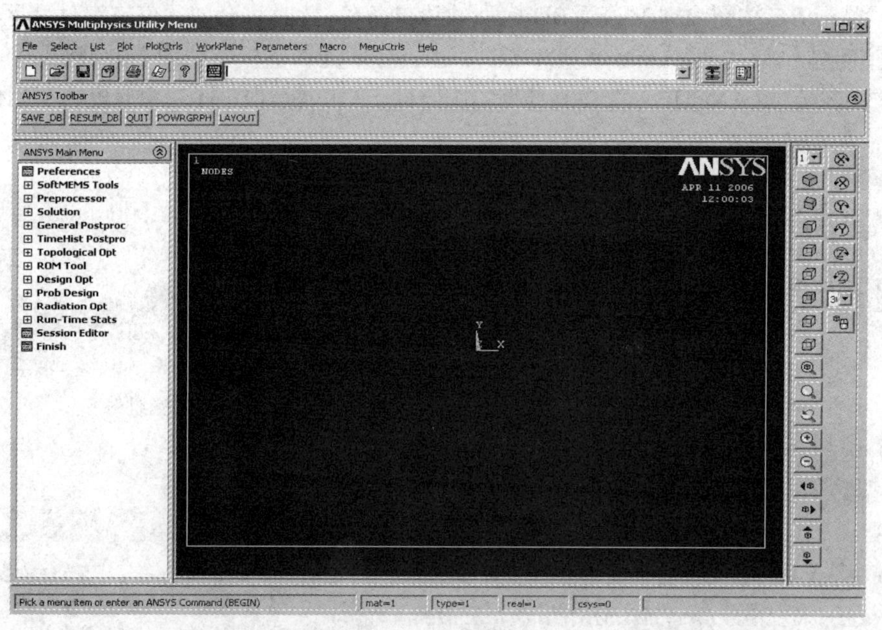

图 5.101　ANSYS 图形界面

(3) 单击 **File > Change directory** 改变工作路径，选择*{MEMS Pro v10.0 Installation Directory}\MEMS_Tutorials\MemsModeler\ Reduction*。使用 **File > Change Jobname** 来改变 **Jobname** 为 *Filter*。

5.8.4 载入 3D 模型

载入 3D 模型的过程如下：

(1) 单击 **File > Read Input From** 选择 *Filter.mac*，如图 5.102 所示。

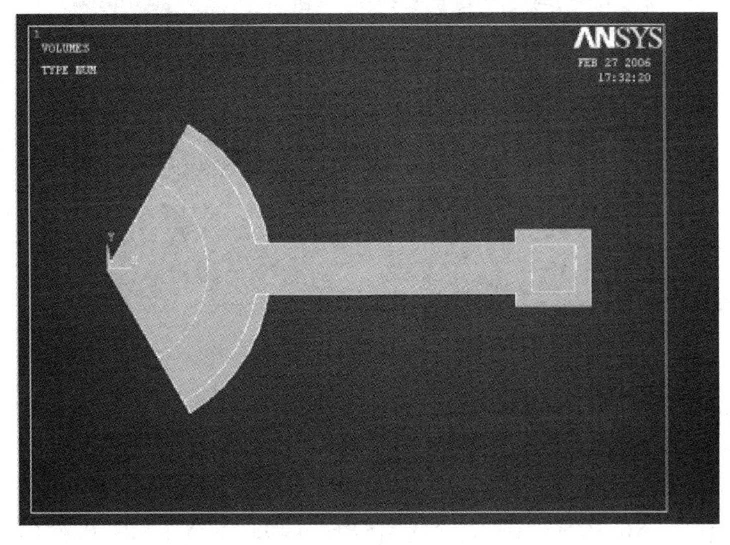

图 5.102 已经载入的 3D 模型

(2) 网格化模型。

(3) 创建静电物理学文件：

- 节点和元件赋值。

① COND1：电导#1，包括金属电极中的所有节点。

② COND2：电导#2，包括底部空气表面中的所有节点。

- 分配元素类型和材料属性。

(4) 创建物理结构文件：分配元素类型、边界条件和材料属性。

(5) 分配主自由度，如图 5.103 所示。

图 5.103 主自由度

5.8.5 载入宏单元

执行以下步骤对模型进行网格化，创建必要的结构物理和静电物理文件。

在 **ANSYS** 菜单，单击 **File> Read Input From**，从 *Reduction* 目录选择 *Filter.mdl* 文件，

单击 **OK** 按钮。宏单元完成后关闭 **ANSYS** 而不保存，如图 5.104 所示。

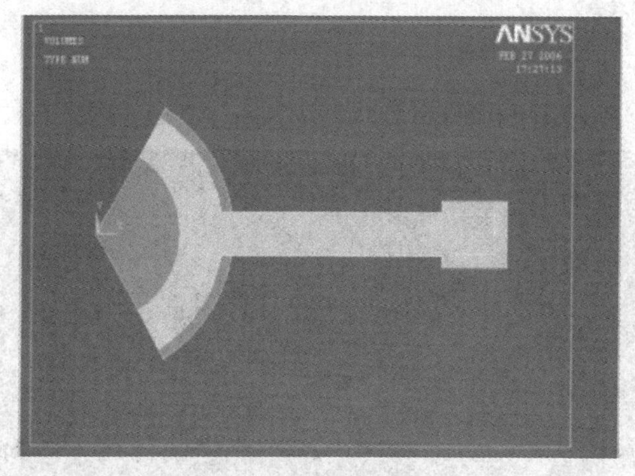

图 5.104　在 ANSYS 中载入宏单元

5.8.6　MEMSModeler 设置

MEMSModeler 设置如下：

(1) 从 **Start > All Programs > MEMSPro v10.0 > MEMS Pro Launcher** 中打开 **MEMSPro**。在 **ToolsSelection** 窗口单击 **MemsModeler**(如图 5.105 所示)，并开始设置。

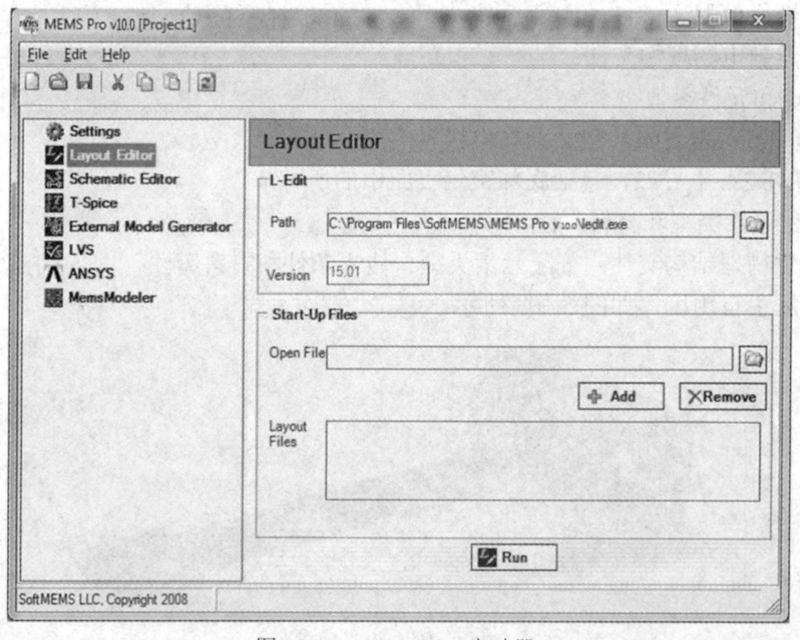

图 5.105　MEMSPro 启动器

(2) 运行 **MemsModeler**，单击 **Run** 按钮。MemsModeler 接口如图 5.106 所示。

(3) 单击 **Setup > Working directory** 设置工作目录，选择 *{MEMS Pro v10.0 Installation Directory}\MEMS_Tutorials\MemsModeler*。再单击 **Setup > ANSYS** 来打开 ANSYS 设置对话框，如图 5.107 所示。

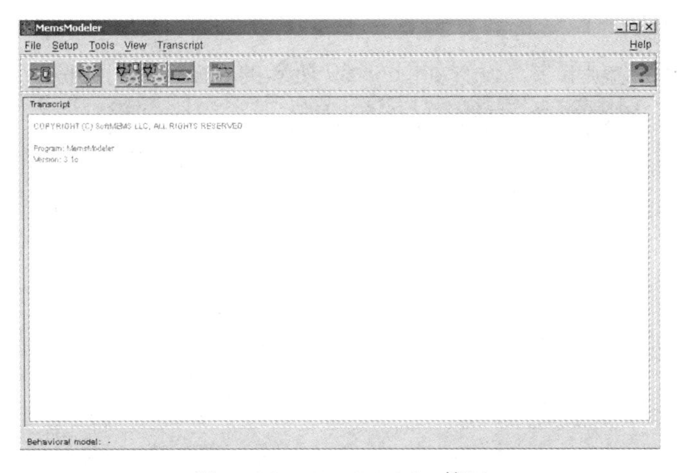

图 5.106　MemsModeler 接口

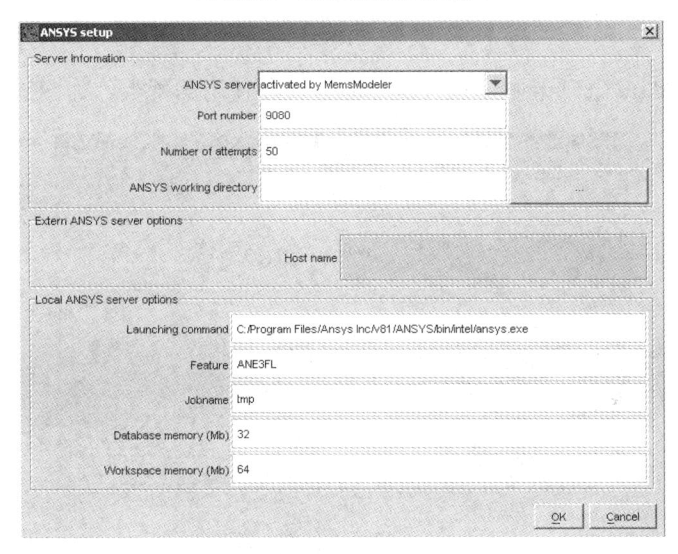

图 5.107　ANSYS 设置(2)

(4) 将 ANSYS 工作目录设置为*{MEMS Pro v10.0 InstallationDirectory}\MEMS_Tutorials\MemsModeler\Reduction*，并设置 ANSYS 数据内存为 32，工作内存为 64。

(5) 单击 **Tools > ES-STR,Model Deformation** 选择静电算法，如图 5.108 所示。

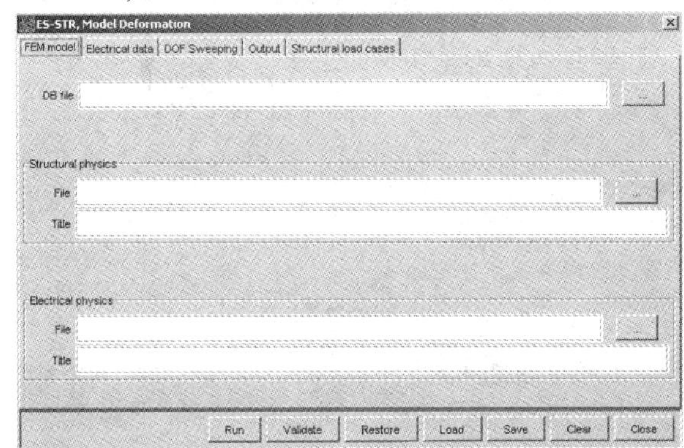

图 5.108　选择静电算法

1. FEM 模型

在 **FEM model** 选项卡中，设置如图 5.109 所示的 ANSYS 相关信息。

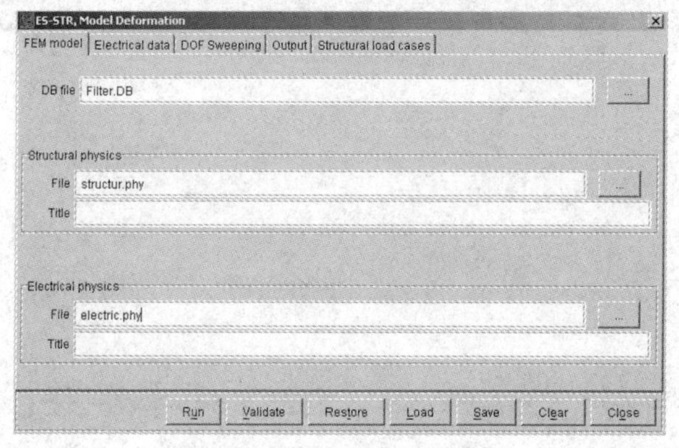

图 5.109　FEM model 选项卡

2. 电气数据

在 **Electrical data** 选项卡中，设置电导的数目和使用的基数，如图 5.110 所示。

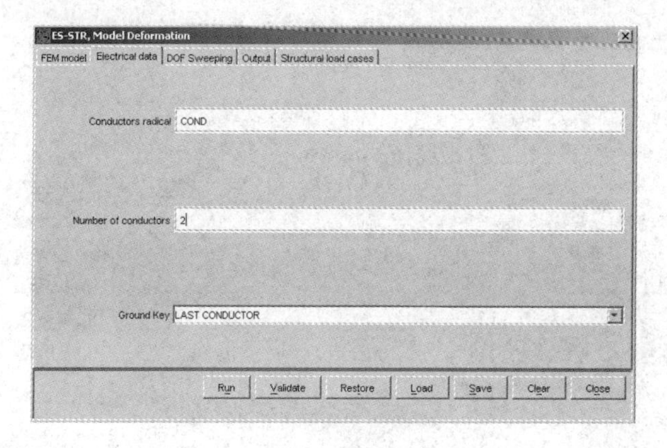

图 5.110　Electrical data 选项卡

3. 自由度扫描

在 **DOF Sweeping** 选项卡中，设置所选自由度的名称和操作值，如图 5.111 所示。

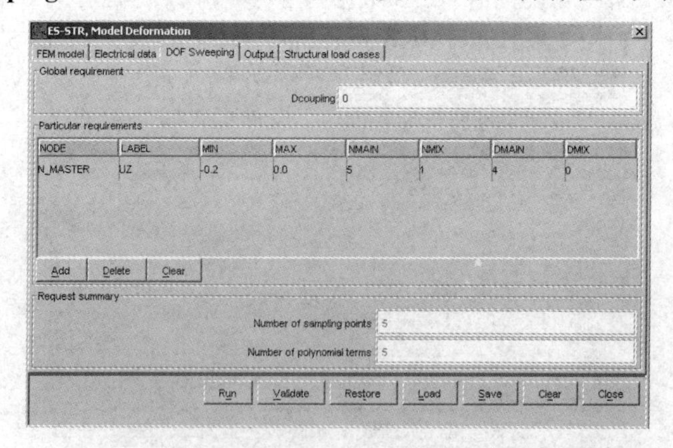

图 5.111　DOF Sweeping 选项卡

4. 输出

在 **Output** 选项卡中，设置输出模型名称和模型中所需的行为，如图 5.112 所示。

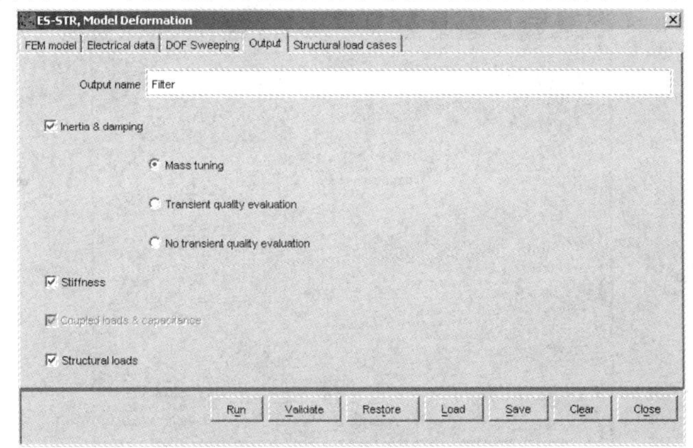

图 5.112 Output 选项卡

5. 运行 MemsModeler

设置好了所有的参数后，单击 **Run** 按钮来运行归约算法。大概需要运行 10 分钟。

6. 保存模型

(1) 归约过程完成后，单击 **File > Save**，如图 5.113 所示。

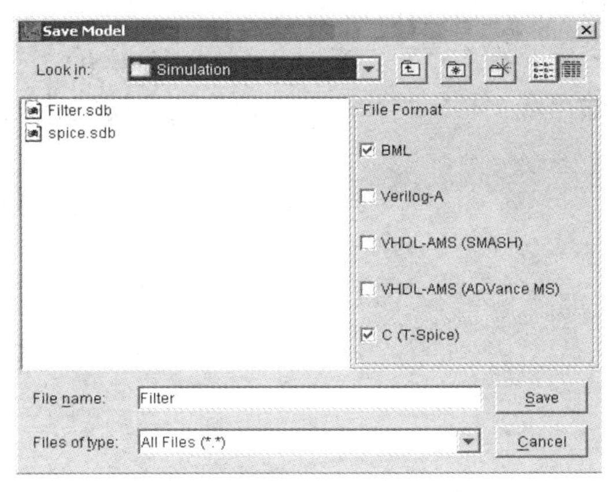

图 5.113 Save Model 对话框

(2) 将输出设置为 C (T-Spice)，确保路径指向*{MEMS Pro v10.0 InstallationDirectory}\MEMS_Tutorials\ MemsModeler\Simulation*，然后将模型保存为 *Filter*。

7. 使用归约宏单元模型进行仿真

使用生成的 Spice 模型来运行一个简单的仿真。

从 **Start > All Programs > MEMS Pro v10.0 > MEMS ProLauncher** 中打开 **MEMSPro-Launcher**，选择 S-Edit 中的 **Schematic Editor** 选项卡，再选择文件*{MEMS Pro v10.0 Installation Directory}\MEMS_Tutorials\MemsModeler\ Simulation\filter.tanner*。

8. 创建滤波器模型

(1) 在 S-Edit 中选择 **Module> New**，将模型名设置为 *Filter Model*，再选择 **View >**

Symbol Mode。选择文本工具 L ，在工作区域中单击，将会打开 **Text Label Settings** 对话框，如图 5.114 所示。在 **Name** 框中输入 *Filter Model*。

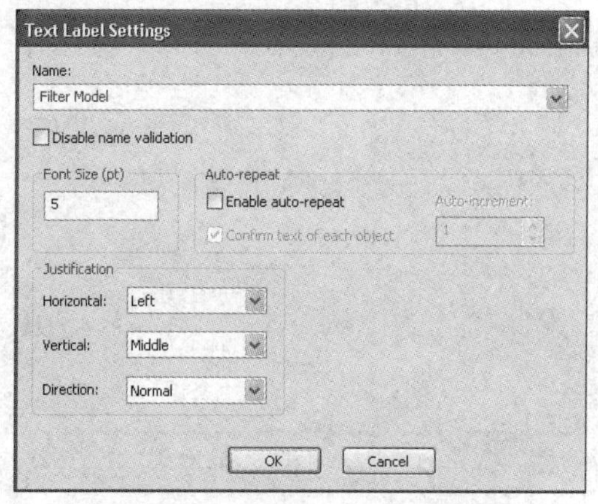

图 5.114　Text Label Settings 对话框

(2) 文本将被插入到工作区域的中心。

9. 创建符号

(1) 选择 **Box** 工具，画一个包围 *Filter Model* 文本的矩形。选择 **InputPort** 工具单击矩形左侧，输入 COND0_V；选择 **OutputPort** 工具单击矩形的右侧，输入 COND1_V。

查看模型和它关联的端口，如图 5.115 所示。

注意：端口的名字一定要输入正确，它们与 **MemsModeler** 生成的 C 网表相对应。

(2) 添加机械引脚(输出端口) N_MASTER_UZ。查看模型及其连接的端口和引脚如图 5.116 所示。

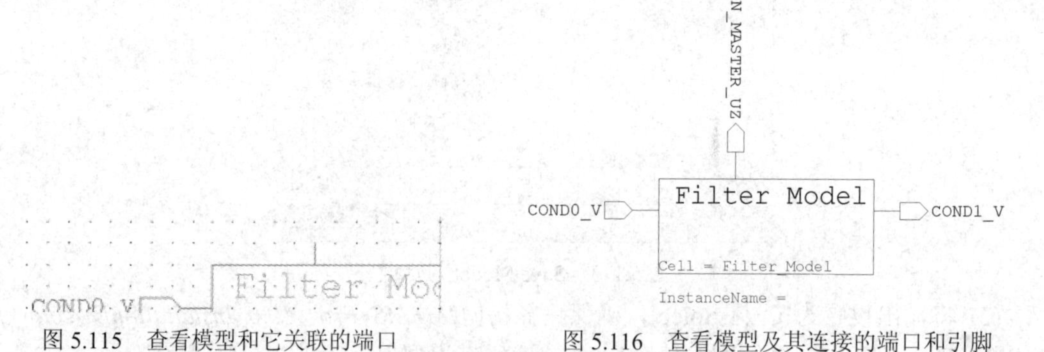

图 5.115　查看模型和它关联的端口　　图 5.116　查看模型及其连接的端口和引脚

10. 创建顶层模型

选择 **Module> New**，然后输入 *Filter Simulation*。选择 **View> Schematic Mode**，再选择 **Module > Instance**，随后选择 *Filter Model* 后单击 **OK** 按钮。实例化的模型如图 5.117 所示。

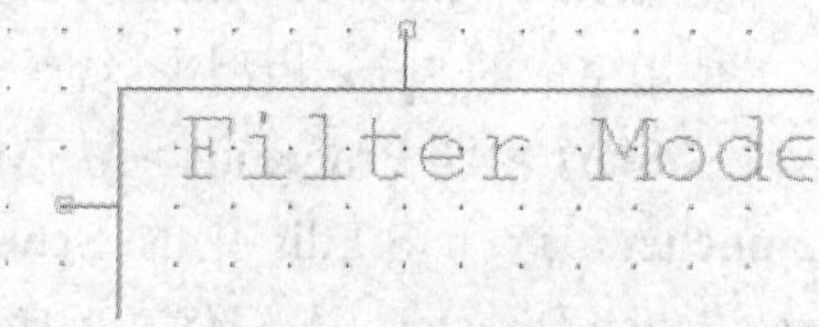

图 5.117　实例化的模型

11. 创建驱动信号

创建一个电压源作为静电驱动信号，电压源是标准 IC 模型，可以从 Spice 库加载它。

(1) 选择 **Module > Symbol Browser**，单击 **AddLibrary**，再选择{*MEMS Pro v10.0*

Installation Directory}\MEMS_Tutorials\MemsModeler Simulation\Filter.tanner，最后单击 **Open** 按钮。

(2) 在库列表的最后选择 **SPCIE Elements**(如图 5.118 所示)，显示所有 Spice 库中可用的模型。从 **Modules** 列表中选择 **VoltageSource**。

(3) 单击 **Place** 按钮，再单击 **Close** 按钮。实例化的电压源如图 5.119 所示。

(4) 选择电压源，使用鼠标中键将它移动到滤波器模型的左边，如图 5.120 所示。

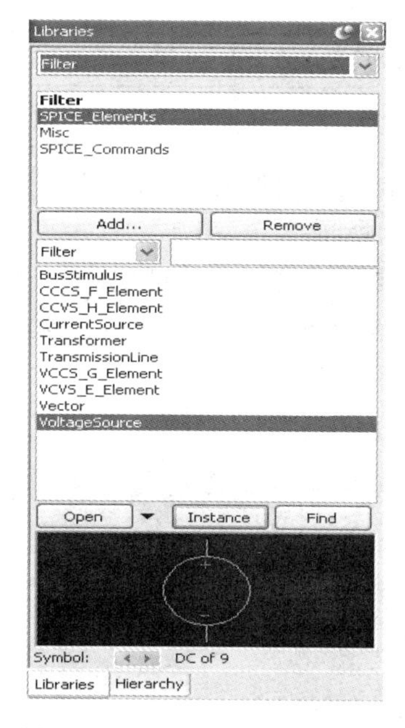

图 5.118　Symbol Browser 对话框

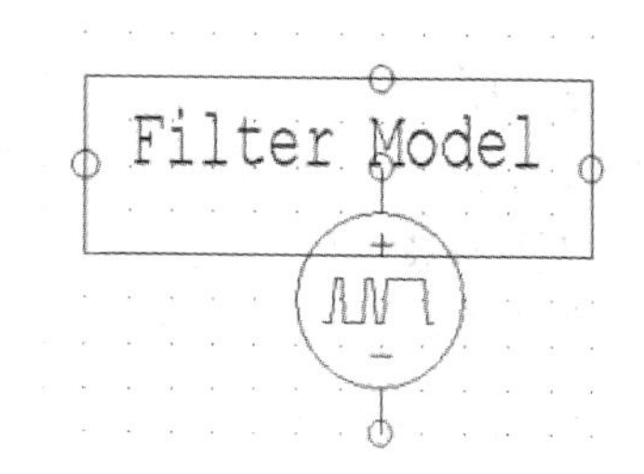

图 5.119　实例化的电压源

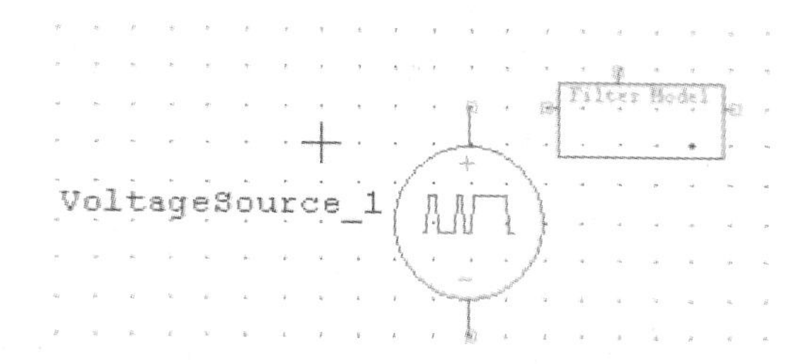

图 5.120　模型和它的电压源

12. 接地的电压源

为电压源设置一个参考电压。

(1) 库列表中选择 **Misc** 列表中的 *Gnd*。移动 *Gnd* 单元连接到电压源的底部节点，如图 5.121 所示。

(2) 类似地，实例化电源地并将其放置在滤波器模型的右侧，如图 5.122 所示。

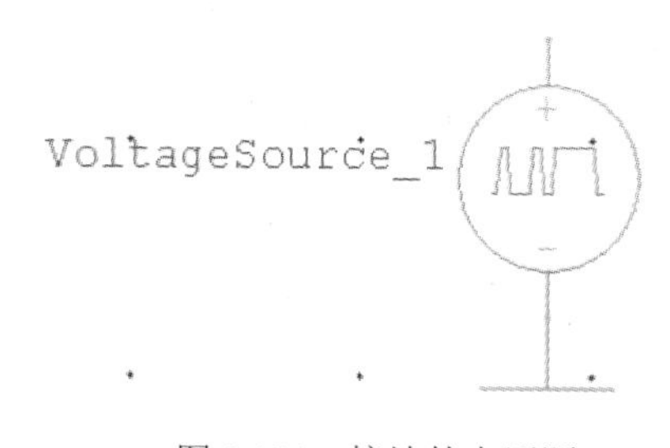

图 5.121　接地的电压源

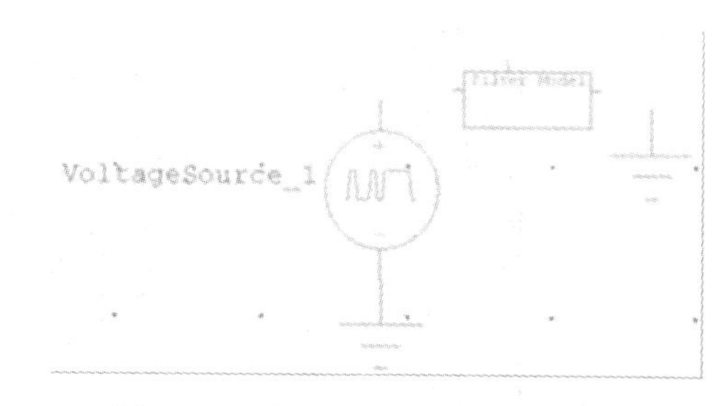

图 5.122　实例化的电源地模型

13. 设置电压源参数

用鼠标右键单击来选择电压源。选择 **Edit > Edit Object** (或者同时按 **Ctrl + E** 键)。在 **EditInstance** 对话框中，设置表 5.6 所示的参数来表示驱动波形的形状。

表 5.6　参　数　值

参　数	值	参　数	值
延迟(Delay)	0	上升时间(Risetime)	5e-4
下降时间(Falltime)	5e-4	Spice 输出(Spice output)	Default
高电平时间(Hightime)	2e-3	Vhigh	20
低电平时间(Lowtime)	2e-3	Vlow	0
码型(Pattern)	010100111	宽度(Width)	4e-3

14. 将原理图连线

(1) 选择 **Wire** 工具，将电压源的正节点连接到滤波器模型的左(输入)节点，并将电源地引脚连接到滤波器模型的右(输入)节点，如图 5.123 所示。

(2) 要在滤波器模型的输出节点处探测结果，需要用线将模型顶部引脚引出。选择 **NetLabel** 工具并选择滤波器左侧的连线，输入 *Vin*；选择滤波器上方的连线，输入 *Disp*。标记好的节点如图 5.124 所示。

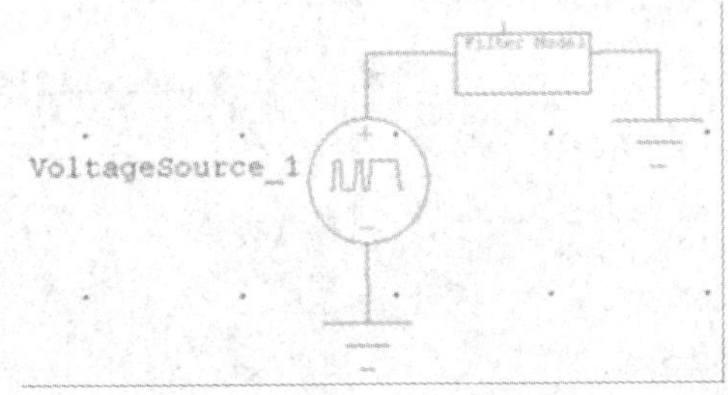

图 5.123　连接好的实例

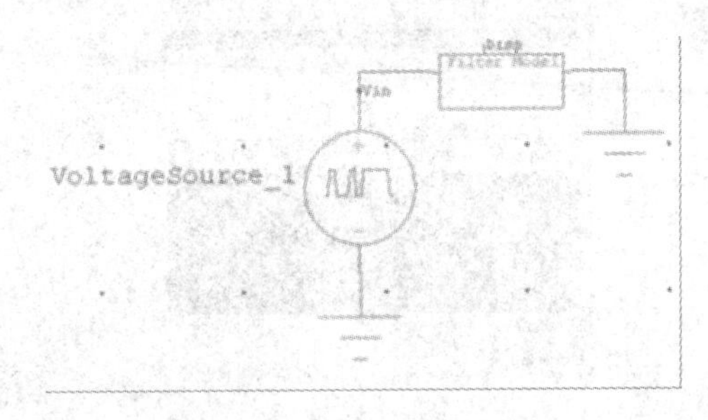

图 5.124　标记好的节点

15. 探针参数设置

选择 **Setup > SPICE Simulation**，将探测数据文件的位置设置为当前的工作目录，然后输入 *Filter.dat*，最后单击 **OK** 按钮，如图 5.125 所示。

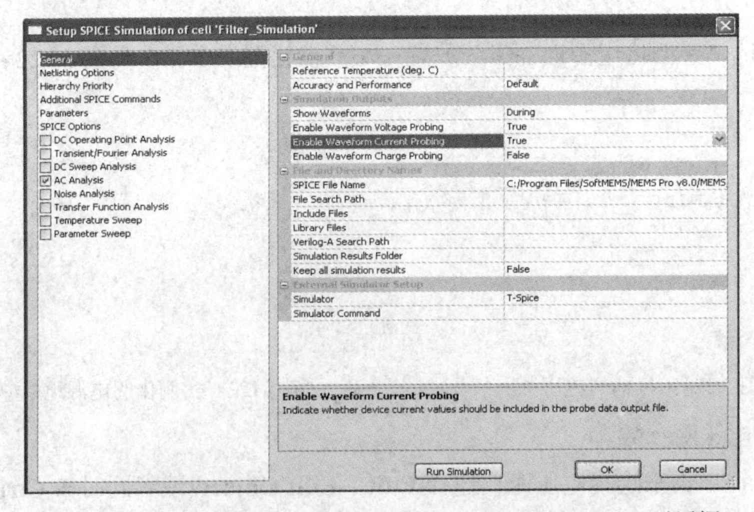

图 5.125　Setup SPICE Simulation of cell ‘Filter_Simulation’对话框

16. 生成 Spice 网表

(1) 单击 **T-Spice** 按钮 来生成当前原理图的 Spice 网表。T-Spice 窗口将显示生成的网表，如图 5.126 所示。

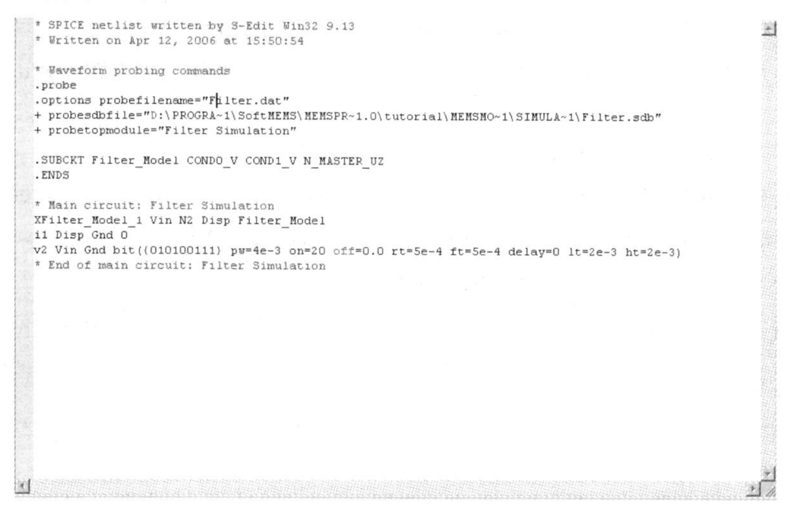

* SPICE netlist written by S-Edit Win32 9.13
* Written on Apr 12, 2006 at 15:50:54
* Waveform probing commands
.probe
.options probefilename="Filter.dat"
+ probesdbfile="D:\PROGRA~1\SoftMEMS\MEMSPR~1.0\tutorial\MEMSMO~1\SIMULA~1\Filter.sdb"
+ probetopmodule="Filter Simulation"
.SUBCKT Filter_Model COND0_V COND1_V N_MASTER_UZ
.ENDS
* Main circuit: Filter Simulation
XFilter_Model_1 Vin N2 Disp Filter_Model
i1 Disp Gnd 0
v2 Vin Gnd bit({010100111} pw=4e-3 on=20 off=0.0 rt=5e-4 ft=5e-4 delay=0 lt=2e-3 ht=2e-3)
* End of main circuit: Filter Simulation

图 5.126　T-Spice 窗口

(2) 将.SUBCKT Filter_Model COND0_V COND1_V N_MASTER_UZ 和.ENDS 行删除或注释掉，并将它们替换成如图 5.127 所示的.model 声明。

```
*.SUBCKT Filter_Model COND0_V COND1_V N_MASTER_UZ
*.ENDS
.model Filter_Model external winfile="..\Reduction\Filter.c"
```

图 5.127　.model 声明

17. 设置分析类型

(1) 在主电路网表的最后，i*End 之前插入一个空白行。选择 **Insert Command** 按钮 ，在打开的对话框中选择 **Analysis > Transient**，如图 5.128 所示。

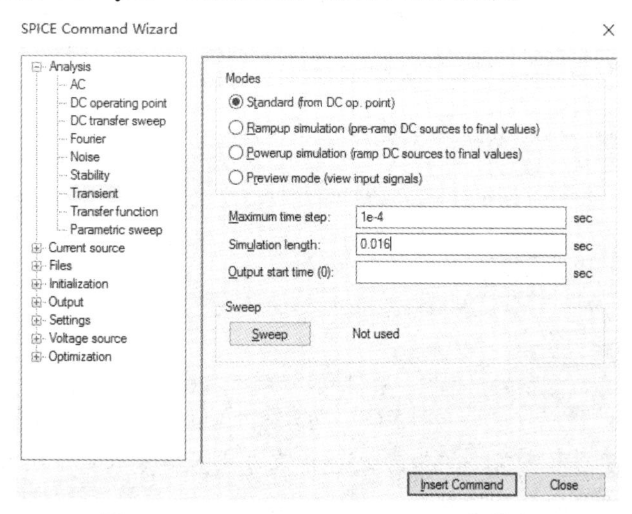

图 5.128　SPICE Command Wizard 对话框

(2) 选中 **Standard** 按钮以指定 Modes。设置 **Maximum** 步长为 *1e-4*，**Simulation** 长度为 *0.016*，单击 **Insert Command** 按钮。关闭命令工具，插入的命令为*.tran 1e-4 .016*。

(3) 选择 **Insert Command** 并选择 **Settings > Simulation Options**，将 **Option Name** 设置为 *numnt(itl4)*，**Value** 设置为 *500*，单击 **Insert Command** 按钮。

(4) 选择 **Settings > Simulation Options**，将 **Option Name** 设置为 *absi(abstol)*，**Value** 设置为 *1e-12*，单击 **Insert Command** 按钮。

(5) 以同样的方法将 **OptionName** 设置为 *Method*，**Value** 为 *Gear*。

(6) 选择 **Output > Transient Results**，将 **PlotType** 设置为 *Voltage*，**NodeName** 为 *Vin*，单击 **Add** 按钮。再将 **NodeName** 设置为 *Disp*，然后单击 **Add** 按钮。单击 **Insert Command** 按钮，新插入的命令为*.print tran v(Vin) v(Disp)*。

注意： 使用 .print 命令，特定节点的仿真结果将会自动显示。

18. 开始仿真

仿真工具栏有开始、停止和暂停按钮，如图 5.129 所示。

图 5.129　仿真工具栏

(1) 单击开始(Start)按钮 开始仿真，如图 5.130 所示。

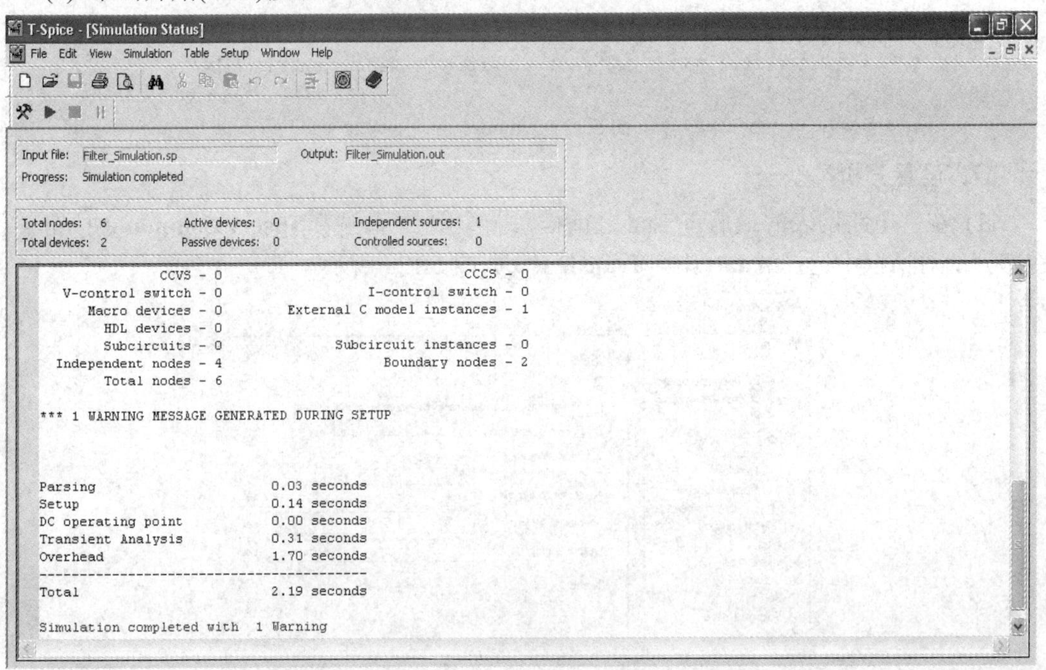

图 5.130　仿真输出窗口

注意： 这次设置输出选项(.print 语句)，仿真完成后将显示指定的结果。波形观察器将会打开并显示探测节点的仿真结果。

波形工具 **Wareform Viewer** 会自动打开并显示 *Vin* 和 *V(Disp)*的波形。

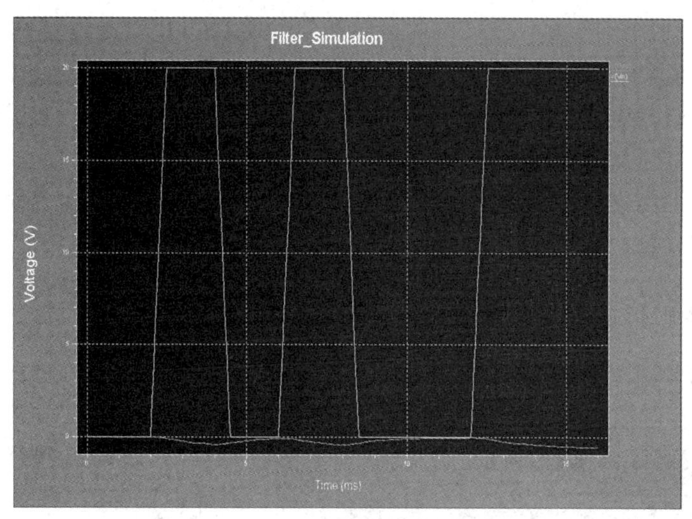

图 5.131 WaveformViewer 窗口

(2) 单击 **Expand Charts** 图标。

输入和输出图形显示在两个单独的图表中，如图 5.132 所示。

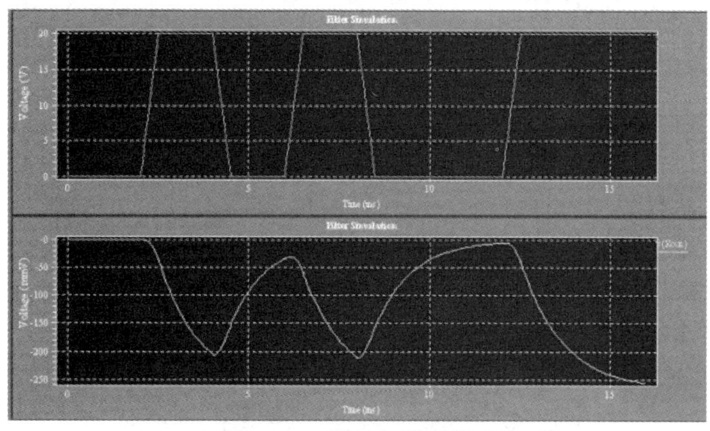

图 5.132 输入 / 输出图形

5.9 边 界 条 件

5.9.1 边界条件的特点

MEMS Pro 包含一种新机制，允许从 MEMS Pro 中指定 ANSYS 加载或边界条件(BCs)。这些 BCs 将被转移到导出的 3D 模型，由 ANSYS 读取。

这些边界条件可以从 L-Edit 中的 BCToolbar 进行设置。

边界条件使用特殊的 BC 层来进行定义，一旦为其分配了 BC 属性，在此图层上创建的对象将成为 BC 标记。端口可用于分配点，线可用于分配连线。这些 BC 标记被映射到 3D 模型中作为导出到 ANSYS 文件的边界条件。

BCs 的使用具有以下优点：

· BCs 与任何绘图对象无关，因此可以在任何地方应用。

· 任何 L-Edit 支持的图形样式都可以使用。点和线可以使用端口和线对象绘制。

· 通过使用 L-Edit 图层接口，可以轻松隐藏/显示和编辑此图层上的对象，就像 L-Edit 中的其他图层一样。

唯一的不方便是因为 BCs 没有动态链接到任何版图对象，所以在版图设计有变化时必须手动更改它们。

5.9.2 应用边界条件

电热执行器如图 5.133 所示。

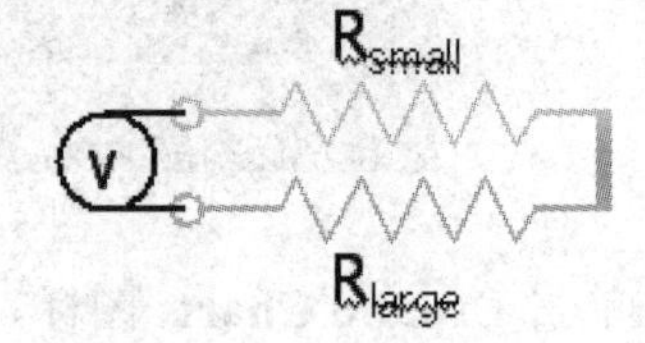

图 5.133　电热执行器

电热执行器的功率计算公式为

$$P = V \times I = I^2 \times R$$

$$R \propto \frac{1}{w} \rightarrow P \propto \frac{1}{w}$$

其中，w 表示宽度。

R_{small}：表示温度低。

R_{large}：表示温度高。

结果：造成不均匀的热膨胀，效果如图 5.134 所示。

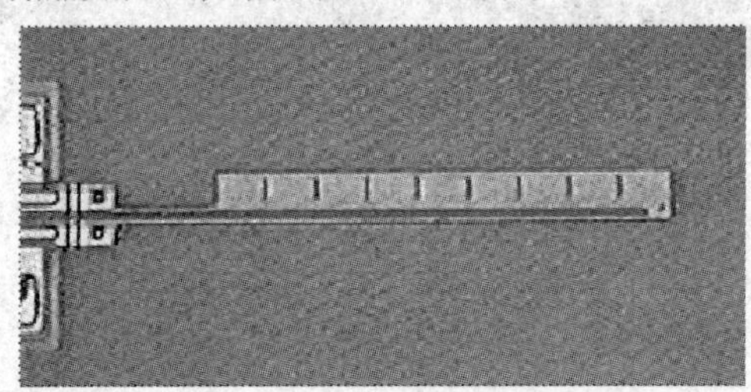

图 5.134　不均匀的热膨胀效果

5.9.3 多物理域的问题

ANSYS 可用于解决多个物理域中的复杂问题。这些问题可以直接或间接进行解决。

间接：通过在不同物理域迭代来解决多物理域问题，如图 5.135 所示。

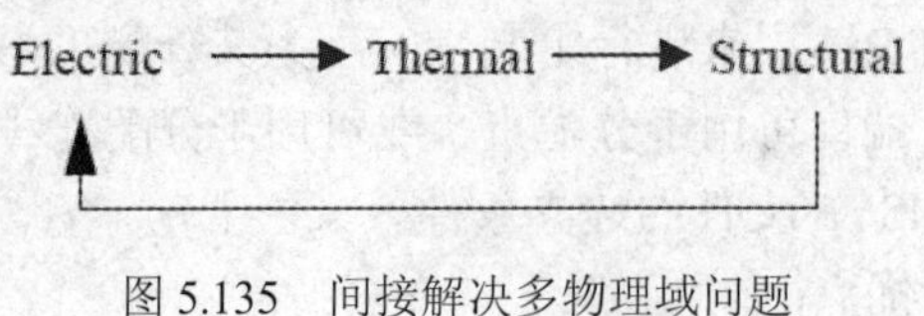

图 5.135　间接解决多物理域问题

直接：通过使用物理域中支持的所有元素来解决多物理域问题。

5.9.4　打开版图

打开版图的过程如下：

(1) 创建一个名为 *C：\BCTutorial* 的文件夹。从*{MEMS Pro installation directory}\MEMS_Tutorials\BC\heat.tdb* 中将版图文件复制到 BCTutorial 文件夹中。

(2) 单击 **Start > All Programs > MEMS Pro v10.0 > MEMS L-Edit** 打开 L-Edit，再单击 **File > Open**，打开文件 *C：\BCTutorial\heat.tdb*，如图 5.136 所示。

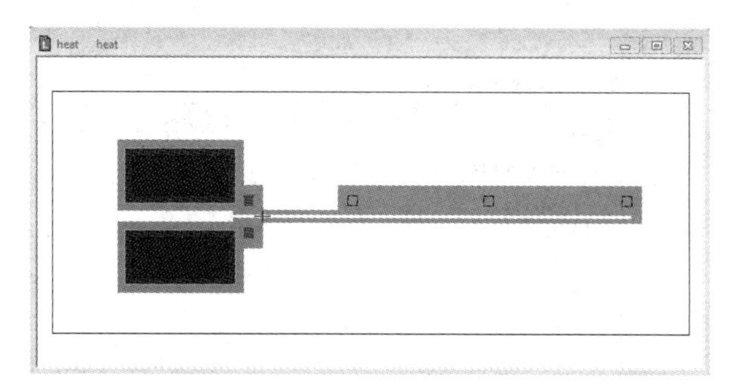

图 5.136　热执行器版图文件

5.9.5　边界条件设置

边界条件设置如下：

(1) 在 **MEMSPro** 悬浮工具栏中，从 **BC Tags** 菜单中选择 **Settings**，打开创建 BC 层对话框，如图 5.137 所示。勾选 **Include Boundary Conditions**，单击 **Create BCLayer** 按钮创建一个边界条件的层，输入 *myBCLayer* 作为层的名字。

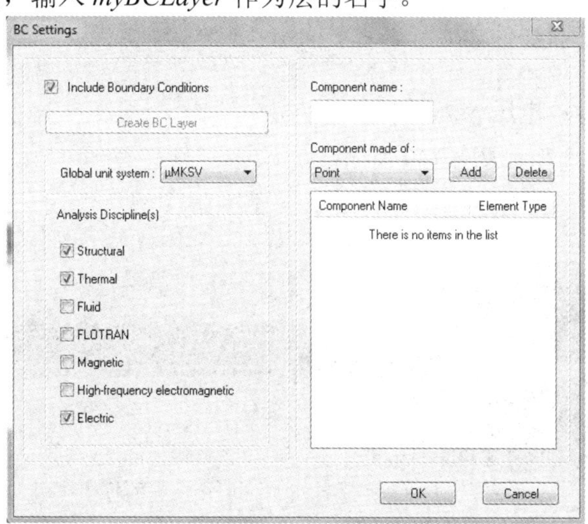

图 5.137　创建 BC 层对话框

(2) 使用 uMKSV 作为默认单位。取消未使用的物理参数：Fluid、FLOTRAN、Magnetic 和 High-frequency electromagnetic。

5.9.6　额外的 BC 设置

给 3D 模型添加器件名称，使它们可以在 ANSYS 中被轻松识别出来。

(1) 在 **BC Settings** 对话框的 **Component name** 栏中输入器件(*Anchor1*)的名称，从 **Component made of** 下拉列表中将元素类型设置为 *Area*。重复上述步骤添加 *Anchor2*。BC 设置对话框如图 5.138 所示。

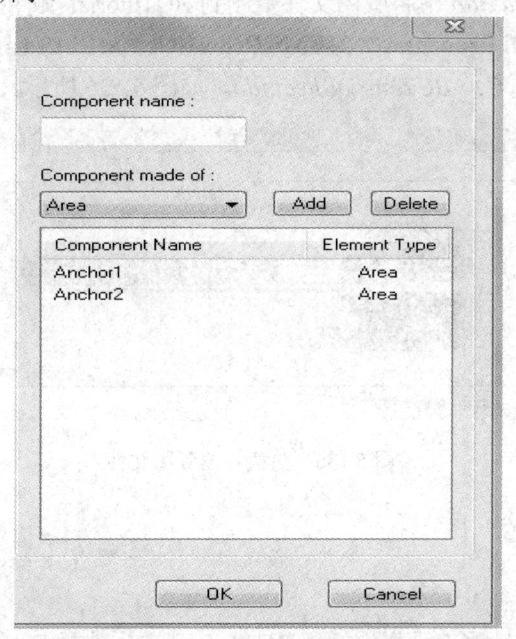

图 5.138　BC 设置对话框

(2) 单击 **OK** 按钮退出 **BC Settings** 对话框。

5.9.7　设置边界条件

1. 电气边界条件：电压

电气边界条件：电压如图 5.139 所示。

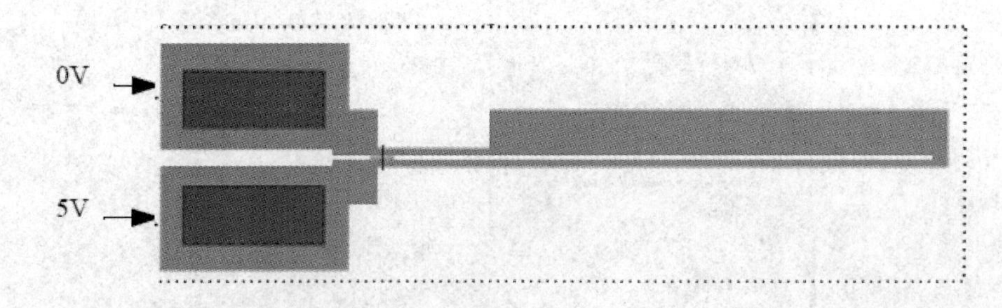

图 5.139　电气边界条件：电压

2. 热学边界条件：温度

热学边界条件：温度如图 5.140 所示。

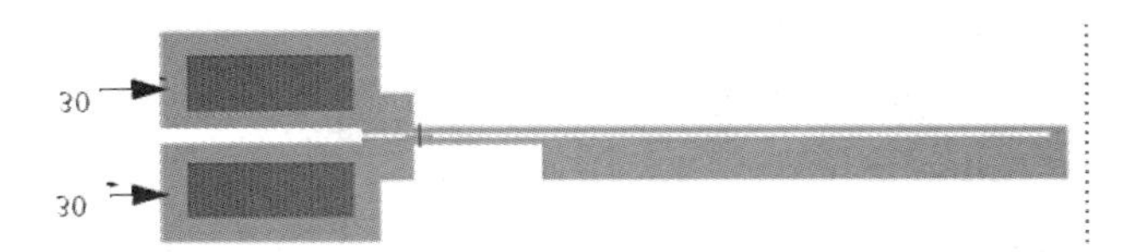

图 5.140　热学边界条件：温度

3. 结构边界条件：位移

结构边界条件：位移如图 5.141 所示。

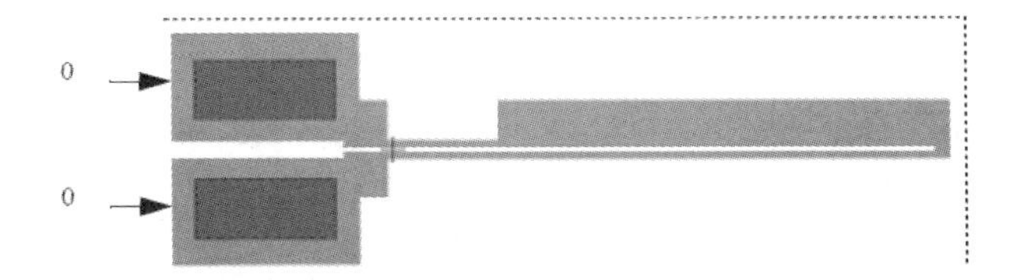

图 5.141　结构边界条件：位移

(1) 使用 BCs 层创建标签来指定边界条件。

(2) 如图 5.142 所示，边界放大到顶部锚点。

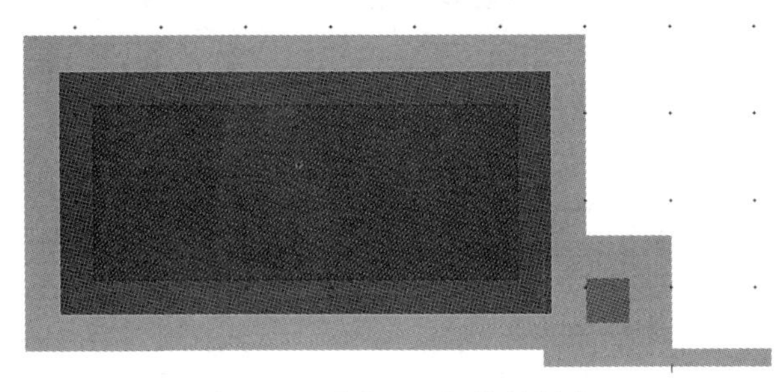

图 5.142　准备 BC 标签的创建

5.9.8　创建电压 BC 标签

创建电压 BC 标签。

(1) 从绘画工具栏中选择 **box** 工具，从图层面板中选择 *myBCLayer*(应该是图层面板的最后一层)。在锚上画一个盒子，完全覆盖它，如图 5.143 所示。

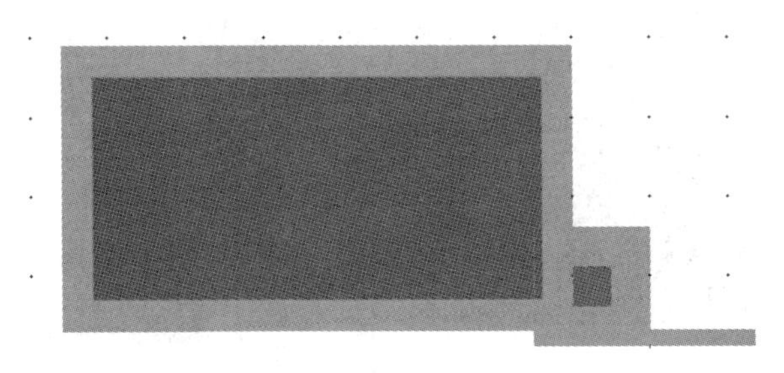

图 5.143　创建电压 BC 标签

(2) 选择 BC 层上绘制好的矩形，从 **MEMSPro** 的浮动工具栏 **BCTags** 菜单中选择 **Create/Modify**。

(3) 要指定电压 BCs 标签，如图 5.144 所示。

- 在 **BC Label** 字段中输入 *Voltage1*。
- 从 **Component Name** 下拉列表中选择 *Anchor1*。
- 从 **Material Name** 下拉列表中选择 *Polysilicon*。
- 从 **Placement** 下拉列表中选择 *Top*。
- 从 **Color Display** 下拉列表中选择一个颜色。
- 从 **Type** 下拉列表中选择 *Electric*。
- 从列表框中选择 *Electric Scalar Potential*。
- 在 **VOLT** 字段中输入 *0*。
- 选中 **Enable BC Tag** 复选框。

(4) 单击 **OK** 按钮退出。

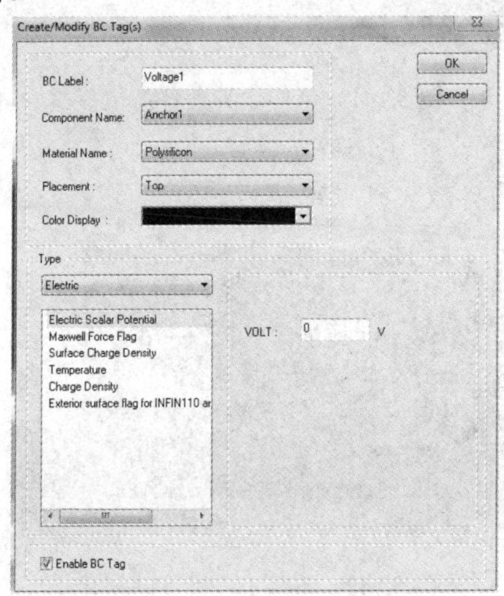

图 5.144　指定电压 BC 标签

5.9.9　创建温度 BC 标签

在 *myBCLayer* 图层上绘制另一个框，其可以和第一个 *BClayer* 矩形重合，如图 5.145 所示。

图 5.145　创建温度 BC 标签

(2) 选择 BC 层上新绘制的矩形后，转到 **MEMS Pro** 浮动工具栏，然后从 **BC Tags** 菜单中选择 **Create/Modify**。要指定温度 BCs 标签，如图 5.146 所示。

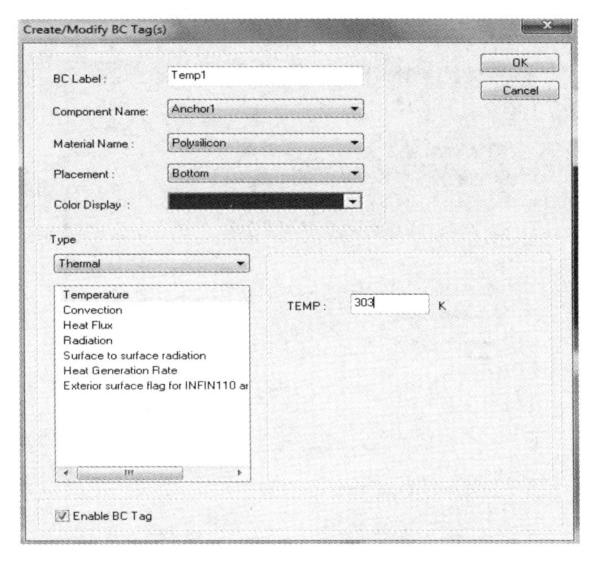

图 5.146　指定温度 BC 标签

- 在 **BC Label** 字段中输入 *Temp1*。
- 从 **Component Name** 下拉列表中选择 *Anchor1*。
- 从 **Material Name** 下拉列表中选择 *PolySilicon*。
- 从 **Placement** 下拉列表中选择 *Bottom*。
- 从 **Color Display** 下拉列表中选择一个颜色。
- 从 **Type** 下拉列表中选择 *Thermal*。
- 从列表框中选择 *Temperature*。
- 在 **TEMP** 字段中输入 *303*。
- 选中 **Enable BC Tag** 复选框。

(3) 单击 **OK** 按钮退出。

5.9.10　创建结构 BC 标签

创建结构 BC 标签。

(1) 在 *myBCLayer* 图层上绘制另一个矩形，其大小和位置与前一个类似，如图 5.147 所示。

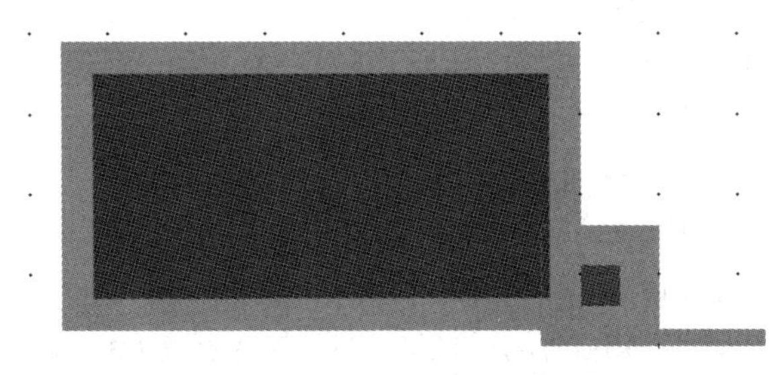

图 5.147　创建结构 BC 标签

(2) 选择新绘制的矩形后，转到 **MEMS Pro** 浮动工具栏，然后从 **BC Tags** 菜单中选择

Create/Modify。要指定结构 BCs 标签，如图 5.148 所示。

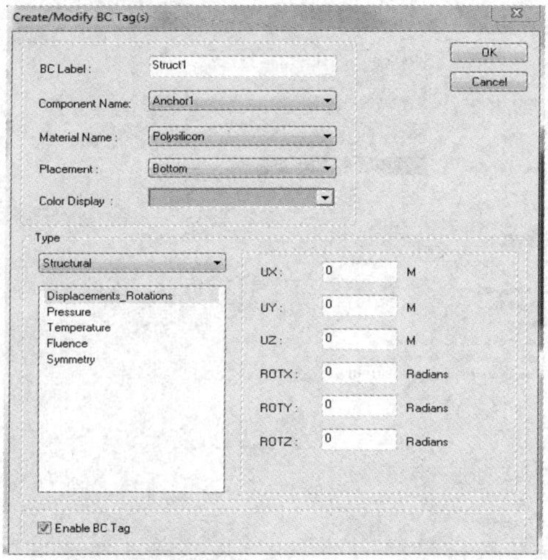

图 5.148　指定结构 BC 标签

- 在 **BC Label** 字段中输入 *Struct1*。
- 从 **Component Name** 下拉列表中选择 *Anchor1*。
- 从 **Material Name** 下拉列表中选择 *Polysilicon*。
- 从 **Placement** 下拉列表中选择 *Bottom*。
- 从 **Color Display** 下拉列表中选择一个颜色。
- 从 **Type** 下拉列表中选择 *Structural*。
- 从列表框中选择 *Displacements_Rotations*。
- 在 **UX**、**UY**、**UZ**、**ROTX**、**ROTY**、**ROTZ** 字段中将所有值设置为 *0*。
- 选中 **Enable BC Tag** 复选框。

(3) 单击 **OK** 按钮退出。

5.9.11　为第二个锚创建 BC 标签

执行上述步骤后，复制创建的 3 个 BC 标签作为第二个锚定的 3 个 BCs 标签。

(1) 由于 3 个 BCs 标签与 *Anchor* 层重叠，因此隐藏 *Anchor* 层以避免选择它。

① 在图层面板上，找到图层 *Anchor 1* 的图标。

② 用鼠标中键单击图标以隐藏 *Anchor 1*。

③ 如有其他重叠图层，则重复以上步骤隐藏它们。

(2) 选择 3 个 BCs 标签：

① 从绘图工具栏中选择 **Selection** 工具。

② 在 3 个 BCs 标签周围画一个方框。

③ 状态栏应显示 Selections：3boxes。

(3) 在 **Edit** 菜单中选择 **Copy**，缩小到整个版图大小(按 **Home** 键)，再放大第二个(底部)锚点。在 **Edit** 菜单中选择 **Paste**。

(4) 显示 *Anchor 1* 图层。

在图层面板上，用鼠标中键单击 *Anchor 1* 图层图标。

(5) 拖动粘贴的 BCs 标签，使它们完全覆盖 *Anchor1* 矩形，如图 5.149 所示。

在所选对象外部单击鼠标中键并拖动。

(6) 至此，第二个锚点创建了一组相同的 BCs 标记，显然这个锚定的 BC 标签应有所不同。

(7) 列出所有 BCs 标签。

在浮动 **MEMS Pro Toolbar** 中，从 **BC Tags** 菜单中选择 **Browser** 以打开 **BC Tags Browser** 对话框，如图 5.150 所示。

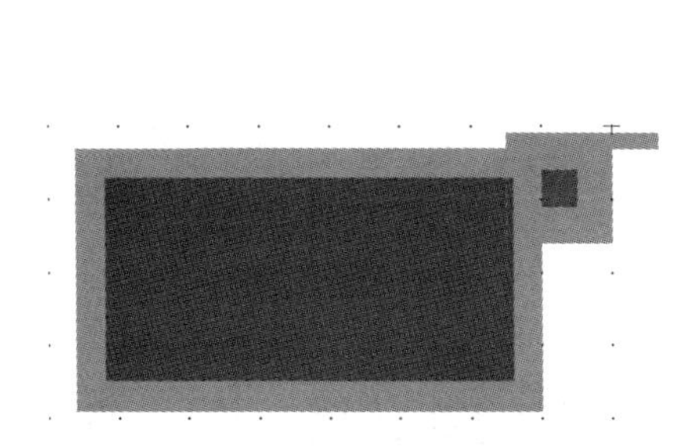

图 5.149　复制 BC 标签

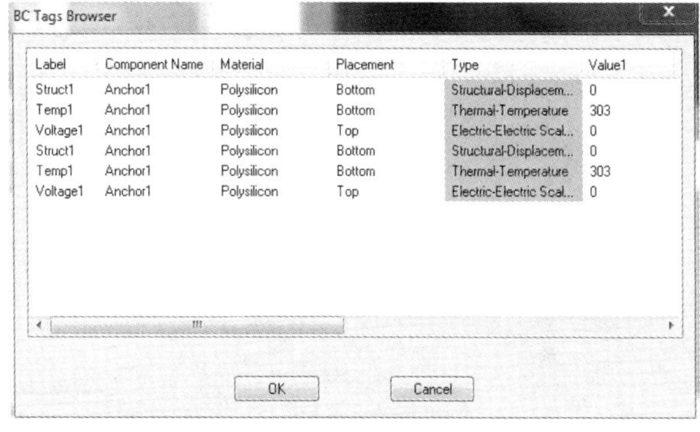

图 5.150　列出 BC 标签

(8) 确保所有标签都已将 Enable 设置为 On。

此时共显示 6 个 BCs 标签：前 3 个标签用于第一个(顶部)锚点，最后 3 个标签用于第二个(底部)锚点。

(9) 对于最后 3 个 BCs 标签，将 **Label** 更改为 *Struct2*、*Temp2* 和 *Voltage2*，将 **Component Name** 更改为 *Anchor2*，如图 5.151 所示。

(10) 将 *Voltage2* 的值更改为 *5*。

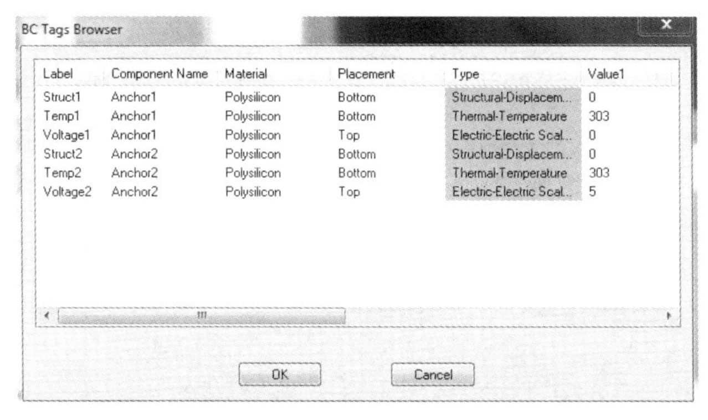

图 5.151　修证 BC 标签

(11) 单击 **OK** 按钮退出。

5.9.12　设置材料数据库

设置材料数据库：

(1) 在 **MEMSProToolbar** 中，从 **3D Tools** 菜单中选择 **EditMaterialDatabase** 来查看材料数据库对话框，如图 5.152 所示。

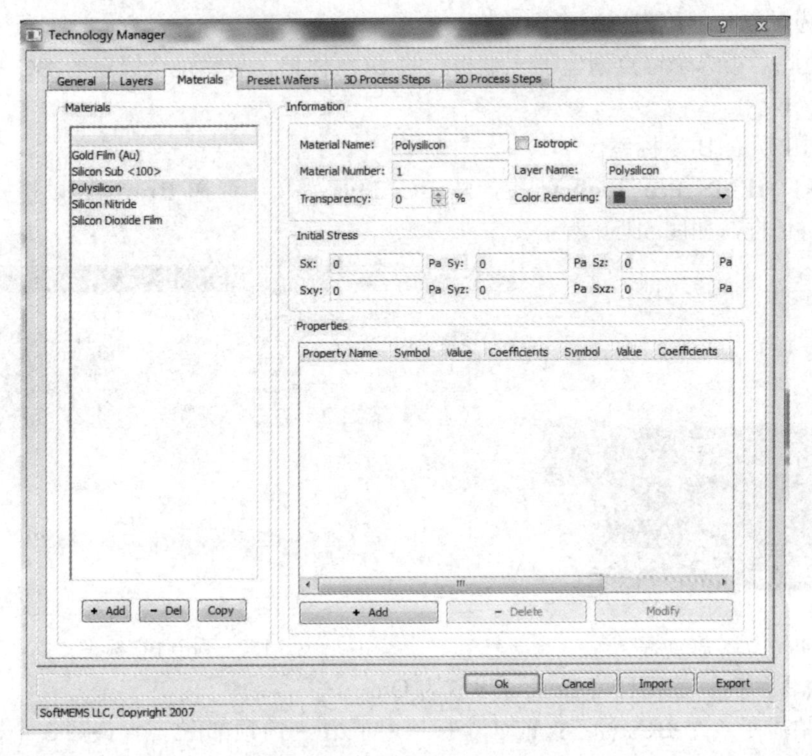

图 5.152　材料数据库对话框

(2) 在 **Materials** 列表中选择 **Polysilicon**。勾选 **Isotropic** 选项，通过这个选项，这个材料将会在所有方向上都有同样的属性。在 **Color Rendering** 下拉列表中选择红色。在 **Material Database** 对话框中单击 **Properties** 列表中的 **Add** 按钮，打开 **Material Property** 对话框，如图 5.153 所示。

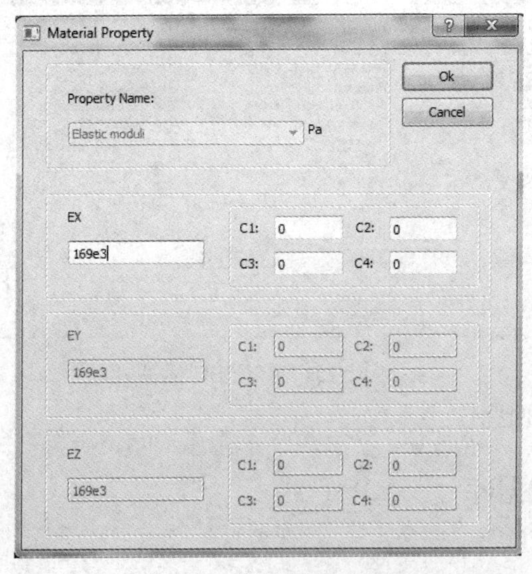

图 5.153　材料属性对话框

(3) 从 **Property Name** 下拉列表中选择 *Elastic moduli*，设置 EX=*169e3*，单击 **Add** 按钮。

(4) 设置“Coefficientsof Thermal Expansion”ALPX = *2.9e-6*。

(5) 设置“Thermal Conductivities”KXX = *150e6*。

(6) 设置“Electrical Resistivities”RSVX = *2.3e-11*。

(7) 设置“Major PoissonRatio”PRXY = *0.22*。

5.9.13　在 MEMS 仿真中使用正确的单位

一些有限元建模(FEM)工具被视为与“单位无关的”。这在某种意义上是正确的，但这个术语有些误导。有限元工具中的三维模型只是一组定义模型尺寸的数字；而有限元系统也有与材料特性和边界条件相关的数字；有限元仿真输出的结果基本上也都是数字。在 FEM 仿真中使用“正确的”量纲可以归纳为确保这些数字都是兼容的。有多种方法可以实现这种兼容性，这使得情况更加混乱。

考虑一个简单的仿真程序：

- 在屏幕上绘制一条任意长度的线。
- 手动输入一个数字。
- 单击 **Solve** 按钮。

屏幕上绘制的线的长度在仿真中表示距离。手动输入的数字作为仿真中的速率。按 **Solve** 按钮时，求解器只需将长度除以速率即可，输出的结果表示时间。用户可以绘制长度为 10 的线，输入速率值为 2，并获得输出时间值为 5。实际的问题可能对应于 10 km(千米)和 2 km/h(千米/小时)，但是输入仅仅是不带量纲的数字 10 和 2。根据输入数据的物理量纲可以确定输出时间对应为 5 小时。但我们也可以采用一组新的量纲来描述同样的问题，比如用米和米/分钟，同样的问题变为输入数据距离为 10000，速率为 2000/60，输出结果为 300(单位为分钟，得出的算法和前面 5 小时的算法是相同的)。在这种情况下的仿真是与单位无关的，但前提是用户将量纲设定在模型规格及仿真参数中，才能在输出结果中根据输入的量纲得出正确的结果。在仿真中得到的数据结果一定是含有一定物理意义的量纲数据。有限元工具中的情况与此类似。

如果 3D 模型是以米作为长度单位(MEMS 模型的典型数值维度在 1e-3 到 1e-6 的数量级)，那么材料属性值和边界条件应该在国际单位制中定义(或 MKSV-米，千克，秒，伏特)。如果 3D 模型是基于对 MEMS 更适用的长度单位微米(MEMS 模型的典型数值维度在 1 到 1000 的数量级)，则需要使用不同的单位系统。该系统称为 uKSV(微米，千克，秒，伏特)，长度以微米为单位，质量以千克为单位，时间以秒为单位，电势以伏特为单位。这个基本单位系统允许生成一个与基于微米的 3D 模型兼容的衍生单位系统，并且可以在这个衍生单位系统中对相关的物理域(静力学、动力学、热学(仍然使用开尔文度数)、静电学等)进行 FEM 仿真。

压力单位(用于杨氏模量材料属性以及相应的边界条件)是衍生单位的一个很好的例子。回想一下 MKSV 的压力单位是 Pa，其中

$$1\ \text{Pa} = 1\ \text{N/m}^2 = 1(\text{kg} \times \text{m/s}^2)/\text{m}^2$$

类似地，压力的 uKSV 单位为

$$1(\mathrm{kg}\times \mathrm{u/s^2})/\mathrm{u}^2 = 1\mathrm{e}6(\mathrm{kg}\times \mathrm{m/s^2})/\mathrm{m}^2 = 1\ \mathrm{MPa}$$

因此，如果衍生的压力单位是 MPa，并且材料属性值(例如对于多晶硅)是 169 GPa 或 169e9 Pa，那么材料属性的数值应该是 169 000。就值和单位而言，169 000 MPa 实际上是 169 GPa 的正确材料属性值。在任何意义上，FEM 求解器都不“知道”在这种情况下正确的压力单位是 MPa。如果简单地在 YoungísModuulus(杨氏模量)中键入 169000，用户就假设压力单位是 MPa，3D 模型是微米级。这是危险并且错误地使用国际单位制标注了 169e9，因为在这种情况下材料属性会被判别为以米为 3D 模型的尺寸单位。

应该明确的是，静电仿真确实带来了新的“选择”参数问题(电压单位与电荷单位)，如上所述，选择 Volt。这种选择的结果是电荷单位不是库仑。通过将伏特视为焦耳/库仑，可以看出这一点。因为

$$1\ \mathrm{J} = 1\ \mathrm{N}\times \mathrm{m} = 1(\mathrm{kg}\times \mathrm{m/s^2})\times \mathrm{m}$$

在 uKSV 中，这将变成：

$$1\ (\mathrm{kg}\times \mathrm{u/s^2})\times \mathrm{u} = 1\mathrm{e}\text{-}12\mathrm{J}$$

为了保持 Volt 为标准电位单位，电荷单位需要为 1e−12 C 或 pC。

有关 MEMS 单元的更多衍生单元和其他内容，请参见文档 *MemsModeler_UserManual_v3.1c.pdf*，该文件可在以下目录中找到：*{MEMS Pro installation directory}\MEMSModelReduction\doc\ MemsModeler\V3.1\PDF*。

5.9.14　创建 3D 模型

在 **MEMSProToolbar** 中的 **3D Tools** 菜单中选择 **View 3D Model**。单击 **Regenerate**，创建的 3D 模型如图 5.154 所示。

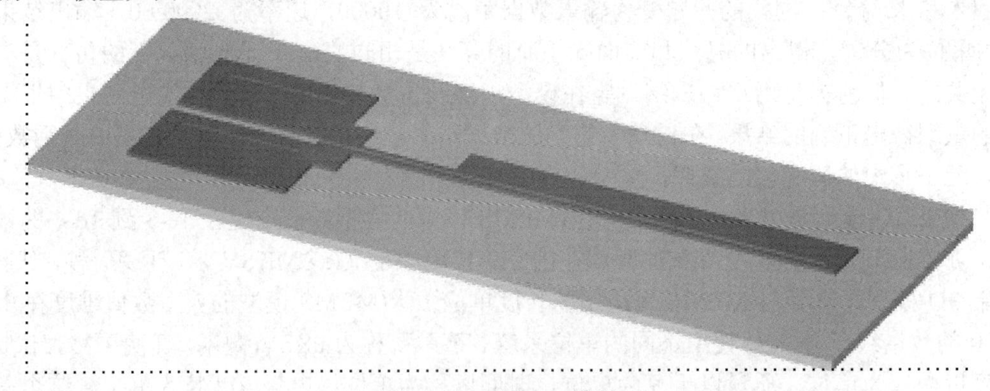

图 5.154　创建 3D 模型

5.9.15　查看边界条件

通过隐藏 GoldFilm(Au)材料来更好地查看上方的边界条件。

在右边的 **3DModelView** 工具栏中，单击 **Show/HideBoundaryConditions** 按钮。

可以看到两个锚点的顶部表面区域颜色变化，如图 5.155 所示。这些是顶部表面上的两个电压边界条件。

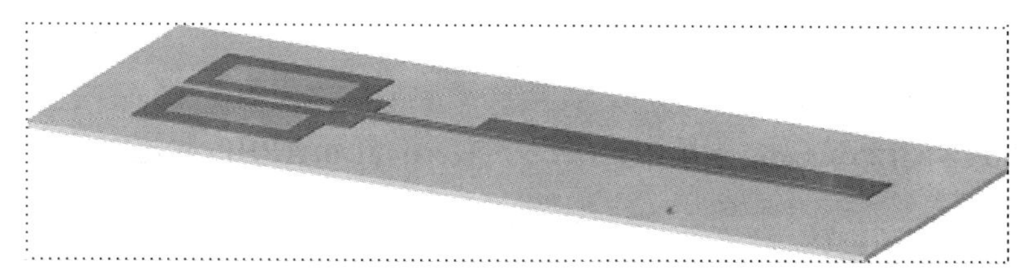

图 5.155 3D 模型的边界条件

5.9.16 准备 3D 模型

无需将基板和氮化硅材料导出到 ANSYS 中。在 3D 图层调色板上，用鼠标中键单击第一个基板和氮化硅图标。使用鼠标左键拖动时按 **Ctrl** 键旋转，可以在表面底部看到两个结构或温度 BCs，如图 5.156 所示。

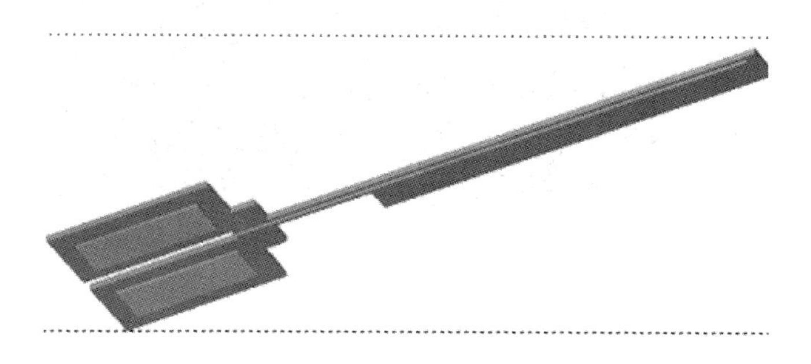

图 5.156 3D 表面的底部 BCs

5.9.17 导出 3D 模型

导出 3D 模型的过程如下：

(1) 在浮动 **MEMSProToolbar** 中，从 **3D Tools** 菜单中选择 **Export 3D Model** 来打开 **Export Model** 对话框，如图 5.157 所示。

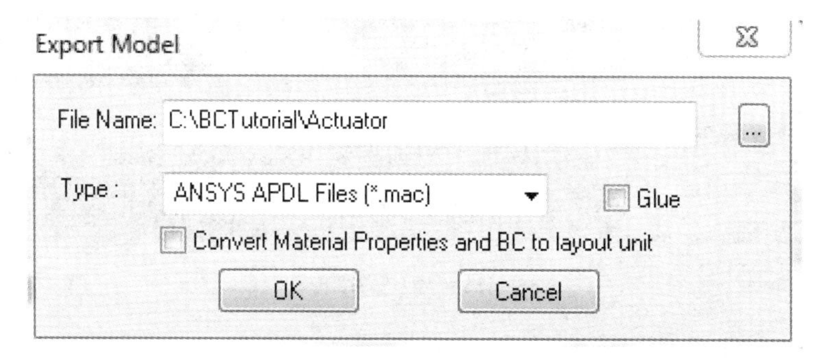

图 5.157 导出 3D 模型对话框

(2) 确保文件名称指向 *C: \BCTutorial* 目录，文件名称为 *Actuator*。

(3) 选择文件类型为 *ANSYS APDL Files(*.mac)*。

(4) 单击 **OK** 按钮。

打开 ANSYS 之前，关闭 3D 模型视图并保存版图文件，然后关闭 L-Edit。

5.9.18　打开 ANSYS

单击 **Start > All Programs > ANSYS 12.1 > Mechanical APDL(ANSYS)**来打开 **ANSYS**，如图 5.158 所示。

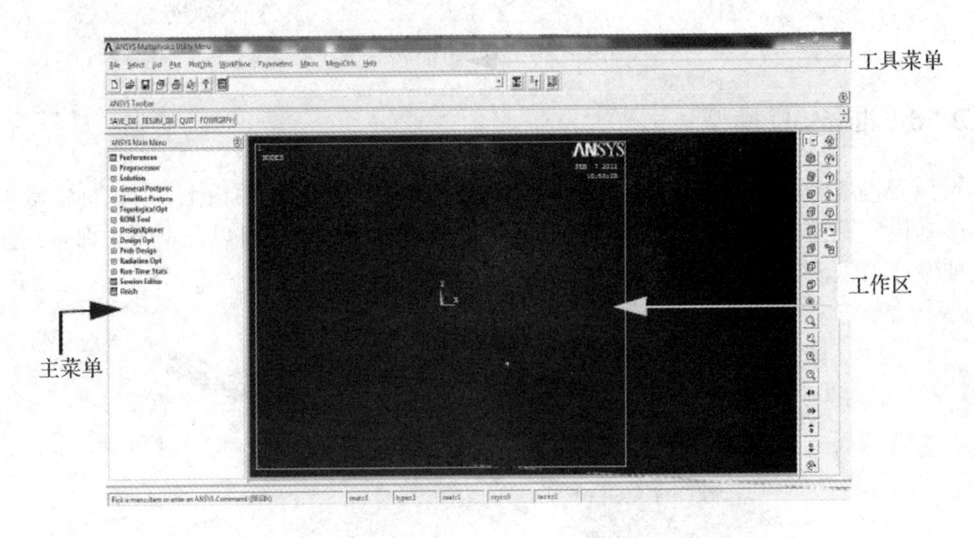

图 5.158　ANSYS 界面

5.9.19　载入 3D 模型

载入 3D 模型。

(1) 在 ANSYS 的 **File** 菜单中选择 **ChangeDirectory** 并浏览 *C*：*\BCTutorial*。

(2) 在 ANSYS 的 **File** 菜单中选择 **ReadInputFrom**，然后选择 *Actuator.mac*。

(3) 单击 **OK** 按钮。设计将被载入，如图 5.159 所示。

ANSYS 是无单位的，用户能使用任何单位系统。

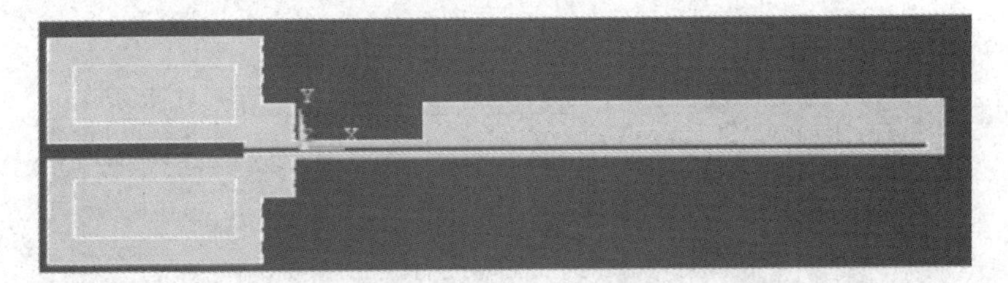

图 5.159　载入 3D 模型

5.9.20　元素类型

元素类型设置如下：

(1) 在主菜单中选择 **Preprocessor**，再从 **Element Types** 中选择 **Add/Edit/Delete** 来打开 **Element Types** 对话框。单击 **Add** 来打开 **Library of Element Types** 对话框，如图 5.160 所示，选择 **Coupled Field**，再选择 **Scalar Tet 98**。

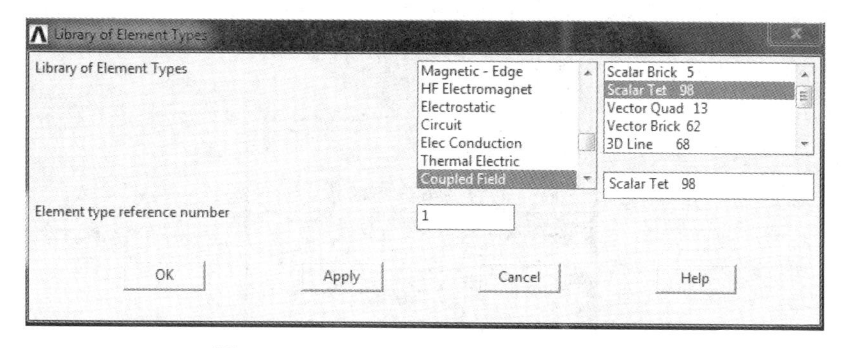

图 5.160　Library of Element Types 对话框

(2) 单击 **OK** 按钮，然后在 **Element Types** 对话框中单击 **Close** 按钮。

5.9.21　网格化

可以选择自由网格作为映射网格。自由网格生成不规则形状及大小的元素，这种方法快捷简单。另一方面，映射网格可生成规则形状及大小的元素，但复杂的形状必须细分为三边或四边的多边形。

自由网格和映射网络如图 5.161 所示。

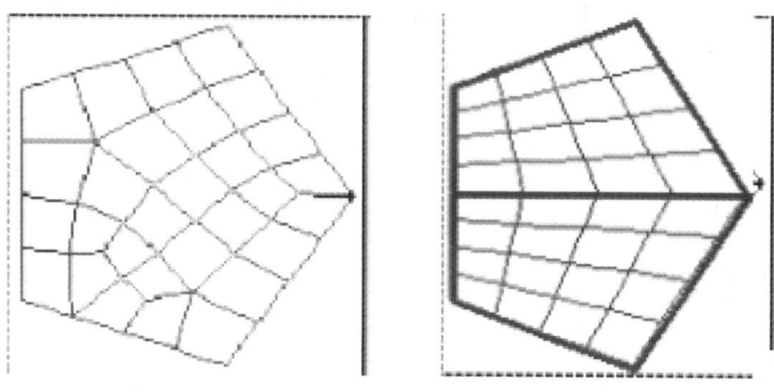

图 5.161　自由网络和映射网络

(1) 在主菜单中选择 **Preprocessor**，在 **Meshing** 中选择 **MeshTool** 来打开 **MeshTool** 对话框，如图 5.162 所示。勾选 **Smart Size**，滑动条到“10”——最粗略的网格，然后单击 **Mesh** 按钮，如图 5.163 所示。

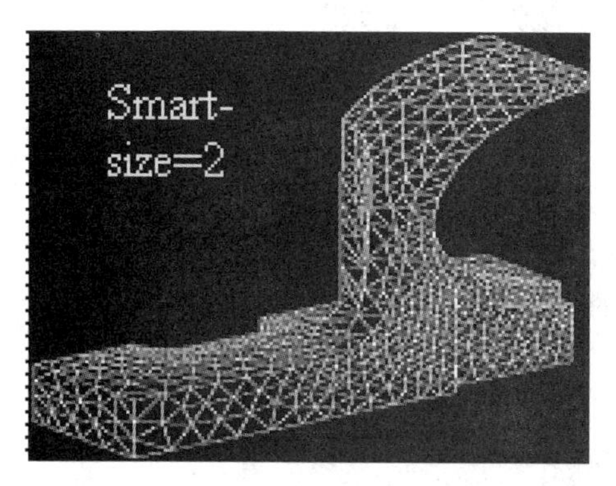

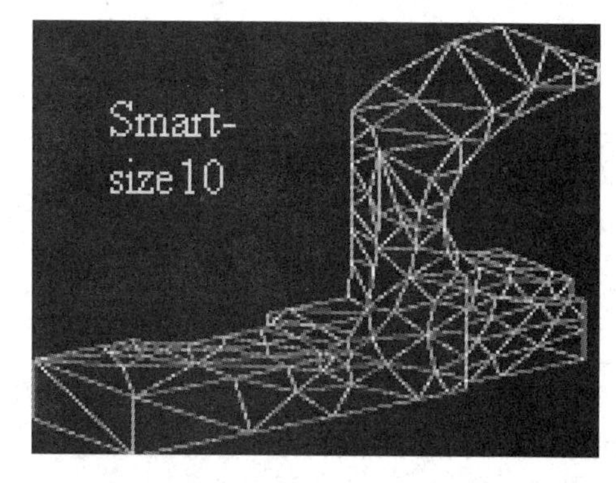

图 5.162　不同 Smart Size 的网格划分

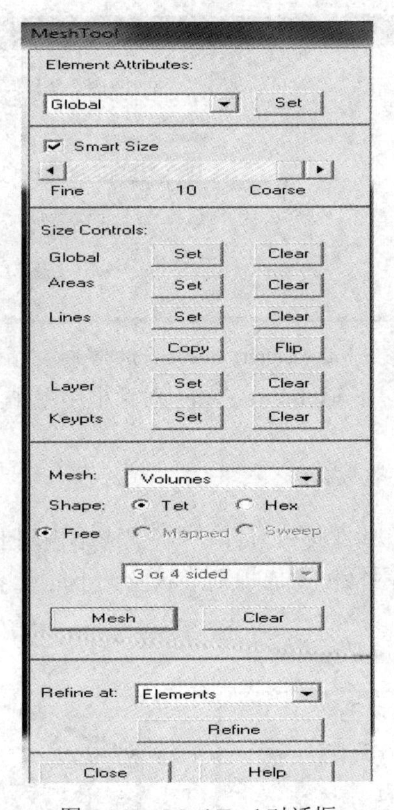

图 5.163　MeshTool 对话框

(2) 单击 **Pick All**。

5.9.22　检查边界条件

检查边界条件。

(1) 在工具菜单中，从下拉菜单中选择 **Loads**，再选择 **DOFConstraints > On All Areas** 显示约束列表，如图 5.164 所示。

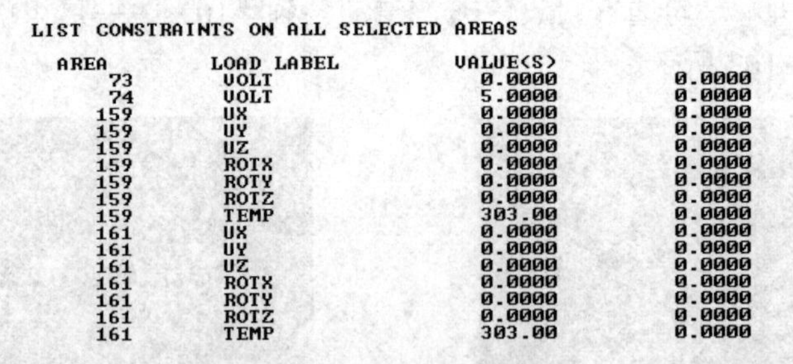

LIST CONSTRAINTS ON ALL SELECTED AREAS

AREA	LOAD LABEL	VALUE(S)	
73	VOLT	0.0000	0.0000
74	VOLT	5.0000	0.0000
159	UX	0.0000	0.0000
159	UY	0.0000	0.0000
159	UZ	0.0000	0.0000
159	ROTX	0.0000	0.0000
159	ROTY	0.0000	0.0000
159	ROTZ	0.0000	0.0000
159	TEMP	303.00	0.0000
161	UX	0.0000	0.0000
161	UY	0.0000	0.0000
161	UZ	0.0000	0.0000
161	ROTX	0.0000	0.0000
161	ROTY	0.0000	0.0000
161	ROTZ	0.0000	0.0000
161	TEMP	303.00	0.0000

图 5.164　选择区域的约束列表

(2) 从 **File** 菜单中单击 **Close** 按钮。

5.9.23　得到结果

得到结果如下：

(1) 在主菜单中选择 **Solution**，从 **Solve** 中选择 **CurrentLS** 来打开 **Solve Current Load Step** 对话框，如图 5.165 所示。

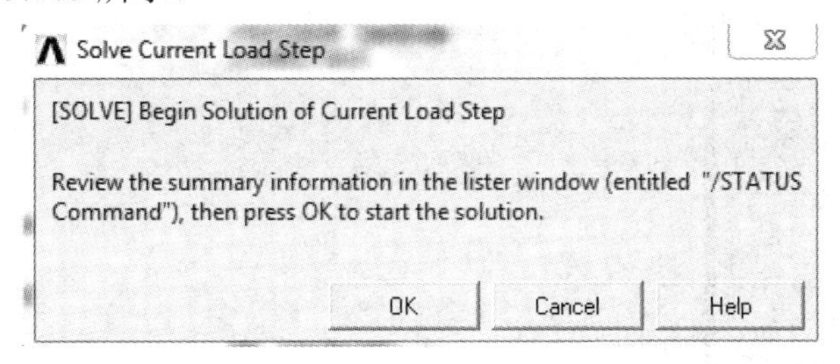

图 5.165　Solve Current Load Step 对话框

(2) 单击 **OK** 按钮。忽略所有的警告信息。

这需要大约 10～20 分钟，具体取决于内存和处理器速度。

5.9.24　图形化温度结果

图形化温度结果如下：

(1) 在主菜单中选择 **General Postproc**，从 **Read Results** 中选择 **LastSet**。在主菜单中选择 **General Postproc**，从 **Plot Results** 中选择 **Contour Plot**，然后选择 **Nodal Solu**，接着选择 **DOF Solution**，最后选择 **NodalTemperature**，单击 **OK** 按钮。

(2) 显示温度曲线，如图 5.166 所示。温度范围：30℃～939℃。

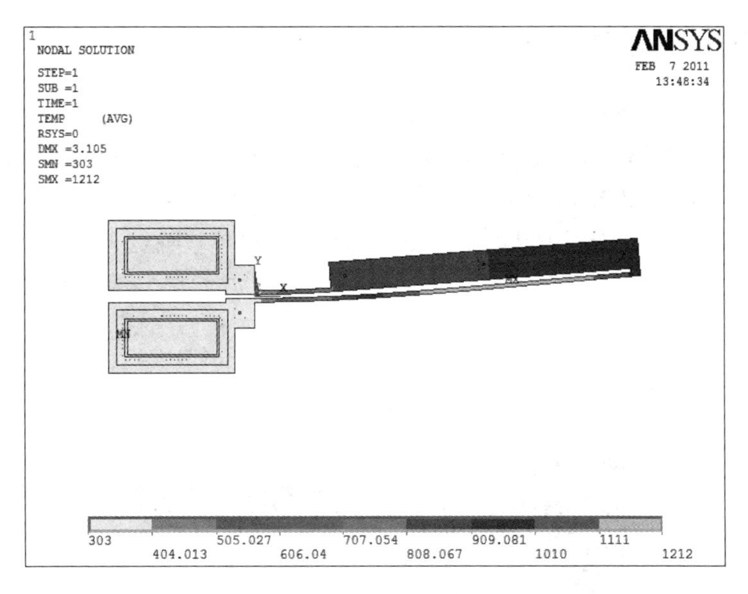

图 5.166　显示温度结果

5.9.25　绘制转换结果

绘制转换结果如下：

(1) 在主菜单中选择 **PlotCtrls**，再选择 **Pan Zoom Rotate** 打开 **Pan-Zoom-Rotate** 窗口，如图 5.167 所示。

(2) 单击 **Front** 按钮。绘制转换结果如图 5.168 所示。

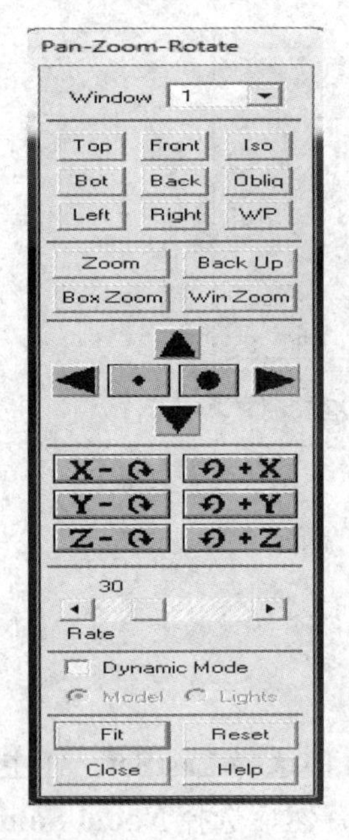

图 5.167　Pan-Zoom-Rotate 对话框

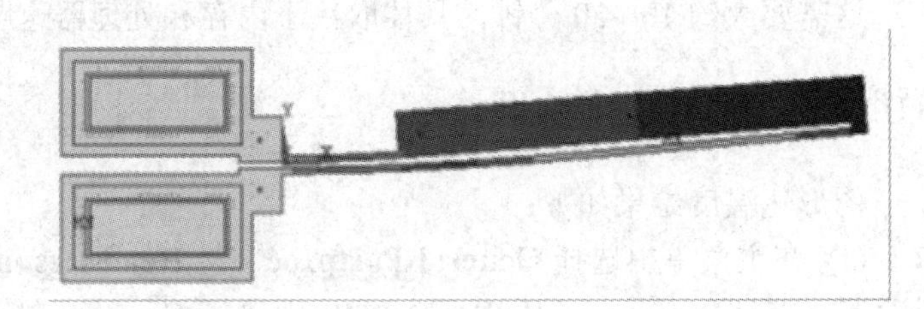

图 5.168　绘制转换结果

两个焊盘处于相同温度：30℃。R_{large} 的温度比 R_{small} 高得多。

5.9.26　图形化电压结果

图形化电压结果如下：

在主菜单中选择 **GeneralPostproc**，再从 **PlotResults** 中选择 **Contour Plot**，然后选择 **Nodal Solu**，接着选择 **DOF Solution**，最后选择 **Electric Potential**，单击 **OK** 按钮。

显示电压分布图，如图 5.169 所示。电压范围：0～5 V。R_{large} 上的电压降更大。

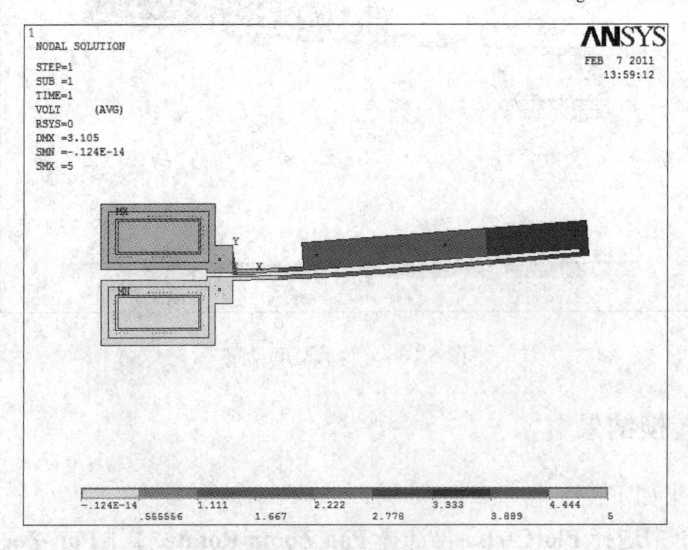

图 5.169　绘制电压结果

5.9.27 图形化位移结果

在主菜单中选择 **GeneralPostproc**，再从 **PlotResults** 中选择 **Contour Plot**，然后选择 **Nodal Solu**，接着选择 **DOF Solution**，最后选择 **Y-Componenet of Displacement**，单击 **OK** 按钮。

绘制位移结果如图 5.170 所示。最大位移：尖端 3.047 u。

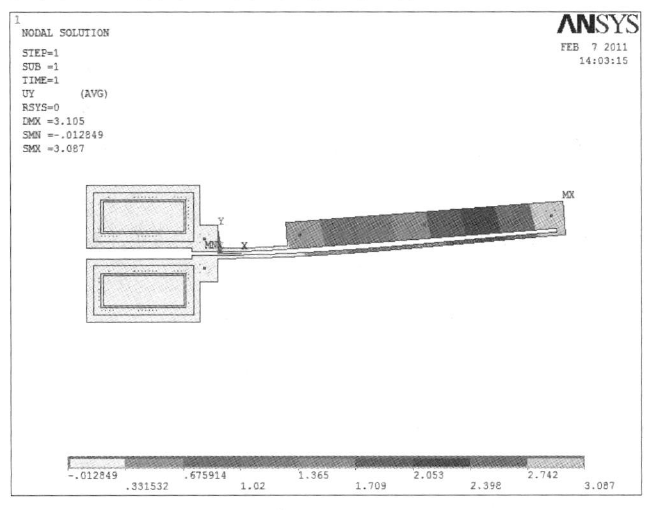

图 5.170 绘制位移结果

5.9.28 图形化压力结果

在主菜单中选择 **GeneralPostproc**，再从 **PlotResults** 中选择 **Contour Plot**，然后选择 **Nodal Solu**，接着选择 **Stress**，最后选择 **von Mises stress**，单击 **OK** 按钮。

薄臂和锚固件上出现最高应力，如图 5.171 所示。

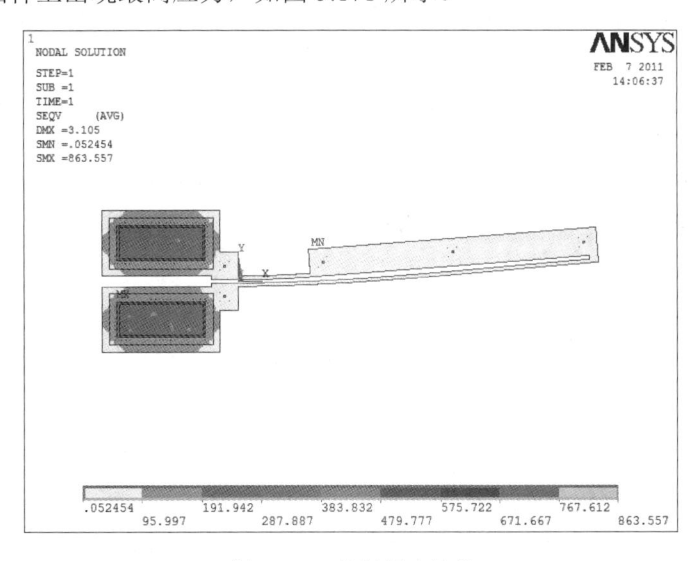

图 5.171 绘制压力结果

5.9.29　动画位移结果

动画位移结果如下：

(1) 功能菜单中选择 **PlotCtrls**，再选择 **Animate**，然后选择 **Deformed Results**。

帧数：10。

延迟：0.5 s。

DOF 解决方案：TEMP。

动画控制器对话框如图 5.172 所示。

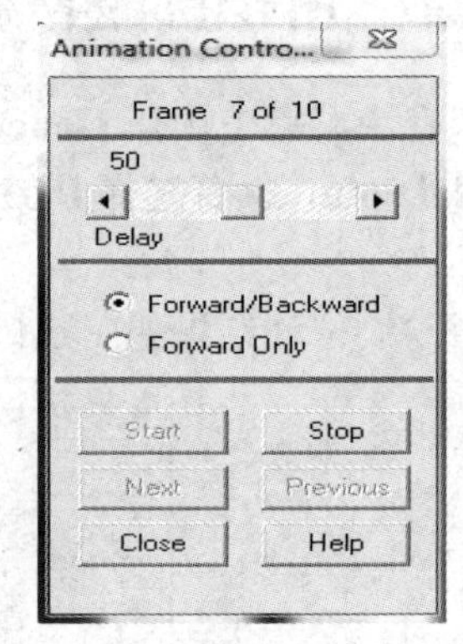

图 5.172　动画控制器对话框

(2) 单击 **Stop** 按钮停止动画，再单击 **Close** 按钮关闭控制器。

(3) 文件菜单中单击 **Exit** 按钮，退出程序不必保存。

本 章 练 习 题

1. 请说明什么是 DRC 检查。DRC 检查规则有哪些？

2. MEMS 组件的掩模板可以通过 MEMS Pro 工具栏的 Libraries 使用 Library Palette 创建，其中包含哪些组件？

3. 边界条件都包含哪些？

★ 参考答案

1. 请说明什么是 DRC 检查。DRC 检查规则有哪些？

DRC 检查就是设计规则检查(Design Rule check)，它可以检查版图和实际制造条件之间的兼容性。DRC 检查规则常见的有最小宽度、准确宽度、指定层所有对象不存在、交叠的最小尺寸、对象间最小间距、环绕的最小尺寸、超过边界的最小尺寸、密度。

2. MEMS 组件的掩模板可以通过 MEMS Pro 工具栏的 Libraries 使用 Library Palette 创建，其中包含哪些组件？

包含 Active Elements 有源元件、Passive Elements 无源元件、Test Elements 测试元件、Thermal Elements 热学元件、Optical Elements 光学元件、Fluidic Elements 流体元件和 Resonator Elements 谐振器元件。

3. 边界条件都包含哪些？

电气边界条件、热学边界条件、结构边界条件等物理域内可设定的边界条件。